高 等 数 学

（修订本）

主　编　赵宝江

副主编　刘红玉　张　鹏　葛礼霞

　　　　谢　威　廖　飞

主　审　王秀英

清华大学出版社

北京交通大学出版社

·北京·

内 容 简 介

本书是作者按照新形势下教材改革的精神，并结合高等数学课程教学的基本要求，在多年从事高等数学的教学实践经验和教学改革成果的基础上编写而成的。

本书内容包括函数与极限、一元函数微分学、一元函数积分学、多元函数微分学、二重积分、无穷级数、微分方程与差分方程。另外，章后习题很多来自历年全国研究生入学试题，并且书末附有习题参考答案。

本书可作为普通高等院校理工、经济管理类各专业的教材，也可供报考硕士研究生的读者参考。

图书在版编目（CIP）数据

高等数学/赵宝江主编. —北京：北京交通大学出版社：清华大学出版社，2013.8
(2018.9 重印)

（大学数学系列丛书）

ISBN 978 - 7 - 5121 - 1530 - 9

Ⅰ. ① 高… Ⅱ. ① 赵… Ⅲ. ① 高等数学-高等学校-教材 Ⅳ. ① O13

中国版本图书馆 CIP 数据核字（2013）第 158226 号

责任编辑：黎　丹　　特邀编辑：张　明

出版发行：清华大学出版社　　邮编：100084　　电话：010 - 62776969

　　　　　北京交通大学出版社　　邮编：100044　　电话：010 - 51686414

印　刷　者：北京时代华都印刷有限公司

经　　销：全国新华书店

开　　本：185×230　印张：21　字数：462 千字

版　　次：2013 年 8 月第 1 版　2018 年 9 月第 1 次修订　2018 年 9 月第 4 次印刷

书　　号：ISBN 978 - 7 - 5121 - 1530 - 9/O · 119

印　　数：6 501～8 000 册　定价：48.00 元

前　　言

　　本书是作者根据教育部关于理工、经济管理等专业高等数学课程教学的基本要求，以培养学生的专业素质为目的，在汲取了多年从事高等数学实践经验和教学改革成果的基础上编写而成的。在编写本书过程中，突出了以下几点。

　　1. 本书对高等数学（微积分部分）的传统教学内容和结构进行了整合和删减，增加了与实际应用密切相关的数学理论和方法，使其更符合理工、经济管理类各专业的实际，更便于学生接受。

　　2. 本书在内容阐述方面进行了推敲，书中文字追求简洁流畅，重点、难点阐述详细，逻辑性强，既富有启发性又通俗易懂，且尽量给以直观解释，内容的叙述也尽量由浅入深，循序渐进。在难易程度上充分考虑了高等教育大众化背景下的学生特点和教学特点，大胆简化了一些理论性过强且繁琐的证明，突出理论的应用和方法的介绍，内容深广度适当，贴近教学实际，便于教与学。

　　3. 例题和习题的选配层次分明，难易适度，并恰当选用生活中的应用案例，使学生能够了解实际背景，提高学习兴趣，同时增强应用数学知识解决实际问题的意识和能力。

　　4. 教材在每节后面都配置基本习题，尽量使读者在做完本节习题后能够较好地理解和掌握本节的基本内容、基本理论和基本方法；在每章后面配置总习题，总习题分为（A），（B）两组，其中（A）组习题反映了高等数学基础课程的基本要求，（B）组习题中大部分题目来自历年全国研究生入学试题，综合性较强，可供学有余力或有志报考硕士研究生的读者使用。

　　本书是一本适宜于普通高等院校理工、经济管理类各专业学生学习高等数学课程的教材，也可供报考硕士研究生的读者参考。

　　本书共 8 章，分别由廖飞（第 1 章）、张鹏（第 2 章，第 3 章）、刘红玉（第 4 章，第 5 章）、葛礼霞（第 6 章）、谢威（第 7 章）、赵宝江（第 8 章）执笔编写，全书的编写思想、结构安排、统稿定稿由赵宝江承担。

　　王秀英教授详细审阅了本书，并提出了许多改进的意见，在此表示衷心的感谢！

　　本书的出版得到了牡丹江师范学院本科教学工程项目建设经费的资助，同时还得到了黑龙江省教学改革项目（11 - SJC13007）和牡丹江师范学院教学改革项目（12 - XJ14053）经费的资助。本书已经被评为牡丹江师范学院 2013 年规划教材的重点建设教材。在此，感谢我校领导、老师和同学们的热情关心和合作。本书的出版得到了清华大学出版社和北京交通大学出版社的大力支持，尤其是黎丹编辑为本教材的出版做了大量的工作，在此谨致以诚挚的谢意。

由于编者水平有限，书中疏漏和不足之处在所难免，恳请广大读者和专家批评指正。

编　者

2013 年 8 月

目 录

第1章 函数、极限与连续

函数是微积分中最重要的基本概念之一，是整个微积分学研究的主要对象；极限是微积分学中的重要工具，是研究函数微分学与积分学的基础；连续是函数变化的重要性态之一.

本章将先介绍集合、邻域、函数的概念、性质及常用的简单经济函数等；然后给出极限的概念、性质、两个重要极限及无穷小量、无穷大量的概念、运算等；最后以极限为工具，讨论函数的连续性.

1.1 函　　数

1.1.1　集合与邻域

集合是一些确定对象的全体. 组成集合的每一个对象称为集合的**元素**.

集合通常用大写字母 A，B，C 等表示，其中的元素通常用小写字母 a，b，c 等表示. 集合一般有两种表示方法：一是列举法，即把集合的元素都一一列举出来，并写在花括号中，如 $A=\{1，2，3，4，5\}$；二是描述法，即指明集合中元素所具有的特征或性质，如 $B=\{x\,|\,x^2-1=0\}$. 集合通常分为有限集和无限集. 若集合中含有有限个元素，则称为**有限集**，否则称为**无限集**. 若 a 是集合 A 中的元素，则称 a **属于** A，记作 $a\in A$；若 a 不是集合 A 中的元素，则称 a **不属于** A，记作 $a\notin A$ 或 $a\overline{\in}A$；

不含任何元素的集合称为**空集**，记为 $\varnothing$. 例如，集合 $A=\{x\,|\,x>0$ 且 $x<0\}$ 是空集.

若集合 A 的元素都是集合 B 的元素，则称 A 是 B 的**子集**或称 A 包含于 B，或 B 包含 A，记为 $A\subset B$ 或 $B\supset A$. 若 $A\subset B$ 且 $B\subset A$，则称集合 A 与集合 B **相等**，记作 $A=B$. 空集 $\varnothing$ 是任何集合 A 的子集，即 $\varnothing\subset A$.

元素是数的集合称为**数集**. 全体自然数的集合记作 **N**，全体整数的集合记作 **Z**，全体有理数的集合记作 **Q**，全体实数的集合记作 **R**，全体复数的集合记作 **C**.

本书用到的集合主要是数集. 如无特殊说明，以后提到的数集都是实数集合 **R**.

设一数轴，在其上标有原点、长度和方向. 于是任一实数对应于该轴上唯一的一点，这点以这个实数作为坐标. 反之，任给数轴上一点，该点的坐标就唯一地对应着一个实数. 因此数轴上的点与实数集 **R** 中的数构成了一一对应的关系. 下文中数 x 也称为点 x，数集也称为点集.

区间和邻域是微积分中的基本概念，是一类较特殊的数（点）集.

设 a，$b\in\mathbf{R}$，且 $a<b$，数集 $\{x|a<x<b\}$ 称为**开区间**，记作 (a,b)；数集 $\{x|a\leqslant x\leqslant b\}$ 称为**闭区间**，记作 $[a,b]$；数集 $\{x|a<x\leqslant b\}$ 和 $\{x|a\leqslant x<b\}$ 称为**半开半闭区间**，分别记作 $(a,b]$ 和 $[a,b)$，其中 a，b 也称为区间的端点. 这些区间均为有限区间，此外还有无限区间

$$(-\infty,+\infty)=\{x|-\infty<x<+\infty\}$$
$$(a,+\infty)=\{x|a<x<+\infty\}, \quad (-\infty,b)=\{x|-\infty<x<b\}$$
$$[a,+\infty)=\{x|a\leqslant x<+\infty\}, \quad (-\infty,b]=\{x|-\infty<x\leqslant b\}$$

以点 a 为中心的开区间称为点 a 的**邻域**，记作 $U(a)$. 设 $\delta>0$，开区间 $(a-\delta,a+\delta)$ 称为点 a 的 **δ 邻域**，记作 $U(a,\delta)$，即 $U(a,\delta)=(a-\delta,a+\delta)=\{x|a-\delta<x<a+\delta\}$. 集合 $\{x|0<|x-a|<\delta\}$ 称为点 a 的**空心 δ 邻域**，记作 $U^{\circ}(a,\delta)$. 此外，开区间 $(a-\delta,a)$ 和 $(a,a+\delta)$ 分别称为点 a 的**左 δ 邻域**和**右 δ 邻域**.

1.1.2 函数的概念

变量与函数的概念抽象于物质世界的各种运动与变化，变量变化过程中的相依关系产生了函数概念.

1. 函数的概念

在生产实践和科学研究中，常会遇到各种不同的量，其中有些在某过程中不发生变化而保持一定数值的量称为**常量**，如圆周率 π、标准重力加速度 g 等；还有一些在某过程中可以取不同数值的量称为**变量**，如一天中温度的变化，温度是一个变量. 常量通常用字母 a，b，c 等表示，变量通常用字母 x，y，z 等表示.

通常，一些客观事物所反映出的变量往往不是孤立的，它们常相互依赖并按一定规律变化，这就是变量间的函数关系.

【例 1-1】 一金属圆盘受温度影响而变化. 由平面几何知，圆的面积 S 与其半径 r 之间有如下公式

$$S=\pi r^2$$

当 r 受温度影响在范围 $[R_1,R_2]$（R_1，R_2 为常量）内变化时，面积 S 依上式随半径 r 的变化而变化.

【例 1-2】 自由落体运动. 设物体下落的时间为 t，落下的距离为 s，它们均是变量. 假定开始下落的时刻为 $t=0$，那么在物体运动的过程中，变量 s 与 t 之间的依赖关系为

$$s=\frac{1}{2}gt^2$$

其中 g 是重力加速度. 若物体着地的时刻为 $t=T$，则当时间 t 在闭区间 $[0,T]$ 内任意取

定一个数值时，由上式就可以确定下落距离 s 的相应数值.

上述两例反映了变量之间的相互依赖关系，这些关系确立了相应的法则，当其中一个变量在一定范围内取值时，另一变量相应地有确定的值与之对应. 两个变量之间的这种对应关系就是数学上的函数关系.

> **定义 1-1**　设 x 和 y 是两个变量，D 是一个给定的数集. 如果有一个对应法则 f，使得对于每一个数值 $x \in D$，变量 y 都有唯一确定的数值与之对应，则称变量 y 是变量 x 的函数，记作
>
> $$y = f(x), \quad x \in D$$
>
> 其中 x 称为自变量，y 称为因变量，数集 D 称为函数的定义域，记作 D_f.

当自变量 x 取数值 $x_0 \in D$ 时，与 x_0 对应的 y 值称为函数 $y = f(x)$ 在点 x_0 处的函数值，记作 $f(x_0)$ 或 $y|_{x=x_0}$，函数值组成的数集称为函数的值域，记 R_f.

函数 $y = f(x)$ 的定义域 D_f 就是 x 的取值范围，因变量 y 是由对应法则 f 唯一确定的，所以定义域和对应法则是函数的两个要素，或者说一个函数由定义域和对应法则唯一确定. 如果两个函数具有相同的定义域和对应法则，那么它们是相同的函数；如果定义域或对应法则有一个不相同，那么它们就是不同的两个函数.

【例 1-3】　函数 $f(x) = \dfrac{x}{x}$ 与 $g(x) = 1$ 不同，因为 $f(x)$ 的定义域为 $(-\infty, 0) \bigcup (0, +\infty)$，而 $g(x)$ 的定义域为 $(-\infty, +\infty)$，所以 $f(x)$ 与 $g(x)$ 是不同的函数.

2. 函数的表示法

不同的函数关系常用不同的函数表示方法，最常用的函数表示方法是解析法（也称为公式法）、表格法和图像法. 下面举例说明.

【例 1-4】　某工厂每日最多生产 A 产品 1 000 件，固定成本为 150 元，单位变动成本为 8 元，则每日产量 x 与每日总成本 y 建立的对应关系可构成如下函数

$$y = 150 + 8x, \quad D_f = \{x \mid 0 \leqslant x \leqslant 1000, \text{ 且 } x \in \mathbf{N}\}$$

【例 1-5】　某水文站统计了某河流 40 年内平均月流量 V 如表 1-1 所示.

表 1-1

月	1	2	3	4	5	6	7	8	9	10	11	12
平均月流量 V（$\times 10^8$ m³）	0.39	0.30	0.75	0.44	0.35	0.72	4.3	4.4	1.8	1.0	0.72	0.50

表 1-1 表示，在平均月流量 V 与月份 t 之间建立了明确的对应关系，当月份 t 每取一个值时，由表即可得平均月流量 V 的唯一的一个对应值，因而也确定了函数关系，其定义域为

$$D_f = \{t \mid 1 \leqslant t \leqslant 12, \ t \in \mathbf{N}\}$$

【例 1-6】　某气象站用自动记录仪记下某日从 0 时到 24 时的温度变化曲线，如图 1-1 所示，它形象地表示了温度 T 随时间 t 的变化规律.

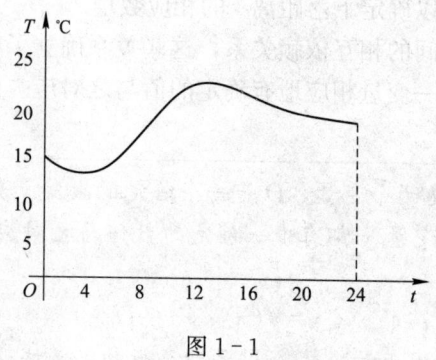

图 1-1

根据温度变化曲线所表示的规律，对于任何 $t_0 \in [0, 24]$ 都有温度 T_0 与之对应.

以上三个例子正好是三种常用的函数表示法的应用. 例 1-4 用的是解析法；例 1-5 用的是表格法；而例 1-6 用的是图像法.

用数学式子表示自变量和因变量之间对应关系的方法称为**解析法**，也称为**公式法**；将自变量值与对应的函数值列成表以表示函数的方法称为**表格法**；用图像来表示自变量值与对应函数值的关系的方法称为**图像法**.

最后来看分段函数. 所谓分段函数，就是在用公式法描述函数时，在定义域的不同部分具有不同的对应法则.

【例 1-7】 函数

$$f(x) = \begin{cases} x^2, & x \leqslant 0 \\ x+1, & x > 0 \end{cases}$$

表示当 x 取不同区间内的数值时，函数用不同的式子来表示. 当 $x = -1 < 0$ 时，由 $f(x) = x^2$ 计算得到 $f(-1) = (-1)^2 = 1$；而当 $x = 2 > 0$ 时，由 $f(x) = x+1$ 计算得到 $f(2) = 2+1 = 3$.

1.1.3 函数的性质

1. 有界性

设函数 $f(x)$ 在区间 I 上有定义，若存在正数 M，使得对于任意给定的 $x \in I$，都有 $|f(x)| \leqslant M$，则称 $f(x)$ 在区间 I 上是**有界函数**（如图 1-2 所示）；否则就称 $f(x)$ 在 I 上是**无界函数**.

【例 1-8】 函数 $y = \sin x$ 对于 $x \in (-\infty, +\infty)$ 恒有 $|\sin x| \leqslant 1$，所以它是有界函数.

【例 1-9】 函数 $y = x^2$，若 I 为 $(1, 2)$，则函数在 I 上有界；若 I 为 $(1, +\infty)$，则函数在 I 上无界.

在几何上，有界函数 $y = f(x)$ 的图形介于直线 $y = M$ 和 $y = -M$ 之间.

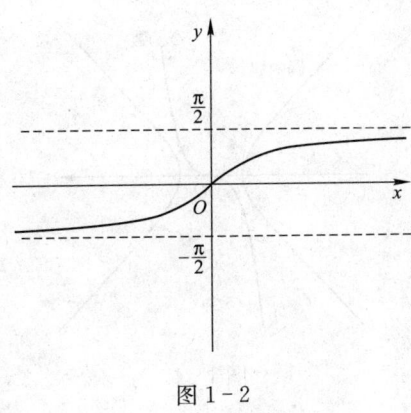

图 1 - 2

2. 单调性

设函数 $f(x)$ 的定义域为 D，区间 $I \subset D$，若对任意两点 x_1，$x_2 \in I$，当 $x_1 < x_2$ 时，恒有 $f(x_1) < f(x_2)$，则称 $f(x)$ 在区间 I 上是**单调增加**的；而当 $x_1 < x_2$ 时，恒有 $f(x_1) > f(x_2)$，则称 $f(x)$ 在区间 I 上是**单调减少**的. 这两类函数统称为**单调函数**.

在几何上，单调增加函数的图形是随着 x 增加而上升的曲线；单调减少函数的图形是随着 x 的增加而下降的曲线（如图 1 - 3 所示）.

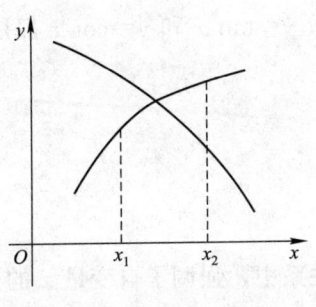

图 1 - 3

例如，函数 $y = x^2$ 在 $(-\infty, 0)$ 内是递减的，而在 $(0, +\infty)$ 内是递增的.

若函数 $f(x)$ 在区间 I 内单调增加或减少，则称区间 I 是函数 $f(x)$ 的**单调区间**.

3. 奇偶性

若函数 $y = f(x)$ 的定义域 D 关于原点对称，且对任意的 $x \in D$ 都有 $f(-x) = -f(x)$（或 $f(-x) = f(x)$），则称 $y = f(x)$ 为**奇函数**（或**偶函数**）.

在几何上，奇函数 $y = f(x)$ 的图像关于原点中心对称；偶函数 $y = f(x)$ 的图像关于 y 轴对称（如图 1 - 4 所示）.

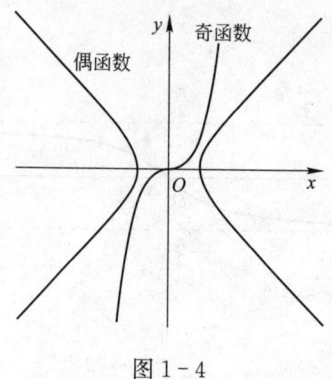

图 1-4

例如，$y=\cos x$ 在定义区间上是偶函数. 而 $y=\sin x$ 在定义区间上是奇函数.

若函数既非奇函数也非偶函数，则称此函数为**非奇非偶函数**.

4. 周期性

设函数 $y=f(x)$ 的定义域为 D，若存在一个非零常数 T，使得对任意的 $x\in D$，$x+T\in D$，均有 $f(x+T)=f(x)$ 成立，则称函数 $y=f(x)$ 为**周期函数**. 并把 T 称为 $y=f(x)$ 的一个周期.

通常所说的周期函数的周期是指最小的正周期. 例如，函数 $y=\sin x$ 和 $y=\cos x$ 都是以 2π 为周期的周期函数；而函数 $y=\tan x$ 和 $y=\cot x$ 都是以 π 为周期的周期函数.

1.1.4 反函数和复合函数

1. 反函数

在由 $y=f(x)$ 确定的函数关系中，强调了自变量 x 的主动性，即由 x 的变动带来 y 的变化. 但有时也需要分析 y 的变动对 x 造成的影响，为此引入反函数的概念.

定义 1-2 设 X 是函数 $y=f(x)$ 的定义域，$Y=f(X)$ 是它的值域. 若对任意给定的 $y\in Y$，都有唯一确定的 $x\in X$ 与之对应，使得 $f(x)=y$，则 x 也是 y 的函数，称为函数 $y=f(x)$ 的反函数，记作 $x=f^{-1}(y)$，$y\in Y$.

相对于反函数而言，原来的函数 $y=f(x)$ 称为直接函数.

习惯上自变量用 x 表示，因变量用 y 表示. 因此通常将 $x=f^{-1}(y)$ 写为 $y=f^{-1}(x)$，此时说 $y=f^{-1}(x)$ 是 $y=f(x)$ 的反函数.

函数 $y=f(x)$ 的定义域 X 和值域 Y 分别是反函数 $y=f^{-1}(x)$ 的值域和定义域.

在同一坐标系中，原函数 $y=f(x)$ 与它的反函数 $y=f^{-1}(x)$ 的图像关于直线 $y=x$ 对称（如图 1-5 所示），这是因为两个函数因变量与自变量互换的缘故.

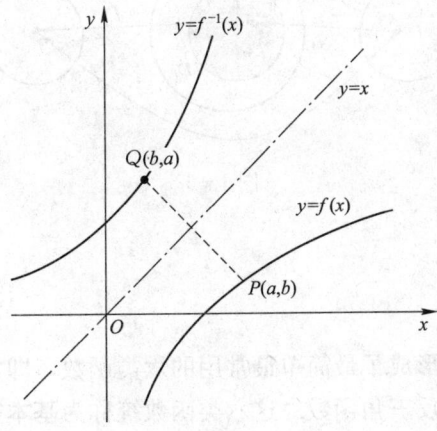

图 1-5

注意到，并非任何函数都有反函数，对于一个给定函数 $y=f(x)$，$x\in X$，$y\in Y$ 来说，它在 X 上存在反函数的充分必要条件是 $f(x)$ 在 X 上是一一对应的. 因为单调函数是一一对应的，所以单调函数一定有反函数，并且反函数也有相同的单调性.

【例 1-10】 求函数 $y=x^2(x\in[0,+\infty))$ 的反函数.

解 因为函数 $y=x^2$ 在区间 $[0,+\infty)$ 上单调增加，所以它存在反函数. 由 $y=x^2$，得 $x=\sqrt{y}$，$y\geqslant 0$. 于是函数 $y=x^2(x\in[0,+\infty))$ 的反函数为 $y=\sqrt{x}(x\in[0,+\infty))$.

2. 复合函数

如果某个变化过程中同时出现几个变量，其中第一个变量依赖于第二个变量，第二个变量又取决于第三个变量，于是第一个变量实际上是由第三个变量所确定. 这类多个变量的连锁关系引出了数学上复合函数的概念. 在中学数学里，就遇到过这样的函数，如 $\ln(\sin x)$，可以看成是将 $u=\sin x$ 代入到 $y=\ln u$ 之中而得到的，像这样在一定条件下，将一个函数"代入"到另一个函数中的运算称为函数的复合运算，而得到的函数称为复合函数.

> **定义 1-3** 设 y 是 u 的函数 $y=f(u)$，u 是 x 的函数 $u=\varphi(x)$，而且当 x 在 $\varphi(x)$ 的定义域或定义域的一部分上取值时，所对应的 $u=\varphi(x)$ 的值在 $y=f(u)$ 的定义域内变化，则称 $y=f(\varphi(x))$ 是由 $y=f(u)$ 和 $u=\varphi(x)$ 构成的复合函数. u 称为中间变量，函数 $u=\varphi(x)$ 称为内层函数，函数 $y=f(u)$ 称为外层函数.

函数 f 与函数 φ 构成的复合函数通常记作 $f\circ\varphi$，即 $f\circ\varphi=f(\varphi(x))$.

注意到，并不是任意两个函数都能构成复合函数，只有当内层函数的值域与外层函数的定义域相交不空时，两函数才能进行复合运算，如图 1-6 所示.

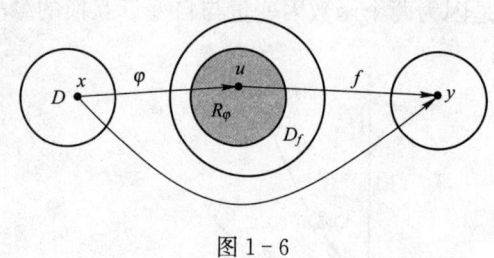

图 1-6

1.1.5 初等函数

在数学的发展过程中，形成了最简单最常用的六类函数，即常数函数、幂函数、指数函数、对数函数、三角函数与反三角函数. 这六类函数统称为**基本初等函数**.

1. 常数函数

$y=C$（C 为常数），定义域为 $(-\infty, +\infty)$，值域为 $\{C\}$，图像为过点 $(0, C)$ 且平行于 x 轴的直线.

2. 幂函数

$y=x^a$（a 为实数），定义域视 a 的不同而不同，但无论 a 为何值，它在区间 $(0, +\infty)$ 内总有定义，图像过点 $(1, 1)$. $a>0$，$a<0$ 时的图像分别如图 1-7 和图 1-8 所示.

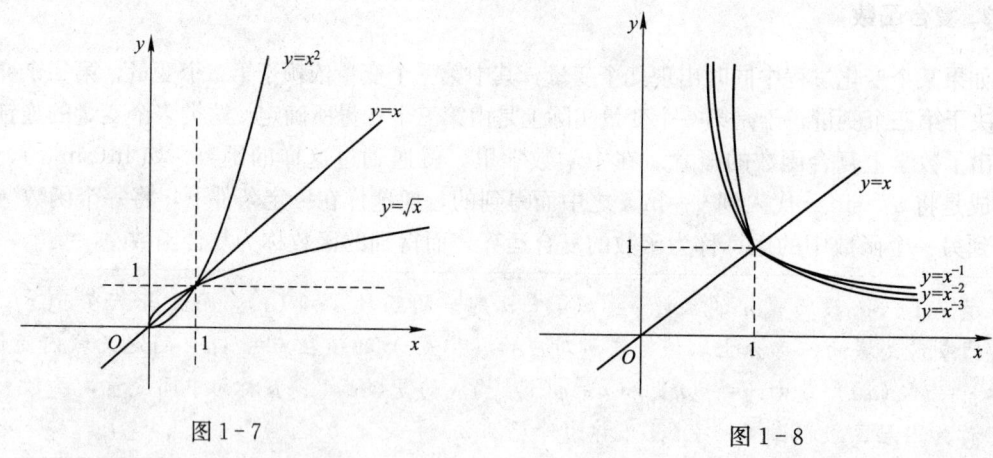

图 1-7   图 1-8

3. 指数函数

$y=a^x$（$a>0$，$a\neq1$），定义域为 $(-\infty, +\infty)$，值域为 $(0, +\infty)$. 当 $a>1$ 时，函数

单调增加；当 $0<a<1$ 时，函数单调减少. 图像过点 $(0，1)$（如图 1-9 所示）.

4. 对数函数

$y=\log_a x$ $(a>0，a\neq1)$，定义域为 $(0，+\infty)$，值域为 $(-\infty，+\infty)$. 当 $a>1$ 时，函数单调增加；当 $0<a<1$ 时，函数单调减少. 图像过点 $(1，0)$（如图 1-10 所示）.

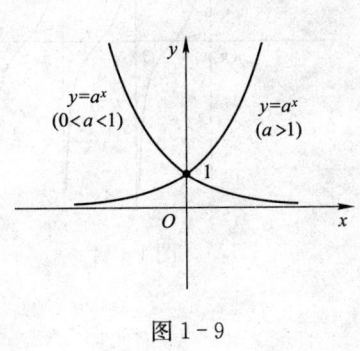

图 1-9

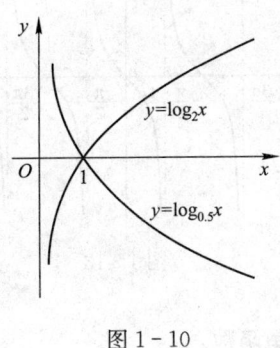

图 1-10

5. 三角函数

正弦函数 $y=\sin x$ 的定义域为 $(-\infty，+\infty)$，值域为 $[-1，1]$，在 $\left[2k\pi-\dfrac{\pi}{2}，2k\pi+\dfrac{\pi}{2}\right]$ $(k\in\mathbf{Z})$ 上单调增加；在 $\left[2k\pi+\dfrac{\pi}{2}，2k\pi+\dfrac{3\pi}{2}\right]$ $(k\in\mathbf{Z})$ 上单调减少，是以 2π 为周期的周期函数（如图 1-11 所示）.

余弦函数 $y=\cos x$ 的定义域、值域和周期与正弦函数相同，在 $\left[(2k-1)\pi，2k\pi\right]$ $(k\in\mathbf{Z})$ 上单调增加，在 $\left[2k\pi，(2k+1)\pi\right]$ $(k\in\mathbf{Z})$ 上单调减少（如图 1-12 所示）.

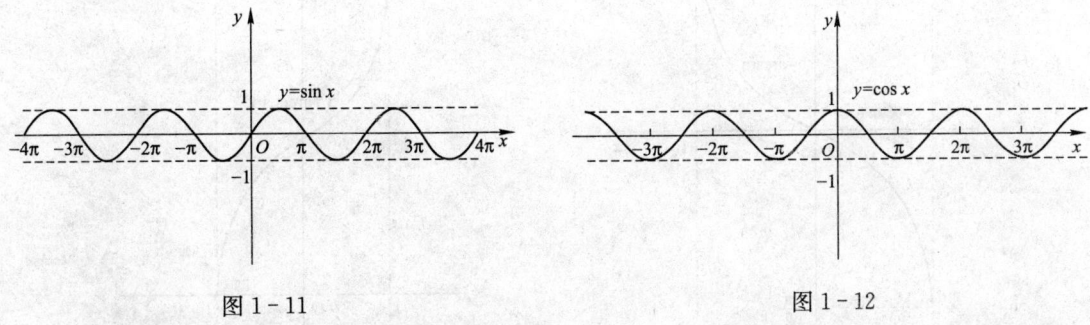

图 1-11

图 1-12

正切函数 $y=\tan x$，定义域为 $\left(k\pi-\dfrac{\pi}{2}，k\pi+\dfrac{\pi}{2}\right)$ $(k\in\mathbf{Z})$，值域为 $(-\infty，+\infty)$，是以 π 为周期的周期函数，在有定义的区间上单调增加（如图 1-13 所示）.

余切函数 $y=\cot x$，定义域为 $(k\pi，(k+1)\pi)$ $(k\in\mathbf{Z})$，值域为 $(-\infty，+\infty)$，是以 π

为周期的周期函数，在有定义的区间上单调减少（如图 1-14 所示）.

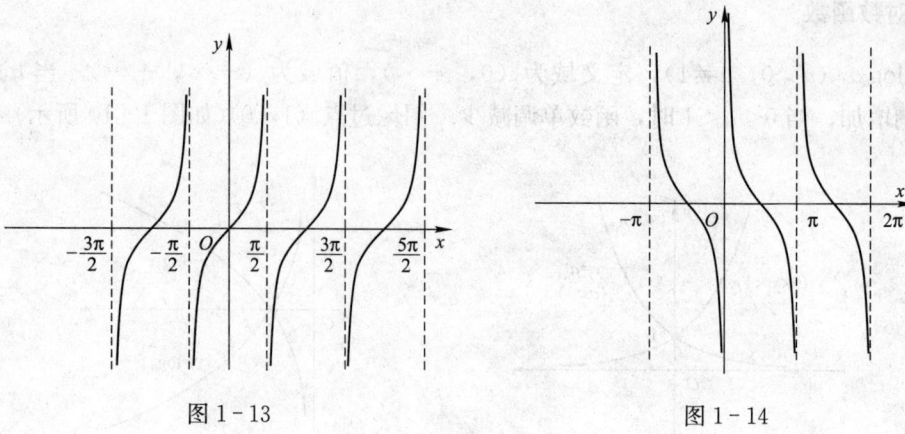

图 1-13   图 1-14

6. 反三角函数

正弦函数 $y=\sin x$ 在区间 $\left[-\dfrac{\pi}{2}，\dfrac{\pi}{2}\right]$ 上的反函数称为**反正弦函数**，记作 $y=\arcsin x$，定义域为 $[-1，1]$，值域为 $\left[-\dfrac{\pi}{2}，\dfrac{\pi}{2}\right]$（如图 1-15 所示）.

余弦函数 $y=\cos x$ 在区间 $[0，\pi]$ 上的反函数称为**反余弦函数**，记作 $y=\arccos x$，定义域为 $[-1，1]$，值域为 $[0，\pi]$（如图 1-16 所示）.

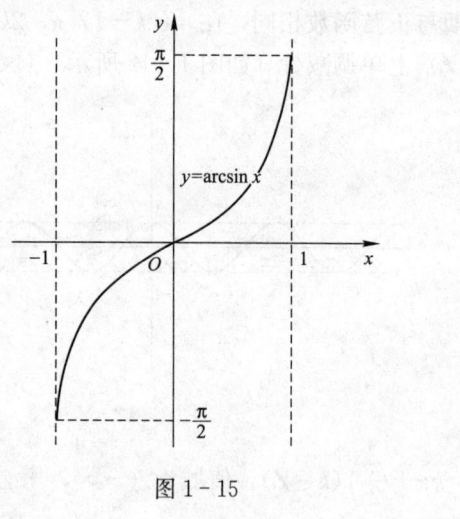

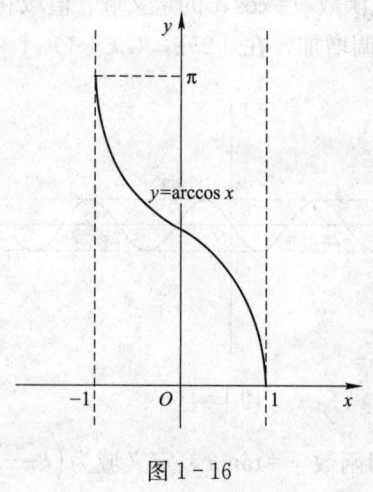

图 1-15   图 1-16

正切函数 $y=\tan x$ 在区间 $\left(-\dfrac{\pi}{2}，\dfrac{\pi}{2}\right)$ 上的反函数称为**反正切函数**，记作 $y=\arctan x$，

定义域为 $(-\infty, +\infty)$，值域为 $\left(-\dfrac{\pi}{2}, \dfrac{\pi}{2}\right)$（如图 1-17 所示）.

余切函数 $y=\cot x$ 在区间 $(0, \pi)$ 上的反函数称为**反余切函数**，记作 $y=\operatorname{arccot} x$，定义域为 $(-\infty, +\infty)$，值域为 $(0, \pi)$（如图 1-18 所示）.

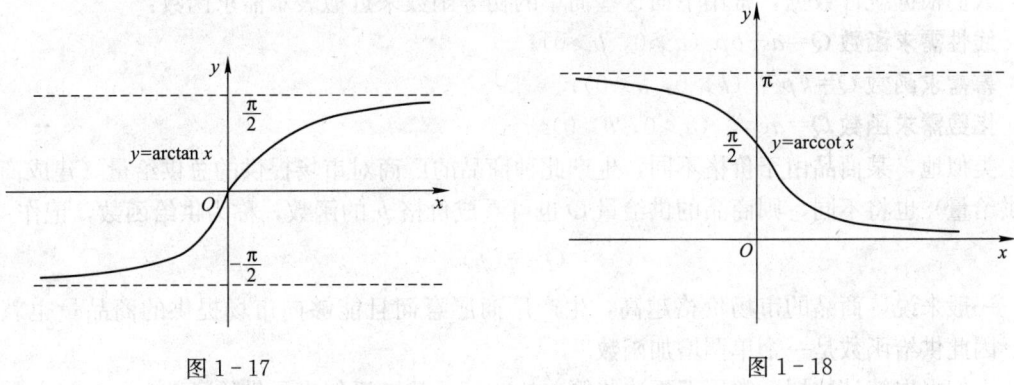

图 1-17　　　　　　　　　　　　　　　　图 1-18

在微积分中还会遇到正割函数和余割函数，它们的记号和定义分别为

$$\sec x=\frac{1}{\cos x}, \quad \csc x=\frac{1}{\sin x}$$

基本初等函数经过有限次四则运算和有限次复合运算所得到的函数，称为**初等函数**. 如 $y=1+x^2$，$y=x+\sin x$，$y=\ln(1+x^2)$，$y=\dfrac{a^x-2x}{1+\ln x}$.

初等函数包括的内容极其广泛. 此前所见到过的改为，凡是能够用一个解析式子表示的函数，都是初等函数. 分段表示的函数一般不是初等函数，但绝对值函数虽然是分段表示的，如 $|x|=\sqrt{x^2}$，却仍是初等函数. 本书研究的函数主要是初等函数.

1.1.6　常用的简单经济函数

用数学方法解决实际问题，首先要构建该问题的数学模型，即找出该问题的函数关系. 在经济分析中，对成本、价格、收益等经济量的关系的研究越来越受到人们的关注. 下面将介绍经济学中常用的几种函数.

1. 需求函数与供给函数

市场上某种商品的需求量除了与该商品的价格有关外，还受其他许多因素的影响，如消费者的收益，其他代用商品的价格和消费群体的大小等，这些因素是厂商无法控制的，且在一段时间内不会有太大变化. 因此假定除价格外，消费者的收益、代用商品的价格和消费群体大小等因素都是常量，这样商品的需求量 Q 就成为价格 p 的函数，称为**需求函数**，记作

$$Q = f(p)$$

同时，$f(p)$ 的反函数 $p = f^{-1}(q)$ 也称为需求函数.

一般地，若商品的价格 p 上涨，则商品的需求量 Q 就减少，因此需求函数 Q 是价格 p 的单调减少函数.

人们根据统计数据，常用下面这些简单的初等函数来近似表示需求函数：

线性需求函数 $Q = a - bp$（$a > 0$，$b > 0$）；

幂需求函数 $Q = kp^{-\alpha}$（$k > 0$，$\alpha > 0$）；

指数需求函数 $Q = ae^{-bp}$（$a > 0$，$b > 0$）.

类似地，某商品由于价格不同，生产此种商品的厂商对市场提供的总供给量（建成商品的供给量）也将不同，则商品的供给量 Q 也可看成价格 p 的函数，称为**供给函数**，记作

$$Q = \varphi(p)$$

一般来说，商品的市场价格越高，生产厂商愿意而且能够向市场提供的商品量也就越多，因此供给函数是一个单调增加函数.

人们根据统计数据，常用下面这些简单的初等函数来近似表示供给函数：

线性供给函数 $Q = ap - b$（$a > 0$，$b > 0$）；

幂供给函数 $Q = kp^{\alpha}$（$k > 0$，$\alpha > 0$）；

指数供给函数 $Q = ae^{bp}$（$a > 0$，$b > 0$）.

如果市场上某商品的需求量恰好等于供给量，则称该种商品市场处于**平衡状态**，这时的商品价格称为**市场平衡价格**.

某商品的需求曲线与供给曲线的交点，称为该商品的**市场平衡点**（如图 1 - 19 所示）. 显然平衡点的坐标就是平衡价格和供给量（需求量）.

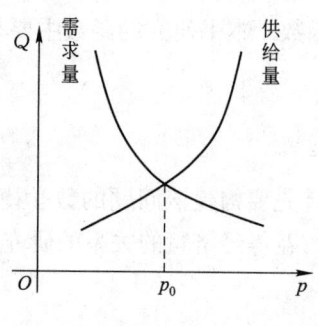

图 1 - 19

【例 1 - 11】 已知某商品的供给函数是 $Q = \dfrac{2p}{3} - 4$，需求函数是 $Q = 50 - \dfrac{4p}{3}$，求该商品市场处于平衡状态下的价格（元）和商品的需求量（万件）.

解 列为方程组

$$\begin{cases} Q = \dfrac{2p}{3} - 4 \\ Q = 50 - \dfrac{4}{3}p \end{cases}$$

解得 $Q = 14$，$p = 27$，即市场平衡价格为 27 元，需求量为 14 万件.

2. 成本函数

成本是指生产一定数量产品所需要的各种生产要素投入的费用总额，它由固定成本和可变成本两部分组成. **固定成本**是指支付固定生产要素的费用，包括厂房和机器设备的固定投资、设备折旧费及管理人员工资等与产量无关的成本. **可变成本**是指支付可变生产要素的费用，包括原材料费、动力费及生产工人的工资，它随着产量的变动而变动.

在经济数学中，通常把描述成本与固定成本和可变成本的关系式称为**成本函数**. 若产量为 q，固定成本为 C_0，可变成本为 $C_1(q)$，则成本函数为

$$C(q) = C_0 + C_1(q)$$

显然，成本函数 $C(q)$ 是 q 的单调增加函数. 最简单的成本函数是线性成本函数 $C(q) = a + bq$，其中 a 和 b 为正常数，a 为固定成本，bq 为可变成本.

$\dfrac{C(q)}{q}$ 称为**平均成本函数**，即单位产品的成本，记作 $\overline{C}(q) = \dfrac{C(q)}{q}$.

3. 收益函数与利润函数

总收益是生产者出售一定数量产品所得到的全部收益. 在经济数学中，通常把描述收益、单价和销售量之间相依关系的数学表达式称为**收益函数**. 如果产品的单位售价为 p，销售量为 q，则总收益函数为

$$R(q) = pq$$

其中 p 可以是给定的常数，也可以是销售量 q 的函数 $p = f(q)$，那么

$$R(q) = f(q)q$$

单位产品的收益 $\dfrac{R(q)}{q}$ 称为**平均收益函数**，记作 $\overline{R}(q) = \dfrac{R(q)}{q}$.

总利润是生产中获得的总收益与投入的总成本之差. 则总利润函数为

$$L(q) = R(q) - C(q)$$

【例 1 - 12】　设生产某种产品 q 件的总成本为 $C(q) = 4q + 600$（单位：元），

（1）求平均成本函数和当 $q = 200$ 时的平均成本；

（2）假若每天至少能卖出 200 件产品，为了不亏本，该产品的单位售价至少应定为多少元？

（3）假若生产厂家计划总利润为总成本的 20%，问每天卖出 q 件产品的单位售价应为多少元？

解 （1）平均成本函数为 $\overline{C}(q)=\dfrac{C(q)}{q}=4+\dfrac{600}{q}$，当 $q=200$ 时，平均成本函数为

$\overline{C}(200)=7$（元）.

（2）为了不亏本，必须每天售出 200 件产品的总收益与总成本相等. 设此时产品的单价为 p，则有

$$200p=4\times200+600=1\ 400$$

解得 $p=7$（元）. 因此，为了不亏本，单位售价至少应定为 7 元.

以上的结果表明，平均成本等于最低不亏本价格.

（3）设产品单价为 p，则总利润函数为

$$L(q)=pq-C(q)$$

根据假设，总利润为 $0.2C(q)$，于是

$$0.2C(q)=pq-C(q)$$

由此得

$$pq=1.2C(q)=1.2(4q+600)$$

解得

$$p=4.8+\frac{720}{q}（元）$$

例如，每天售出 200 件时，单位售价为 8.4 元.

习题 1.1

1. 叙述函数的定义，并指出下列各题中的两个函数是否相同，为什么？

    （1）$y=\dfrac{x^2}{x}$ 与 $y=x$ （2）$y=\ln x^2$ 与 $y=2\ln x$

    （3）$y=\sqrt{x^2}$ 与 $y=x$ （4）$y=\dfrac{x^4-1}{x^2+1}$ 与 $y=x^2-1$

2. 求下列函数的定义域.

    （1）$y=\dfrac{1}{1-x}$ （2）$y=\ln(x^2-4)$

    （3）$y=\sqrt{\dfrac{1+x}{1-x}}$ （4）$y=\arccos\dfrac{2x}{1+x}$

3. 设 $f(x)$ 的定义域为 $(0,1)$，求 $f(\tan x)$ 的定义域.

4. 指出下列函数中哪些是奇函数，哪些是偶函数.

    （1）$y=\ln(x^2+1)$ （2）$y=x^2\sin x$

    （3）$y=x^2+\sin x$ （4）$y=|1+x|$

5. 任意两个函数是否都可以复合成一个复合函数？是否可以用例子说明？

6. 设 $f(x)=\dfrac{1}{1-x}$，求：(1) $f[f(x)]$；(2) $f\{f[f(x)]\}$.

7. 设一个无盖的圆柱形容器的容积为 V，试将其表面积 S 表示成底面半径 r 的函数.

8. 现行国内长途电话的计费标准为通话距离 800 千米以上每分钟收费 1.00 元，800 千米以下（含 800 千米）每分钟收费 0.80 元，试将每分钟通话费表示为通话距离的函数.

9. 设某产品每件售价为 1 200 元，每月可销售 1 000 件，若每件售价为 1 000 元，则每月可多销售 300 件. 求该产品的线性需求函数，并将销售收益表示成销售量 q 的函数.

10. 已知某产品的固定成本为 1 000 元，产量为 q 件，每生产一件产品成本增加 6 元，又设每件产品的销售价格为 10 元，若产品能够全部售出，求总成本函数 $C(q)$、总收益函数 $R(q)$ 和利润函数 $L(q)$.

11. 某厂生产的每只手表的可变成本为 30 元，每天的固定成本为 2 000 元，若每只手表的出厂价为 40 元，问：该厂每天至少生产多少只手表才能不亏本？

1.2　函数的极限

极限是微积分学中一个重要的基本概念. 微积分课程的基本内容就是用极限的观点去观察函数的变化特征，并由此计算某些重要的量. 微积分中其他的一些重要概念，如微分、积分和级数等，都是建立在极限概念的基础上的. 因此，有关极限的概念、理论和方法自然成为微积分学的理论基石. 本节将介绍数列极限与函数极限的概念、性质及基本计算方法等.

1.2.1　极限的概念

极限的概念是从解决某些实际问题得来的. 早在两千年前就有了极限思想的萌芽，例如在求圆的面积问题时，我国古代数学家刘徽所创立的"割圆术"——利用圆内接正多边形的面积来近似计算圆的面积的方法，就是极限思想在几何学上的应用（如图 1-20 所示）.

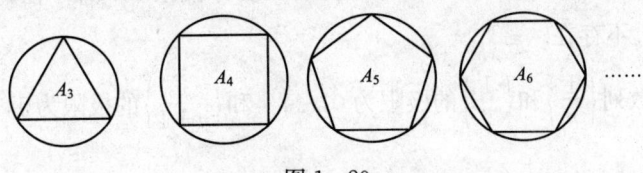

图 1-20

1. 数列极限

一个以正整数集合为定义域的函数 $x_n=f(n)$，$n=1$, 2, 3, $\cdots$，当自变量 n 按 1, 2, 3, $\cdots$ 依次增大的顺序取值时，函数值按相应顺序排成的一个序列

$$x_1,\ x_2,\ x_3,\ \cdots,\ x_n,\ \cdots$$

称为**数列**，记作 $\{x_n\}$，其中第 n 项 x_n 称为数列的**一般项**或**通项**. 例如

(1) $\{1\}$: $1,\ 1,\ \cdots,\ 1,\ \cdots$

(2) $\left\{\dfrac{1}{n}\right\}$: $1,\ \dfrac{1}{2},\ \cdots,\ \dfrac{1}{n}\cdots$

(3) $\left\{\dfrac{n}{n+1}\right\}$: $\dfrac{1}{2},\ \dfrac{2}{3},\ \cdots,\ \dfrac{n}{n+1},\ \cdots$

(4) $\left\{\dfrac{1}{2^n}\right\}$: $\dfrac{1}{2},\ \dfrac{1}{4},\ \cdots,\ \dfrac{1}{2^n}\cdots$

(5) $\{2^n\}$: $2,\ 4,\ \cdots,\ 2^n,\ \cdots$

(6) $\{(-1)^n\}$: $-1,\ 1,\ \cdots,\ (-1)^n,\ \cdots$

由数列定义知，数列是一类特殊的函数.

在研究数列 $\{x_n\}$ 时，就是研究当 n 无限增大时，其通项 x_n 的变化趋势. 现在观察上述数列 (1)~(6)，数列 $\{1\}$ 是一个常数列，当 n 无限增大时，x_n 始终为 1；数列 $\left\{\dfrac{1}{n}\right\}$ 和 $\left\{\dfrac{1}{2^n}\right\}$ 都随着 n 的无限增大，x_n 无限趋近于 0；数列 $\left\{\dfrac{n}{n+1}\right\}$ 随着 n 的无限增大，x_n 无限趋近于 1；数列 $\{2^n\}$ 随着 n 的无限增大，x_n 也无限增大；数列 $\{(-1)^n\}$，当 n 按奇数无限增大时，x_n 始终为 -1，当 n 按偶数无限增大时，x_n 始终为 1，因此，当 n 无限增大时，x_n 没有明确的趋势.

通过前面的观察可以发现，当 n 无限增大时，数列 (1)~(4) 中的 x_n 都无限地趋近于某一个确定的常数 a，而数列 (5) 和 (6) 中的 x_n 都不趋近于某个确定的常数. 由于数列的这两种变化趋势，对于研究一般变量的变化趋势至关重要，因此，将它概括成下面的直观描述性定义.

> **定义 1-4（描述性定义）** 对于数列 $\{x_n\}$，若存在一个常数 a，当 n 无限增大时（记作 $n\to\infty$），x_n 与 a 无限接近，则 a 称为**数列** $\{x_n\}$ **的极限**，记作
> $$\lim_{n\to\infty}x_n=a \quad 或 \quad x_n\to a\ (n\to\infty)$$

若数列 $\{x_n\}$ 有极限，则称数列 $\{x_n\}$ **收敛**，或称极限 $\lim\limits_{n\to\infty}x_n$ 存在；否则称数列 $\{x_n\}$ **发散**，或极限 $\lim\limits_{n\to\infty}x_n$ 不存在.

由定义可知，数列 $\left\{\dfrac{1}{n}\right\}$ 和 $\left\{\dfrac{1}{2^n}\right\}$ 的极限为 0，$\{1\}$ 和 $\left\{\dfrac{n}{n+1}\right\}$ 的极限为 1，$\{2^n\}$ 和 $\{(-1)^n\}$ 不存在极限.

定义 1-4 是关于数列极限的一个定性描述. 定义中所谓 x_n 无限趋近于 a，意思是说，当 n 充分大时，x_n 可以与 a 任意地接近，而且要多么接近就能多么接近，也就是 x_n 与 a 之间的距离可以任意地小，想要多小，就能有多小. 那么，怎样去精确地刻画这种无限接近的含义呢？下面结合数列 $\left\{\dfrac{n}{n+1}\right\}$，用数学语言来刻画.

数列 $\left\{\dfrac{n}{n+1}\right\}$ 的极限是 1. x_n 与常数 1 的接近程度可用 $|x_n-1|=\left|\dfrac{n}{n+1}-1\right|=\dfrac{1}{n+1}$ 小于某个任意给定的正数 ε 来表示. 若要 x_n 与常数 1 的距离小于 0.1, 即 ε 取 0.1, 使得 $\left|\dfrac{n}{n+1}-1\right|=\dfrac{1}{n+1}<0.1$, 则只需 $n>9$, 即对于 x_9 以后的任一项 x_{10}, x_{11}, $\cdots$ 都能满足 $\left|\dfrac{n}{n+1}-1\right|<0.1$; 若要 x_n 与常数 1 的距离小于 0.01, 即 ε 取 0.01, 使得 $\left|\dfrac{n}{n+1}-1\right|=\dfrac{1}{n+1}<0.01$, 则只需 $n>99$, 即对于 x_{99} 以后的任一项 x_{100}, x_{101}, $\cdots$ 都能满足 $\left|\dfrac{n}{n+1}-1\right|<0.01$. 一般地, 对于任意给定的正数 ε, 只要 $n>\dfrac{1}{\varepsilon}-1$, 就有 $\left|\dfrac{n}{n+1}-1\right|<\varepsilon$, 即第 $\left[\dfrac{1}{\varepsilon}\right]-1$ 项以后所有项均满足 $\left|\dfrac{n}{n+1}-1\right|<\varepsilon$. 因此, 对于数列 $\left\{\dfrac{n}{n+1}\right\}$, "当 n 无限增大时, $\dfrac{n}{n+1}$ 无限趋近于 1" 可以描述为: 对于任意给定的 $\varepsilon>0$, 总存在正整数 $N=\left[\dfrac{1}{\varepsilon}\right]-1$, 当 $n>N$ 时, 有 $\left|\dfrac{n}{n+1}-1\right|<\varepsilon$ 成立. 由此我们给出数列极限的精确定义.

> **定义 1-5(ε-N 分析定义)**　设有数列 $\{x_n\}$, 若存在一个常数 a, 对于任意给定的正数 ε（无论多么小）, 总存在正整数 N, 使得当 $n>N$ 时, 恒有 $|x_n-a|<\varepsilon$ 成立, 则称数列 $\{x_n\}$ 以 a 为**极限**, 或称数列 $\{x_n\}$ **收敛于** a, 记作
> $$\lim_{n\to\infty}x_n=a \quad 或 \quad x_n\to a\ (n\to\infty)$$

若不存在这样的常数 a, 则称数列 $\{x_n\}$ 没有极限, 或者称数列 $\{x_n\}$ **发散**, 习惯上也称极限 $\lim\limits_{n\to\infty}x_n$ 不存在.

由定义可知, 若数列 $\{x_n\}$ 收敛于 a, 则对于任意给定的正数 ε, 总存在正整数 N, 使得从 $N+1$ 项以后的所有 x_n 都落在 a 点的 ε 邻域 $U(a, \varepsilon)$ 内（如图 1-21 所示）.

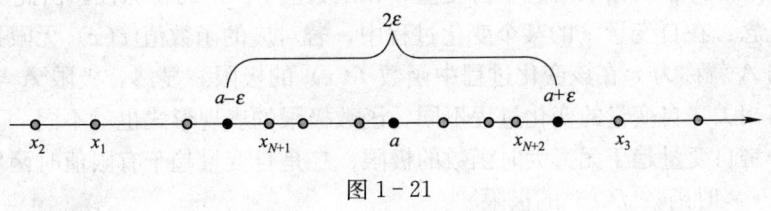

图 1-21

【例 1-13】利用定义证明 $\lim\limits_{n\to\infty}\dfrac{n+(-1)^{n-1}}{n}=1$.

证明　记 $x_n=\dfrac{n+(-1)^{n-1}}{n}$, 对于任意给定的 $\varepsilon>0$, 因为

$$|x_n-1|=\left|\dfrac{n+(-1)^{n-1}}{n}-1\right|=\dfrac{1}{n}$$

所以要使 $|x_n-1|<\varepsilon$ 成立，只需 $\dfrac{1}{n}<\varepsilon$，即 $n>\dfrac{1}{\varepsilon}$. 因此可取正整数 $N=\left[\dfrac{1}{\varepsilon}\right]$，则当 $n>N$ 时，有

$$|x_n-1|=\frac{1}{n}\leqslant\frac{1}{N+1}<\varepsilon$$

故

$$\lim_{n\to\infty}\frac{n+(-1)^{n-1}}{n}=1$$

【例 1-14】 设 $|q|<1$，证明等比数列

$$1,\ q,\ q^2,\ \cdots,\ q^{n-1},\ \cdots$$

的极限是 0.

证明 $\forall\varepsilon>0$（设 $\varepsilon<1$），因为

$$|x_n-0|=|q^{n-1}-0|=|q|^{n-1}$$

要使 $|x_n-0|<\varepsilon$，只要

$$|q|^{n-1}<\varepsilon$$

取自然对数，得 $(n-1)\ln|q|<\ln\varepsilon$. 因为 $|q|<1$，$\ln|q|<0$，故

$$n>1+\frac{\ln\varepsilon}{\ln|q|}$$

取 $N=\left[1+\dfrac{\ln\varepsilon}{\ln|q|}\right]$，则当 $n>N$ 时，就有

$$|q^{n-1}-0|<\varepsilon$$

即 $\lim\limits_{n\to\infty}q^{n-1}=0$.

2. 函数极限

由于数列 $\{x_n\}$ 可以看做是自变量取正整数 n 时的函数 $x_n=f(n)$，因此数列是函数的一种特殊情况. 撇开数列极限概念中自变量 n 和函数值 $f(n)$ 的特殊性，由此引出函数 $f(x)$ 极限的一般概念：在自变量 x 的某个变化过程中，若对应的函数值 $f(x)$ 无限接近于某个确定的数 A，则 A 就称为 x 在该变化过程中函数 $f(x)$ 的极限. 显然，极限 A 与自变量 x 的变化过程密切相关，自变量的变化过程不同，函数极限的表现形式也就不同. 下面分两种情况来讨论：一是自变量趋于无穷大时函数的极限；二是自变量趋于有限值时函数的极限.

（1）当 $x\to\infty$ 时函数 $f(x)$ 的极限

以函数 $f(x)=\dfrac{1}{x}$ 为例，讨论当 $x\to\infty$ 时，函数 $f(x)=\dfrac{1}{x}$ 的变化趋势.

观察函数 $f(x)=\dfrac{1}{x}$ 的图形（图 1-22）可知，当 $x\to\infty$ 时，函数 $f(x)=\dfrac{1}{x}$ 无限趋近于常数 0. 从直观上可知，当 $x\to\infty$ 时，0 是函数 $f(x)=\dfrac{1}{x}$ 的极限. 下面给出 $x\to\infty$ 时函数的极限定义.

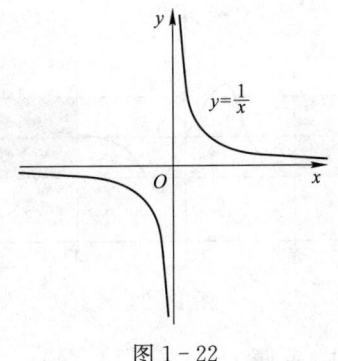

图 1 - 22

定义 1 - 6（描述性定义） 对于函数 $f(x)$，当 $x \to \infty$ 时，若函数 $f(x)$ 无限趋近于某一个常数 A，则称当 $x \to \infty$ 时，函数 $f(x)$ 的极限存在，且 A 称为函数 $f(x)$ 当 $x \to \infty$ 时的极限，记作

$$\lim_{x \to \infty} f(x) = A \quad 或 \quad f(x) \to A \ (x \to \infty)$$

由定义 1 - 6 可知，$\lim\limits_{x \to \infty} \dfrac{1}{x} = 0$.

类似地，可以分别给出 $x \to +\infty$ 和 $x \to -\infty$ 时函数 $f(x)$ 的极限定义.

定义 1 - 7（描述性定义） 对于函数 $f(x)$，当 $x \to +\infty$（或者 $x \to -\infty$）时，若函数 $f(x)$ 无限趋近于某一个常数 A，则称当 $x \to +\infty$（或者 $x \to -\infty$）时，函数 $f(x)$ 的极限存在，且当 $x \to +\infty$（或者 $x \to -\infty$）时，A 称为函数 $f(x)$ 的极限，记作

$$\lim_{x \to +\infty} f(x) = A \quad 或 \quad f(x) \to A \ (x \to +\infty)$$

$$(或者 \lim_{x \to -\infty} f(x) = A \quad 或 \quad f(x) \to A \ (x \to -\infty))$$

与数列极限类似，也可以给出 $x \to \infty$ 时函数 $f(x)$ 极限的精确性定义.

定义 1 - 8（$\varepsilon\text{-}X$ 分析定义） 设函数 $f(x)$ 在 $|x| > 0$ 时有定义，若存在一个常数 A，对于任意给定的正数 ε（无论多么小），总存在正数 X，使得当 $|x| > X$ 时，恒有 $|f(x) - A| < \varepsilon$ 成立，则称当 $x \to \infty$ 时常数 A 为函数 $f(x)$ 的**极限**，记作

$$\lim_{x \to \infty} f(x) = A \quad 或 \quad f(x) \to A \ (x \to \infty)$$

从几何上看，若 $\lim\limits_{x \to \infty} f(x) = A$，则对于任意给定的 $\varepsilon > 0$，总存在正数 X，使得当 $x \in (-\infty, -X) \bigcup (X, +\infty)$ 时，函数 $f(x)$ 的图形位于两条直线 $y = A - \varepsilon$ 和 $y = A + \varepsilon$ 之间（如图 1 - 23 所示）.

同理可以给出 $x \to +\infty$，$x \to -\infty$ 时函数极限的精确定义.

【例 1 - 15】 用极限定义证明 $\lim\limits_{x \to \infty} \dfrac{\sin x}{x} = 0$.

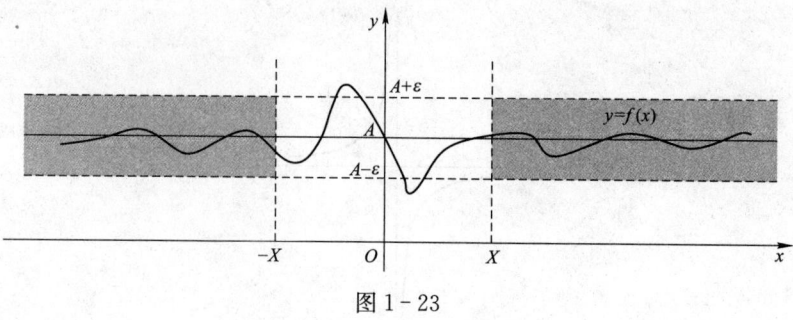

图 1 - 23

证明 对于任意给定的 $\varepsilon > 0$，要使

$$\left| \frac{\sin x}{x} - 0 \right| = \left| \frac{\sin x}{x} \right| \leqslant \frac{1}{|x|} < \varepsilon$$

成立，只需 $|x| > \dfrac{1}{\varepsilon}$. 从而取 $X = \dfrac{1}{\varepsilon}$，则当 $|x| > X$ 时，必有

$$\left| \frac{\sin x}{x} - 0 \right| \leqslant \frac{1}{|x|} < \frac{1}{X} = \varepsilon$$

故

$$\lim_{x \to \infty} \frac{\sin x}{x} = 0$$

（2）当 $x \to x_0$ 时函数 $f(x)$ 的极限

以函数 $f(x) = \dfrac{x^2 - 1}{x - 1}$ 为例，讨论当 $x \to 1$ 时，函数 $f(x) = \dfrac{x^2 - 1}{x - 1}$ 的变化趋势.

$$f(x) = \frac{x^2 - 1}{x - 1} = x + 1, \ x \neq 1$$

观察函数 $f(x) = \dfrac{x^2 - 1}{x - 1}$ 的图形（如图 1 - 24）可知，当 $x \to 1$ 时，即自变量 x 从 1 的左右两侧沿 x 轴向 1 趋近时，函数 $f(x) = \dfrac{x^2 - 1}{x - 1}$ 无限趋近于常数 2. 这样，从直观上得出：当 $x \to 1$ 时，2 就是函数 $f(x) = \dfrac{x^2 - 1}{x - 1}$ 的极限. 下面给出 $x \to x_0$ 时函数的极限定义.

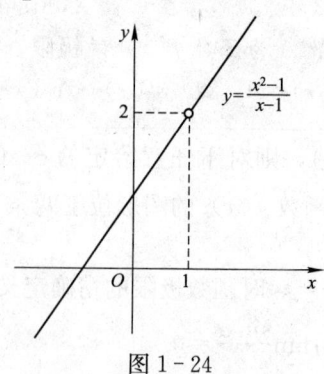

图 1 - 24

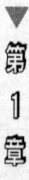

定义1-9（描述性定义） 设函数 $f(x)$ 在 x_0 的某空心邻域内有定义，当 $x \to x_0$ 时，若函数 $f(x)$ 无限地趋近于某一个常数 A，则称当 $x \to x_0$ 时，函数 $f(x)$ 的极限存在，且称当 $x \to x_0$ 时 A 为函数 $f(x)$ 的极限，记作

$$\lim_{x \to x_0} f(x) = A \quad \text{或} \quad f(x) \to A \ (x \to x_0)$$

由定义可知，$\lim\limits_{x \to 1} \dfrac{x^2-1}{x-1} = 2$.

需要说明的是，自变量 $x \to x_0$ 是指 x 无限趋近于 x_0，但是不等于 x_0. 因此，当考虑 $f(x)$ 在 $x \to x_0$ 条件下的变化趋势时，只需在点 x_0 的某一个空心邻域内考虑就可以，因为我们只关心函数 $f(x)$ 在 x_0 点附近的变化趋势，而与 $f(x)$ 在 x_0 点有无定义无关.

函数 $f(x)$ 在 $x \to x_0$ 时的极限概念中，对于 x 是从 x_0 的左侧趋向于 x_0 还是从 x_0 的右侧趋向于 x_0 是不加区分的，但有时只能或只需考虑 x 仅从 x_0 的左侧趋向于 x_0（$x \to x_0^-$）的情形，或 x 仅从 x_0 的右侧趋向于 x_0（$x \to x_0^+$）的情形. 例如，在函数定义区间的端点或分段函数的分段点处，就需要考虑这种情形. 下面就给出这两种情形下函数 $f(x)$ 的极限定义.

定义1-10（描述性定义） 对于函数 $f(x)$，当 $x \to x_0^-$（或者 $x \to x_0^+$）时，若函数 $f(x)$ 无限趋近于某一个常数 A，则称当 $x \to x_0^-$（或者 $x \to x_0^+$）时，常数 A 为函数 $f(x)$ 的**左极限**（或者**右极限**），记作

$$\lim_{x \to x_0^-} f(x) = A \quad \text{或} \quad f(x) \to A \ (x \to x_0^-)$$

$$\left(\text{或者} \lim_{x \to x_0^+} f(x) = A \quad \text{或} \quad f(x) \to A \ (x \to x_0^+)\right)$$

有时也可简记作

$$f(x_0 - 0) = A \ (\text{或者} \ f(x_0 + 0) = A)$$

其中 $x \to x_0^-$（或者 $x \to x_0^+$）表示 $x < x_0$（或者 $x > x_0$），且 x 趋向于 x_0，即 x 从 x_0 的左（右）侧趋向于 x_0.

左极限和右极限统称为**单侧极限**.

函数的极限和左、右极限之间有如下关系：

定理1-1 $\lim\limits_{x \to x_0} f(x)$ 存在且等于 A 的充分必要条件为 $\lim\limits_{x \to x_0^-} f(x)$ 和 $\lim\limits_{x \to x_0^+} f(x)$ 都存在且都等于 A，即有

$$\lim_{x \to x_0} f(x) = A \Leftrightarrow \lim_{x \to x_0^-} f(x) = \lim_{x \to x_0^+} f(x) = A$$

我们也可以给出 $x \to x_0$ 时函数 $f(x)$ 极限的精确性定义.

> **定义 1-11（ε-δ 分析定义）** 设函数 $f(x)$ 在 x_0 的某空心邻域内有定义，若存在一个常数 A，对于任意给定的正数 ε（无论多么小），总存在正数 δ，使得当 $0<|x-x_0|<\delta$ 时，恒有 $|f(x)-A|<\varepsilon$ 成立，则称当 $x\to x_0$ 时，常数 A 为函数 $f(x)$ 的**极限**，记作
> $$\lim_{x\to x_0}f(x)=A \quad 或 \quad f(x)\to A \ (x\to x_0)$$

从几何上看，若 $\lim\limits_{x\to x_0}f(x)=A$，则对于任意给定的正数 ε，总存在正数 δ，使得当 $x\in(x_0-\delta,\ x_0)\bigcup(x_0,\ x_0+\delta)$ 时，函数 $f(x)$ 的图形位于两条直线 $y=A-\varepsilon$ 和 $y=A+\varepsilon$ 之间（如图 1-25 所示）.

同理可以给出 $x\to x_0^-$ 及 $x\to x_0^+$ 时函数极限的精确定义.

【例 1-16】 用定义证明 $\lim\limits_{x\to x_0}C=C$（$C$ 为常数）.

证明 因为 $|f(x)-A|=|C-C|=0$，所以对任意的 $\varepsilon>0$ 和 $\delta>0$，当 $0<|x-x_0|<\delta$ 时，恒有 $|C-C|<\varepsilon$，故 $\lim\limits_{x\to x_0}C=C$.

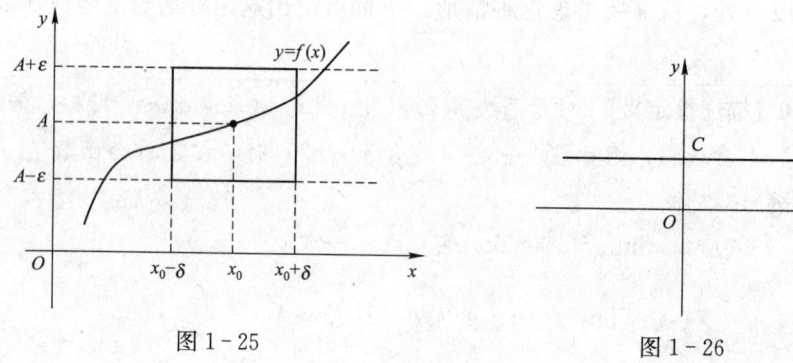

图 1-25　　　　　　　　　图 1-26

【例 1-17】 证明 $\lim\limits_{x\to 1}(2x-1)=1$.

证明 因为 $|f(x)-A|=|(2x-1)-1|=2|x-1|$，所以对于任意给定的 $\varepsilon>0$，令 $\delta=\dfrac{\varepsilon}{2}$，则当 $0<|x-1|<\delta$ 时，有 $|(2x-1)-1|<\varepsilon$，故 $\lim\limits_{x\to 1}(2x-1)=1$.

【例 1-18】 讨论函数 $f(x)=\begin{cases}x-1,&x<0\\0,&x=0\\x+1,&x>0\end{cases}$ 当 $x\to 0$ 时的极限.

解 因为
$$f(0-0)=\lim_{x\to 0^-}f(x)=\lim_{x\to 0^-}(x-1)=-1$$
$$f(0+0)=\lim_{x\to 0^+}f(x)=\lim_{x\to 0^+}(x+1)=1$$
显然 $f(0-0)\neq f(0+0)$，所以 $\lim\limits_{x\to 0}f(x)$ 不存在.

1.2.2 极限的性质与运算法则

为了解决函数极限的计算问题，下面将介绍函数极限的性质及运算法则.

1. 函数极限的性质

这里不加证明地给出函数极限的一些性质.

性质 1 （唯一性） 若 $\lim\limits_{x \to x_0} f(x)$ 存在，则极限值是唯一的.

性质 2 （局部有界性） 若极限 $\lim\limits_{x \to x_0} f(x)$ 存在，则函数 $f(x)$ 在 x_0 的某个空心邻域内有界.

性质 3 （局部保号性） 设 $\lim\limits_{x \to x_0} f(x) = A$，

(1) 若 $A > 0$（或 $A < 0$），则函数 $f(x)$ 在 x_0 的某个空心邻域内恒有 $f(x) > 0$（或 $f(x) < 0$）；

(2) 若在 x_0 的某个空心邻域内恒有 $f(x) \geqslant 0$（或 $f(x) \leqslant 0$），则 $A \geqslant 0$（或 $A \leqslant 0$）.

上述性质中，将极限过程换成左极限、右极限或无穷远处的极限时结论仍然成立，这里不再赘述.

2. 函数极限的运算法则

为了求比较复杂的函数的极限，下面介绍极限的四则运算和复合运算法则. 在这里，使用了一个省略符号 $\lim$，而没有涉及具体的自变量变化过程，$\lim$ 表示在自变量的所有变化形式下都适用.

> **定理 1-2 （四则运算法则）** 若对自变量的同一变化过程，$\lim f(x) = A$，$\lim g(x) = B$，则有
>
> (1) $\lim[f(x) \pm g(x)] = \lim f(x) + \lim g(x) = A + B$
>
> (2) $\lim[f(x) \cdot g(x)] = \lim f(x) \cdot \lim g(x) = AB$
>
> (3) $\lim \dfrac{f(x)}{g(x)} = \dfrac{\lim f(x)}{\lim g(x)} = \dfrac{A}{B}$，其中 $B \neq 0$

应注意，本定理成立的前提条件是 $f(x)$ 与 $g(x)$ 的极限必须存在. 另外，定理中的 (1) 和 (2) 可以推广到任何有限多个函数的情形.

推论 1 若 $\lim f(x) = A \neq \infty$，则有

(1) $\lim[C \cdot f(x)] = C \cdot \lim f(x) = CA$，其中 C 为常数；

(2) $\lim[f(x)]^n = [\lim f(x)]^n = A^n$，其中 n 为正整数.

【例 1-19】 求 $\lim\limits_{x \to 2}(2x^3 - 4x + 3)$.

解 $\lim\limits_{x \to 2}(2x^3 - 4x + 3) = 2(\lim\limits_{x \to 2} x^3) - 4\lim\limits_{x \to 2} x + \lim\limits_{x \to 2} 3 = 2 \times 2^3 - 4 \times 2 + 3 = 11$

【例 1-20】 求 $\lim\limits_{x \to 1}\left(\dfrac{1}{1-x} - \dfrac{2}{1-x^2}\right)$.

解 当 $x \to 1$ 时，$\dfrac{1}{x-1}$ 和 $\dfrac{2}{1-x^2}$ 均为无穷大，所以不能直接用四则运算的形式来求极限，可以利用先通分再消去零因子的方法，有

$$\frac{1}{1-x} - \frac{2}{1-x^2} = \frac{(1+x)-2}{1-x^2} = -\frac{1-x}{1-x^2} = -\frac{1}{1+x}$$

所以

$$\lim_{x \to 1}\left(\frac{1}{1-x} - \frac{2}{1-x^2}\right) = \lim_{x \to 1}\left(-\frac{1}{1+x}\right) = \frac{-1}{\lim\limits_{x \to 1}(1+x)} = -\frac{1}{2}$$

【例 1 – 21】 求 $\lim\limits_{x \to \infty} \dfrac{3x^3+4x^2+2}{7x^3+5x^2-3}$.

解 当 $x \to \infty$ 时分子、分母都是无穷大，所以不能直接用商的极限的运算法则，这种两个无穷大的比值的极限通常记作"$\dfrac{\infty}{\infty}$"，由于这种形式的极限可能存在，也可能不存在，因此这种极限通常称为未定式. 因为分子、分母关于 x 最高次幂是 x^3，所以可先用 x^3 同时去除分子、分母，然后取极限，得

$$\lim_{x \to \infty} \frac{3x^3+4x^2+2}{7x^3+5x^2-3} = \lim_{x \to \infty} \frac{3+\dfrac{4}{x}+\dfrac{2}{x^3}}{7+\dfrac{5}{x}-\dfrac{3}{x^3}} = \frac{3}{7}$$

【例 1 – 22】 求 $\lim\limits_{x \to 0} \dfrac{\sqrt{x+1}-1}{x}$.

解 当 $x \to 0$ 时分子、分母都为零，所以不能直接用商的极限法则. 这种"$\dfrac{0}{0}$"型的极限也是一种未定式. 在此可以先利用恒等变形，将函数进行"分子有理化"，然后取极限，得

$$\lim_{x \to 0} \frac{\sqrt{x+1}-1}{x} = \lim_{x \to 0} \frac{(\sqrt{x+1}-1)(\sqrt{x+1}+1)}{x(\sqrt{x+1}+1)} = \lim_{x \to 0} \frac{1}{\sqrt{x+1}+1} = \frac{1}{2}$$

下面给出极限的复合运算法则，该法则也是变量替换法的理论依据，因此也称变量替换法则.

定理 1 – 3（复合运算法则） 设函数 $y = f(u)$ 与 $u = \varphi(x)$ 构成复合函数 $y = f(\varphi(x))$，若

$$\lim_{x \to x_0} \varphi(x) = a, \ \lim_{u \to a} f(u) = A$$

且当 $0 < |x - x_0| < \delta \ (\delta > 0)$ 时，$\varphi(x) \neq a$，则当 $x \to x_0$ 时，复合函数 $y = f(\varphi(x))$ 的极限存在，且

$$\lim_{x \to x_0} f(\varphi(x)) = \lim_{u \to a} f(u) = A$$

上式表明，求 $\lim\limits_{x \to x_0} f(\varphi(x))$ 时，若作变量替换 $u = \varphi(x)$，当 $\lim\limits_{x \to x_0} \varphi(x) = a$ 时，就转化为求极限 $\lim\limits_{u \to a} f(u)$. 正因为如此，在求复合函数的极限时，可用变量替换的方法.

【例 1 - 23】 求 $\lim\limits_{x \to 2} \sqrt{\dfrac{x-2}{x^2-4}}$.

解　令 $u = \dfrac{x-2}{x^2-4}$，则

$$\lim_{x \to 2} u = \lim_{x \to 2} \frac{x-2}{x^2-4} = \lim_{x \to 2} \frac{1}{x+2} = \frac{1}{4}$$

于是

$$\lim_{u \to \frac{1}{4}} \sqrt{u} = \sqrt{\frac{1}{4}} = \frac{1}{2}$$

所以

$$\lim_{x \to 2} \sqrt{\frac{x-2}{x^2-4}} = \frac{1}{2}$$

1.2.3　两个重要极限

极限的四则运算是在极限存在的前提条件下进行的，下面首先不加证明地给出两个判定极限存在的准则，然后作为应用准则的例子，讨论两个重要极限.

定理 1 - 4（两边夹准则）　设在 x_0 的某空心邻域 $(x_0 - \delta, x_0) \bigcup (x_0, x_0 + \delta)$ 内，恒有

$$g(x) \leqslant f(x) \leqslant h(x)$$

其中 $\delta > 0$，且有 $\lim\limits_{x \to x_0} g(x) = \lim\limits_{x \to x_0} h(x) = A$，则极限 $\lim\limits_{x \to x_0} f(x)$ 存在，且

$$\lim_{x \to x_0} f(x) = A$$

对于其他函数极限的情形和数列极限也有类似的结果.

定理 1 - 5（单调有界准则）　单调有界数列必有极限.

定理 1 - 5 也可以叙述为：单调增加有上界的数列，则必有极限；或单调减少有下界的数列，则必有极限.

应用上面的准则，下面给出两个重要极限.

1. $\lim\limits_{x \to 0} \dfrac{\sin x}{x} = 1$

证明　当 $0 < x < \dfrac{\pi}{2}$ 时，在图 1 - 27 所示的单位圆中，取圆心角 $\angle AOB = x$（弧度），过

点 A 的切线与 OB 的延长线交于点 D，$BC \perp OA$.

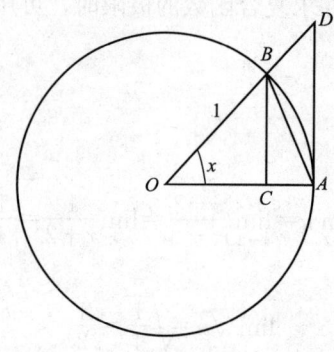

图 1-27

由图 1-27 可知，$\triangle AOB$ 的面积 < 扇形 AOB 的面积 < $\triangle AOD$ 的面积，即

$$\frac{1}{2}\sin x < \frac{1}{2}x < \frac{1}{2}\tan x$$

所以

$$\sin x < x < \tan x$$

从而

$$1 < \frac{x}{\sin x} < \frac{1}{\cos x}$$

故

$$\cos x < \frac{\sin x}{x} < 1$$

上式是当 $0 < x < \dfrac{\pi}{2}$ 时得到的，但用 $-x$ 代替 x 时上面不等式不改变，所以上式对于一切 $x \in$ $\left(-\dfrac{\pi}{2}, 0\right) \cup \left(0, \dfrac{\pi}{2}\right)$ 成立. 又由于

$$\lim_{x \to 0} \cos x = \cos 0 = 1, \quad \lim_{x \to 0} 1 = 1$$

所以由两边夹准则可得

$$\lim_{x \to 0} \frac{\sin x}{x} = 1$$

【例 1-24】 求 $\lim\limits_{x \to 0} \dfrac{\tan x}{x}$.

解 $\lim\limits_{x \to 0} \dfrac{\tan x}{x} = \lim\limits_{x \to 0} \dfrac{\sin x}{x} \cdot \dfrac{1}{\cos x} = \lim\limits_{x \to 0} \dfrac{\sin x}{x} \cdot \lim\limits_{x \to 0} \dfrac{1}{\cos x} = 1$

【例 1-25】 求 $\lim\limits_{x \to 0} \dfrac{1 - \cos x}{x^2}$.

解　$\lim\limits_{x\to 0}\dfrac{1-\cos x}{x^2}=\lim\limits_{x\to 0}\dfrac{2\sin^2\frac{x}{2}}{x^2}=\dfrac{1}{2}\lim\limits_{x\to 0}\left(\dfrac{\sin\frac{x}{2}}{\frac{x}{2}}\right)^2=\dfrac{1}{2}\cdot 1^2=\dfrac{1}{2}$

2. $\lim\limits_{x\to\infty}\left(1+\dfrac{1}{x}\right)^x=\mathrm{e}$

证明　下面先来考虑 x 取正整数 n 且 $n\to+\infty$ 的情形.

设 $x_n=\left(1+\dfrac{1}{n}\right)^n$，则有

$$x_n=\left(1+\dfrac{1}{n}\right)^n=1+\dfrac{n}{1!}\cdot\dfrac{1}{n}+\dfrac{n(n-1)}{2!}\cdot\dfrac{1}{n^2}+\cdots+\dfrac{n(n-1)\cdots(n-n+1)}{n!}\cdot\dfrac{1}{n^n}$$

$$=1+1+\dfrac{1}{2!}\left(1-\dfrac{1}{n}\right)+\cdots+\dfrac{1}{n!}\left(1-\dfrac{1}{n}\right)\left(1-\dfrac{2}{n}\right)\cdots\left(1-\dfrac{n-1}{n}\right)$$

类似地，有

$$x_{n+1}=\left(1+\dfrac{1}{n+1}\right)^{n+1}$$

$$=1+1+\dfrac{1}{2!}\left(1-\dfrac{1}{n+1}\right)+\cdots+\dfrac{1}{n!}\left(1-\dfrac{1}{n+1}\right)\left(1-\dfrac{2}{n+2}\right)\cdots\left(1-\dfrac{n-1}{n+1}\right)+$$

$$\dfrac{1}{(n+1)!}\left(1-\dfrac{1}{n+1}\right)\left(1-\dfrac{2}{n+2}\right)\cdots\left(1-\dfrac{n}{n+1}\right)$$

比较 x_n 和 x_{n+1} 的展开式，从第一项开始，x_n 的每一项都不大于 x_{n+1} 的对应项，并且 x_{n+1} 还多出最后一项，且该项大于零，因此 $x_n<x_{n+1}$，即数列 $\{x_n\}$ 是单调增加的.

又因为

$$x_n=1+1+\dfrac{1}{2!}\left(1-\dfrac{1}{n}\right)+\cdots+\dfrac{1}{n!}\left(1-\dfrac{1}{n}\right)\left(1-\dfrac{2}{n}\right)\cdots\left(1-\dfrac{n-1}{n}\right)$$

$$\leqslant 1+1+\dfrac{1}{2!}+\cdots+\dfrac{1}{n!}\leqslant 1+1+\dfrac{1}{2}+\cdots+\dfrac{1}{2^{n-1}}$$

$$=1+\dfrac{1-\frac{1}{2^n}}{1-\frac{1}{2}}=3-\dfrac{1}{2^{n-1}}<3$$

所以数列 $\{x_n\}$ 是有界的. 从而由单调有界准则可知，数列 $\{x_n\}$ 的极限存在. 通常用字母 e 来表示这个极限值，即

$$\lim\limits_{n\to+\infty}\left(1+\dfrac{1}{n}\right)^n=\mathrm{e}$$

其中 e 是一个无理数，且 $\mathrm{e}=2.718\,281\,828\,459\,04\cdots$.

对于 $\lim\limits_{x\to+\infty}\left(1+\dfrac{1}{x}\right)^x=\mathrm{e}$，可以利用 $\lim\limits_{n\to+\infty}\left(1+\dfrac{1}{n}\right)^n=\mathrm{e}$，以及对于任何 $x>1$，总存在正整数 n，使得 $n<x\leqslant n+1$，再用两边夹准则证明. 至于 $\lim\limits_{x\to-\infty}\left(1+\dfrac{1}{x}\right)^x=\mathrm{e}$，可以作代换 $x=-(t+1)$，则

当 $x \to -\infty$ 时 $t \to +\infty$，由 $\lim\limits_{t \to +\infty}\left(1+\dfrac{1}{t}\right)^t = e$ 可以得到. 于是

$$\lim_{x \to \infty}\left(1+\frac{1}{x}\right)^x = e$$

利用复合函数的极限运算法则，若令 $t = \dfrac{1}{x}$，则上式变为

$$\lim_{t \to 0}(1+t)^{\frac{1}{t}} = e$$

【例 1 - 26】 求 $\lim\limits_{x \to \infty}\left(1+\dfrac{2}{x}\right)^x$.

解 $\quad \lim\limits_{x \to \infty}\left(1+\dfrac{2}{x}\right)^x = \lim\limits_{x \to \infty}\left(1+\dfrac{1}{\frac{x}{2}}\right)^{\frac{x}{2} \cdot 2} = e^2$

【例 1 - 27】 求 $\lim\limits_{x \to \infty}\left(1-\dfrac{1}{x}\right)^{x+1}$.

解 $\quad \lim\limits_{x \to \infty}\left(1-\dfrac{1}{x}\right)^{x+1} = \lim\limits_{x \to \infty}\left[\left(1+\dfrac{1}{-x}\right)^{-x}\right]^{-1}\left(1-\dfrac{1}{x}\right) = e^{-1} \cdot 1 = e^{-1}$

【例 1 - 28】 求 $\lim\limits_{x \to 0}(1+x^2)^{x^{-2}}$.

解 $\quad \lim\limits_{x \to 0}(1+x^2)^{x^{-2}} = \lim\limits_{x \to 0}(1+x^2)^{\frac{1}{x^2}} = e$

【例 1 - 29】(连续复利问题) 设有一笔本金 A_0 存入银行，年利率为 r，则一年末的本利和为

$$A_1 = A_0(1+r)$$

两年末的本利和为

$$A_2 = A_1(1+r) = A_0(1+r)^2$$

k 年末的本利和为

$$A_k = A_0(1+r)^k$$

如果一年分 n 期计息，年利率仍为 r，则每期利率为 $\dfrac{r}{n}$，结算时一年末的本利和为

$$A_1 = A_0\left(1+\frac{r}{n}\right)^n$$

k 年末的本利和为

$$A_k = A_0\left(1+\frac{r}{n}\right)^{nk}$$

若一年计息期数无限增大，即将利息随时计入本金（连续复利），也即当 $n \to \infty$ 时，则 k 年末的本利和为

$$A_k = \lim_{n \to \infty} A_0\left(1+\frac{r}{n}\right)^{nk} = A_0 e^{kr}$$

1.2.4　无穷小量与无穷大量

1. 无穷小量

在自变量的某一变化过程中，极限值为零的函数是一类非常重要的函数，下面对此加以特别讨论.

> **定义 1-12**　在自变量的某一变化过程中，若函数 $f(x)$ 的极限为 0，则 $f(x)$ 称为该变化过程中的无穷小量，简称无穷小，记作
> $$\lim f(x)=0$$

这里的无穷小量包括了数列的极限为零的情形，以及自变量趋于有限值和无穷大时函数极限为零的情形.

例如，当 $x\to 0$ 时，x^2 是无穷小量；当 $x\to 1$ 时，$x-1$ 是无穷小量；当 $x\to\infty$ 时，$\dfrac{1}{x}$ 是无穷小量；当 $n\to+\infty$ 时，数列 $\left\{\dfrac{1}{n}\right\}$ 是无穷小量.

下面给出极限存在与无穷小量之间的关系.

> **定理 1-6**　函数 $f(x)$ 以 A 为极限的充分必要条件是 $f(x)$ 可以表示成常数 A 与无穷小量 $\alpha(x)$ 之和，即
> $$\lim f(x)=A\Leftrightarrow f(x)=A+\alpha(x)$$
> 其中 $\alpha(x)$ 是与 $f(x)$ 的同一自变量的变化过程中的无穷小量.

证明　下面仅对 $x\to\infty$ 时的情形加以证明，其余形式可类似得证.

必要性. 设 $\lim\limits_{x\to\infty} f(x)=A$，令 $\alpha(x)=f(x)-A$，则 $f(x)=A+\alpha(x)$，并且对任意的 $\varepsilon>0$，由极限的定义知，存在正数 X，使得当 $|x|>X$ 时，恒有 $|f(x)-A|<\varepsilon$ 成立，即有 $|\alpha(x)|<\varepsilon$ 成立，所以 $\alpha(x)$ 是当 $x\to\infty$ 时的无穷小量.

充分性. 若 $f(x)=A+\alpha(x)$，且 $\alpha(x)$ 是当 $x\to\infty$ 时的无穷小量，则对任意的 $\varepsilon>0$，由无穷小的定义可知，存在正数 X，使得当 $|x|>X$ 时，有 $|\alpha(x)|<\varepsilon$ 成立，即 $|f(x)-A|<\varepsilon$ 成立，因此 $\lim\limits_{x\to\infty} f(x)=A$.

无穷小量具有如下的性质.

性质 4　有限个无穷小量的和或差是无穷小量.

性质 5　有限个无穷小量的积是无穷小量.

性质 6　有界函数与无穷小量的乘积仍是无穷小量.

性质 7 无穷小量除以极限不为零的变量,其商是无穷小量.

【例 1-30】 求极限 $\lim\limits_{x\to\infty}\dfrac{\sin x}{x}$.

解 因为 $\sin x$ 是有界函数,$\dfrac{1}{x}$ 是 $x\to\infty$ 时的无穷小量,于是由性质 6 可知

$$\lim_{x\to\infty}\frac{\sin x}{x}=0$$

2. 无穷大量

> **定义 1-13** 在自变量的某一变化过程中,若函数 $f(x)$ 的绝对值无限增大,则称 $f(x)$ 为该变化过程中的无穷大量,简称无穷大,记作
> $$\lim f(x)=\infty$$

这里的无穷大量包括了数列的情形,以及函数当自变量趋于有限值和无穷大时的情形. 例如,当 $x\to0$ 时,$\dfrac{1}{x}$ 是无穷大量;当 $x\to-1$ 时,$\dfrac{1}{(1+x)^2}$ 是无穷大量;当 $x\to\infty$ 时,$1-\ln x$ 是无穷大量.

3. 无穷大量与无穷小量的关系

在自变量的同一变化过程中,无穷大量的倒数是无穷小量;无穷小量(不取零值)的倒数是无穷大量,即

若 $\lim f(x)=\infty$,则 $\lim\dfrac{1}{f(x)}=0$;

若 $\lim f(x)=0$,且 $f(x)\ne0$,则 $\lim\dfrac{1}{f(x)}=\infty$.

例如,当 $x\to0$ 时,$\dfrac{1}{x^2}$ 是无穷大量,x^2 是无穷小量;当 $x\to-\infty$ 时,e^{-x} 是无穷大量,e^x 是无穷小量.

4. 无穷小量的比较和等价代换

两个无穷小量的和、差及乘积都是无穷小量,那么两个无穷小量的商是否也是无穷小量呢? 例如

$$\lim_{x\to0}\frac{x^2}{3x}=0,\quad \lim_{x\to0}\frac{x^2}{x^3}=\infty,\quad \lim_{x\to0}\frac{2x}{x}=2$$

也就是说,两个无穷小量的商可能是无穷小量,可能是无穷大,也可能是非零的常数. 这些情况的出现,反映了不同的无穷小量趋于零的快慢程度,这就是我们要讨论的无穷小量的比较. 下面给出无穷小量"阶"的概念.

> **定义 1 - 14**　设 $\alpha = \alpha(x)$ 与 $\beta = \beta(x)$ 是同一变化过程中的无穷小量，且 $\beta \neq 0$.
>
> (1) 若 $\lim \dfrac{\alpha}{\beta} = 0$，则称 α 是比 β **高阶**的无穷小量，记作 $\alpha = o(\beta)$；
>
> (2) 若 $\lim \dfrac{\alpha}{\beta} = \infty$，则称 α 是比 β **低阶**的无穷小量；
>
> (3) 若 $\lim \dfrac{\alpha}{\beta} = C \neq 0$，则称 α 与 β 是**同阶**无穷小量；
>
> (4) 若 $\lim \dfrac{\alpha}{\beta} = 1$，则称 α 与 β 是**等价**无穷小量，记作 $\alpha \sim \beta$.

【例 1 - 31】　当 $x \to 0$ 时，比较下列各对无穷小量的阶.

(1) $1 - \cos x$ 与 x^2 　　　　　　　　(2) $\tan x$ 与 x

(3) x^2 与 x 　　　　　　　　　　　　(4) $2x^2$ 与 x^3

解　(1) 因为

$$\lim_{x \to 0} \frac{1 - \cos x}{x^2} = \lim_{x \to 0} \frac{1}{2} \left(\frac{\sin \frac{x}{2}}{\frac{x}{2}} \right)^2 = \frac{1}{2}$$

所以，当 $x \to 0$ 时，$1 - \cos x$ 与 x^2 是同阶无穷小量.

(2) 因为

$$\lim_{x \to 0} \frac{\tan x}{x} = \lim_{x \to 0} \frac{\sin x}{x} \cdot \lim_{x \to 0} \frac{1}{\cos x} = 1$$

所以当 $x \to 0$ 时，$\tan x$ 与 x 是等价无穷小量，即 $\tan x \sim x$ $(x \to 0)$.

(3) 因为

$$\lim_{x \to 0} \frac{x^2}{x} = \lim_{x \to 0} x = 0$$

所以当 $x \to 0$ 时，x^2 是比 x 高阶的无穷小量，即 $x^2 = o(x)$ $(x \to 0)$.

(4) 因为

$$\lim_{x \to 0} \frac{2x^2}{x^3} = \lim_{x \to 0} \frac{2}{x} = \infty$$

所以当 $x \to 0$ 时，$2x^2$ 是比 x^3 低阶的无穷小量.

等价无穷小量非常重要，它们在求极限时很有用处. 根据等价无穷小量的定义，可以证明，当 $x \to 0$ 时，有下列常用的等价无穷小量.

$$\sin x \sim x, \qquad \tan x \sim x, \qquad \mathrm{e}^x - 1 \sim x, \qquad a^x - 1 \sim x \ln a$$
$$\arcsin x \sim x, \qquad \arctan x \sim x, \qquad \ln(1 + x) \sim x, \qquad (1 + x)^a - 1 \sim ax \,(a \neq 0)$$
$$1 - \cos x \sim \frac{1}{2} x^2$$

利用等价无穷小量，在求极限中可以进行等价代换.

定理 1-7 设在自变量 x 的同一变化过程中，α，β，α_1，β_1 都是无穷小量，且 $\alpha \sim \alpha_1$，$\beta \sim \beta_1$. 若 $\lim \dfrac{\alpha_1}{\beta_1} = A$ （或 ∞），则

$$\lim \frac{\alpha}{\beta} = \lim \frac{\alpha_1}{\beta_1} = A \quad (\text{或} \infty)$$

证明 $\lim \dfrac{\alpha}{\beta} = \lim\left(\dfrac{\alpha}{\alpha_1} \cdot \dfrac{\alpha_1}{\beta_1} \cdot \dfrac{\beta_1}{\beta}\right) = \lim \dfrac{\alpha}{\alpha_1} \cdot \lim \dfrac{\alpha_1}{\beta_1} \cdot \lim \dfrac{\beta_1}{\beta} = \lim \dfrac{\alpha_1}{\beta_1} = A \quad (\text{或} \infty)$

【例 1-32】 求 $\lim\limits_{x \to 0} \dfrac{\sin 2x}{\tan 5x}$.

解 $\lim\limits_{x \to 0} \dfrac{\sin 2x}{\tan 5x} = \lim\limits_{x \to 0} \dfrac{2x}{5x} = \dfrac{2}{5}$

【例 1-33】 求 $\lim\limits_{x \to 0} \dfrac{\tan x - \sin x}{(\sin 2x)^3}$.

解 $\lim\limits_{x \to 0} \dfrac{\tan x - \sin x}{(\sin 2x)^3} = \lim\limits_{x \to 0} \dfrac{\tan x \,(1 - \cos x)}{(2x)^3} = \lim\limits_{x \to 0} \dfrac{x \cdot \frac{1}{2}x^2}{8x^3} = \dfrac{1}{16}$

等价无穷小量的替换适用于求乘积或商的极限，但对于和差情形的极限需要进行判断，若属于 $\infty - \infty$ 类型，则不能直接进行等价无穷小量的代换. 例如，设 α，β 是不为 0 的常数，极限

$$\lim\limits_{x \to 0} \frac{\sin^2 \alpha x - \sin^2 \beta x}{x \sin x} = \lim\limits_{x \to 0} \frac{(\alpha x)^2 - (\beta x)^2}{x^2} = \alpha^2 - \beta^2$$

习题 1.2

1. 用观察法判断下列各数列是否收敛. 如果收敛，极限是什么？

(1) $\left\{\dfrac{1}{3n}\right\}$　　(2) $\left\{2 - \dfrac{1}{n}\right\}$　　(3) $\{1 + (-1)^n\}$　　(4) $\{e^n\}$

2. 设 $f(x) = \begin{cases} x^2 + 1, & x < 0 \\ x, & x > 0 \end{cases}$，画出 $f(x)$ 的图形，求：(1) $\lim\limits_{x \to 0^-} f(x)$；(2) $\lim\limits_{x \to 0^+} f(x)$；(3) 问 $\lim\limits_{x \to 0} f(x)$ 是否存在？

3. 试求下列各极限.

(1) $\lim\limits_{x \to 1} \dfrac{x^2 - 3x + 2}{x - 1}$

(2) $\lim\limits_{x \to \infty} \dfrac{4x^4 - 3x^3 + 1}{2x^4 + 5x^2 - 6}$

(3) $\lim\limits_{x \to 2} \dfrac{2 - \sqrt{x + 2}}{2 - x}$

(4) $\lim\limits_{x \to 0} \dfrac{\sin 3x}{2x}$

(5) $\lim\limits_{x \to \infty} \left(1 - \dfrac{3}{x}\right)^x$

(6) $\lim\limits_{x \to 0} \dfrac{\tan x - \sin x}{x}$

(7) $\lim\limits_{x\to\infty}\left(\dfrac{x}{x-1}\right)^{x}$ (8) $\lim\limits_{x\to0}\dfrac{\tan x^{3}}{\sin x^{3}}$

(9) $\lim\limits_{x\to\infty}\left(\dfrac{\sin x}{x}+100\right)$ (10) $\lim\limits_{x\to0}\dfrac{x}{\tan 2x}$

4. 函数 $f(x)=\dfrac{x+1}{x-1}$ 在什么条件下是无穷大量？什么条件下是无穷小量？为什么？

5. 当 $x\to0$ 时，试比较 $\sin x^{2}$ 与 $\tan x$ 哪一个是高阶的无穷小量？

1.3　函数的连续性

函数是自然现象中变量之间某种关系的体现．这些变量在变化过程中呈现两种不同的特点：一是量的变化是连续的，如气温的变化、树木的生长、河水的流动，等等；二是量的变化是间断的，如火山突然爆发、堤岸顷刻决堤，等等．

第一种变化在函数关系上的反映，就是函数的连续性；而第二种变化在函数关系上的反映，就是函数有间断点．本节主要介绍函数的连续性及其相关性质．

1.3.1　函数的连续与间断

为了描述函数的连续性，下面先引入改变量的概念．

设变量 t 从初值 t_{0} 改变到终值 t_{1}，则 $\Delta t=t_{1}-t_{0}$ 称为变量 t 的**改变量**．

对于函数 $y=f(x)$，当自变量 x 从 x_{0} 改变到 $x_{0}+\Delta x$ 时，相应的函数值就从 $f(x_{0})$ 改变到 $f(x_{0}+\Delta x)$，则

$$\Delta y=f(x_{0}+\Delta x)-f(x_{0})$$

称为函数 $y=f(x)$ 在点 x_{0} 处相应于自变量改变量 Δx 的**函数改变量**．

> **定义 1-15（函数在一点连续）**　设函数 $y=f(x)$ 在点 x_{0} 的某个邻域内有定义，若当自变量 x 在 x_{0} 处的改变量 Δx 趋于 0 时，函数相应的改变量 Δy 也趋于 0，即
> $$\lim\limits_{\Delta x\to0}\Delta y=\lim\limits_{\Delta x\to0}[f(x_{0}+\Delta x)-f(x_{0})]=0$$
> 则称函数 $y=f(x)$ 在点 x_{0} 处**连续**，x_{0} 称为函数 $y=f(x)$ 的**连续点**．

【例 1-34】　证明函数 $y=x^{3}$ 在任意点 $x_{0}\in(-\infty,+\infty)$ 是连续的．

证明　对任意点 $x_{0}\in(-\infty,+\infty)$，设 x 在 x_{0} 处的改变量为 Δx，则相应函数改变量为

$$\Delta y=(x_{0}+\Delta x)^{3}-x_{0}^{3}=3x_{0}^{2}\cdot\Delta x+3x_{0}\cdot(\Delta x)^{2}+(\Delta x)^{3}$$

由于

$$\lim\limits_{\Delta x\to0}\Delta y=\lim\limits_{\Delta x\to0}[(x_{0}+\Delta x)^{3}-x_{0}^{3}]=\lim\limits_{\Delta x\to0}[3x_{0}^{2}\cdot\Delta x+3x_{0}\cdot(\Delta x)^{2}+(\Delta x)^{3}]=0$$

所以函数 $y=x^{3}$ 在 x_{0} 处连续．

由于 $\lim\limits_{\Delta x \to 0} \Delta y = \lim\limits_{\Delta x \to 0}[f(x_0+\Delta x)-f(x_0)]=0$ 等价于 $\lim\limits_{\Delta x \to 0}f(x_0+\Delta x)=f(x_0)$，若记 $\Delta x = x - x_0$，则 $\Delta x \to 0$ 等价于 $x \to x_0$，所以上式又等价于 $\lim\limits_{x \to x_0}f(x)=f(x_0)$. 于是得到函数在一点处连续的如下等价定义.

> **定义 1-16** 设函数 $y=f(x)$ 在点 x_0 的某个邻域内有定义，若
> $$\lim_{x \to x_0}f(x)=f(x_0)=f(\lim_{x \to x_0}x)$$
> 则称函数 $y=f(x)$ 在点 x_0 处**连续**，x_0 称为函数 $y=f(x)$ 的**连续点**.

利用单侧极限还可以定义单侧连续的概念.

设函数 $y=f(x)$ 在点 x_0 处有定义，若 $\lim\limits_{x \to x_0^-}f(x)=f(x_0)$，则称函数 $y=f(x)$ 在点 x_0 处**左连续**；若 $\lim\limits_{x \to x_0^+}f(x)=f(x_0)$，则称函数 $y=f(x)$ 在点 x_0 处**右连续**.

显然，函数 $y=f(x)$ 在点 x_0 处连续的充分必要条件是 $y=f(x)$ 在点 x_0 处既左连续又右连续.

【例 1-35】 讨论函数 $f(x)=\begin{cases}1, & x \leqslant 0 \\ -1, & x > 0\end{cases}$ 在 $x=0$ 处的连续性.

解 因为
$$\lim_{x \to 0^-}f(x)=\lim_{x \to 0^-}1=1=f(0)$$
$$\lim_{x \to 0^+}f(x)=\lim_{x \to 0^+}(-1)=-1 \neq f(0)$$

即函数 $f(x)$ 在 $x=0$ 处左连续，但不右连续，所以函数 $f(x)$ 在 $x=0$ 处不连续.

【例 1-36】 考察以下函数在点 $x=0$ 处的连续性.

(1) $f(x)=\begin{cases}2x+1, & x \geqslant 0 \\ x+1, & x < 0\end{cases}$ (2) $f(x)=\dfrac{x}{\tan x}, x \neq 0$

(3) $f(x)=\begin{cases}\dfrac{x}{\tan x}, & x \neq 0 \\ 1, & x=0\end{cases}$

解 (1) $f(x)$ 在 $x=0$ 有定义. 又因为 $\lim\limits_{x \to x_0^-}f(x)=\lim\limits_{x \to x_0^+}f(x)=f(x_0)=1$，所以 $f(x)$ 在点 $x=0$ 处连续.

(2) $f(x)$ 在 $x=0$ 处无定义，故 $f(x)$ 在点 $x=0$ 处不连续.

(3) $f(x)$ 满足定义，即
$$\lim_{x \to 0}f(x)=\lim_{x \to 0}\frac{x}{\tan x}=f(0)=1$$

故 $f(x)$ 在点 $x=0$ 处连续.

函数 $y=f(x)$ 在开区间 (a,b) 内连续是指 $f(x)$ 在开区间 (a,b) 内的每一点都连续；函数 $y=f(x)$ 在闭区间 $[a,b]$ 上连续是指 $f(x)$ 在开区间 (a,b) 内连续，且在左端点 a 处右连续，在右端点 b 处左连续．类似可定义函数在半开半闭区间上的连续性.

【例 1 - 37】 证明函数 $y=\sin x$ 在 $(-\infty,+\infty)$ 内连续.

证明 设 x_0 是 $(-\infty,+\infty)$ 内的任意一点，Δx 为 x 在 x_0 处的改变量，则函数 $y=\sin x$ 的相应改变量为

$$\Delta y=\sin(x_0+\Delta x)-\sin x_0=2\sin\frac{\Delta x}{2}\cdot\cos\left(x_0+\frac{\Delta x}{2}\right)$$

由 $\left|\cos\left(x_0+\frac{\Delta x}{2}\right)\right|\leqslant 1$ 可知，$\cos\left(x_0+\frac{\Delta x}{2}\right)$ 为有界变量，而当 $\Delta x\to 0$ 时，$\sin\frac{\Delta x}{2}$ 为无穷小量．所以

$$\lim_{\Delta x\to 0}\Delta y=\lim_{\Delta x\to 0}2\sin\frac{\Delta x}{2}\cdot\cos\left(x_0+\frac{\Delta x}{2}\right)=0$$

于是函数 $y=\sin x$ 在点 x_0 处连续.

由 x_0 的任意性可知，函数 $y=\sin x$ 在 $(-\infty,+\infty)$ 内连续.

同理可证，函数 $y=\cos x$ 在 $(-\infty,+\infty)$ 内连续.

由定义不难看出，所谓函数 $y=f(x)$ 在点 x_0 连续，即要求函数 $y=f(x)$ 在点 x_0 处满足以下三条：

① 函数 $y=f(x)$ 在点 x_0 有定义；

② 极限 $\lim\limits_{x\to x_0}f(x)$ 存在；

③ 极限值与函数值相等，即 $\lim\limits_{x\to x_0}f(x)=f(x_0)$.

若函数 $y=f(x)$ 在点 x_0 处不能满足上述三个条件中的一个，则 $f(x)$ 在点 x_0 处不连续，即点 x_0 为函数 $f(x)$ 的**间断点**.

比如函数 $y=\frac{1}{x}$ 在点 $x=0$ 处无定义，所以 $x=0$ 是该函数的间断点；$x=1$ 是函数 $y=\frac{x^2-1}{x-1}$ 的间断点.

对于函数的间断点可进行如下分类.

设点 x_0 是 $f(x)$ 的间断点，若左、右极限 $\lim\limits_{x\to x_0^-}f(x)$，$\lim\limits_{x\to x_0^+}f(x)$ 都存在，则称点 x_0 是 $f(x)$ 的**第一类间断点**；若左、右极限 $\lim\limits_{x\to x_0^-}f(x)$，$\lim\limits_{x\to x_0^+}f(x)$ 中至少有一个不存在，则称点 x_0 是 $f(x)$ 的**第二类间断点**.

当点 x_0 是 $f(x)$ 的第一类间断点时，若函数 $f(x)$ 在点 x_0 处极限存在，但 $f(x)$ 在点 x_0 没有定义或者有定义而 $\lim\limits_{x\to x_0}f(x)\neq f(x_0)$，则称点 x_0 为 $f(x)$ 的**可去间断点**；若 $\lim\limits_{x\to x_0^-}f(x)\neq$

$\lim\limits_{x \to x_0^+} f(x)$，则称点 x_0 为 $f(x)$ 的**跳跃间断点**.

当点 x_0 是 $f(x)$ 的第二类间断点时，若函数 $f(x)$ 在点 x_0 处的左、右极限中至少有一个是 ∞，则称点 x_0 为 $f(x)$ 的**无穷间断点**；若 $f(x)$ 在点 x_0 的任意邻域内振荡，且 $\lim\limits_{x \to x_0} f(x)$ 不存在，则称点 x_0 为 $f(x)$ 的**振荡间断点**.

【例 1-38】 求 $f(x) = x\sin\dfrac{1}{x}$ 的间断点并确定其类型.

解 由于 $f(x)$ 在点 $x=0$ 处无定义，所以 $x=0$ 是 $f(x) = x\sin\dfrac{1}{x}$ 的间断点. 又因为 $\lim\limits_{x \to 0} x\sin\dfrac{1}{x} = 0$，故 $x=0$ 是 $f(x) = x\sin\dfrac{1}{x}$ 的可去间断点.

只要在可去间断点补充定义 $f(x_0)$ 或重新定义 $f(x_0)$，令 $\lim\limits_{x \to x_0} f(x) = f(x_0)$，则函数 $f(x)$ 将在 x_0 处消去间断，化为连续.

如例 1-37 中在 $x=0$ 处补充定义 $f(0)=0$，则可消去间断，化为连续.

【例 1-39】 讨论函数 $f(x) = \begin{cases} -x, & x \leqslant 0 \\ 1+x, & x > 0 \end{cases}$ 在 $x=0$ 处的连续性.

解 由于函数 $f(x)$ 在点 $x=0$ 处有定义 $f(0)=0$，又 $\lim\limits_{x \to 0^-} f(x) = \lim\limits_{x \to 0^-} -x = 0$，而 $\lim\limits_{x \to 0^+} f(x) = \lim\limits_{x \to 0^+} (1+x) = 1$，于是 $\lim\limits_{x \to 0} f(x)$ 不存在，所以 $x=0$ 是 $f(x)$ 的间断点.

又因为 $\lim\limits_{x \to 0^-} f(x)$ 和 $\lim\limits_{x \to 0^+} f(x)$ 都存在且不相等，故 $x=0$ 是 $f(x)$ 的跳跃间断点（如图 1-28 所示）.

【例 1-40】 讨论函数 $y = \dfrac{1}{x}$ 在 $x=0$ 处的连续性.

解 由于 $y = \dfrac{1}{x}$ 在 $x=0$ 处无定义，所以 $x=0$ 是函数 $y = \dfrac{1}{x}$ 的间断点. 又因为 $\lim\limits_{x \to 0} \dfrac{1}{x} = \infty$，所以 $x=0$ 是函数 $y = \dfrac{1}{x}$ 的无穷间断点（如图 1-29 所示）.

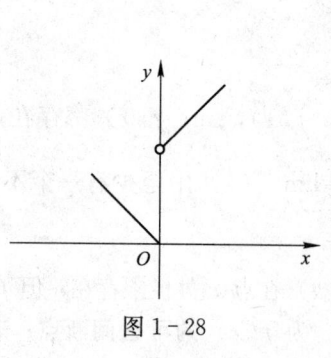

图 1-28

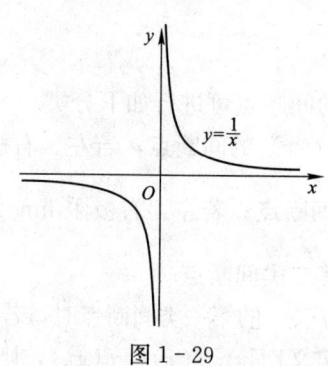

图 1-29

【例 1-41】 求 $f(x) = \sin\dfrac{1}{x}$ 的间断点并确定其类型.

解　由于 $f(x)$ 在点 $x=0$ 处无定义，所以 $x=0$ 是 $f(x) = \sin\dfrac{1}{x}$ 的间断点. 又因为 $x \to 0$

时，$f(x) = \sin\dfrac{1}{x}$ 是等幅振荡的，且极限不存在，故 $x=0$ 是振荡间断点（如图 1-30 所示）.

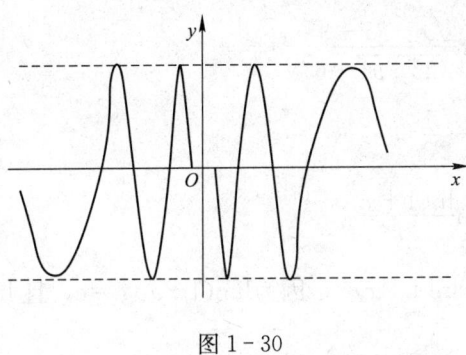

图 1-30

1.3.2　连续函数的运算法则

由连续函数的定义及函数极限的运算法则，可以得到下面的结论.

> **定理 1-8（连续函数的四则运算）**　若函数 $f(x)$ 与 $g(x)$ 在点 x_0（或区间 I 上）连续，
> 则 $f(x) \pm g(x)$、$f(x) \cdot g(x)$ 及 $\dfrac{f(x)}{g(x)}$（当 $g(x_0) \neq 0$ 时）在点 x_0（或区间 I 上）也连续.

由复合函数极限的性质可以得到复合函数的连续性.

> **定理 1-9（复合函数的连续性）**　若函数 $u = \varphi(x)$ 在点 x_0 处连续，且 $\varphi(x_0) = u_0$，又
> 函数 $y = f(u)$ 在点 u_0 处连续，则复合函数 $y = f(\varphi(x))$ 在点 x_0 处也连续，即
> $$\lim_{x \to x_0} f[\varphi(x)] = f[\varphi(x_0)] = f\left[\lim_{x \to x_0} \varphi(x)\right]$$

由此可知，连续函数的复合函数仍是连续函数. 同时，定理 1-9 也表明函数 $f(x)$ 在点 x_0 处连续时，极限符号 "lim" 可与连续函数符号 "f" 交换先后顺序.

对于前面学习过的基本初等函数，从图形上可以看出，它们的图像是连续不断的曲线. 因此，基本初等函数在其定义域内都是连续函数.

由基本初等函数的连续性、四则运算及复合函数的连续性易知，初等函数在其定义区间上都是连续的.

【例 1 - 42】 求极限 $\lim\limits_{x\to 1}\dfrac{x^2+\ln(2-x)}{4\arctan x}$.

解 因为 $x=1$ 是初等函数 $\dfrac{x^2+\ln(2-x)}{4\arctan x}$ 定义区间内的点，所以

$$\lim_{x\to 1}\frac{x^2+\ln(2-x)}{4\arctan x}=\frac{1^2-\ln(2-1)}{4\arctan 1}=\frac{1}{\pi}$$

【例 1 - 43】 求极限 $\lim\limits_{x\to 4}\dfrac{\sqrt{x}-2x+3}{\sqrt{25-x^2}+6}$.

解 $\lim\limits_{x\to 4}\dfrac{\sqrt{x}-2x+3}{\sqrt{25-x^2}+6}=-\dfrac{1}{3}$

【例 1 - 44】 求极限 $\lim\limits_{x\to 0}\dfrac{\ln(1+x)}{x}$.

解 $\lim\limits_{x\to 0}\dfrac{\ln(1+x)}{x}=\lim\limits_{x\to 0}\ln(1+x)^{\frac{1}{x}}$，因为 $\lim\limits_{x\to 0}(1+x)^{\frac{1}{x}}=\mathrm{e}$，且 $\ln u$ 是连续函数. 所以

$$\lim_{x\to 0}\frac{\ln(1+x)}{x}=\ln\lim_{x\to 0}(1+x)^{\frac{1}{x}}=\ln \mathrm{e}=1$$

类似可求极限

$$\lim_{x\to 0}\frac{\log_a(1+x)}{x}=\frac{1}{\ln a}$$

由例 1 - 44 可知，当 $x\to 0$ 时，$x\sim\ln(1+x)$.

【例 1 - 45】 求极限 $\lim\limits_{x\to 0}\dfrac{a^x-1}{x}$.

解 令 $a^x-1=t$，则 $x=\log_a(1+t)$. 当 $x\to 0$ 时，有 $t\to 0$，所以

$$\lim_{x\to 0}\frac{a^x-1}{x}=\lim_{t\to 0}\frac{t}{\log_a(t+1)}=\lim_{t\to 0}\frac{1}{\log_a(t+1)^{\frac{1}{t}}}=\frac{1}{\log_a \mathrm{e}}=\ln a$$

特别地，$\lim\limits_{x\to 0}\dfrac{\mathrm{e}^x-1}{x}=1$，这表明当 $x\to 0$ 时，$x\sim\mathrm{e}^x-1$.

1.3.3 闭区间上连续函数的性质

函数在一点处连续仅仅是函数的局部性质，而函数的整体性质必须将函数放在整个区间上讨论. 连续函数在闭区间上有很多重要的特殊性质，这里不加证明地介绍几个很有用的性质，这些性质常常用来作为分析问题的理论依据.

首先给出最大值和最小值的概念，对于定义在区间 I 上的函数 $f(x)$，若存在 $x_0\in I$，使得对一切 $x\in I$ 都有

$$f(x) \leqslant f(x_0) \quad (\text{或 } f(x) \geqslant f(x_0))$$

则称 $f(x_0)$ 是函数 $f(x)$ 在区间 I 上的**最大值**（或**最小值**），x_0 称为**最大值点**（或**最小值点**）. 最大值与最小值统称为**最值**.

性质 1（最值定理） 若函数 $f(x)$ 在闭区间 $[a, b]$ 上连续，则 $f(x)$ 在 $[a, b]$ 上一定有最大值 M 与最小值 m，即至少存在 ξ_1，$\xi_2 \in [a, b]$（如图 1-31 所示），使得对一切 $x \in [a, b]$, 均有

$$m = f(\xi_1) \leqslant f(x) \leqslant f(\xi_2) = M$$

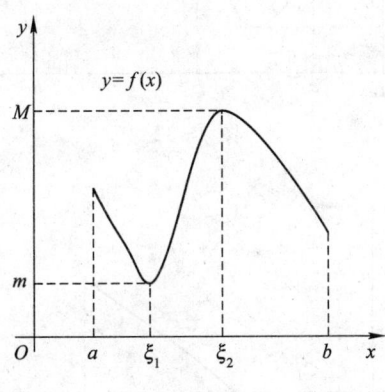

图 1-31

值得注意的是，若定理的条件（连续性或闭区间）不满足，则定理的结论不一定成立. 例如，$y = x^2$ 在开区间 $(0，1)$ 内虽然连续，但不存在最小值和最大值；$y = \dfrac{1}{x}$ 在 $[-1，1]$ 上不连续，也不存在最小值和最大值.

推论 1 闭区间上的连续函数必有界.

性质 2（介值定理） 设函数 $f(x)$ 在闭区间 $[a, b]$ 上连续，m 与 M 分别为 $f(x)$ 在 $[a, b]$ 上的最小值和最大值，则对任意介于 m 与 M 之间的实数 C，至少存在一点 $\xi \in (a, b)$，使得 $f(\xi) = C$.

此定理的几何意义是：在 $[a, b]$ 上的连续曲线 $y = f(x)$ 与水平直线 $y = C$（C 介于 m 与 M 之间）至少相交于一点（如图 1-32 所示）.

介值定理有一个十分重要的推论，这就是下面的结果.

推论 2（零点定理） 若函数 $f(x)$ 在闭区间 $[a, b]$ 上连续，且 $f(a) \cdot f(b) < 0$，则函数 $f(x)$ 在 (a, b) 内至少有一个零点，即至少存在一点 $\xi (a < \xi < b)$，使得 $f(\xi) = 0$.

上述结论表示了方程 $f(x) = 0$ 在 (a, b) 内至少有一个实根. 零点定理常用于证明方程实根的存在性. 从几何图形上看，当曲线 $y = f(x)$ 的两个端点分别位于 x 轴的两侧时，$y = f(x)$ 的图形必与 x 轴相交，且至少有一个交点（如图 1-33 所示）.

【例 1-46】 证明方程 $x^3 - 2x = 1$ 在 $(1，2)$ 内至少有一实根.

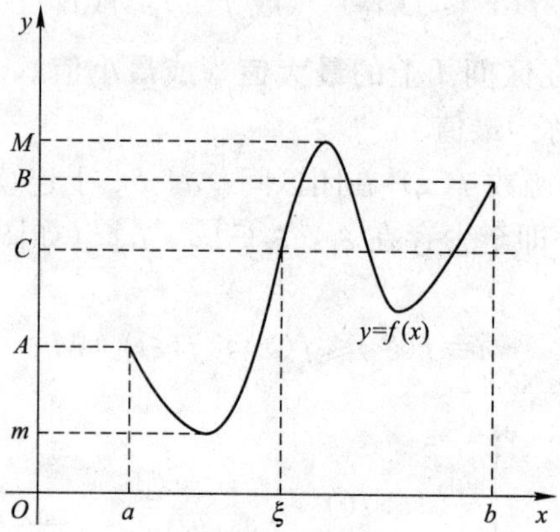

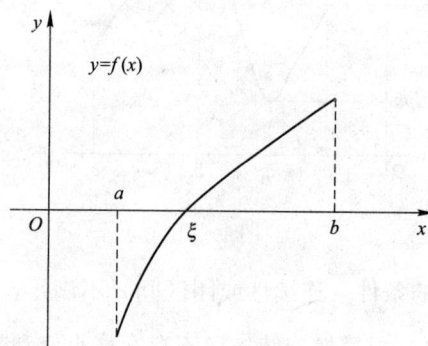

图 1 - 32

图 1 - 33

证明 设 $f(x)=x^3-2x-1$，则易知 $f(x)$ 是 $[1，2]$ 上的连续函数. 又 $f(1)=-2$，$f(2)=3$. 由零点定理知，在开区间 $(1，2)$ 内至少有一个零点，从而原方程在 $(1，2)$ 内至少有一个实根.

习题 1.3

1. 指出下列函数的间断点，并说明类型.

(1) $f(x)=\dfrac{x}{1+x}$

(2) $f(x)=\cos^2\dfrac{1}{x}$

(3) $f(x)=\dfrac{|x|}{x}$

(4) $f(x)=\dfrac{x}{\tan x}$

(5) $f(x)=\arctan\dfrac{1}{x}$

(6) $f(x)=\begin{cases} 2x+3, & x\geqslant 0 \\ x+1, & x<0 \end{cases}$

2. 当 a 取何值时，函数

$$f(x)=\begin{cases} \dfrac{\ln(1+ax)}{x}, & x>0 \\ 1, & x\leqslant 0 \end{cases}$$

在其定义域内连续，为什么？

3. 证明方程 $x^3-3x^2+1=0$ 在区间 $(0，1)$ 内至少有一个实根.

4. 利用函数的连续性求下列极限.

(1) $\lim\limits_{x\to 3\pi}\sin 3x$ (2) $\lim\limits_{x\to 3\pi}\cos 3x$

(3) $\lim\limits_{x\to 2}(3x^3-2x^2+x-1)$ (4) $\lim\limits_{x\to 0}(\mathrm{e}^{2x}+2^x+1)$

(5) $\lim\limits_{x\to \mathrm{e}}\dfrac{\ln x}{x}$ (6) $\lim\limits_{x\to 1}\arctan x$

总 习 题 一

(A)

1. 填空题

(1) 函数 $f(x)=\ln(x^2-3x+2)$ 的定义域是_____.

(2) 指出 $y=\dfrac{x^2-1}{x^2-3x+2}$ 在 $x=1$ 处是第_____类间断点；在 $x=2$ 处是第_____类间断点.

(3) $\lim\limits_{x\to\infty}\dfrac{\sin x}{x}=$_____，$\lim\limits_{x\to\infty}x\sin\dfrac{1}{x}=$_____，

$\lim\limits_{x\to 0}x\sin\dfrac{1}{x}=$_____，$\lim\limits_{n\to\infty}\left(1-\dfrac{1}{n}\right)^n=$_____.

(4) 若在点 a 的某空心邻域内有 $f(x)>g(x)$，且 $\lim\limits_{x\to a}f(x)=A$，$\lim\limits_{x\to a}g(x)=B$；则 A 和 B 的大小关系是_____.

(5) 当 $x\to 2$ 时，$y=x^2\to 4$，当 δ 取____时，只要 $0<|x-2|<\delta$，必有 $|y-4|<0.001$.

(6) 当 $x\to\infty$ 时，$y=\dfrac{x^2-1}{x^2+3}\to 1$，当 z 取_____时，只要 $|x|>z$，必有 $|y-1|<0.01$.

(7) 设 $\lim\limits_{x\to\infty}\left(\dfrac{x+2a}{x-a}\right)^x=8$，则 $a=$_____.

(8) 若函数 $f(x)=\begin{cases} \dfrac{\tan \alpha x}{x}, & x\neq 0 \\ 2, & x=0 \end{cases}$ 在 $x=0$ 处连续，则 $\alpha=$_____.

2. 选择题

(1) 函数 $f(x)=x(\mathrm{e}^x-\mathrm{e}^{-x})$ 在定义域 $(-\infty，+\infty)$ 上是（　　）.

A. 有界函数   B. 单调增函数

C. 奇函数   D. 偶函数

(2) 当 $x \to 0$ 时，$2x^2 + \sin x$ 是 x 的 （   ）.

A. 高阶无穷小量   B. 低阶无穷小量

C. 等价无穷小量   D. 同阶但不等价无穷小量

(3) 当 $x \to a$ 时，$f(x)$ 为无穷大，$g(x)$ 是有界的，则 $f(x) \, g(x)$ 是 （   ）.

A. 无穷大量   B. 无界的但不是无穷大量

C. 有界的   D. A，B，C 均不正确

(4) 极限 $\lim\limits_{x \to 0} \dfrac{e^{|x|} - 1}{x}$ 的结果是 （   ）.

A. 1   B. -1

C. 0   D. 不存在

(5) 设 $f(x) = \dfrac{e^{\frac{1}{x}} - 1}{e^{\frac{1}{x}} + 1}$，则 $x = 0$ 是 $f(x)$ 的 （   ）.

A. 可去间断点   B. 跳跃间断点

C. 无穷间断点   D. 振荡间断点

3. 对任意函数 $f(x)$，令 $\varphi(x) = \dfrac{1}{2}[f(x) - f(-x)]$，$\psi(x) = \dfrac{1}{2}[f(x) + f(-x)]$，分别讨论它们的奇偶性，由此可以得到什么结论？并判定函数 $y = \mathrm{sh}\, x = \dfrac{e^x - e^{-x}}{2}$ 和 $y = \mathrm{ch}\, x = \dfrac{e^x + e^{-x}}{2}$ 的奇偶性.

4. 指出下列函数中哪个是初等函数.

(1) $y = e^2 - x\tan x + \dfrac{1}{2 + \sin x}$ (2) $y = \begin{cases} x + 1, & x \leqslant 0 \\ 2 - 5x, & x > 0 \end{cases}$

(3) $y = \begin{cases} 2 - x, & x \leqslant 1 \\ x, & x > 1 \end{cases}$

5. 求下列极限.

(1) $\lim\limits_{n \to \infty} \dfrac{3n^2 + n}{2n^2 - 1}$ (2) $\lim\limits_{n \to \infty} \sin(\sqrt{n^2 + n\pi} - n)$ (3) $\lim\limits_{n \to \infty} \left(\dfrac{1}{n} + \dfrac{1}{4^n} \right) \sin n$

(4) $\lim\limits_{x \to 0} (1 - x^2)^{\frac{1}{1 - \cos x}}$ (5) $\lim\limits_{x \to 3} \dfrac{x - 3}{x^2 - 9}$ (6) $\lim\limits_{x \to -\infty} \dfrac{\sqrt{4x^2 + 1} + x}{\sqrt{x^2 - x}}$

6. 当 $x \to 0$ 时，$f(x) = 1 - \cos x$，$g(x) = \sqrt{1 + x\sin x} - 1$ 和 $\varphi(x) = \ln(1 + x^2 \tan x)$ 都是无穷小量，问哪一个是最高阶的无穷小量？

7. 求下列极限.

(1) 如果当 $x > 5$ 时，有 $\dfrac{4x - 1}{x} < f(x) < \dfrac{4x^2 + 3x}{x^2}$，求 $\lim\limits_{x \to +\infty} f(x)$；

(2) 设 $0 < x_1 < 3$，$x_{n+1} = \sqrt{x_n(3-x_n)}$，$n \geqslant 1$，求 $\lim\limits_{n \to \infty} x_n$；

(3) $\lim\limits_{x \to \pi} \dfrac{\sin 2x}{\sin x}$　　　　(4) $\lim\limits_{x \to a} \dfrac{e^x - e^a}{x - a}$

8. 若函数

$$f(x) = \begin{cases} 1 + x^2, & x < 0, \\ ax + b, & 0 \leqslant x \leqslant 1, \\ x^3 - 2, & x > 1 \end{cases}$$

在 $(-\infty, +\infty)$ 内连续，求 a 和 b 的值.

9. 设 $f(x) = x^3 - x^2 + x$，证明在 $f(x)$ 的定义域内一定存在一点 c，使得 $f(c) = 10$.

10. 某计算机厂商在 t 个月后每月大约销售 $\dfrac{2\,000}{1 + 200e^{-t}}$ 台计算机，那么在很久以后该厂每月销售多少台计算机?

11. 设某商品的需求函数与供给函数分别为 $D(p) = \dfrac{5\,600}{p}$ 和 $S(p) = p - 10$.

(1) 找出均衡价格，并求此时的供给量与需求量；

(2) 在同一坐标系中画出供给与需求曲线；

(3) 何时供给曲线过 p 轴? 这一点的经济意义是什么?

(B)

1. 填空题

(1) (2002) 设常数 $a \neq \dfrac{1}{2}$，则 $\lim\limits_{n \to \infty} \ln \left(\dfrac{n - 2na + 1}{n\,(1 - 2a)} \right)^n = $ _____.

(2) (2004) 若 $\lim\limits_{x \to 0} \dfrac{\sin x}{e^x - a}(\cos x - b) = 5$，则 $a = $ _____，$b = $ _____.

(3) (2005) 极限 $\lim\limits_{x \to \infty} x \sin \dfrac{2x}{x^2 + 1} = $ _____.

(4) (2006) $\lim\limits_{n \to \infty} \left(\dfrac{n+1}{n} \right)^{(-1)^n} = $ _____.

(5) (2007) $\lim\limits_{x \to \infty} \dfrac{x^3 + x^2 + 1}{2^x + x^3}(\sin x + \cos x) = $ _____.

(6) (2008) 设函数 $f(x) = \begin{cases} x^2 + 1, & |x| \leqslant c \\ \dfrac{2}{|x|}, & |x| > c \end{cases}$ 在 $(-\infty, +\infty)$ 内连续，则 $c = $ _____.

(7) (2012) $\lim\limits_{x \to \frac{\pi}{4}} (\tan x)^{\frac{1}{\cos x - \sin x}} = $ _____.

2. 选择题

(1) (1998) 设函数 $f(x)=\lim\limits_{n\to\infty}\dfrac{1+x}{1+x^{2n}}$，讨论函数 $f(x)$ 的间断点，其结论为（　　）.

A. 不存在间断点　　　　　　　　　　B. 存在间断点 $x=1$

C. 存在间断点 $x=0$　　　　　　　　D. 存在间断点 $x=-1$

(2) (2000) 设对任意的 x，总有 $\varphi(x)\leqslant f(x)\leqslant g(x)$，且 $\lim\limits_{x\to\infty}[g(x)-\varphi(x)]=0$，则 $\lim\limits_{x\to\infty}f(x)$（　　）.

A. 存在且等于零　　　　　　　　　　B. 存在但不一定等于零

C. 一定不存在　　　　　　　　　　　D. 不一定存在

(3) (2004) 设 $f(x)$ 在 $(-\infty,+\infty)$ 内有定义，且 $\lim\limits_{x\to\infty}f(x)=a$，$g(x)=\begin{cases}f\left(\dfrac{1}{x}\right),&x\neq0\\0,&x=0\end{cases}$，则（　　）.

A. $x=0$ 必是 $g(x)$ 的第一类间断点　　B. $x=0$ 必是 $g(x)$ 的第二类间断点

C. $x=0$ 必是 $g(x)$ 的连续点　　　　　D. $g(x)$ 在点 $x=0$ 处的连续性与 a 的取值有关

(4) (2007) 当 $x\to0^+$ 时，与 $\sqrt{x}$ 等价的无穷小量是（　　）.

A. $1-e^{\sqrt{x}}$　　　　　　　　　　B. $\ln(1+\sqrt{x})$

C. $\sqrt{1+\sqrt{x}}-1$　　　　　　　　D. $1-\cos\sqrt{x}$

(5) (2009) 当 $x\to0$ 时，$f(x)=x-\sin ax$ 与 $g(x)=x^2\ln(1-bx)$ 等价无穷小，则（　　）.

A. $a=1$，$b=-\dfrac{1}{6}$　　　　　　　B. $a=1$，$b=\dfrac{1}{6}$

C. $a=-1$，$b=-\dfrac{1}{6}$　　　　　　D. $a=-1$，$b=\dfrac{1}{6}$

(6) (2010) 若 $\lim\limits_{x\to0}\left[\dfrac{1}{x}-\left(\dfrac{1}{x}-a\right)e^x\right]=1$，则 a 等于（　　）.

A. 0　　　　　　　　　　　　　　　　B. 1

C. 2　　　　　　　　　　　　　　　　D. 3

(7) (2013) 当 $x\to0$ 时，用 "$o(x)$" 表示比 x 高阶的无穷小，则下列式子中错误的是（　　）.

A. $x\cdot o(x^2)=o(x^3)$　　　　　　　B. $o(x)\cdot o(x^2)=o(x^3)$

C. $o(x^2)+o(x^2)=o(x^2)$　　　　　　D. $o(x)+o(x^2)=o(x^2)$

(8) (2013) 函数 $f(x)=\dfrac{|x|^x-1}{x(x+1)\ln|x|}$ 的可去间断点的个数为（　　）.

A. 0　　　　　　　　　　　　　　　　B. 1

C. 2　　　　　　　　　　　　　　　　D. 3

3. 已知 $f(x)=\dfrac{x+|x|}{2}$，$g(x)=\begin{cases}x,&x<0\\x^2,&x\geqslant0\end{cases}$，求 $f[g(x)]$.

4. 判定函数 $f(x) = \dfrac{1}{a^x - 1} + |x|\,\mathrm{sgn}\,x + \dfrac{1}{2}$ 的奇偶性.

5. 设函数 $f(x) = \lim\limits_{x \to \infty} \dfrac{x^{2n+1} + ax^2 + bx}{x^{2n} + 1}$ 为连续函数，求 a 和 b 的值.

6. 讨论函数 $f(x) = \lim\limits_{n \to \infty} \dfrac{1}{1 + x^n}$ $(x \geqslant 0)$ 的连续性.

7. 指出函数 $f(x) = \dfrac{\dfrac{1}{x} - \dfrac{1}{x+1}}{\dfrac{1}{x-1} - \dfrac{1}{x}}$ 的间断点，并判定其类型.

8. (2003) 设 $f(x) = \dfrac{1}{\pi x} + \dfrac{1}{\sin \pi x} - \dfrac{1}{\pi(1-x)}$，$x \in \left[\dfrac{1}{2}, 1\right)$. 试补充定义 $f(1)$ 使得 $f(x)$ 在 $\left[\dfrac{1}{2}, 1\right]$ 上连续.

第 2 章   导数与微分

微分学是微积分学的重要组成部分，它的基本概念是导数与微分．导数与微分在生产生活及其他学科中都有广泛的应用．导数主要讨论函数相对于自变量的变化率；微分主要讨论函数在自变量有微小变化时的改变量问题．本章主要介绍导数和微分的概念、计算方法及其在实际问题中的一些简单应用．

2.1   导数的概念

2.1.1   几个实例

导数的思想最初是由法国数学家费马（Fermat）为解决极值问题而引入的，但导数作为微分学中最主要的概念却是英国数学家兼物理学家牛顿（Newton）和法国数学家莱布尼茨（Leibniz）分别在研究力学与几何学的过程中建立的，其中切线问题是当时的著名问题之一，而瞬时速度问题则是导数应用于物理学的一个经典范例．下面从这两个问题出发引出导数的概念．

1. 平面曲线的切线问题

切线的概念在中学已见过．从几何上看，平面曲线在某点的切线就是一条直线，它在该点和曲线相切．准确地说，设曲线 C 上有一点 M（如图 2-1 所示），在点 M 外任取 C 上一点 N，作割线 MN．当点 N 沿曲线 C 无限地趋近于点 M 时，割线 MN 绕点 M 旋转而趋向于极限位置 MT，直线 MT 就称为曲线 C 在点 M 处的切线．当弦长 $|MN|$ 趋向于零时，$\angle NMT$ 也趋向于零．

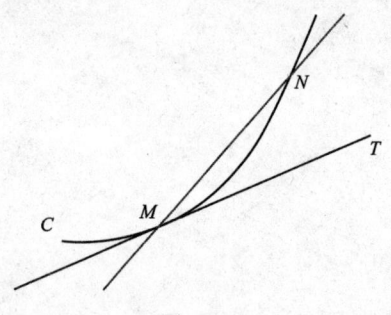

图 2-1

现在以曲线 C 为函数 $y=f(x)$ 的图形的情形来讨论切线问题. 设 $M(x_0,y_0)$ 是曲线 C 上的一个点（如图 2-2 所示），则 $y_0=f(x_0)$，根据上述切线的定义，要求出曲线 C 在点 M 处的切线，只要求出切线的斜率就行了. 为此，在点 M 外另取 C 上的一点 $N(x,y)$，并设 $\Delta x=x-x_0$. 于是割线 MN 的斜率为

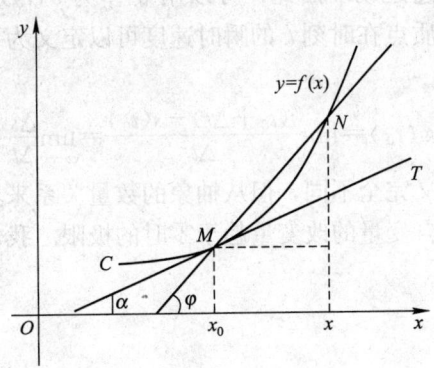

图 2-2

$$\tan \varphi=\frac{y-y_0}{x-x_0}=\frac{f(x)-f(x_0)}{x-x_0}=\frac{f(x_0+\Delta x)-f(x_0)}{\Delta x}$$

其中 φ 为割线 MN 的倾角. 当点 N 沿曲线 C 趋于点 M 时，$x\to x_0$. 如果当 $x\to x_0$ 时（这时 $\Delta x\to 0$），上式的极限存在，设为 k，即

$$k=\lim_{x\to x_0}\frac{f(x)-f(x_0)}{x-x_0}=\lim_{\Delta x\to 0}\frac{f(x_0+\Delta x)-f(x_0)}{\Delta x}=\lim_{\Delta x\to 0}\frac{\Delta f}{\Delta x}$$

存在，则此极限 k 是割线斜率的极限，也就是切线的斜率. 这里 $k=\tan \alpha$，其中 α 是切线 MT 的倾角. 于是通过点 $M(x_0,f(x_0))$ 且以 k 为斜率的直线 MT 便是曲线 C 在点 M 处的切线. 事实上，由 $\angle NMT=\varphi-\alpha$ 及 $x\to x_0$ 时 $\varphi\to\alpha$，可见当 $x\to x_0$ 时（这时 $|MN|\to 0$），$\angle NMT\to 0$，因此直线 MT 确实为曲线 C 在点 M 处的切线.

2. 变速直线运动的瞬时速度

设质点作直线运动，其所走路程 s 与时间 t 的函数关系为 $s=s(t)$，求质点运动的速度 v.

若质点作匀速直线运动，则速度 v 为质点经过的路程 s 除以所花的时间 t，即 $v=\dfrac{s}{t}$. 现在设质点作变速直线运动，由物理学知，从时刻 t_0 到 $t_0+\Delta t(\Delta t>0)$ 时间内，质点经过的路程为

$$\Delta s=s(t_0+\Delta t)-s(t_0)$$

则质点在这段时间内的平均速度为

$$\bar{v}=\frac{\Delta s}{\Delta t}=\frac{s(t_0+\Delta t)-s(t_0)}{\Delta t}$$

此时平均速度不等于瞬时速度.

当时间间隔 Δt 很小时，质点的速度来不及有太大的变化，可以认为质点在时间区间 $[t_0,t_0+\Delta t]$ 内近似地作匀速运动. 因此，可以用 $\bar{v}$ 作为 $v(t_0)$ 的近似值，并且 Δt 越小，其近似程度就越高. 因此，质点在时刻 t_0 的瞬时速度可以定义为平均速度 $\bar{v}$ 在 $\Delta t \to 0$ 时的极限值，即

$$v(t_0)=\lim_{\Delta t \to 0}\frac{s(t_0+\Delta t)-s(t_0)}{\Delta t}=\lim_{\Delta t \to 0}\frac{\Delta s}{\Delta t}$$

虽然上面两例的实际意义完全不同，但从抽象的数量关系来看，其实质都是函数的改变量与自变量的改变量之比在自变量的改变量趋于零时的极限. 我们把这种特定的极限称为函数的导数.

2.1.2 导数的定义

定义 2-1 设函数 $y=f(x)$ 在点 x_0 的某邻域内有定义，当自变量 x 在点 x_0 处取得改变量 Δx（$\Delta x \neq 0$ 且 $x_0+\Delta x$ 仍在该邻域内）时，函数 $f(x)$ 相应地有改变量 $\Delta y=f(x_0+\Delta x)-f(x_0)$，若极限

$$\lim_{\Delta x \to 0}\frac{f(x_0+\Delta x)-f(x_0)}{\Delta x}=\lim_{\Delta x \to 0}\frac{\Delta y}{\Delta x}$$

存在，则称函数 $y=f(x)$ 在点 x_0 处**可导**，并称此极限值为 $f(x)$ 在点 x_0 处的**导数**，记作 $f'(x_0)$，即

$$f'(x_0)=\lim_{\Delta x \to 0}\frac{f(x_0+\Delta x)-f(x_0)}{\Delta x}$$

若极限不存在，就说函数 $y=f(x)$ 在点 x_0 处**不可导**.

函数 $f(x)$ 在点 x_0 处的导数也记作 $y'|_{x=x_0}$，$\dfrac{dy}{dx}\Big|_{x=x_0}$ 或 $\dfrac{df(x)}{dx}\Big|_{x=x_0}$，导数也称为**微商**. 导数还有两种常用的等价形式：

$$f'(x_0)=\lim_{x \to x_0}\frac{f(x)-f(x_0)}{x-x_0} \quad \text{或} \quad \lim_{h \to 0}\frac{f(x_0+h)-f(x_0)}{h}$$

由此可知

$$f'(x_0)=\lim_{\Delta x \to 0}\frac{\Delta y}{\Delta x}=\lim_{\Delta x \to 0}\frac{f(x_0+\Delta x)-f(x_0)}{\Delta x}$$

$$=\lim_{x \to x_0}\frac{f(x)-f(x_0)}{x-x_0}=\lim_{h \to 0}\frac{f(x_0+h)-f(x_0)}{h}$$

导数概念是函数变化率这一概念的精确描述，它撇开了自变量和因变量所代表的几何或

物理的特殊意义，纯粹从数量方面来刻画函数变化率的本质：函数增量与自变量增量的比值 $\dfrac{\Delta y}{\Delta x}$ 是函数 y 在以 x_0 和 $x_0+\Delta x$ 为端点的区间上的平均变化率，而导数 $y'\big|_{x=x_0}$ 是因变量 y 在点 x_0 处的变化率，它反映了因变量随自变量变化而变化的快慢程度.

有了导数的定义，可以把前面的切线斜率与瞬时速度分别表示为

$$k(x_0)=f'(x_0) \quad 和 \quad v(t_0)=s'(t_0)$$

由此可知导数的几何意义为：函数 $y=f(x)$ 在点 x_0 处的导数 $f'(x_0)$ 就是曲线 $y=f(x)$ 在点 $(x_0,f(x_0))$ 处的切线的斜率，此时曲线 $y=f(x)$ 在点 $(x_0,f(x_0))$（其中 $y_0=f(x_0)$）处的切线方程为

$$y-y_0=f'(x_0)(x-x_0)$$

若 $f'(x_0)\neq 0$，则法线方程为

$$y-y_0=-\dfrac{1}{f'(x_0)}(x-x_0)$$

若 $y=f(x)$ 在点 x_0 处的导数为无穷大量，则曲线 $y=f(x)$ 在点 (x_0,y_0) 处的切线方程为 $x=x_0$（铅直的），法线方程为 $y=y_0$（水平的）.

若函数 $y=f(x)$ 在开区间 (a,b) 内的每一点处都可导，则称函数 $f(x)$ 在开区间 (a,b) 内可导，此时对于开区间 (a,b) 内的每一点 x，都有唯一确定的导数值 $f'(x)$ 与之对应，这样就得到一个定义在开区间 (a,b) 内的函数，称这个函数为 $f(x)$ 的**导函数**，简称为导数，记作 $f'(x)$. 显然，导数 $f'(x_0)$ 就是导函数 $f'(x)$ 在点 x_0 处的函数值.

2.1.3　求导数举例

用导数的定义求函数 $y=f(x)$ 的导数分以下三个步骤.

① 求函数的增量：$\Delta y=f(x+\Delta x)-f(x)$

② 计算增量之比：$\dfrac{\Delta y}{\Delta x}=\dfrac{f(x+\Delta x)-f(x)}{\Delta x}$

③ 求极限：$f'(x)=\lim\limits_{\Delta x\to 0}\dfrac{\Delta y}{\Delta x}=\lim\limits_{\Delta x\to 0}\dfrac{f(x+\Delta x)-f(x)}{\Delta x}$

【例 2-1】 求函数 $f(x)=C$（C 为常数）的导数.

解　① $\Delta y=C-C=0$

② $\dfrac{\Delta y}{\Delta x}=0$

③ $f'(x)=\lim\limits_{\Delta x\to 0}\dfrac{\Delta y}{\Delta x}=0$

故

$$(C)'=0$$

例 2-1 说明常数的导数为零.

【例 2-2】 计算函数 $y=x^2$ 在点 $x=2$ 处的导数.

解 ① $\Delta y=f(2+\Delta x)-f(2)=(2+\Delta x)^2-4=\Delta x(\Delta x+4)$

② $\dfrac{\Delta y}{\Delta x}=\dfrac{\Delta x(\Delta x+4)}{\Delta x}=\Delta x+4$

③ $f'(2)=\lim\limits_{\Delta x\to 0}\dfrac{\Delta x(4+\Delta x)}{\Delta x}=\lim\limits_{\Delta x\to 0}(4+\Delta x)=4$

【例 2-3】 求函数 $f(x)=x^n$（n 为正整数）的导数.

解 ① $\Delta y=f(x+\Delta x)-f(x)$

$=C_n^1 x^{n-1}\Delta x+C_n^2 x^{n-2}(\Delta x)^2+\cdots+C_n^n(\Delta x)^n$

② $\dfrac{\Delta y}{\Delta x}=C_n^1 x^{n-1}+C_n^2 x^{n-2}\Delta x+\cdots+C_n^n(\Delta x)^{n-1}$

③ $f'(x)=\lim\limits_{\Delta x\to 0}\dfrac{\Delta y}{\Delta x}=C_n^1 x^{n-1}=nx^{n-1}$

故

$$(x^n)'=nx^{n-1}$$

特别地，当 $n=1$ 时，$(x)'=1$.

更一般地，对于幂函数 $y=x^\mu$（μ 为常数），有

$$(x^\mu)'=\mu x^{\mu-1}$$

这就是幂函数的求导公式，该公式的证明将在以后讨论. 利用这一公式，可以很方便地求出幂函数的导数，例如

当 $\mu=\dfrac{1}{2}$ 时，$y=x^{\frac{1}{2}}=\sqrt{x}$（$x>0$）的导数为

$$y'=(\sqrt{x})'=(x^{\frac{1}{2}})'=\frac{1}{2}x^{-\frac{1}{2}}=\frac{1}{2\sqrt{x}}$$

当 $\mu=-1$ 时，$y=x^{-1}=\dfrac{1}{x}$（$x\neq 0$）的导数为

$$y'=\left(\frac{1}{x}\right)'=(x^{-1})'=-x^{-1-1}=\frac{-1}{x^2}$$

【例 2-4】 求函数 $f(x)=\sin x$ 的导数.

解 ① $\Delta y=\sin(x+\Delta x)-\sin x=2\cos\left(x+\dfrac{\Delta x}{2}\right)\sin\dfrac{\Delta x}{2}$

② $\dfrac{\Delta y}{\Delta x}=\dfrac{2\cos\left(x+\dfrac{\Delta x}{2}\right)\sin\dfrac{\Delta x}{2}}{\Delta x}$

③ $f'(x)=\lim\limits_{\Delta x\to 0}\dfrac{\Delta y}{\Delta x}=\lim\limits_{\Delta x\to 0}\cos\left(x+\dfrac{\Delta x}{2}\right)\cdot\dfrac{\sin\dfrac{\Delta x}{2}}{\dfrac{\Delta x}{2}}=\cos x$

故
$$(\sin x)' = \cos x$$

用同样的方法，可以得到
$$(\cos x)' = -\sin x$$

事实上，因为
$$\Delta y = \cos(x + \Delta x) - \cos x = -2\sin\left(x + \frac{\Delta x}{2}\right)\sin\frac{\Delta x}{2}$$

所以
$$(\cos x)' = \lim_{\Delta x \to 0}\frac{\Delta y}{\Delta x} = \lim_{\Delta x \to 0}\frac{-2\sin\left(x + \frac{\Delta x}{2}\right)\sin\frac{\Delta x}{2}}{\Delta x}$$

$$= -\lim_{\Delta x \to 0}\sin\left(x + \frac{\Delta x}{2}\right) \cdot \frac{\sin\frac{\Delta x}{2}}{\frac{\Delta x}{2}} = -\sin x$$

【例 2 - 5】　求函数 $f(x) = \ln x$ 的导数.

解　① $\Delta y = \ln(x + \Delta x) - \ln x = \ln\left(1 + \frac{\Delta x}{x}\right)$

② $\dfrac{\Delta y}{\Delta x} = \dfrac{\ln\left(1 + \frac{\Delta x}{x}\right)}{\Delta x} = \dfrac{1}{x}\ln\left(1 + \frac{\Delta x}{x}\right)^{\frac{x}{\Delta x}}$

③ $f'(x) = \lim\limits_{\Delta x \to 0}\dfrac{\Delta y}{\Delta x} = \lim\limits_{\Delta x \to 0}\dfrac{1}{x}\ln\left(1 + \frac{\Delta x}{x}\right)^{\frac{x}{\Delta x}} = \dfrac{1}{x}$

故
$$(\ln x)' = \frac{1}{x}$$

用同样的方法，可以得到
$$(\log_a x)' = \frac{1}{x\ln a} \quad (a > 0 \text{ 且 } a \neq 1)$$

事实上，因为
$$\Delta y = \log_a(x + \Delta x) - \log_a x = \log_a\left(1 + \frac{\Delta x}{x}\right)$$

所以
$$(\log_a x)' = \lim_{\Delta x \to 0}\frac{\Delta y}{\Delta x} = \lim_{\Delta x \to 0}\frac{\log_a\left(1 + \frac{\Delta x}{x}\right)}{\Delta x}$$

$$= \lim_{\Delta x \to 0}\frac{1}{x}\log_a\left(1 + \frac{\Delta x}{x}\right)^{\frac{x}{\Delta x}} = \frac{1}{x}\log_a e = \frac{1}{x\ln a}$$

【例 2 - 6】　求函数 $f(x) = a^x \ (a > 0, \ a \neq 1)$ 的导数.

解　① $\Delta y = a^{x + \Delta x} - a^x = a^x(a^{\Delta x} - 1)$

② $\dfrac{\Delta y}{\Delta x}=\dfrac{a^x(a^{\Delta x}-1)}{\Delta x}$

③ $f'(x)=\lim\limits_{\Delta x\to0}\dfrac{\Delta y}{\Delta x}=\lim\limits_{\Delta x\to0}\dfrac{a^x(a^{\Delta x}-1)}{\Delta x}=a^x\lim\limits_{\Delta x\to0}\dfrac{a^{\Delta x}-1}{\Delta x}$

令 $a^{\Delta x}-1=t$，则 $\Delta x=\log_a(1+t)$，当 $\Delta x\to0$ 时，$t\to0$，于是

$$\lim\limits_{\Delta x\to0}\dfrac{a^{\Delta x}-1}{\Delta x}=\lim\limits_{t\to0}\dfrac{t}{\log_a(1+t)}=\lim\limits_{t\to0}\dfrac{1}{\log_a(1+t)^{\frac{1}{t}}}=\dfrac{1}{\log_a\mathrm{e}}=\ln a$$

所以

$$(a^x)'=a^x\ln a$$

特别地，当 $a=\mathrm{e}$ 时

$$(\mathrm{e}^x)'=\mathrm{e}^x$$

由此可见，以 e 为底的指数函数的导数等于函数本身．

【例 2-7】 求曲线 $y=\dfrac{1}{x}$ 在点 $\left(\dfrac{1}{2},2\right)$ 处的切线斜率，并写出该点处的切线方程和法线方程．

解 曲线在点 $\left(\dfrac{1}{2},2\right)$ 处的切线斜率是 $k=\left(\dfrac{1}{x}\right)'\Big|_{x=\frac{1}{2}}=-x^{-2}\big|_{x=\frac{1}{2}}=-4$，所以切线方程为

$$y-2=-4\left(x-\dfrac{1}{2}\right)$$

即 $y=-4x+4$．

法线方程为

$$y-2=\dfrac{1}{4}\left(x-\dfrac{1}{2}\right)$$

即 $y=\dfrac{1}{4}x+\dfrac{15}{8}$．

【例 2-8】 求函数 $y=|x|$ 在 $x=0$ 处的导数．

解 ① $\Delta y=|0+\Delta x|-|0|=|\Delta x|$

② $\dfrac{\Delta y}{\Delta x}=\dfrac{|\Delta x|}{\Delta x}$

③ $y'=\lim\limits_{\Delta x\to0}\dfrac{\Delta y}{\Delta x}=\lim\limits_{\Delta x\to0}\dfrac{|\Delta x|}{\Delta x}$

因为

$$\lim\limits_{\Delta x\to0^-}\dfrac{\Delta y}{\Delta x}=\lim\limits_{\Delta x\to0^-}\dfrac{-\Delta x}{\Delta x}=-1$$

$$\lim\limits_{\Delta x\to0^+}\dfrac{\Delta y}{\Delta x}=\lim\limits_{\Delta x\to0^+}\dfrac{\Delta x}{\Delta x}=1$$

所以极限 $\lim\limits_{\Delta x \to 0} \dfrac{\Delta y}{\Delta x}$ 不存在，由导数的定义知，函数 $y = |x|$ 在 $x = 0$ 处不可导.

根据函数 $f(x)$ 在点 x_0 处导数的定义，导数

$$f'(x_0) = \lim_{\Delta x \to 0} \frac{f(x_0 + \Delta x) - f(x_0)}{\Delta x}$$

是一个极限，而函数在某点极限存在的充分必要条件是函数在该点的左、右极限都存在且相等，因此函数 $f(x)$ 在点 x_0 处可导的充分必要条件是左、右极限

$$\lim_{\Delta x \to 0^-} \frac{f(x_0 + \Delta x) - f(x_0)}{\Delta x} \quad \text{及} \quad \lim_{\Delta x \to 0^+} \frac{f(x_0 + \Delta x) - f(x_0)}{\Delta x}$$

都存在且相等. 这两个极限分别称为函数 $f(x)$ 在点 x_0 处的**左导数**和**右导数**，分别记作 $f'_-(x_0)$ 及 $f'_+(x_0)$，即

$$f'_-(x_0) = \lim_{\Delta x \to 0^-} \frac{f(x_0 + \Delta x) - f(x_0)}{\Delta x}$$

$$f'_+(x_0) = \lim_{\Delta x \to 0^+} \frac{f(x_0 + \Delta x) - f(x_0)}{\Delta x}$$

显然，函数 $f(x)$ 在点 x_0 处可导 $\Leftrightarrow$ 左导数 $f'_-(x_0)$ 及右导数 $f'_+(x_0)$ 都存在且相等.

左导数和右导数统称为**单侧导数**. 若函数 $f(x)$ 在开区间 (a, b) 内可导，且 $f'_+(a)$ 及 $f'_-(b)$ 都存在，则称 $f(x)$ 在闭区间 $[a, b]$ 上可导.

特别要注意，对于分段函数在分界点处的导数的存在性，须通过左、右导数来判断.

【例 2-9】 讨论函数 $f(x) = \begin{cases} x^2 + 1, & 0 \leqslant x < 1 \\ 3x - 1, & x \geqslant 1 \end{cases}$ 在 $x = 1$ 处的可导性.

解　因为

$$f'_-(1) = \lim_{\Delta x \to 0^-} \frac{f(1 + \Delta x) - f(1)}{\Delta x} = \lim_{\Delta x \to 0^-} \frac{(1 + \Delta x)^2 + 1 - 2}{\Delta x} = \lim_{\Delta x \to 0^-} \frac{\Delta x (2 + \Delta x)}{\Delta x} = 2$$

$$f'_+(1) = \lim_{\Delta x \to 0^+} \frac{f(1 + \Delta x) - f(1)}{\Delta x} = \lim_{\Delta x \to 0^+} \frac{3(1 + \Delta x) - 1 - 2}{\Delta x} = 3$$

$f'_-(1) \neq f'_+(1)$，所以函数 $f(x)$ 在 $x = 1$ 处不可导.

2.1.4　可导性与连续性的关系

由例 2-8 和例 2-9 可知，函数在一点连续不一定在该点可导，关于函数在某点可导与连续的关系，有下面的定理.

> **定理 2-1**　若函数 $y = f(x)$ 在点 x_0 处可导，则它在点 x_0 处连续.

证明　因为函数 $y = f(x)$ 在点 x_0 处可导，所以 $\lim\limits_{\Delta x \to 0} \dfrac{\Delta y}{\Delta x} = f'(x_0)$，于是有

$$\frac{\Delta y}{\Delta x}=f'(x_0)+\alpha(\Delta x)$$

其中 $\alpha(\Delta x)$ 是当 $\Delta x\to 0$ 时的无穷小量. 从而

$$\Delta y=f'(x_0)\Delta x+\alpha(\Delta x)\Delta x$$

所以

$$\lim_{\Delta x\to 0}\Delta y=\lim_{\Delta x\to 0}[f'(x_0)\Delta x+\alpha(\Delta x)\Delta x]=0$$

即 $y=f(x)$ 在点 x_0 处连续.

函数的可导性用于刻画函数的局部（良好）性态，它比函数连续性的要求更高. 从几何直观看，函数的连续性仅指曲线的连接性，而函数的可导性则表现为曲线的光滑性（即曲线有切线）.

【例 2-10】 讨论函数 $f(x)=\begin{cases}x\sin\dfrac{1}{x}, & x\neq 0 \\ 0, & x=0\end{cases}$ 在点 $x=0$ 处的连续性与可导性.

解 因为

$$\lim_{x\to 0}f(x)=\lim_{x\to 0}x\sin\frac{1}{x}=0=f(0)$$

所以 $f(x)$ 在点 $x=0$ 处是连续的. 由于极限

$$\lim_{x\to 0}\frac{f(x)-f(0)}{x-0}=\lim_{x\to 0}\frac{x\sin\dfrac{1}{x}}{x}=\lim_{x\to 0}\sin\frac{1}{x}$$

不存在，故 $f(x)$ 在点 $x=0$ 处不可导.

习题 2.1

1. 选择题

(1) 所谓 $f(x)$ 在点 x_0 处可导，是指（   ）.

A. 极限 $\lim\limits_{x\to x_0}f(x)$ 存在   B. 极限 $\lim\limits_{x\to x_0}\dfrac{f(x)-f(x_0)}{x-x_0}$ 存在

C. 极限 $\lim\limits_{\Delta x\to 0^+}\dfrac{f(x_0+\Delta x)-f(x_0)}{\Delta x}$ 存在   D. 极限 $\lim\limits_{\Delta x\to 0^-}\dfrac{f(x_0+\Delta x)-f(x_0)}{\Delta x}$ 存在

(2) 设 $f(x)$ 在点 x_0 处可导，则 $\lim\limits_{\Delta x\to 0}\dfrac{f(x_0)-f(x_0-\Delta x)}{\Delta x}=$（   ）.

A. $-f'(x_0)$ B. $-2f'(x_0)$

C. $2f'(x_0)$ D. $f'(x_0)$

(3) 函数 $f(x)$ 在点 x_0 处可导是该函数在点 x_0 处连续的（   ）.

A. 充分条件　　　　　　　　　B. 必要条件

C. 充分必要条件　　　　　　　D. 既非充分也非必要条件

(4) 函数 $f(x) = |x-1|$ 在点 $x=1$ 处满足（　　　）.

A. 连续但不可导　　　　　　　B. 可导但不连续

C. 不连续也不可导　　　　　　D. 连续且可导

2. 填空题

(1) 设 $f(x)$ 在点 x_0 可导，则极限 $\lim\limits_{\Delta x \to 0} \dfrac{f(x_0 + \Delta x) - f(x_0 - \Delta x)}{\Delta x} = \underline{\qquad}$.

(2) 曲线 $y = x^3$ 在 $x = \pm 2$ 处的切线斜率等于 $\underline{\qquad}$.

3. 讨论函数 $f(x) = \begin{cases} x+1, & 0 \leqslant x \leqslant 1 \\ 3x-1, & x > 1 \end{cases}$ 在点 $x=1$ 处的可导性.

4. 求曲线 $y = 4x^3$ 在点（1，4）处的切线方程和法线方程.

5. 讨论函数 $f(x) = \begin{cases} \cos x, & x < 0 \\ x+1, & x \geqslant 0 \end{cases}$ 在点 $x=0$ 的连续性与可导性.

2.2　求导法则与高阶导数

根据导数定义求函数的导数是函数求导的最基本的方法，由此得到了一些基本初等函数的求导公式. 既然导数是用极限来定义的，就可以利用极限的运算法则给出函数求导的一些法则，从而借助这些求导法则和已经求出得到的基本初等函数的导数公式比较方便地对函数进行求导运算.

2.2.1　函数的和、差、积和商的求导法则

定理 2-2　设函数 $u(x)$ 与 $v(x)$ 都在点 x 处可导，则它们的和、差、积和商（分母不为零）在点 x 处仍可导，并且

(1) $[u(x) \pm v(x)]' = u'(x) \pm v'(x)$

(2) $[u(x) \cdot v(x)]' = u'(x) \cdot v(x) + u(x) \cdot v'(x)$

(3) $\left[\dfrac{u(x)}{v(x)}\right]' = \dfrac{u'(x) \cdot v(x) - u(x) \cdot v'(x)}{v^2(x)}$　$(v(x) \neq 0)$

证明　我们仅证明（2）和（3），（1）的证明留给读者.

(2) 令 $y = u(x) \cdot v(x)$，则函数的增量为

$\Delta y = u(x + \Delta x)v(x + \Delta x) - u(x)v(x)$

$\qquad = u(x + \Delta x)v(x + \Delta x) - u(x)v(x + \Delta x) + u(x)v(x + \Delta x) - u(x)v(x)$

$$=[u(x+\Delta x)-u(x)]v(x+\Delta x)+u(x)[v(x+\Delta x)-v(x)]$$

增量之比为

$$\frac{\Delta y}{\Delta x}=\frac{u(x+\Delta x)-u(x)}{\Delta x}v(x+\Delta x)+u(x)\frac{v(x+\Delta x)-v(x)}{\Delta x}$$

于是，利用导数的定义及可导函数必然连续的结论可得

$$\lim_{\Delta x\to 0}\frac{\Delta y}{\Delta x}=\lim_{\Delta x\to 0}\frac{u(x+\Delta x)-u(x)}{\Delta x}\cdot\lim_{\Delta x\to 0}v(x+\Delta x)+u(x)\cdot\lim_{\Delta x\to 0}\frac{v(x+\Delta x)-v(x)}{\Delta x}$$
$$=u'(x)v(x)+u(x)v'(x)$$

即

$$[u(x)\cdot v(x)]'=u'(x)\cdot v(x)+u(x)\cdot v'(x)$$

（3）令 $y=\dfrac{u(x)}{v(x)}$，则函数的增量为

$$\Delta y=\frac{u(x+\Delta x)}{v(x+\Delta x)}-\frac{u(x)}{v(x)}=\frac{u(x+\Delta x)v(x)-u(x)v(x+\Delta x)}{v(x)v(x+\Delta x)}$$
$$=\frac{[u(x+\Delta x)-u(x)]v(x)-u(x)[v(x+\Delta x)-v(x)]}{v(x)v(x+\Delta x)}$$

增量之比为

$$\frac{\Delta y}{\Delta x}=\left[\frac{u(x+\Delta x)-u(x)}{\Delta x}v(x)-u(x)\frac{v(x+\Delta x)-v(x)}{\Delta x}\right]\frac{1}{v(x)v(x+\Delta x)}$$

于是

$$\lim_{\Delta x\to 0}\frac{\Delta y}{\Delta x}=\left[\left(\lim_{\Delta x\to 0}\frac{u(x+\Delta x)-u(x)}{\Delta x}\right)v(x)-u(x)\left(\lim_{\Delta x\to 0}\frac{v(x+\Delta x)-v(x)}{\Delta x}\right)\right]\frac{1}{v(x)\lim\limits_{\Delta x\to 0}v(x+\Delta x)}$$
$$=\frac{u'(x)v(x)-u(x)v'(x)}{v^2(x)}$$

定理 2-2 中的结论（1）和（2）可以推广到任意有限多个的情形．特别地，可以得到如下结论：

① $(Cu)'=Cu'$（C 为常数）；

② $[u^n(x)]'=nu^{n-1}(x)u'(x)$；

③ 在商的求导法则中，若 $u(x)\equiv 1$，则 $\left[\dfrac{1}{v(x)}\right]=-\dfrac{v'(x)}{v^2(x)}$．

【例 2-11】 求 $y=x^3-x^2+\sin x-9$ 的导数．

解
$$y'=(x^3-x^2+\sin x-9)'$$
$$=(x^3)'-(x^2)'+(\sin x)'-(9)'$$
$$=3x^2-2x+\cos x-0$$
$$=3x^2-2x+\cos x$$

【例 2-12】 求 $y=2e^x(\sin x+\cos x)$ 的导数．

解
$$y'=[2e^x(\sin x+\cos x)]'=2[e^x(\sin x+\cos x)]'$$
$$=2[(e^x)'(\sin x+\cos x)+e^x(\sin x+\cos x)']$$
$$=2[e^x(\sin x+\cos x)+e^x(\cos x-\sin x)]$$
$$=4e^x\cos x$$

【例 2-13】 求 $y=\tan x$ 的导数.

解 因为 $\tan x=\dfrac{\sin x}{\cos x}$，所以

$$y'=(\tan x)'=\frac{(\sin x)'\cos x-\sin x(\cos x)'}{\cos^2 x}$$

$$=\frac{\cos^2 x+\sin^2 x}{\cos^2 x}=\frac{1}{\cos^2 x}=\sec^2 x$$

同理可得

$$(\cot x)'=-\csc^2 x$$

2.2.2 复合函数的求导法则

在计算导数时，经常会遇到由几个基本初等函数复合而成的函数，如何对复合函数求导？先来看一个简单的例子.

【例 2-14】 已知 $y=\sin 2x$，求 y 对 x 的导数.

解 因为 $\sin 2x$ 不能直接用公式求导，因此，考虑将 $\sin 2x$ 变形为
$$\sin 2x=2\sin x\cdot\cos x$$
然后用两个函数乘积的求导法则，得
$$(\sin 2x)'=(2\sin x\cdot\cos x)'$$
$$=2(\cos x\cdot\cos x-\sin x\cdot\sin x)$$
$$=2(\cos^2 x-\sin^2 x)=2\cos 2x$$

函数 $y=\sin 2x$ 可以看作是由 $y=\sin u$ 和 $u=2x$ 复合而成的函数，而 $\dfrac{dy}{du}=\cos u$，$\dfrac{du}{dx}=2$，由上述计算结果 $(\sin 2x)'=2\cos 2x$，得

$$\frac{dy}{dx}=(\sin 2x)'=2\cos 2x=2\cos u=\frac{dy}{du}\cdot\frac{du}{dx}$$

上述结果对于函数 $y=\sin 2x$ 是成立的，那么对于由可微函数 $y=f(u)$ 和 $u=\varphi(x)$ 复合而成的一般复合函数 $y=f(\varphi(x))$，是否仍有 $\dfrac{dy}{dx}=\dfrac{dy}{du}\cdot\dfrac{du}{dx}$ 成立？下面的定理明确地回答了这个问题.

定理 2-3 若函数 $u=\varphi(x)$ 在点 x 处可导，$y=f(u)$ 在对应点 $u=\varphi(x)$ 处可导，则复合函数 $y=f(\varphi(x))$ 在点 x 处也可导，且

$$(f[\varphi(x)])'=f'(u)\cdot\varphi'(x) \quad 或 \quad \frac{dy}{dx}=\frac{dy}{du}\cdot\frac{du}{dx}$$

证明　因为函数 $u=\varphi(x)$ 在点 x 处可导，所以根据函数在某点可导必在该点连续的性质知，φ 在点 x 处连续. 于是当 $\Delta x\to 0$ 时，$\varphi(x+\Delta x)-\varphi(x)=\Delta u\to 0$. 因为 $u=\varphi(x)$ 在点 x 处可导，$y=f(u)$ 又在点 u 处可导，所以 $\lim\limits_{\Delta x\to 0}\dfrac{\Delta u}{\Delta x}=\varphi'(x)$，$\lim\limits_{\Delta u\to 0}\dfrac{\Delta y}{\Delta u}=f'(u)$. 又由于

$$\frac{\Delta y}{\Delta x}=\frac{\Delta f[\varphi(x)]}{\Delta x}=\frac{f[\varphi(x+\Delta x)]-f[\varphi(x)]}{\Delta x}$$

$$=\frac{f[\varphi(x+\Delta x)]-f[\varphi(x)]}{\varphi(x+\Delta x)-\varphi(x)}\cdot\frac{\varphi(x+\Delta x)-\varphi(x)}{\Delta x}$$

所以

$$\frac{\mathrm{d}y}{\mathrm{d}x}=\lim_{\Delta x\to 0}\frac{\Delta y}{\Delta x}=\lim_{\Delta x\to 0}\frac{\Delta y}{\Delta u}\cdot\frac{\Delta u}{\Delta x}=f'(u)\cdot\varphi'(x)=\frac{\mathrm{d}y}{\mathrm{d}u}\cdot\frac{\mathrm{d}u}{\mathrm{d}x}$$

复合函数的求导法则又称为**链式法则**. 由链式法则知，函数对自变量的导数等于函数对中间变量的导数乘以中间变量对自变量的导数. 因此，在对复合函数求导时，首先需要熟练地引入中间变量，把函数分解成一串简单的函数，再用链式法则求导，最后把中间变量用自变量的函数代替.

【例 2 - 15】　$y=(x^2-4)^2$，求 $\dfrac{\mathrm{d}y}{\mathrm{d}x}$.

解　引入中间变量 $u=x^2-4$，则

$$y=u^2,\quad u=x^2-4$$

$$y'=\frac{\mathrm{d}y}{\mathrm{d}u}\cdot\frac{\mathrm{d}u}{\mathrm{d}x}=2u\cdot 2x=4x(x^2-4)$$

【例 2 - 16】　$y=\mathrm{e}^{x^3}$，求 $\dfrac{\mathrm{d}y}{\mathrm{d}x}$.

解　$y=\mathrm{e}^{x^3}$ 可看作由 $y=\mathrm{e}^u$，$u=x^3$ 复合而成，因此

$$\frac{\mathrm{d}y}{\mathrm{d}x}=\frac{\mathrm{d}y}{\mathrm{d}u}\cdot\frac{\mathrm{d}u}{\mathrm{d}x}=\mathrm{e}^u\cdot 3x^2=3x^2\mathrm{e}^{x^3}$$

【例 2 - 17】　$y=\tan^2\dfrac{1}{x}$，求 $\dfrac{\mathrm{d}y}{\mathrm{d}x}$.

解
$$\left(\tan^2\frac{1}{x}\right)'=2\tan\frac{1}{x}\left(\tan\frac{1}{x}\right)'=2\tan\frac{1}{x}\cdot\sec^2\frac{1}{x}\left(\frac{1}{x}\right)'$$

$$=-\frac{2}{x^2}\tan\frac{1}{x}\sec^2\frac{1}{x}$$

【例 2 - 18】　求函数 $y=\ln x^2$ $(x>0)$ 的导数.

解　**方法一**　由 $y=\ln x^2=2\ln x$，得

$$y'=(2\ln x)'=\frac{2}{x}$$

方法二　令 $y=\ln u$，$u=x^2$，则

$$\frac{\mathrm{d}y}{\mathrm{d}x}=\frac{\mathrm{d}y}{\mathrm{d}u}\cdot\frac{\mathrm{d}u}{\mathrm{d}x}=(\ln u)'\cdot(x^2)'=\frac{1}{u}\cdot 2x=\frac{1}{x^2}\cdot 2x=\frac{2}{x}$$

上述两种方法中，方法二验证了定理 2-3 中公式的正确性，但显然方法一比方法二简单，可见求函数的导数时，若函数可以化简，则化简后再求导.

熟练掌握复合函数分解和求导法则后，可以不必引入中间变量，只要心中有数，**由外向里，逐层求导，分解一层，求导一层**，直到自变量为止.

【例 2-19】　求幂函数 $y=x^\mu$（$x>0$，μ 为任意实数）的导数.

解　由于 $y=x^\mu=\mathrm{e}^{\mu\ln x}$ 可以看作由指数函数 $y=\mathrm{e}^u$ 与对数函数 $u=\mu\ln x$ 复合而成的函数，故

$$y'=\mathrm{e}^u\cdot\mu\cdot\frac{1}{x}=\mu\mathrm{e}^{\mu\ln x}\cdot\frac{1}{x}=\mu x^{\mu-1}$$

即

$$(x^\mu)'=\mu x^{\mu-1}\quad(x>0)$$

对于定理 2-2 后面的公式（2），也可以用复合函数的求导法则和幂函数的导数公式直接得到.

2.2.3　反函数的求导法则

定理 2-4　设函数 $x=f^{-1}(y)$ 是函数 $y=f(x)$ 的反函数，若 $f^{-1}(y)$ 在 y 的某邻域 I_y 内单调、可导且 $\left[f^{-1}(y)\right]'\neq 0$，则它的反函数 $y=f(x)$ 在对应的区间 $I_x=\{x\,|\,x=f^{-1}(y),\,y\in I_y\}$ 内也可导，且

$$f'(x)=\frac{1}{\left[f^{-1}(y)\right]'}\quad\text{或}\quad\frac{\mathrm{d}y}{\mathrm{d}x}=\frac{1}{\dfrac{\mathrm{d}x}{\mathrm{d}y}}$$

其中，$\left[f^{-1}(y)\right]'$ 表示函数 $x=f^{-1}(y)$ 对 y 的导数.

证明　设 $x=f^{-1}(y)=g(y)$，因为 $x=f^{-1}(y)$ 是 $y=f(x)$ 的反函数，所以

$$x=g(y)=f^{-1}[f(x)]=g[f(x)]$$

利用复合函数的求导法则，对上式两端关于 x 求导，得

$$1=g'(y)=(f^{-1})'_y f'_x=g'_y f'_x\quad\text{或}\quad 1=\frac{\mathrm{d}x}{\mathrm{d}y}\cdot\frac{\mathrm{d}y}{\mathrm{d}x}$$

所以

$$f'(x) = \frac{1}{g'(y)} = \frac{1}{[f^{-1}(y)]'} \quad 或 \quad \frac{dy}{dx} = \frac{1}{\frac{dx}{dy}}, \frac{dx}{dy} = [f^{-1}(y)]' \neq 0$$

定理 2-4 说明，反函数的导数与原函数的导数互为倒数关系.

【例 2-20】 求函数 $y = \arcsin x$ $(-1 < x < 1)$ 的导数.

解 $y = \arcsin x$ 是 $x = \sin y \left(-\frac{\pi}{2} < y < \frac{\pi}{2} \right)$ 的反函数，所以利用反函数的导数公式有

$$y' = (\arcsin x)' = \frac{1}{(\sin y)'} = \frac{1}{\cos y} = \frac{1}{\sqrt{1 - \sin^2 y}} = \frac{1}{\sqrt{1 - x^2}}$$

【例 2-21】 求函数 $y = \log_a x$ $(x \in (0, +\infty)$, $a > 0$ 且 $a \neq 1)$ 的导数.

解 因为 $y = \log_a x$ 是 $x = a^y$ $(-\infty < y < +\infty)$ 的反函数，所以利用反函数的导数公式有

$$y' = (\log_a x)' = \frac{1}{(a^y)'} = \frac{1}{a^y \ln a} = \frac{1}{x \ln a}$$

2.2.4 隐函数的求导法则

函数 $y = f(x)$ 表示两个变量 y 与 x 之间的对应关系，这种对应关系可以用各种不同的方式表达. 若因变量 y 已经写成自变量 x 的明显表达式，则用这种方式表达的函数 y 称为 x 的**显函数**，如 $y = \sin x$，$y = \ln x + 1$ 等. 若因变量 y 与自变量 x 之间的对应关系由未解出因变量的方程 $F(x, y) = 0$ 给出，则用这种方式表达的函数 y 称为 x 的**隐函数**，如 $x + y^3 = 1$，$y^5 + 2y - x = 0$ 等.

若要求由方程 $F(x, y) = 0$ 确定的隐函数 $y = f(x)$ 对 x 的导数，则对有些隐函数可先将之化为显函数，再用前面所讲的方法求导. 例如由方程 $x - y^3 - 1 = 0$ 所确定的隐函数化成显函数就是 $y = \sqrt[3]{x-1}$，但有些隐函数不易或不能化为显函数，例如 $y^5 + 2y - x - 3x^7 = 0$. 那么对于由上述方程 $F(x, y) = 0$ 所确定的隐函数 $y = f(x)$，如何求它对自变量 x 的导数 y_x' 呢？具体的做法是：把方程 $F(x, y) = 0$ 中的 y 看成是由方程所确定的隐函数（从而 y 的函数就是以 y 为中间变量的 x 的复合函数），这时将方程两边对自变量 x 求导，就得到一个含有 x，y 和 y' 的等式，从中解出 y' 即可.

【例 2-22】 设函数 $y = f(x)$ 由方程 $y^5 + 2y - x - 3x^7 = 0$ 确定，求 $\frac{dy}{dx}$.

解 将方程 $y^5 + 2y - x - 3x^7 = 0$ 两边对 x 求导，得

$$\frac{d}{dx}(y^5 + 2y - x - 3x^7) = 0$$

于是

$$5y^4\frac{\mathrm{d}y}{\mathrm{d}x}+2\frac{\mathrm{d}y}{\mathrm{d}x}-1-21x^6=0$$

从而

$$\frac{\mathrm{d}y}{\mathrm{d}x}=\frac{1+21x^6}{5y^4+2}$$

【例 2 - 23】 求由方程 $\cos(x+y)+\mathrm{e}^y=x$ 所确定的隐函数 y 的导数.

解 将方程 $\cos(x+y)+\mathrm{e}^y=x$ 两边对 x 求导，得

$$-\sin(x+y)(1+y')+\mathrm{e}^y\cdot y'=1$$

于是

$$[\mathrm{e}^y-\sin(x+y)]\cdot y'=1+\sin(x+y)$$

故

$$y'=\frac{1+\sin(x+y)}{\mathrm{e}^y-\sin(x+y)}$$

对某些函数，利用所谓对数求导法比用通常的方法简便些. 这种方法是先将函数 $y=f(x)$ 的两边取自然对数得到一个隐函数 $\ln y=\ln f(x)$，然后利用隐函数求导法求出导数 y'.

【例 2 - 24】 求 $y=x^{\sin x}$ $(x>0)$ 的导数.

解 将 $y=x^{\sin x}$ 的两边取对数，得

$$\ln y=\sin x\cdot \ln x$$

两边再对 x 求导，有

$$\frac{1}{y}y'=\cos x\cdot\ln x+\sin x\cdot\frac{1}{x}$$

故

$$y'=x^{\sin x}(\cos x\cdot\ln x+x^{-1}\sin x)$$

【例 2 - 25】 求 $y=(1+x^2)^x$ 的导数.

解 将 $y=(1+x^2)^x$ 的两边取对数，得

$$\ln y=x\cdot\ln(1+x^2)$$

两边再对 x 求导，有

$$\frac{1}{y}y'=\ln(1+x^2)+\frac{x}{1+x^2}\cdot 2x=\ln(1+x^2)+\frac{2x^2}{1+x^2}$$

故

$$y'=(1+x^2)^x\left[\ln(1+x^2)+\frac{2x^2}{1+x^2}\right]$$

2.2.5　求导公式

为便于查阅，现将常数和基本初等函数的导数公式和求导法则归结如下.

1. 常数和基本初等函数的导数公式

(1) $(C)'=0$ （C 为常数）

(2) $(x^{\alpha})'=\alpha x^{\alpha-1}$ （α 为常数）

(3) $(\sin x)'=\cos x$

(4) $(\cos x)'=-\sin x$

(5) $(\tan x)'=\sec^2 x$

(6) $(\cot x)'=-\csc^2 x$

(7) $(\sec x)'=\sec x\tan x$

(8) $(\csc x)'=-\csc x\cot x$

(9) $(a^x)'=a^x\ln a$ （$a>0$，$a\neq1$）

(10) $(e^x)'=e^x$

(11) $(\log_a x)'=\dfrac{1}{x\ln a}$ （$a>0$，$a\neq1$）

(12) $(\ln x)'=\dfrac{1}{x}$

(13) $(\arcsin x)'=\dfrac{1}{\sqrt{1-x^2}}$

(14) $(\arccos x)'=-\dfrac{1}{\sqrt{1-x^2}}$

(15) $(\arctan x)'=\dfrac{1}{1+x^2}$

(16) $(\operatorname{arccot} x)'=-\dfrac{1}{1+x^2}$

2. 求导法则

(1) $(u\pm v)'=u'\pm v'$

(2) $(Cu)'=Cu'$ （C 为常数）

(3) $(uv)'=u'v+uv'$

(4) $\left(\dfrac{u}{v}\right)'=\dfrac{u'v-uv'}{v^2}$ （$v\neq0$）

(5) $[f^{-1}(x)]'=\dfrac{1}{f'(y)}$

(6) $\dfrac{\mathrm{d}y}{\mathrm{d}x}=\dfrac{\mathrm{d}y}{\mathrm{d}u}\cdot\dfrac{\mathrm{d}u}{\mathrm{d}x}$

2.2.6 高阶导数

在许多实际问题中，往往要对函数多次求导数. 例如，物体的运动规律是 $s=s(t)$，速度是路程 s 对时间 t 的导数，即 $v=v(t)=s'(t)$，但速度也有变化的快慢问题，也就是加速度 $a(t)$，加速度又是速度对时间 t 的导数，这样加速度就是路程 s 对时间 t 的导数的导数，这就出现了高阶导数的问题.

一般地，若函数 $f(x)$ 的导数 $f'(x)$ 在点 x 处仍可导，则把导数 $f'(x)$ 的导数称为 $f(x)$ 的**二阶导数**，记作 $f''(x)$，y'' 或 $\dfrac{\mathrm{d}^2 y}{\mathrm{d}x^2}$.

类似地，二阶导数的导数称为**三阶导数**，记作 $f'''(x)$ 或 y'''，$\dfrac{\mathrm{d}^3 y}{\mathrm{d}x^3}$.

一般地，$f(x)$ 的 $n-1$ 阶导数的导数称为 $f(x)$ 的 n **阶导数**，记作 $f^{(n)}(x)$，$y^{(n)}$ 或 $\dfrac{\mathrm{d}^n y}{\mathrm{d}x^n}$.

二阶及二阶以上的导数统称为**高阶导数**. 把 $f(x)$ 的导数 $f'(x)$ 叫做 $f(x)$ 的一阶导数.

【例 2-26】 $y=\cos x$ 求 y''.

解
$$y'=-\sin x, \ y''=-\cos x$$

【例 2 - 27】 $y=xe^{x^2}$，求 y''.

解
$$y'=e^{x^2}+xe^{x^2}2x=(1+2x^2)e^{x^2}$$
$$y''=4xe^{x^2}+(1+2x^2)e^{x^2}\cdot 2x=2x(3+2x^2)e^{x^2}$$

【例 2 - 28】 求 $y=\sin x$ 和 $y=\cos x$ 的 n 阶导数.

解
$$(\sin x)'=\cos x=\sin\left(x+\frac{\pi}{2}\right)$$
$$(\sin x)''=\cos\left(x+\frac{\pi}{2}\right)=\sin\left(x+2\cdot\frac{\pi}{2}\right)$$
$$(\sin x)'''=\cos\left(x+2\cdot\frac{\pi}{2}\right)=\sin\left(x+3\cdot\frac{\pi}{2}\right)$$
$$\vdots$$
$$(\sin x)^{(n)}=\sin\left(x+n\cdot\frac{\pi}{2}\right)$$

用同样的方法，可以求出
$$(\cos x)^{(n)}=\cos\left(x+n\cdot\frac{\pi}{2}\right)$$

【例 2 - 29】 求 $y=\ln(1+x)$ 的 n 阶导数.

解
$$y'=\frac{1}{1+x}=(1+x)^{-1}$$
$$y''=(-1)(1+x)^{-2}$$
$$y'''=(-1)(-2)(1+x)^{-3}=(-1)^2 2!\ (1+x)^{-3}, \ \cdots$$

一般地，有
$$y^{(n)}=[\ln(1+x)]^{(n)}=(-1)^{n-1}\frac{(n-1)!}{(1+x)^n}$$

【例 2 - 30】 设 $y=a^x$，求 y 的 n 阶导数.

解　$y'=a^x\ln a, \ y''=a^x\ln^2 a, \ y'''=a^x\ln^3 a, \ \cdots$

所以
$$y^{(n)}=a^x\ln^n a$$

特别地，当 $a=e$ 时，有
$$(e^x)^{(n)}=e^x$$

【例 2 - 31】 求 $y=x^\mu$（μ 为任意实数）的 n 阶导数.

解　$y'=\mu x^{\mu-1}, \ y''=\mu(\mu-1)\ x^{\mu-2}, \ y'''=\mu(\mu-1)(\mu-2)\ x^{\mu-3}, \ \cdots$

一般地，有
$$y^{(n)}=(x^\mu)^{(n)}=\mu(\mu-1)\cdots(\mu-n+1)\ x^{\mu-n}$$

当 $\mu=n$ 时，有
$$(x^n)^{(n)}=n!$$

而

$$(x^n)^{(n+1)} = 0$$

对于高阶导数，有如下的运算公式，这里略去证明.

(1) $[u(x) \pm v(x)]^{(n)} = [u(x)]^{(n)} \pm [v(x)]^{(n)}$

(2) $[u(x) \cdot v(x)]^{(n)} = \sum\limits_{k=0}^{n} C_n^k [u(x)]^{(n-k)} \cdot [v(x)]^{(k)}$

其中，$u(x)$ 与 $v(x)$ 都是 n 阶可导函数，且 $u^{(0)}(x) = u(x)$，$v^{(0)}(x) = v(x)$，$C_n^k = \dfrac{n!}{k!(n-k)!}$ 为组合数.

公式（2）称为**莱布尼茨（Leibniz）公式**.

【例 2-32】 设 $y = x^2 \sin x$，求 $y^{(50)}$.

解 令 $u = \sin x$，$v = x^2$，则

$$u^{(k)} = \sin\left(x + \frac{k\pi}{2}\right) \quad (k = 1, 2, \cdots, 50)$$

$$v' = 2x, \quad v'' = 2, \quad v^{(k)} = 0 \quad (k \geqslant 3)$$

代入莱布尼茨公式，得

$$y^{(50)} = x^2 \sin\left(x + \frac{50\pi}{2}\right) + 50 \cdot 2x \sin\left(x + \frac{49\pi}{2}\right) + \frac{50 \times 49}{2} \cdot 2\sin\left(x + \frac{48\pi}{2}\right)$$

$$= -x^2 \sin x + 100x \cos x + 2\,450 \sin x$$

习题 2.2

1. 设 $f(x) = x^2 - 2\ln x$，求使得 $f'(x) = 0$ 的 x.

2. 运用四则运算求下列函数的导数.

   (1) $y = 4x^2 + 3x + 1$ (2) $y = 4e^x + 3e + 1$

   (3) $y = x + \ln x + 1$ (4) $y = \sin x + x + 1$

   (5) $y = 2\cos x + 3x$ (6) $y = 2^x + 3^x$

   (7) $y = \log_2 x + x^2$

3. 求下列函数在给定点处的导数.

   (1) $y = \sin x - \cos x$，求 $y'\big|_{x=\frac{\pi}{4}}$.

   (2) $f(x) = x^2 \sin(x - 2)$，求 $f'(2)$.

4. 求下列复合函数的导数.

   (1) $y = 4(x+1)^2 + (3x+1)^2$ (2) $y = (2x^2 + 1)^{20}$

   (3) $y = \ln(\sin e^x)$ (4) $y = \arctan 2x$

   (5) $y = \cos 8x$ (6) $y = e^x \sin 2x$

5. 求曲线 $y = x(\ln x - 1)$ 在点 $(e, 0)$ 处的切线方程.

6. 求下列函数的高阶导数.

　(1) $y = x^4 + e^x$, 求 $y^{(4)}$ 　　　　　　(2) $y = x^2 + 2x + 1$, 求 y''

7. 设 $y = f(u)$, $u = \sin x^2$ 求 $\dfrac{dy}{dx}$ 和 $\dfrac{d^2 y}{dx^2}$.

8. 设 $f(x) = \arctan x$, 证明它满足方程 $(1 + x)^2 y'' + 2xy' = 0$.

2.3　导数在经济中的应用

本节介绍导数在经济中的两个应用——边际分析和弹性分析.

2.3.1　边际分析

在经济学中，习惯上用平均和边际两个概念描述一个量对于另一个量的变化. 平均变化和边际变化的经济概念相当于在某区间上函数的平均变化率和函数的瞬时变化率（即导数），于是有如下定义.

> **定义 2-2**　设函数 $y = f(x)$ 可导，称导数 $f'(x)$ 为 $f(x)$ 的边际函数. 函数 $f(x)$ 在点 $x = x_0$ 处的导数 $f'(x_0)$ 称为 $f(x)$ 在点 x_0 处的边际函数值.

设在点 $x = x_0$ 处，x 从 x_0 改变一个单位，y 的相应改变量为 $\Delta y \big|_{\substack{x=x_0 \\ \Delta x = 1}} = f(x_0 + 1) - f(x_0)$. 当 x 改变的"单位"很小时，或 x 的"一个单位"与 x 值相比很小时，有

$$\Delta y \Big|_{\substack{x=x_0 \\ \Delta x=1}} \approx dy \Big|_{\substack{x=x_0 \\ \Delta x=1}} = f'(x) \cdot \Delta x \Big|_{\substack{x=x_0 \\ \Delta x=1}} = f'(x_0)$$

当 $\Delta x = -1$ 时，标志着 x 由 x_0 减小一个单位.

这说明，边际函数值 $f'(x_0)$ 近似等于 $f(x)$ 在点 $x = x_0$ 处当 x 产生一个单位的改变时相应的函数改变量. 在经济学中解释边际函数值的具体意义时略去"近似"二字.

1. 边际成本

设某产品的总成本函数为 $C = C(q) = C_0 + C_1(q)$，其中 q 为产量，C_0 为固定成本，$C_1(q)$ 为可变成本，则生产单位产品的**边际成本**为 $C'(q)$.

在经济学中，$C'(q)$ 解释为当生产水平达到 q 个单位前最后增加的那个单位产品所增加的成本或在生产单位生产水平上再增加一个单位产品时成本的增加量. 边际成本可表示为

$$C'(q) = \frac{d}{dq}[C_0 + C_1(q)] = C_1'(q)$$

可见，边际成本与固定成本无关.

【例 2-33】 设某企业生产某种产品的成本函数为 $C(q) = 1\,000 + 20q - 0.01q^2$，求生产 100 件产品时的平均成本和边际成本，并解释后者的经济意义.

解 因为 $C(100)=2\,900$，所以生产 100 件产品时的平均成本是

$$\overline{C}(100)=\frac{C(100)}{100}=\frac{2\,900}{100}=29$$

又 $C'(q)=20-0.02q$，所以生产 100 件产品时的边际成本是

$$C'(100)=20-0.02\times100=18$$

其经济意义是当产量达到 100 件产品时，再增加（或减少）1 件产品，成本要增加（或减少）18 个单位.

2. 边际收益与边际利润

设某产品的总收益函数为 $R=R(q)$，其中 q 为销售量，则销售 q 个单位产品的**边际收益**为 $R'(q)$. 在经济学中，$R'(q)$ 解释为当销售水平达到 q 个单位时，多销售（或少销售）一个单位产品所增加（或减少）的收益.

设产品的需求函数为 $p=f(q)$，其中 p 为销售价格，q 为销售量，则总收益函数为 $R(q)=p\cdot q=q\cdot f(q)$. 于是边际收益函数为

$$R'(q)=f(q)+q\cdot f'(q)$$

可见，若销售价格与销售量无关，即价格 $p=f(q)$ 是常数，则边际收益等于价格. 一般情况下，由于 $p=f(q)$ 是减函数，对任何销售量 $q(q>0)$ 都有 $q\cdot f'(q)<0$，所以边际收益 $R'(q)$ 总小于价格 $p=f(q)$.

设生产某种产品的总利润函数为 $L=L(q)$，其中 q 是产量，则生产 q 个单位产品的**边际利润**为

$$L'=L'(q)$$

它表示在生产水平达到 q 时，再增加 1 单位产品所增加或减少的利润.

设总收益函数为 $R(q)$，总成本函数为 $C(q)$，则总利润函数为

$$L(q)=R(q)-C(q)$$

于是边际利润函数为

$$L'(q)=R'(q)-C'(q)$$

【例 2-34】 已知某产品的需求函数为 $p=f(q)=20-\dfrac{q}{5}$，求销售量 $q=15$ 时的总收益、平均收益和边际收益.

解 销售量 $q=15$ 时的总收益为

$$R(15)=q\cdot f(q)\big|_{q=15}=q\cdot\left(20-\frac{q}{5}\right)\bigg|_{q=15}=15\left(20-\frac{15}{5}\right)=255$$

销售量 $q=15$ 时的平均收益为

$$\overline{R}(15)=\frac{R}{q}\bigg|_{q=15}=\left(20-\frac{q}{5}\right)\bigg|_{q=15}=\left(20-\frac{15}{5}\right)=17$$

由于 $R'(q)=20-\dfrac{2q}{5}$，所以销售量 $q=15$ 时的边际收益为

$$R'(15) = 20 - \frac{2 \times 15}{5} = 14$$

【例 2 - 35】 设某产品的利润函数为 $L(q) = 300q - 5q^2 - 10$，求产量 q 分别为 20，30，40 单位时的边际利润，并作简单解释.

解 由于 $L'(q) = 300 - 10q$，所以有

$$L'(20) = 300 - 10 \times 20 = 100$$
$$L'(30) = 300 - 10 \times 30 = 0$$
$$L'(40) = 300 - 10 \times 40 = -100$$

这表明该产品当产量为 20 个单位时，再生产 1 个单位可以增加利润 100 个单位；当产量为 30 个单位时，再生产 1 个单位利润不会增加；当产量为 40 个单位时，再生产 1 个单位利润减少 100 个单位.

2.3.2 弹性分析

在经济分析中，函数的改变量和边际分别是函数的绝对改变量和绝对变化率，但这种绝对变化往往不能准确地反映某些问题. 例如，有两种商品的价格分别是 10 元和 100 元，若现在都提价 1 元，即绝对改变量都是 1，但前者上涨 10%，后者仅是 1%，这就需要考虑相对改变量和相对变化率的问题.

设函数 $y = f(x)$，当自变量从 x 变化到 $x + \Delta x$ 时，函数的改变量是 $\Delta y = f(x + \Delta x) - f(x)$，它们的相对变化分别是 $\frac{\Delta x}{x}$ 和 $\frac{\Delta y}{y}$（通常用百分数表示），而 $\dfrac{\frac{\Delta y}{y}}{\frac{\Delta x}{x}} = \frac{x}{y} \cdot \frac{\Delta y}{\Delta x}$ 表示函数在点 x 和点 $x + \Delta x$ 之间的平均相对变化率，称为**两点间的弹性**.

$$\lim_{\Delta x \to 0} \frac{\frac{\Delta y}{y}}{\frac{\Delta x}{x}} = \frac{x}{y} \cdot \lim_{\Delta x \to 0} \frac{\Delta y}{\Delta x} = \frac{x}{y} \cdot f'(x)$$

称为函数在点 x 处的**弹性**，记作 $\frac{Ey}{Ex}$.

函数 $y = f(x)$ 在点 x 处的弹性 $\frac{Ey}{Ex}$ 表示当自变量在点 x 处产生 1% 的变化时，y（近似地）改变 $\frac{Ey}{Ex}$%，即函数在一点处的弹性反映了因变量 y 对自变量 x 变化的反应敏感度.

一般地，若函数 $y = f(x)$ 在区间 I 上可导，且 $f'(x) \neq 0$，则 $f'(x) \dfrac{x}{y}$ 称为 $f(x)$ 在区间 I 上的**弹性函数**，记作 $\frac{Ey}{Ex}$.

显然，弹性与有关变量所使用的单位无关，从而可在不同的商品间进行比较，这使弹性

的概念在经济学中得到广泛的应用.

需求函数 $q=f(p)$ 的弹性函数称为**需求价格弹性**,简称为**需求弹性**,也记作 ε_p,即

$$\varepsilon_p = \frac{Eq}{Ep} = f'(p)\frac{p}{f(p)}$$

由于通常有 $f'(p)<0$,因此 $\varepsilon_p<0$,表示价格上涨 1%,需求量减少 $|\varepsilon_p|\%$.

若 $\varepsilon_p<-1$,当价格变化 1% 时,需求量的变化将超过 1%,需求对价格的反应较强,称为**弹性需求**或**富有弹性**.

若 $-1<\varepsilon_p<0$,当价格变化 1% 时,需求量的变化将小于 1%,需求对价格的反应较弱,称为**非弹性需求**或**缺乏弹性**.

若 $\varepsilon_p=-1$,需求对价格的反应为按相同比例反方向进行,称为**单位弹性需求**.

有时也用 $\eta = \left|\dfrac{Eq}{Ep}\right|$ 表示弹性,相应的经济解释也要作相应的改变.

【例 2 - 36】 设某商品的需求函数为 $q=2\,000-60p$,求当 $p=20$ 单位时的需求价格弹性.

解 因为

$$\varepsilon_p = \frac{Eq}{Ep} = \frac{p}{q}\frac{\mathrm{d}q}{\mathrm{d}p} = -60 \times \frac{p}{2\,000-60p}$$

所以

$$\left.\frac{Eq}{Ep}\right|_{p=20} = -60 \times \frac{20}{2\,000-60\times20} = -1.5$$

【例 2 - 37】 设某商品的需求函数为 $q=\mathrm{e}^{\frac{-p}{10}}$,求价格 p 分别为 5,10,15 单位时的需求价格弹性,并作简单解释.

解 因为

$$\varepsilon_p = \frac{Eq}{Ep} = \frac{p}{q}\frac{\mathrm{d}q}{\mathrm{d}p} = -\frac{1}{10}\cdot\frac{p}{\mathrm{e}^{\frac{-p}{10}}}\cdot\mathrm{e}^{\frac{-p}{10}} = -\frac{p}{10}$$

所以

$$\left.\frac{Eq}{Ep}\right|_{p=5} = -\frac{5}{10} = -0.5$$

$$\left.\frac{Eq}{Ep}\right|_{p=10} = -\frac{10}{10} = -1$$

$$\left.\frac{Eq}{Ep}\right|_{p=15} = -\frac{15}{10} = -1.5$$

这表明当价格为 5 单位时,价格上涨 1% 时,则需求将减少 0.5%;当价格为 10 单位时,价格上涨 1% 时,则需求将减少 1%;当价格为 15 单位时,价格上涨 1% 时,则需求将减少 1.5%.

习题 2.3

1. 求下列函数的边际函数和弹性函数.

(1) $y = xe^{-3x}$ 　　　　　　　　　(2) $y = 12x - 2x^3 + 100$

2. 设某产品的总成本函数为 $C(q) = \dfrac{1}{5}q + 3$，求边际成本函数，并解释其经济意义.

3. 设某产品的总成本函数为 $C(q) = \dfrac{1}{2}q^2 + 24q + 8\,500$，求

(1) 当 $q = 50$ 单位时的总成本和平均成本；

(2) 当 $q = 50$ 单位时的边际成本，并解释其经济意义.

4. 设某产品的总收益关于销售量 q 的函数为 $R(q) = 104q - 0.4q^2$，求

(1) 销售量 $q = 50$ 单位时的边际收益；

(2) 销售量 $q = 100$ 单位时收益对销量的弹性.

2.4　函数的微分

在实际问题中，经常要计算当自变量有微小变化时函数相应改变量的大小. 一般来说，直接去计算函数改变量的精确值比较困难，但实际问题中经常是计算近似值已经足够了. 这就需要用到微分学的另一个重要概念——微分.

2.4.1　微分的概念

先看一个具体问题. 设一块正方形金属薄片受温度变化等因素的影响，其边长由 x_0 变化到 $x_0 + \Delta x$（如图 2-3 所示），金属薄片面积的改变量为

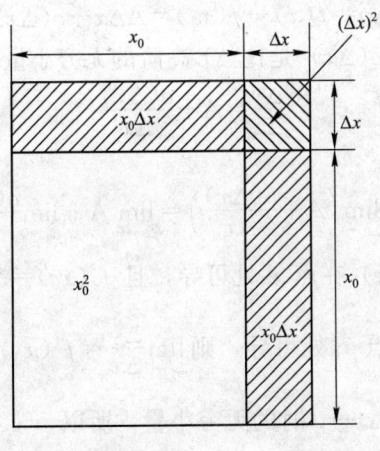

图 2-3

$$\Delta S = (x_0 + \Delta x)^2 - x_0^2 = 2x_0 \Delta x + (\Delta x)^2$$

从上式可以看出，面积改变量由两部分组成：第一部分 $2x_0 \Delta x$ 是 Δx 的线性函数，第二

部分当 $\Delta x \to 0$ 时，$(\Delta x)^2$ 是 Δx 的高阶的无穷小量. 因此，当边长的改变量很小，即 $|\Delta x|$ 充分小时，面积改变量可以近似地用第一部分来代替. 由于第一部分是 Δx 的线性函数，而且 $|\Delta x|$ 越小，近似程度也越好，这给近似计算带来了很大的方便.

还有其他许多具体问题中出现的函数 $y = f(x)$，都有这样的特征：与自变量的增量 Δx 相对应的函数增量 $\Delta y = f(x_0 + \Delta x) - f(x_0)$，可以表达为 Δx 的线性函数 $A \cdot \Delta x$（其中 A 是不依赖于 Δx）与 Δx 的高阶无穷小量 $o(\Delta x)$ 之和. 因此，引进下面的概念.

定义 2-3 设函数 $y = f(x)$ 在点 x_0 的某邻域 $U(x_0)$ 内有定义，当自变量在点 x_0 处取得改变量 Δx 时 $(x_0 + \Delta x \in U(x_0))$，函数 $f(x)$ 的相应的改变量 $\Delta y = f(x_0 + \Delta x) - f(x_0)$ 可表示为

$$\Delta y = A \cdot \Delta x + o(\Delta x)$$

其中 A 是不依赖于 Δx 的常数（仅与 $f(x)$ 和 x_0 有关），而 $o(\Delta x)$ 是比 Δx 高阶的无穷小量，则称函数 $f(x)$ 在点 x_0 处**可微**，$A \cdot \Delta x$ 称为 $f(x)$ 在点 x_0 处相应于自变量增量 Δx 的**微分**，记作 $\mathrm{d}y$，即

$$\mathrm{d}y = A \cdot \Delta x$$

根据上述定义，若函数 $f(x)$ 在点 x_0 处可微，当 $|\Delta x|$ 很小时，$\mathrm{d}y$ 是 Δy 的主要部分，称为 Δy 的**线性主部**.

定理 2-5 函数 $y = f(x)$ 在点 x_0 处可微的充分必要条件是 $f(x)$ 在点 x_0 处可导，且

$$\mathrm{d}y = f'(x_0) \Delta x$$

证明 必要性. 设 $y = f(x)$ 在点 x_0 处可微，则有

$$\Delta y = f(x) - f(x_0) = A \Delta x + o(\Delta x)$$

其中 A 是与 Δx 无关的常数，$o(\Delta x)$ 是比 Δx 高阶的无穷小量. 两边都除以 Δx，得

$$\frac{\Delta y}{\Delta x} = A + \frac{o(\Delta x)}{\Delta x}$$

从而

$$\lim_{\Delta x \to 0} \frac{\Delta y}{\Delta x} = \lim_{\Delta x \to 0} \left(A + \frac{o(\Delta x)}{\Delta x} \right) = \lim_{\Delta x \to 0} A + \lim_{\Delta x \to 0} \frac{o(\Delta x)}{\Delta x} = A$$

即极限 $\lim\limits_{\Delta x \to 0} \dfrac{\Delta y}{\Delta x}$ 存在，故 $y = f(x)$ 在点 x_0 处可导，且 $f'(x_0) = A$.

充分性. 设 $y = f(x)$ 在点 x_0 处可导，则 $\lim\limits_{\Delta x \to 0} \dfrac{\Delta y}{\Delta x} = f'(x_0)$，由极限与无穷小量的关系，

$\dfrac{\Delta y}{\Delta x} = f'(x_0) + \alpha$，其中 α 是当 $\Delta x \to 0$ 时的无穷小量，所以

$$\Delta y = f'(x_0) \Delta x + \alpha \Delta x = f'(x_0) \Delta x + o(\Delta x)$$

故 $y = f(x)$ 在点 x_0 可微，且 $\mathrm{d}y = f'(x_0) \Delta x$.

若函数 $y = f(x)$ 在区间 I 内的每一点处都可微，则称 $f(x)$ 是区间 I 内的**可微函数**.

函数 $f(x)$ 在 I 内任意点 x 处的微分称为**函数的微分**，记作 dy 或 $df(x)$，即

$$dy = df(x) = f'(x)\Delta x$$

通常把自变量 x 的增量 Δx 称为**自变量的微分**，记作 dx，即 $\Delta x = dx$. 于是函数的微分又记作

$$dy = f'(x)dx$$

在上式两端除以自变量的微分 dx，得

$$\frac{dy}{dx} = f'(x)$$

即函数的微分与自变量微分之商等于函数的导数. 因此，导数也称为**微商**.

【例 2-38】 设函数 $y = x^2$，分别求函数在点 $x_0 = 2$，当 $\Delta x = 0.1$ 和 $\Delta x = 0.01$ 时函数的改变量 Δy，微分 dy 以及 $\Delta y - dy$.

解 当 $\Delta x = 0.1$ 时，有

$$\Delta y = (x_0 + \Delta x)^2 - x_0^2 = 2x_0\Delta x + (\Delta x)^2 = 2 \times 2 \times 0.1 + 0.1^2 = 0.41$$
$$dy = y'|_{x_0=2} \times \Delta x = 2x|_{x_0=2} \times \Delta x = 2 \times 2 \times 0.1 = 0.4$$
$$\Delta y - dy = 0.41 - 0.4 = 0.01$$

当 $\Delta x = 0.01$ 时，有

$$\Delta y = (x_0 + \Delta x)^2 - x_0^2 = 2x_0\Delta x + (\Delta x)^2 = 2 \times 2 \times 0.01 + 0.01^2 = 0.0401$$
$$dy = y'|_{x_0=2} \times \Delta x = 2x|_{x_0=2} \times \Delta x = 2 \times 2 \times 0.01 = 0.04$$
$$\Delta y - dy = 0.0401 - 0.04 = 0.0001$$

【例 2-39】 求函数 $y = e^x - \sin 2x$ 的微分.

解 因为函数 $y = e^x - \sin 2x$ 在任意点处可导，且 $y' = e^x - 2\cos 2x$，所以由定义得

$$dy = y'\Delta x = y'dx = (e^x - 2\cos 2x)\,dx$$

2.4.2　微分的几何意义

在 $y = f(x)$ 所表示的曲线上取一点 $M(x_0, y_0)$，过点 M 的切线 MT 的斜率是 $\tan \alpha = f'(x_0)$，给自变量 x 在 x_0 处以改变量 Δx，则得曲线上另一点 $N(x_0 + \Delta x, y_0 + \Delta y)$. 由图 2-4 可知

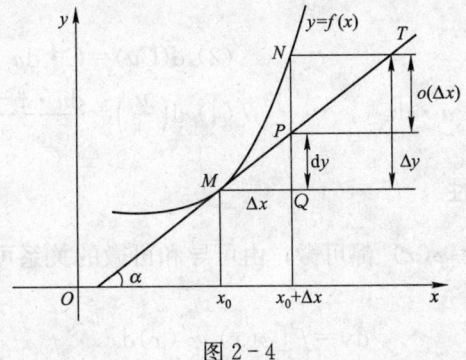

图 2-4

$$MQ=\Delta x, \quad NQ=\Delta y$$
$$QP=\tan \alpha \cdot MQ=f'(x_0)\Delta x=dy$$

由此可见,对于可微函数 $y=f(x)$ 而言,当自变量 x 在点 x_0 处取得改变量 Δx 时,Δy 表示曲线 $y=f(x)$ 上点 $(x_0, f(x_0))$ 的纵坐标相应于 Δx 的改变量,dy 表示在点 $(x_0, f(x_0))$ 处的切线纵坐标相应于 Δx 的改变量. Δy 与 dy 之差在图形上为 PN,当 Δx 减小时,PN 也跟着减小,并且比 Δx 减小得快. 因此,当 $|\Delta x|$ 充分小时,邻近点 x_0 处的曲线段可用切线段去近似代替.

2.4.3 微分的计算

由微分与导数的关系式 $dy=f'(x)dx$ 可知,计算函数 $y=f(x)$ 的微分实际上可以归结为计算导数 $f'(x)$,所以与导数的基本公式和运算法则相对应,可以得到微分的基本公式和运算法则.

1. 基本初等函数的微分公式

(1) $d(C)=0$

(2) $d(x^\mu)=\mu x^{\mu-1}dx$

(3) $d(a^x)=a^x \ln a dx$

(4) $d(e^x)=e^x dx$

(5) $d(\log_a x)=\dfrac{1}{x\ln a}dx$

(6) $d(\ln x)=\dfrac{1}{x}dx$

(7) $d(\sin x)=\cos x dx$

(8) $d(\cos x)=-\sin x dx$

(9) $d(\tan x)=\sec^2 x dx$

(10) $d(\cot x)=-\csc^2 x dx$

(11) $d(\sec x)=\sec x \tan x dx$

(12) $d(\csc x)=-\csc x \cot x dx$

(13) $d(\arcsin x)=\dfrac{1}{\sqrt{1-x^2}}dx$

(14) $d(\arccos x)=-\dfrac{1}{\sqrt{1-x^2}}dx$

(15) $d(\arctan x)=\dfrac{1}{1+x^2}dx$

(16) $d(\text{arccot } x)=-\dfrac{1}{1+x^2}dx$

2. 微分四则运算法则

(1) $d(u\pm v)=du\pm dv$

(2) $d(Cu)=C\cdot du$

(3) $d(u\cdot v)=du\cdot v+u\cdot dv$

(4) $d\left(\dfrac{u}{v}\right)=\dfrac{du\cdot v-u\cdot dv}{v^2}$ $(v\neq 0)$

3. 一阶微分形式不变性

设函数 $y=f(u)$ 和 $u=\varphi(x)$ 都可微,由可导和可微的关系可知复合函数 $y=f[\varphi(x)]$ 也可微,且有

$$dy=f'[\varphi(x)]\varphi'(x)dx$$

由于 $du=\varphi'(x)dx$，所以上式可写为

$$dy=f'(u)du \qquad\qquad (*)$$

（＊）式恰是 u 为自变量时的微分形式，这表明无论 u 是中间变量还是自变量，微分式（＊）总是成立的．这个性质就称为**一阶微分形式不变性**．

利用一阶微分形式不变性求复合函数的微分很方便，也经常用此性质求某些显函数或隐函数的导数．

【例 2 - 40】 求 $y=x+\cos x$ 的微分．

解　$dy=(x+\cos x)'dx=(1-\sin x)dx$．

【例 2 - 41】 求 $y=x\arcsin x$ 的微分．

解　$dy=(x\arcsin x)'dx=\left(\arcsin x+\dfrac{x}{\sqrt{1-x^2}}\right)dx$．

【例 2 - 42】 设 $y\sin x-\cos(x-y)=0$，求 dy 和 y'．

解　利用一阶微分形式的不变性，对方程两边求微分得

$$d(y\sin x)-d(\cos(x-y))=0$$

即

$$dy\cdot\sin x+y\cos xdx+\sin(x-y)(dx-dy)=0$$

于是

$$dy=\frac{y\cos x+\sin(x-y)}{\sin(x-y)-\sin x}dx$$

从而

$$y'=\frac{y\cos x+\sin(x-y)}{\sin(x-y)-\sin x}$$

2.4.4　微分的简单应用

在工程问题中，经常会遇到一些复杂的计算公式．如果直接用这些公式进行计算，那是很费力的．利用微分往往可以把一些复杂的计算公式用简单的近似公式来代替．

设函数 $y=f(x)$ 在点 x_0 处可微，则

$$\Delta y=f(x_0+\Delta x)-f(x_0)=f'(x_0)\Delta x+o(\Delta x)$$

由于函数 $y=f(x)$ 在点 x_0 处的微分是函数在点 x_0 处增量的线性主部，所以当 $f'(x_0)\neq0$，且 $|\Delta x|$ 很小时，可取 $dy=f'(x_0)\Delta x$ 作为 $\Delta y=f(x_0+\Delta x)-f(x_0)$ 的近似值，即有

$$f(x_0+\Delta x)-f(x_0)\approx f'(x_0)\Delta x$$

或

$$f(x_0+\Delta x)\approx f(x_0)+f'(x_0)\Delta x$$

记 $x=x_0+\Delta x$，则上式为

$$f(x)\approx f(x_0)+f'(x_0)(x-x_0)$$

上述两式分别是求函数改变量和函数在一点处的函数值的近似计算公式.

【例 2 - 43】 计算 $\sqrt{8.9}$ 的近似值.

解 将这个问题看成是求函数 $y=\sqrt{x}$ 在 $x=8.9$ 的近似值. 由上述公式得

$$\sqrt{x} \approx \sqrt{x_0} + \frac{1}{2\sqrt{x_0}}(x-x_0)$$

代入 $x=8.9$ 和 $x_0=9$, 得

$$\sqrt{8.9} \approx \sqrt{9} + \frac{1}{2\sqrt{9}}(8.9-9) = 3 - \frac{1}{60} \approx 3 - 0.017 = 2.983$$

【例 2 - 44】 设一个球壳的内径为 10 cm, 球壳厚度为 $\frac{1}{20}$ cm, 求球壳体积的精确值和近似值.

解 半径为 r 的球的体积是 $V=f(r)=\frac{4}{3}\pi r^3$, 所以球壳的体积是

$$\Delta V = f(r+\Delta r) - f(r) = f\left(10+\frac{1}{20}\right) - f(10) \approx 63.15$$

其中 $r=10$, $\Delta r=\frac{1}{20}$. 而球壳体积的近似值为

$$\Delta V \approx dV = f'(10) \cdot \frac{1}{20} = 4 \times 10^2 \pi \times \frac{1}{20} = 20\pi \approx 62.83$$

【例 2 - 45】 当 $|x|$ 很小时, 推导公式 $(1+x)^\alpha \approx 1+\alpha x$.

解 设 $f(x)=(1+x)^\alpha$, 于是

$$f(0)=1, \quad f'(0)=\alpha(1+x)^{\alpha-1}|_{x=0}=\alpha$$

当 $|x|$ 很小时, 由公式得

$$(1+x)^\alpha \approx 1+\alpha x$$

上式有两种特殊情形是常用的, 即当 $\alpha=\frac{1}{2}$ 时, $\sqrt{1+x} \approx 1+\frac{1}{2}x$; 当 $\alpha=-1$ 时, $\frac{1}{1+x} \approx 1-x$.

习题 2.4

1. 设函数 $y=\sqrt{x}$, 求函数在 $x_0=1$, Δx 分别为 0.5 和 0.05 时函数的改变量 Δy 和微分 dy.

2. 设函数 $y=x^3$, 求函数在 $x_0=-2$, Δx 分别为 -0.1 和 0.01 时的改变量 Δy 和微分 dy 以及 $\Delta y-dy$.

3. 求下列函数的微分.

(1) $y=x^2+\sin x$ (2) $y=\tan x$

(3) $y=xe^x$ (4) $y=(3x-1)^{100}$

4. 设 $x^2+y^2-x\ln y=10$，求 dy 和 $\dfrac{dy}{dx}$．

5. 求 $\sqrt[3]{65}$ 的近似值．

6. 求 2.005^5 的近似值．

7. 设 $|x|$ 充分小，推导下面的近似公式．

　　(1) $\sin x \approx x$（x 为弧度）　　　　　(2) $\sqrt[n]{1\pm x} \approx 1\pm \dfrac{1}{n}x$

　　(3) $e^x \approx 1+x$　　　　　　　　　　(4) $\ln(1+x) \approx x$

　　(5) $\tan x \approx x$（x 为弧度）

8. 一个边长为 $1\ m$ 的立方体，在用尺子测量时，测得边长为 $0.98\ m$，求测量产生的体积误差的近似值．

9. 半径为 $10\ cm$ 的金属圆片加热后，其半径伸长了 $0.05\ cm$，求面积增大量的精确值和近似值．

总 习 题 二

(A)

1. 填空题

　　(1) 设 $f(x)=x(x-1)(x-2)\cdots(x-20)$，则 $f'(0)=$＿＿＿＿．

　　(2) 设 $f'(x_0)$ 存在，则 $\lim\limits_{h\to 0}\dfrac{f(x_0-h)-f(x_0)}{h}=$＿＿＿＿．

　　(3) 已知 $f(0)=0$，$f'(0)=k_0$，则 $\lim\limits_{x\to 0}\dfrac{f(x)}{x}=$＿＿＿＿．

　　(4) 若直线 $y=3x+b$ 是曲线 $y=x^2+5x+4$ 的一条切线，则 $b=$＿＿＿＿．

　　(5) 设 $y=\sqrt{x+\sqrt{x}}$，则 $y'(1)=$＿＿＿＿．

　　(6) 若 $y=e^{\sqrt{\sin 2x}}$，则 $dy=$＿＿＿＿ $d\,(\sin 2x)$．

　　(7) 若某商品的需求函数是 $q=80-p^2$，则 $p=4$ 单位时的收益价格弹性为＿＿＿＿．

　　(8) 某商品的需求量 q 与价格 p 的函数关系为 $q=ap^b$，其中 a,b 为常数，$a\neq 0$，则需求量对价格 p 的弹性为＿＿＿＿．

2. 选择题

　　(1) 若函数 $f(x)$ 在 $(-1,1)$ 内连续，则 $xf(x)$ 在（　　）．

　　A. $(-1,1)$ 内可导　　　　　　　　B. $x=0$ 处可导

　　C. $(-1,1)$ 内处处不可导　　　　　D. $x=0$ 处不可导

　　(2) 若 $f'(x)$ 存在，则 $\lim\limits_{h\to 0}\dfrac{f(x+\alpha h)-f(x-\beta h)}{h}=$（　　）．

　　A. $f'(x)$　　　　　　　　　　　B. $(\alpha-\beta)f'(x)$

C. $(\alpha+\beta)f'(x)$ D. 0

(3) 设 $f(x)$ 为不恒等于 0 的奇函数, 且 $f'(0)$ 存在, 则函数 $g(x)=\dfrac{f(x)}{x}$ ( ).

A. 在 $x=0$ 处左极限不存在 B. $x=0$ 为函数的可去间断点

C. 在 $x=0$ 处右极限不存在 D. $x=0$ 为函数的跳跃间断点

(4) 过点 $M(2, 0)$ 所引曲线 $y=3-x^2$ 的切线中有一条是 ( ).

A. $y=-4(x-2)$ B. $y=4-2x$

C. $y=2x-4$ D. $y=-(x-2)$

(5) 曲线 $y=\dfrac{1}{3}x^3+\dfrac{1}{2}x^2+6x+1$ 在点 $(0, 1)$ 处的切线与 x 轴交点是 ( ).

A. -1 B. $-\dfrac{1}{6}$

C. 1 D. $\dfrac{1}{6}$

(6) 设函数 $y=f(x)$ 由 $x\sin y+ye^x=0$ 确定, 则 $f'(0)=$( ).

A. 1 B. e

C. 0 D. $\dfrac{1}{e}$

(7) 设生产 q 单位产品的成本函数为 $C(q)=9+\dfrac{q^2}{12}$, 则生产 6 单位产品的边际成本为( ).

A. 1 B. 2

C. 12 D. 6

(8) 下列函数的弹性函数为常数的是 ( ), 其中 a, b 为常数.

A. $y=ax+b$ B. $y=ax$

C. $y=\dfrac{a}{b}$ D. $y=x^a+b$

3. 设

$$f(x)=\begin{cases} e^x, & x>0 \\ 2\sin x+1, & x\leqslant 0 \end{cases}$$

试讨论 $f(x)$ 在点 $x=0$ 的连续性及可导性.

4. 已知 $f'(x_0)=-1$, 求 $\lim\limits_{x\to 0}\dfrac{x}{f(x_0-2x)-f(x_0-x)}$.

5. 求下列函数的导数.

(1) $y=\sqrt{2+\ln^2 x}$ (2) $y=e^{|x-a|}$

(3) $y=(x-1)\sqrt[3]{(x+1)^2(x-2)}$ (4) $y=\arcsin\sqrt{\dfrac{1-x}{1+x}}$

6. 求下列函数的二阶导数.

(1) $y = x\sin^2 x$ 　　　　　　　　　　(2) $y = e^{\sqrt{x}} + e^{-\sqrt{x}}$

(3) $y = x\ln(x + \sqrt{1+x^2})$

7. 已知函数 $y = f(x)$ 由方程 $e^y + 6xy + x^2 - 1 = 0$ 确定，求 $f''(0)$.

8. 设有一扇形，半径为 R，中心角为 α，中心角所对应的弦记作 x. （1）试将 α 表示为 x 的函数；（2）当 x 有微小改变量 Δx 时，求 α 的改变量的线性主部.

9. 设某产品的成本函数和收益函数分别为 $C(q) = 2q^2 + 5q + 100$，$R(q) = q^2 + 200q$，其中 q 是产量，求：（1）边际成本函数，边际收益函数，边际利润函数；（2）已生产并销售 25 单位产品，第 26 单位产品的利润是多少？

10. 某商品的需求量 q 与价格 p 的关系是 $q = 2\,000e^{-0.02p}$，求当 $p = 100$ 单位时的需求弹性，并解释其经济意义.

11. 设某产品的成本函数为 $C(q) = 400 + 3q + \dfrac{1}{2}q^2$，需求函数为 $p = 100q^{-\frac{1}{2}}$，其中 q 是需求量（产量），p 是价格. 试求：（1）边际利润；（2）收益对价格的弹性.

12. 设商品的需求函数为 $q = 100 - 5p$，其中 p，q 分别表示需求量和价格，若需求价格弹性的绝对值大于 1，求商品价格的取值范围.

13. 设商品的需求函数为 $q = f(p)$，其中 p，q 分别表示需求量（产量）和价格，若当价格为 p_0，对应的需求量（产量）为 q_0 时，边际收益 $\dfrac{\mathrm{d}R}{\mathrm{d}q}\Big|_{q=q_0} = a > 0$，收益对价格的边际效益 $\dfrac{\mathrm{d}R}{\mathrm{d}p}\Big|_{p=p_0} = b < 0$，此时需求对价格的弹性 $\dfrac{Eq}{Ep}\Big|_{p=p_0} = c < -1$，求 p_0 和 q_0.

(B)

1. 填空题

(1)（1998）设曲线 $f(x) = x^n$ 在点 $(1, 1)$ 处的切线与 x 轴的交点为 $(\xi_n, 0)$，则 $\lim\limits_{n \to \infty} f(\xi_n) = \underline{\qquad}$.

(2)（2001）设生产函数为 $Q = AL^\alpha K^\beta$，其中 Q 是产出量，L 是劳动投入量，K 是资本投入量，而 A，α，β 均为大于零的参数，则当 $Q = 1$ 时，K 关于 L 的弹性为 $\underline{\qquad}$.

(3)（2003）设 $f(x) = \begin{cases} x^\lambda \cos \dfrac{1}{x}, & \text{若 } x \neq 0 \\ 0, & \text{若 } x = 0 \end{cases}$，其导函数在 $x = 0$ 处连续，则 λ 的取值范围是 $\underline{\qquad}$.

(4)（2003）已知曲线 $y = x^3 - 3a^2 x + b$ 与 x 轴相切，则 b^2 可以通过 a 表示为 $b^2 = \underline{\qquad}$.

(5)（2006）设函数 $f(x)$ 在 $x = 2$ 的某邻域内可导，且 $f'(x) = e^{f(x)}$，$f(2) = 1$，则

$f'''(2) = \underline{\qquad}$.

(6) (2007) 设函数 $y=\dfrac{1}{2x+3}$，则 $y^{(n)}(0)=\underline{\qquad}$.

(7) (2009) 设某产品的需求函数为 $Q=Q(P)$，其对应价格 P 的弹性 $\varepsilon_p=0.2$，则当需求量为 10 000 件时，价格增加 1 元会使产品收益增加 $\underline{\qquad}$ 元.

(8) (2012) 曲线 $\tan\left(x+y+\dfrac{\pi}{4}\right)=e^y$ 在点 $(0，0)$ 处的切线方程为 $\underline{\qquad}$.

(9) (2012) 设函数 $f(x)=\begin{cases}\ln\sqrt{x}，& x\geqslant 1\\ 2x-1，& x<1\end{cases}$，$y=f(f(x))$，则 $\dfrac{\mathrm{d}y}{\mathrm{d}x}\Big|_{x=e}=\underline{\qquad}$.

(10) (2013) 设函数 $y=f(x)$ 由方程 $y-x=e^{x(1-y)}$ 确定，则 $\lim\limits_{n\to\infty}n\left[f\left(\dfrac{1}{n}\right)-1\right]=\underline{\qquad}$.

2. 选择题

(1) (1998) 设周期函数 $f(x)$ 在 $(-\infty，+\infty)$ 内可导，周期为 4. 又 $\lim\limits_{x\to 0}\dfrac{f(1)-f(1-x)}{2x}=-1$，则曲线 $y=f(x)$ 在点 $(5，f(5))$ 处的切线斜率为（　　）.

A. $\dfrac{1}{2}$　　　　　　　　　　B. 0

C. -1　　　　　　　　　　D. -2

(2) (2000) 设函数 $f(x)$ 在 $x=a$ 处可导，则函数 $|f(x)|$ 在点 $x=a$ 处不可导的充分条件是（　　）.

A. $f(a)=0$ 且 $f'(a)=0$　　　　B. $f(a)=0$ 且 $f'(a)\neq 0$

C. $f(a)>0$ 且 $f'(a)>0$　　　　D. $f(a)<0$ 且 $f'(a)<0$

(3) (2003) 设函数 $f(x)$ 为不恒等于零的奇函数，且 $f'(0)$ 存在，则函数 $g(x)=\dfrac{f(x)}{x}$（　　）.

A. 在 $x=0$ 处左极限不存在　　　　B. 有跳跃间断点 $x=0$

C. 在 $x=0$ 处右极限不存在　　　　D. 有可去间断点 $x=0$

(4) (2005) 以下四个命题中，正确的是（　　）.

A. 若 $f'(x)$ 在 $(0，1)$ 内连续，则 $f(x)$ 在 $(0，1)$ 内有界

B. 若 $f(x)$ 在 $(0，1)$ 内连续，则 $f'(x)$ 在 $(0，1)$ 内有界

C. 若 $f'(x)$ 在 $(0，1)$ 内有界，则 $f(x)$ 在 $(0，1)$ 内有界

D. 若 $f(x)$ 在 $(0，1)$ 内有界，则 $f'(x)$ 在 $(0，1)$ 内有界

(5) (2006) 设函数 $f(x)$ 在 $x=0$ 处连续，且 $\lim\limits_{h\to 0}\dfrac{f(h^2)}{h^2}=1$，则（　　）.

A. $f(0)=0$ 且 $f'_-(0)$ 存在　　　　B. $f(0)=1$ 且 $f'_-(0)$ 存在

C. $f(0)=0$ 且 $f'_+(0)$ 存在　　　　D. $f(0)=1$ 且 $f'_+(0)$ 存在

(6)（2007）设函数 $f(x)$ 在 $x=0$ 处连续，下列命题错误的是（　　）.

A. 若 $\lim\limits_{x\to 0}\dfrac{f(x)}{x}$ 存在，则 $f(0)=0$ 　　B. 若 $\lim\limits_{x\to 0}\dfrac{f(x)+f(-x)}{x}$ 存在，则 $f(0)=0$

C. 若 $\lim\limits_{x\to 0}\dfrac{f(x)}{x}$ 存在，则 $f'(0)$ 存在　　D. 若 $\lim\limits_{x\to 0}\dfrac{f(x)-f(-x)}{x}$ 存在，则 $f'(0)$ 存在

(7)（2007）设某商品的需求函数为 $Q=160-2p$，其中 Q，p 分别表示需求量和价格，如果该商品需求弹性的绝对值等于 1，则商品的价格是（　　）.

A. 10　　　　　　　　　　B. 20

C. 30　　　　　　　　　　D. 40

(8)（2011）已知 $f(x)$ 在 $x=0$ 处可导，且 $f(0)=0$，则 $\lim\limits_{x\to 0}\dfrac{x^2 f(x)-2f(x^3)}{x^3}=$（　　）.

A. $-2f'(0)$　　　　　　　B. $-f'(0)$

C. $f'(0)$　　　　　　　　D. 0

(9)（2012）设函数 $y(x)=(e^x-1)(e^{2x}-2)\cdots(e^{nx}-n)$，其中 n 为正整数，则 $y'(0)$ $=$（　　）.

A. $(-1)^{n-1}(n-1)!$　　　　B. $(-1)^n(n-1)!$

C. $(-1)^{n-1}n!$　　　　　　D. $(-1)^n n!$

3.（1999）曲线 $y=\dfrac{1}{\sqrt{x}}$ 的切线与 x 轴和 y 轴围成一个图形，记切点的横坐标为 a，试求切线方程和这个图形的面积，当切点沿曲线趋于无穷远时，该面积的变化趋势如何？

4.（2004）设某商品的需求函数为 $Q=100-5P$，其中价格 $P\in(0,20)$，Q 为需求量.

(1) 求需求量对价格的弹性 E_d（$E_d>0$）；

(2) 推导 $\dfrac{\mathrm{d}R}{\mathrm{d}P}=Q(1-E_d)$（其中 R 为收益），并用弹性 E_d 说明价格在何范围内变化时，降低价格反而使收益增加.

5. 已知 $f(x)$ 在点 $x=1$ 处可导，且 $\lim\limits_{x\to 0}\dfrac{f(1)-f(1-x)}{2x}=-1$，求曲线 $y=f(x)$ 在点 $(1,f(1))$ 处的切线斜率.

6. 函数 $y=|x|$ 在 $x=0$ 处不可导，问：函数 $y=x|x|$ 在 $x=0$ 处是否可导？为什么？

7. 设生产某种产品的固定成本为 60 000 元，变动成本为每件 30 元，价格函数为 $p=50-\dfrac{q}{1\,000}$（q 为销售量），试求边际利润函数.

第3章 微分中值定理与导数的应用

微分中值定理是导数应用的理论基础,是沟通导数和函数关系的桥梁,正是通过它把函数及其导数联系起来,使我们能用导数来研究函数及曲线的某些性态,并利用相关知识解决一些实际问题.

3.1 微分中值定理

1. 费马 (Fermat) 中值定理

通过前面的讨论知道,牛顿在研究物体运动和莱布尼茨在研究曲线的切线的过程中,各自独立地提出了微分和导数的概念. 但实际上,微分的思想可追溯到费马(Fermat)对极值的研究.

设函数 $f(x)$ 在区间 (a, b) 内有定义,x_0 是 (a, b) 内的一个点,如果存在点 x_0 的某个邻域,使得对这个邻域内的任意点 x,都有 $f(x) \leqslant f(x_0)$ 成立,那么称函数 $f(x)$ 在点 x_0 处取得**极大值**;如果存在点 x_0 的某个邻域,使得对这个邻域内的任意点 x,都有 $f(x) \geqslant f(x_0)$ 成立,那么称函数 $f(x)$ 在点 x_0 处取得**极小值**. 函数的极大值和极小值统称为函数的极值,函数取得极值的点称为**极值点**.

由上述概念可知,函数 $f(x)$ 在某点达到极大值或极小值是指在某一局部范围内(即在此点的某邻域中)该点函数值为最大或最小,而不一定是 $f(x)$ 在整个取值范围内的最大值或最小值,因此函数的极值仅是一个局部的概念. 由此,一个定义在区间 (a, b) 内的函数,可以有多个极大值和极小值,且其中的极大值并不一定都是大于任一极小值的. 从图 3-1 可见,函数 $f(x)$ 在 x_1,x_4,x_6 处取得极小值,而在 x_2,x_5 处取得极大值,但显然有 $f(x_2) < f(x_6)$.

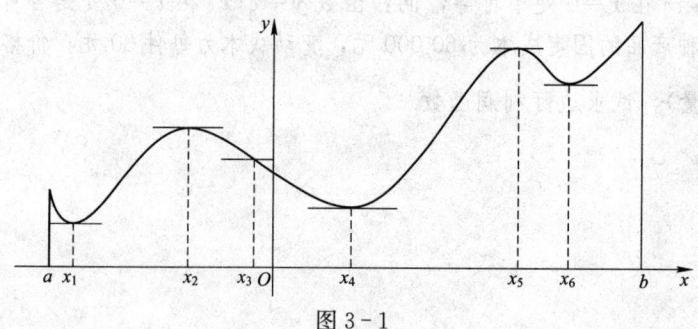

图 3-1

设函数 $f(x)$ 在 (a, b) 内可导，从图 $3-1$ 易见，曲线 $y=f(x)$ 上与极值点 x_1，x_2，x_4，x_5，x_6 相对应的点处有水平的切线，将这个事实抽象概括就得到可导函数取得极值的必要条件，即下面的定理.

定理 3-1（费马中值定理）　若函数 $f(x)$ 在点 x_0 处可导，且在点 x_0 处取得极值，则 $f'(x_0)=0$.

证明　因为函数 $f(x)$ 在点 x_0 处可导，所以其左、右导数不仅存在，而且应该相等，不妨设 x_0 是 $f(x)$ 的极大值点，则由极大值的定义，存在点 x_0 的某个邻域 $(x_0-\delta, x_0+\delta)$，使得当 $x\in(x_0-\delta, x_0+\delta)$ 时，有 $f(x)-f(x_0)\leqslant 0$. 于是当 $x_0-\delta<x<x_0$ 时有 $\dfrac{f(x)-f(x_0)}{x-x_0}\geqslant 0$，从而

$$f'_-(x_0)=\lim_{x\to x_0^-}\frac{f(x)-f(x_0)}{x-x_0}\geqslant 0$$

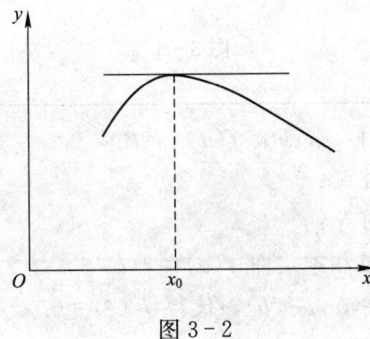

图 $3-2$

当 $x_0<x<x_0+\delta$ 时有 $\dfrac{f(x)-f(x_0)}{x-x_0}\leqslant 0$，从而

$$f'_+(x_0)=\lim_{x\to x_0^+}\frac{f(x)-f(x_0)}{x-x_0}\leqslant 0$$

从而由 $f(x)$ 在点 x_0 处可导知，$f'_-(x_0)=f'_+(x_0)$，于是得 $f'(x_0)=0$.

同理可证 $f(x)$ 在点 x_0 处取得极小值的情形.

定理 $3-1$ 叙述了对于可导函数 $f(x)$，如果某一点是函数 $f(x)$ 的极值点，那么函数 $f(x)$ 在该点处的导数为零（导数为零的点称为函数的**驻点**），即 $f'(x_0)=0$ 是可导函数 $f(x)$ 在 $x=x_0$ 处有极值的必要条件. 反之未必正确，例如 $f(x)=x^3$，虽然 $f'(0)=0$，但是点 $x=0$ 既不是函数的极大值点，也不是极小值点. 这就是说，可导函数的驻点是可能的极值点. 这样，寻求可导函数 $y=f(x)$ 在 $[a, b]$ 上的极值问题就归结为 $y=f(x)$ 在 (a, b) 内是否有水平切线的问题.

2. 罗尔（Rolle）中值定理

设弧 AB 是连续曲线弧，除端点外处处有不垂直于 x 轴的切线，且两个端点的纵坐标相等，即 $f(a)=f(b)$，所以线段 AB 是水平的（如图 3-3 所示）. 同时不难发现，在曲线弧的最高点或最低点处，曲线有水平的切线. 若记最值点的横坐标为 ξ，则有 $f'(\xi)=0$. 用数学语言把此几何现象描述出来就是下面的罗尔（Rolle）中值定理.

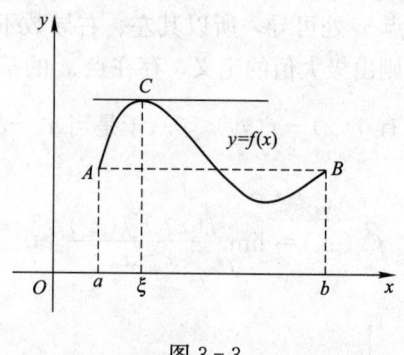

图 3-3

定理 3-2（罗尔中值定理） 若函数 $f(x)$ 满足

(1) 在闭区间 $[a,b]$ 上连续；

(2) 在开区间 (a,b) 内可导；

(3) 在区间端点处的函数值相等，即 $f(a)=f(b)$，

则在 (a,b) 内至少存在一点 $\xi(a<\xi<b)$，使得 $f'(\xi)=0$.

证明 因为 $f(x)$ 在 $[a,b]$ 上连续，所以由闭区间上连续函数的性质知，$f(x)$ 在 $[a,b]$ 上一定取得最大值 M 和最小值 m. 此时只可能有下述两种情形.

一种是最大值 M 和最小值 m 均在端点处取得. 由条件（3）得

$$M=f(a)=f(b)=m$$

故 $f(x)$ 在 $[a,b]$ 上恒为常数，即 $f(x)=M$，$x\in[a,b]$，所以 $f'(x)=0$，$x\in(a,b)$，此时 ξ 可以取 (a,b) 内的任一点.

另一种是最大值 M 和最小值 m 均至少有一个不在端点处取得. 不妨设最大值 M 不在端点处取得，即存在 $\xi\in(a,b)$，使得 $f(\xi)=M$，则由费马中值定理知 $f'(\xi)=0$.

【例 3-1】 验证函数 $f(x)=x^2$ 在区间 $[-1,1]$ 上满足罗尔中值定理.

解 函数 $f(x)=x^2$ 在闭区间 $[-1,1]$ 上连续，在开区间 $(-1,1)$ 内可导，且 $f(-1)=f(1)$，又因为 $f'(x)=2x$，所以有 $f'(0)=0$，故函数 $f(x)=x^2$ 在区间 $[-1,1]$ 上满足罗尔中值定理.

【例 3 - 2】 证明方程 $x^5 - 5x + 1 = 0$ 有且仅有一个小于 1 的正实根.

证明 存在性. 设 $f(x) = x^5 - 5x + 1$, 则 $f(x)$ 在 $[0, 1]$ 上连续, 且 $f(0) = 1$, $f(1) = -3$, 由零点定理知存在 $x_0 \in (0, 1)$, 使得 $f(x_0) = 0$, 即方程有小于 1 的正根.

唯一性. 假设另有 $x_1 \in (0, 1)$, $x_1 \neq x_0$, 使 $f(x_1) = 0$, 因为 $f(x)$ 在以 x_0, x_1 为端点的区间上满足罗尔中值定理条件, 所以在 x_0, x_1 之间至少存在一点 ξ, 使得 $f'(\xi) = 0$.

但由于 $f'(x) = 5(x^4 - 1) < 0$, $x \in (0, 1)$, 所以产生矛盾, 从而结论得证.

3. 拉格朗日 (Lagrange) 中值定理

定理 3 - 3 (拉格朗日中值定理) 若函数 $f(x)$ 满足

(1) 在闭区间 $[a, b]$ 上连续;

(2) 在开区间 (a, b) 内可导,

则至少存在一点 $\xi \in (a, b)$, 使得

$$f'(\xi) = \frac{f(b) - f(a)}{b - a} \tag{3 - 1}$$

拉格朗日中值定理中的 $\dfrac{f(b) - f(a)}{b - a}$ 是弦 AB 的斜率 (如图 3 - 4 所示), 因此若连续曲线除端点外处处存在不垂直于 x 轴的切线, 则曲线上至少存在一点 C, 使曲线在点 C 处的切线平行于曲线两个端点的连线 AB.

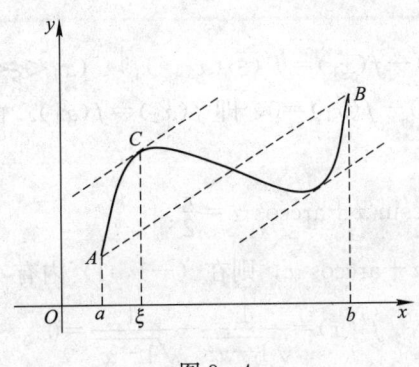

图 3 - 4

由图 3 - 4 可以看出, 罗尔中值定理是拉格朗日中值定理当 $f(a) = f(b)$ 时的特殊情形. 由此想到利用罗尔中值定理来证明拉格朗日中值定理. 事实上, 因为弦 AB 的方程为

$$y = f(a) + \frac{f(b) - f(a)}{b - a}(x - a)$$

而曲线 $y = f(x)$ 与弦 AB 在区间端点 a, b 处相交, 所以若利用曲线 $y = f(x)$ 与弦 AB 的方程之差构造一个新的函数, 则该函数在端点 a, b 处的函数值相等, 由此即可证明拉格朗

日中值定理.

证明 引进辅助函数

$$F(x)=f(x)-f(a)-\frac{f(b)-f(a)}{b-a}(x-a)$$

则 $F(x)$ 显然在 $[a,b]$ 上连续，在 (a,b) 内可导，且容易验证 $F(a)=F(b)=0$，即 $F(x)$ 满足罗尔中值定理的条件，从而由罗尔中值定理可知，在 (a,b) 内至少存在一点 ξ，使得 $F'(\xi)=0$，即

$$F'(\xi)=f'(\xi)-\frac{f(b)-f(a)}{b-a}=0$$

因此

$$f'(\xi)=\frac{f(b)-f(a)}{b-a}$$

式（3-1）又可以写为

$$f(b)-f(a)=f'(\xi)(b-a) \tag{3-2}$$

式（3-1）或式（3-2）称为拉格朗日中值公式. 显然，式（3-2）对于 $b<a$ 也成立.

设 $x,x+\Delta x\in(a,b)$，则由式（3-2）得

$$f(x+\Delta x)-f(x)=f'(x+\theta\Delta x)\Delta x, \quad 0<\theta<1$$

由拉格朗日中值定理，可得下面重要的结论.

推论 1 若函数 $f(x)$ 在区间 I 上的导数恒为 0，则 $f(x)$ 在区间 I 上是一个常数.

证明 在区间 I 上任取两点 x_1,x_2（不妨设 $x_1<x_2$），在 $[x_1,x_2]$ 上应用拉格朗日中值定理得

$$f(x_2)-f(x_1)=f'(\xi)(x_2-x_1) \quad (x_1<\xi<x_2)$$

由假设 $f'(\xi)\equiv0$，所以 $f(x_2)-f(x_1)=0$，即 $f(x_2)=f(x_1)$. 由 x_1,x_2 的任意性知，$f(x)$ 在区间 I 上恒为常数.

【例 3-3】 证明等式 $\arcsin x+\arccos x=\frac{\pi}{2}$.

证明 设 $f(x)=\arcsin x+\arccos x$，则在 $(-1,1)$ 内有

$$f'(x)=\frac{1}{\sqrt{1-x^2}}-\frac{1}{\sqrt{1-x^2}}=0$$

所以由推论 1 知，在 $(-1,1)$ 内恒有 $f(x)=\arcsin x+\arccos x=C$. 令 $x=0$，得 $C=\frac{\pi}{2}$，所以在 $(-1,1)$ 内恒有

$$f(x)=\arcsin x+\arccos x=\frac{\pi}{2}$$

又 $f(\pm1)=\frac{\pi}{2}$，故在 $[-1,1]$ 上恒有

$$\arcsin x + \arccos x = \frac{\pi}{2}$$

同理可证

$$\arctan x + \operatorname{arccot} x = \frac{\pi}{2}, \ x \in (-\infty, +\infty)$$

拉格朗日中值定理经常用来证明某些不等式.

【例 3-4】 证明不等式 $|\sin a - \sin b| \leqslant |a - b|$.

证明 当 $a = b$ 时，结论显然成立；当 $a \neq b$ 时，令 $f(x) = \sin x$，则 $f(x)$ 在以 a、b 为端点的闭区间上连续，开区间内可导. 于是利用拉格朗日中值定理可得

$$\sin b - \sin a = \cos \xi \cdot (b - a)$$

其中 ξ 在 a 与 b 之间. 由于 $|\cos \xi| \leqslant 1$，所以

$$|\sin b - \sin a| = |\cos \xi| \cdot |b - a| \leqslant |b - a|$$

4. 柯西（Cauchy）中值定理

定理 3-4（柯西中值定理） 若函数 $f(x)$ 与 $F(x)$ 满足

(1) 在闭区间 $[a, b]$ 上连续；

(2) 在开区间 (a, b) 内可导，且 $F'(x) \neq 0$，

则至少存在一点 $\xi \in (a, b)$，使得

$$\frac{f(b) - f(a)}{F(b) - F(a)} = \frac{f'(\xi)}{F'(\xi)}$$

证明略.

在柯西中值定理中，当 $F(x) = x$ 时，即得拉格朗日中值定理，可见拉格朗日中值定理是柯西中值定理的一个特殊情形.

习题 3.1

1. 对 $y = \sin x$ 在 $[0, 2\pi]$ 上验证罗尔中值定理是否成立.

2. 对函数 $y = x^2 - 5x + 2$ 在 $[0, 1]$ 上验证拉格朗日中值定理是否成立.

3. 对函数 $f(x) = \sin x$ 和函数 $F(x) = x + \cos x$ 在 $\left[0, \frac{\pi}{2}\right]$ 上验证柯西中值定理是否成立.

4. 证明方程 $x^2 - 3x + 1 = 0$ 在 $(0, 1)$ 内不可能有两个不同的实根.

5. 用拉格朗日中值定理证明下面的不等式.

(1) $\dfrac{x}{1+x} < \ln(1+x) < x$，其中 $x > 0$

(2) $|\arctan b - \arctan a| \leqslant |b-a|$

(3) $\dfrac{b-a}{b} < \ln b - \ln a < \dfrac{b-a}{a}$，其中 $0<a<b$

(4) $e^x > e \cdot x$，其中 $x>1$

3.2　洛必达（L'Hospital）法则

如果在某极限过程中，函数 $f(x)$ 与 $g(x)$ 都趋于零（0）或者都趋于无穷大（∞），那么极限 $\lim\dfrac{f(x)}{g(x)}$ 可能存在，也可能不存在．通常把这种极限称为**未定式**，并分别简记为 $\dfrac{0}{0}$ 或 $\dfrac{\infty}{\infty}$．前面学习过的极限 $\lim\limits_{x\to 0}\dfrac{\sin x}{x}$ 就是未定式 $\dfrac{0}{0}$ 的一个例子．对于这类极限，不能运用商的极限为极限的商这一法则．下面将根据柯西中值定理来推出求此类极限的一种简便且重要的方法——洛必达法则．

1. $\dfrac{0}{0}$ 型未定式

定理 3 - 5　若函数 $f(x)$，$F(x)$ 满足

(1) $\lim\limits_{x\to x_0} f(x) = \lim\limits_{x\to x_0} F(x) = 0$；

(2) 在点 x_0 的某空心邻域 $U^\circ(x_0,\delta)$ 内，$f'(x)$ 和 $F'(x)$ 都存在，且 $F'(x)\neq 0$；

(3) $\lim\limits_{x\to x_0}\dfrac{f'(x)}{F'(x)}$ 存在（或为无穷大），

则

$$\lim_{x\to x_0}\frac{f(x)}{F(x)} = \lim_{x\to x_0}\frac{f'(x)}{F'(x)}$$

证明　由于极限 $\lim\limits_{x\to x_0}\dfrac{f(x)}{F(x)}$ 存在与否，与 $f(x)$、$F(x)$ 在点 x_0 处是否有定义无关，所以可以假设 $f(x_0)=F(x_0)=0$（因为，由条件（1）可得，在点 x_0 处，要么函数 $f(x)$，$F(x)$ 连续，要么就是可去间断点．若连续，显然有 $f(x_0)=F(x_0)=0$；若是可去间断点，就补充定义或重新定义 $f(x_0)=F(x_0)=0$，使函数 $f(x)$、$F(x)$ 在 x_0 处连续）．于是由条件（1）和（2）知，函数 $f(x)$ 和 $F(x)$ 在 x_0 的某一邻域内连续．设 x 是邻域内的一点，则在以 x_0 及 x 为端点的区间上，柯西中值定理的条件满足，因此有

$$\frac{f(x)}{F(x)} = \frac{f(x)-f(x_0)}{F(x)-F(x_0)} = \frac{f'(\xi)}{F'(\xi)} \quad (\xi \text{介于} x \text{与} x_0 \text{之间})$$

注意到，当 $x\to x_0$ 时，$\xi \to x_0$，于是

$$\lim_{x \to x_0}\frac{f(x)}{F(x)}=\lim_{x \to x_0}\frac{f(x)-f(x_0)}{F(x)-F(x_0)}=\lim_{x \to x_0}\frac{f'(\xi)}{F'(\xi)}=\lim_{\xi \to x_0}\frac{f'(\xi)}{F'(\xi)}=\lim_{x \to x_0}\frac{f'(x)}{F'(x)}$$

定理 3-5 说明，当 $\lim\limits_{x \to x_0}\frac{f'(x)}{F'(x)}$ 存在时，$\lim\limits_{x \to x_0}\frac{f(x)}{F(x)}$ 也存在且等于 $\lim\limits_{x \to x_0}\frac{f'(x)}{F'(x)}$；当 $\lim\limits_{x \to x_0}\frac{f'(x)}{F'(x)}$

为无穷大时，$\lim\limits_{x \to x_0}\frac{f(x)}{F(x)}$ 也为无穷大. 如果 $\frac{f'(x)}{F'(x)}$ 当 $x \to x_0$ 时仍是 $\frac{0}{0}$ 型，且 $f'(x)$ 和 $F'(x)$

仍满足定理的条件，则可以继续应用洛必达法则，即

$$\lim_{x \to x_0}\frac{f(x)}{F(x)}=\lim_{x \to x_0}\frac{f'(x)}{F'(x)}=\lim_{x \to x_0}\frac{f''(x)}{F''(x)}$$

对于自变量的其他变化过程中的 $\frac{0}{0}$ 型不等式，也有类似结论.

【例 3-5】 求 $\lim\limits_{x \to 0}\frac{e^{x^2}-1}{3x^2}$.

解 利用洛必达法则，有

$$\lim_{x \to 0}\frac{e^{x^2}-1}{3x^2}=\lim_{x \to 0}\frac{2xe^{x^2}}{6x}=\frac{1}{3}\lim_{x \to 0}e^{x^2}=\frac{1}{3}$$

【例 3-6】 求 $\lim\limits_{x \to 0}\frac{x-\sin x}{x^3}$.

解 $\lim\limits_{x \to 0}\frac{x-\sin x}{x^3}=\lim\limits_{x \to 0}\frac{1-\cos x}{3x^2}=\lim\limits_{x \to 0}\frac{\sin x}{6x}=\frac{1}{6}$

【例 3-7】 求 $\lim\limits_{x \to 1}\frac{x^3-3x+2}{x^3-x^2-x+1}$.

解 $\lim\limits_{x \to 1}\frac{x^3-3x+2}{x^3-x^2-x+1}=\lim\limits_{x \to 1}\frac{3x^2-3}{3x^2-2x-1}=\lim\limits_{x \to 1}\frac{6x}{6x-2}=\frac{3}{2}$

2. $\frac{\infty}{\infty}$ 型未定式

定理 3-6 若函数 $f(x)$，$F(x)$ 满足

(1) $\lim\limits_{x \to x_0}f(x)=\infty$，$\lim\limits_{x \to x_0}F(x)=\infty$；

(2) 在点 x_0 的某空心邻域 $U^\circ(x_0, \delta)$ 内，$f'(x)$ 和 $F'(x)$ 都存在，且 $F'(x)\neq 0$；

(3) $\lim\limits_{x \to x_0}\frac{f'(x)}{F'(x)}$ 存在（或为无穷大），

则

$$\lim_{x \to x_0}\frac{f(x)}{F(x)}=\lim_{x \to x_0}\frac{f'(x)}{F'(x)}$$

对于自变量的其他变化过程也有类似的结论.

【例3-8】 求 $\lim\limits_{x \to +\infty} \dfrac{\ln x}{x^\alpha}$ $(\alpha > 0)$.

解 利用洛必达法则，有

$$\lim_{x \to +\infty} \frac{\ln x}{x^\alpha} = \lim_{x \to +\infty} \frac{\dfrac{1}{x}}{\alpha x^{\alpha-1}} = \lim_{x \to +\infty} \frac{1}{\alpha x^\alpha} = 0$$

所以

$$\lim_{x \to +\infty} \frac{\ln x}{x^\alpha} = 0 \quad (\alpha > 0)$$

【例3-9】 求 $\lim\limits_{x \to \frac{\pi}{2}} \dfrac{\tan x}{\tan 3x}$.

解 直接应用法则比较麻烦，先变形，再用洛必达法则计算，于是有

$$\lim_{x \to \frac{\pi}{2}} \frac{\tan x}{\tan 3x} = \lim_{x \to \frac{\pi}{2}} \frac{\sin x}{\sin 3x} \cdot \frac{\cos 3x}{\cos x} = \lim_{x \to \frac{\pi}{2}} \frac{\sin x}{\sin 3x} \cdot \lim_{x \to \frac{\pi}{2}} \frac{\cos 3x}{\cos x}$$

$$= -\lim_{x \to \frac{\pi}{2}} \frac{\cos 3x}{\cos x} = -\lim_{x \to \frac{\pi}{2}} \frac{-3\sin 3x}{-\sin x} = 3$$

【例3-10】 求 $\lim\limits_{x \to +\infty} \dfrac{x^2}{e^{\lambda x}}$ $(\lambda > 0)$.

解

$$\lim_{x \to +\infty} \frac{x^2}{e^{\lambda x}} = \lim_{x \to +\infty} \frac{2x}{\lambda e^{\lambda x}} = \lim_{x \to +\infty} \frac{2}{\lambda^2 e^{\lambda x}} = 0$$

3. 其他类型的未定式

未定式除 $\dfrac{0}{0}$ 型与 $\dfrac{\infty}{\infty}$ 型外，还有 $0 \cdot \infty$、$\infty - \infty$、0^0、1^∞、∞^0 等其他类型. 对这些未定式，可通过适当的变形或代换，先转化为 $\dfrac{0}{0}$ 型或 $\dfrac{\infty}{\infty}$ 型，然后再用洛必达法则来计算.

【例3-11】 求 $\lim\limits_{x \to 0^+} x^\alpha \ln x$ $(\alpha > 0)$.

解 这是 $0 \cdot \infty$ 型未定式，可通过对其中之一取倒数，先转化为 $\dfrac{0}{0}$ 型或 $\dfrac{\infty}{\infty}$ 型，然后再利用洛必达法则计算. 于是有

$$\lim_{x \to 0^+} x^\alpha \ln x = \lim_{x \to 0^+} \frac{\ln x}{\dfrac{1}{x^\alpha}} = \lim_{x \to 0^+} \frac{\dfrac{1}{x}}{-\alpha \dfrac{1}{x^{\alpha+1}}} = \lim_{x \to 0^+} \frac{x^\alpha}{-\alpha} = 0$$

【例3-12】 求 $\lim\limits_{x \to 1} \left(\dfrac{x}{x-1} - \dfrac{1}{\ln x} \right)$.

解 这是 $\infty - \infty$ 型未定式，通分后可化为 $\dfrac{0}{0}$ 型. 于是有

$$\lim_{x\to1}\left(\frac{x}{x-1}-\frac{1}{\ln x}\right)=\lim_{x\to1}\frac{x\ln x-x+1}{(x-1)\ln x}=\lim_{x\to1}\frac{\ln x+1-1}{\frac{x-1}{x}+\ln x}$$

$$=\lim_{x\to1}x\cdot\frac{\ln x}{x\ln x+x-1}=\lim_{x\to1}\frac{\frac{1}{x}}{\ln x+2}=\frac{1}{2}$$

【例 3 - 13】　求 $\lim\limits_{x\to0^+}x^x$.

解　这是 0^0 型未定式，令 $y=x^x$，取对数后有

$$\lim_{x\to0^+}\ln y=\lim_{x\to0^+}x\ln x=\lim_{x\to0^+}\frac{\ln x}{x^{-1}}=\lim_{x\to0^+}\frac{x^{-1}}{-x^{-2}}=-\lim_{x\to0^+}x=0$$

所以

$$\lim_{x\to0^+}x^x=1$$

由以上各例可知，洛必达法则是计算未定式的一个有效方法，但需要注意的是，只有 $\frac{0}{0}$ 型和 $\frac{\infty}{\infty}$ 型才可考虑直接使用洛必达法则，其他未定式必须先转化为这两种类型再考虑使用洛必达法则. 同时，最好能与其他求极限的方法结合使用，如能化简时应尽可能先化简，并且在可应用重要极限或等价无穷小的替代时，应尽可能应用，这样可以使运算简捷. 此外，需要特别指出的是，对于 $\frac{0}{0}$ 型或 $\frac{\infty}{\infty}$ 型未定式 $\lim\frac{f(x)}{g(x)}$，当 $\lim\frac{f'(x)}{g'(x)}$ 不存在且不为 ∞ 时，不能断言 $\lim\frac{f(x)}{g(x)}$ 不存在，这时需要另寻方法求极限 $\lim\frac{f(x)}{g(x)}$.

【例 3 - 14】　验证极限 $\lim\limits_{x\to\infty}\frac{x+\cos x}{x}$ 存在，但不能使用洛必达法则求出.

解　这是 $\frac{\infty}{\infty}$ 型未定式，但由于 $\lim\limits_{x\to\infty}\frac{1-\sin x}{1}$ 不存在且不为 ∞，所以不能使用洛必达法则. 而

$$\lim_{x\to\infty}\frac{x+\cos x}{x}=\lim_{x\to\infty}\left(1+\frac{1}{x}\cos x\right)=1$$

习题 3.2

1. 计算以下函数极限.

(1) $\lim\limits_{x\to0}\frac{e^x-1}{x^2-x}$

(2) $\lim\limits_{x\to+\infty}\frac{\ln x}{x}$

(3) $\lim\limits_{x\to0^+}x\ln x$

(4) $\lim\limits_{x\to0}\left(\frac{1}{x}-\frac{1}{\tan x}\right)$

(5) $\lim\limits_{x\to 0}\dfrac{x-\sin x}{x^2\tan x}$　　　　　　　　(6) $\lim\limits_{x\to 0}\dfrac{\ln\cos 3x}{\ln\cos 2x}$

2. 验证极限 $\lim\limits_{x\to\infty}\dfrac{x+\sin x}{x}$ 存在，但不能使用洛必达法则求出.

3. 验证极限 $\lim\limits_{x\to 0}\dfrac{x^2\sin\dfrac{1}{x}}{\sin x}$ 存在，但不能使用洛必达法则求出.

3.3 泰勒（Taylor）公式

对于一些比较复杂的函数，为了便于研究，往往希望用一些简单的函数来近似表达. 多项式函数是最为简单的一类函数，它只要对自变量进行有限次的加、减、乘三种算术运算，就能求出其函数值，因此多项式经常被用于近似地表达函数，这种近似表达在数学上常称为**逼近**.

在微分中，利用"以直代曲"的思想，用函数 $y=f(x)$ 的微分来近似表示函数的增量，即 $\Delta y\approx\mathrm{d}y=f'(x_0)\cdot\Delta x$ 或为 $f(x)\approx f(x_0)+f'(x_0)(x-x_0)$，当 $|\Delta x|=|x-x_0|$ 足够小时，$f(x)$ 可以用 $x-x_0$ 的一次多项式 $P_1(x)=f(x_0)+f'(x_0)\cdot(x-x_0)$ 来近似表示，且满足 $f(x_0)=P_1(x_0)$，$f'(x_0)=P_1'(x_0)$，但这种近似表示存在明显的不足，首先是精度不高，所产生的误差仅是关于 $x-x_0$ 的高阶无穷小；其次是用它来做近似计算时，不能具体估算出误差的大小. 因此，当精确度要求较高且需要估计误差的时候，就必须用高次的多项式来近似表达函数，同时给出误差估计式.

这里，需要考虑的问题是：设函数 $f(x)$ 在含有 x_0 的开区间内具有直到 $n+1$ 阶的导数，问是否存在一个关于 $x-x_0$ 的 n 次多项式

$$P_n(x)=a_0+a_1(x-x_0)+a_2(x-x_0)^2+\cdots+a_n(x-x_0)^n \qquad (3-3)$$

使得

$$f(x)\approx P_n(x)$$

且误差 $R_n(x)=f(x)-P_n(x)$ 是比 $(x-x_0)^n$ 高阶的无穷小量，并给出误差 $R_n(x)$ 的具体表达式.

对这个问题的回答是肯定的.

下面先来考虑这样的情形：设 $P_n(x)$ 在点 x_0 处的函数值及它的直到 n 阶的导数在点 x_0 处的值依次与 $f(x_0)$，$f'(x_0)$，$f''(x_0)$，$\cdots$，$f^{(n)}(x_0)$ 相等，即有

$$P_n(x_0)=f(x_0),\ P_n^{(k)}(x_0)=f^{(k)}(x_0)\quad(k=1,2,\cdots,n) \qquad (3-4)$$

按这些等式来确定多项式（3-3）的系数 $a_0,a_1,a_2,\cdots,a_n$. 为此，对式（3-3）求各阶导数，然后分别代入等式（3-4），得

$$a_0 = f(x_0), \quad 1 \cdot a_1 = f'(x_0), \ 2! \ a_2 = f''(x_0), \ \cdots, \ n! \ a_n = f^{(n)}(x_0)$$

即

$$a_0 = f(x_0), \ a_k = \frac{f^{(k)}(x_0)}{k!} \quad (k = 1, 2, \cdots, n)$$

将所求系数 a_0，a_1，a_2，$\cdots$，a_n 代入式 (3-3)，有

$$P_n(x) = f(x_0) + f'(x_0)(x - x_0) + \frac{f''(x_0)}{2!}(x - x_0)^2 + \cdots + \frac{f^{(n)}(x_0)}{n!}(x - x_0)^n$$

下面的定理表明，上述多项式就是所要找的 n 次多项式.

定理 3-7 (泰勒 (Taylor) 中值定理) 若函数 $f(x)$ 在 x_0 的某个邻域 $U(x_0)$ 内有直到 $n+1$ 阶的导数，则当 $x \in U(x_0)$ 时，有

$$f(x) = f(x_0) + f'(x_0)(x - x_0) + \frac{f''(x_0)}{2!}(x - x_0)^2 + \cdots +$$

$$\frac{f^{(n)}(x_0)}{n!}(x - x_0)^n + R_n(x) \tag{3-5}$$

其中

$$R_n(x) = \frac{f^{(n+1)}(\xi)}{(n+1)!}(x - x_0)^{n+1} \tag{3-6}$$

这里 ξ 是 x_0 与 x 之间的某个值或 $\xi = x_0 + \theta(x - x_0)$，$0 < \theta < 1$. 式 (3-5) 称为 $f(x)$ 按 $x - x_0$ 的幂展开的带有拉格朗日型余项的 n 阶**泰勒公式**，而 $R_n(x)$ 的表达式 (3-6) 称为 n 阶泰勒公式的拉格朗日型余项.

证明略.

注意到

$$R_n(x) = o[(x - x_0)^n] \tag{3-7}$$

在不需要余项的精确表达式时，n 阶泰勒公式也可写为

$$f(x) = f(x_0) + f'(x_0)(x - x_0) + \frac{f''(x_0)}{2!}(x - x_0)^2 + \cdots +$$

$$\frac{f^{(n)}(x_0)}{n!}(x - x_0)^n + o[(x - x_0)^n] \tag{3-8}$$

$R_n(x)$ 的表达式 (3-7) 称为 n 阶泰勒公式的**佩亚诺 (Peano) 型余项**，公式 (3-8) 称为 $f(x)$ 按 $x - x_0$ 的幂展开的带有佩亚诺型余项的 n 阶泰勒公式.

在泰勒公式 (3-5) 中，若取 $x_0 = 0$，则可得

$$f(x) = f(0) + f'(0)x + \frac{f''(0)}{2!}x^2 + \cdots + \frac{f^{(n)}(0)}{n!}x^n + \frac{f^{(n+1)}(\theta x)}{(n+1)!}x^{n+1} \tag{3-9}$$

其中 $0 < \theta < 1$. 式 (3-9) 称为函数 $f(x)$ 的带有拉格朗日型余项的 n 阶**麦克劳林 (Maclaurin)**

公式.

在泰勒公式（3-8）中，若取 $x_0=0$，则可得

$$f(x)=f(0)+f'(0)x+\frac{f''(0)}{2!}x^2+\cdots+\frac{f^{(n)}(0)}{n!}x^n+o(x^n) \qquad (3-10)$$

式（3-10）称为函数 $f(x)$ 的带有佩亚诺型余项的 n 阶**麦克劳林（Maclaurin）公式**.

【例 3-15】 写出函数 $f(x)=\mathrm{e}^x$ 的带拉格朗日型余项的 n 阶麦克劳林公式.

解 由于 $f'(x)=f''(x)=\cdots=f^{(n)}(x)=f(x)=\mathrm{e}^x$，所以

$$f'(0)=f''(0)=\cdots=f^{(n)}(0)=f(0)=1$$

从而可得带拉格朗日型余项的 n 阶麦克劳林公式

$$\mathrm{e}^x=1+\frac{x}{1!}+\frac{x^2}{2!}+\cdots+\frac{x^n}{n!}+\frac{\mathrm{e}^{\theta x}}{(n+1)!}x^{n+1},\ 0<\theta<1$$

此时

$$|R_n(x)|=\left|\frac{\mathrm{e}^{\theta x}}{(n+1)!}x^{n+1}\right|<\frac{\mathrm{e}^{|x|}}{(n+1)!}|x|^{n+1}$$

当 $x=1$ 时，则

$$\mathrm{e}\approx1+1+\frac{1}{2!}+\cdots+\frac{1}{n!}$$

且有

$$|R_n(1)|=\left|\frac{\mathrm{e}^{\theta}}{(n+1)!}\right|<\frac{\mathrm{e}}{(n+1)!}<\frac{3}{(n+1)!}$$

当 $n=10$ 时，有 $\mathrm{e}\approx2.718\,282$，误差不超过 10^{-6}.

【例 3-16】 证明：当 $x\neq0$ 时，有不等式 $\mathrm{e}^x>1+x$ 成立.

证明 由麦克劳林公式，有

$$\mathrm{e}^x=1+x+\frac{\mathrm{e}^{\theta x}}{2!}x^2 \quad (0<\theta<1)$$

又因为当 $x\neq0$ 时，有 $\frac{\mathrm{e}^{\theta x}}{2!}x^2>0$，所以 $\mathrm{e}^x>1+x$.

【例 3-17】 验证下列函数的带佩亚诺型余项的麦克劳林公式：

(1) $\mathrm{e}^x=1+x+\frac{x^2}{2!}+\cdots+\frac{x^n}{n!}+o(x^n)$

(2) $\sin x=x-\frac{x^3}{3!}+\frac{x^5}{5!}+\cdots+(-1)^{m-1}\frac{x^{2m-1}}{(2m-1)!}+o(x^{2m})$

(3) $\cos x=1-\frac{x^2}{2!}+\frac{x^4}{4!}+\cdots+(-1)^m\frac{x^{2m}}{(2m)!}+o(x^{2m+1})$

(4) $\ln(1+x)=x-\frac{x^2}{2}+\frac{x^3}{3}+\cdots+(-1)^{n-1}\frac{x^n}{n}+o(x^n)$

(5) $(1+x)^a=1+ax+\dfrac{a(a-1)}{2!}x^2+\cdots+\dfrac{a(a-1)\cdots(a-n+1)}{n!}x^n+o(x^n)$

(6) $\dfrac{1}{1-x}=1+x+x^2+\cdots+x^n+o(x^n)$

证明 这里只验证其中两个公式，其余请读者自行证明.

(2) 设 $f(x)=\sin x$，由于 $f^{(k)}(x)=\sin\left(x+\dfrac{k\pi}{2}\right)$，因此

$$f^{(2k)}(0)=0,\quad f^{(2k-1)}(0)=(-1)^{k-1},\quad k=1,2,\cdots,n$$

把它们代入公式（3-10），便得到 $\sin x$ 的麦克劳林公式. 需要说明的是，由于这里有 $T_{2m-1}(x)=T_{2m}(x)$，因此公式中的余项可以写作 $o(x^{2m-1})$，也可以写作 $o(x^{2m})$. 关于公式（3）中的余项可作同样说明.

(4) 设 $f(x)=\ln(1+x)$. 由于 $f'(x)=\dfrac{1}{1+x}$，$\cdots$，$f^{(k)}(x)=(-1)^{k-1}(k-1)!\,(1+x)^{-k}$，$k=1,2,\cdots,n$，因此

$$f^{(k)}(0)=(-1)^{k-1}(k-1)!,\quad k=1,2,\cdots,n$$

把它们代入公式（3-10），便得 $\ln(1+x)$ 的麦克劳林公式.

利用上述麦克劳林公式，可间接求得其他一些函数的麦克劳林公式或泰勒公式，还可用来求某种类型的极限.

习题 3.3

1. 写出函数 $f(x)=\sin x$ 的带拉格朗日型余项的 $2m$ 阶麦克劳林公式.
2. 按 $x-3$ 的幂展开函数 $f(x)=x^4-4x^3+3x^2+2x-1$.
3. 写出函数 $f(x)=xe^x$ 的带佩亚诺型余项的 n 阶麦克劳林公式.

3.4 函数性态的研究

本节主要利用函数的导数研究函数的单调性、凹凸性及其图形的性态.

3.4.1 函数的单调性

函数的单调性是函数的基本性质之一，在现实生活中有着重要的应用. 在第 1 章已经给出了函数单调的定义，但利用定义来判定函数的单调性有时并不方便，下面给出另一种判定函数单调的方法.

导数的几何意义是函数曲线切线的斜率，若函数 $y=f(x)$ 在区间 $[a,b]$ 上单调增加

（或单调减少），则它的图形是一条沿 x 轴正向上升（或下降）的曲线，如图 3-5 所示，这时曲线上各点处的切线斜率是非负的（或非正的），即 $f'(x) \geqslant 0$（或 $f'(x) \leqslant 0$）. 也就是说，对于可导函数 $f(x)$，若 $f(x)$ 在区间 $[a, b]$ 上单调增加，则有 $f'(x) \geqslant 0$；若 $f(x)$ 在区间 $[a, b]$ 上单调减少，则有 $f'(x) \leqslant 0$.

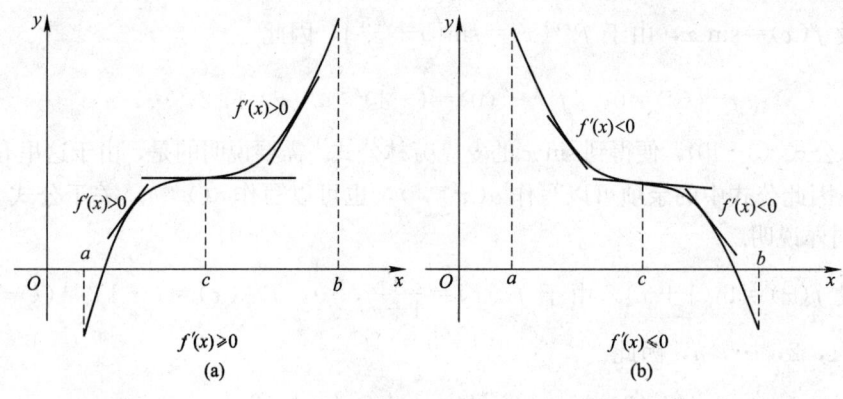

图 3-5

由此可见，函数的单调性与导数的符号有着密切的关系. 那么，反过来，能否用导数的符号来判定函数的单调性呢？下面的定理回答了这个问题.

定理 3-8（单调判别法） 设函数 $f(x)$ 在 $[a, b]$ 上连续，在 (a, b) 内可导.
(1) 若在开区间 (a, b) 内 $f'(x) > 0$，则 $f(x)$ 在区间 $[a, b]$ 上单调增加；
(2) 若在开区间 (a, b) 内 $f'(x) < 0$，则 $f(x)$ 在区间 $[a, b]$ 上单调减少.

证明 只证 (1)，类似可证 (2). 在 $[a, b]$ 上任取两点 x_1，x_2，不妨令 $x_1 < x_2$，则由拉格朗日中值定理得

$$f(x_2) - f(x_1) = f'(\xi)(x_2 - x_1), \quad x_1 < \xi < x_2$$

由题设知 $f'(\xi) > 0$，所以 $f(x_1) < f(x_2)$. 由 x_1，x_2 的任意性知，函数 $f(x)$ 在 $[a, b]$ 上单调增加.

显然，若将定理 3-8 中的闭区间换成其他区间（包括无穷区间），则定理结论仍成立.

【例 3-18】 判定函数 $y = x^3$ 的单调性.

解 函数的定义域是 $(-\infty, +\infty)$. $y' = 3x^2 \geqslant 0$，且当 $x = 0$ 时 $y' = 0$. 故 $y = x^3$ 在 $(-\infty, +\infty)$ 内单调增加（如图 3-6 所示）.

【例 3-19】 讨论函数 $y = x - \ln(1 + x)$ 的单调性.

解 函数的定义域为 $(-1, +\infty)$，且

$$y' = 1 - \frac{1}{1 + x}$$

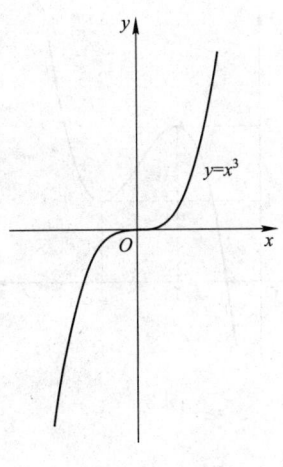

图 3 - 6

令 $y'=0$，得 $x=0$，则当 $-1<x<0$ 时 $y'<0$，此时 $y=x-\ln(1+x)$ 单调减少；当 $0<x<+\infty$ 时 $y'>0$，此时 $y=x-\ln(1+x)$ 单调增加.

【例 3 - 20】　讨论函数 $y=|x|$ 的单调性.

解　函数的定义域为 $(-\infty,+\infty)$. 当 $x<0$ 时，$y'=-1<0$，函数 $y=|x|$ 单调减少；当 $x>0$ 时，$y'=1>0$，函数 $y=|x|$ 单调增加.

由例 3-18、例 3-19 可以看出，有些函数 $y=f(x)$ 在其定义域不同范围内，有时单调增加，有时单调减少，而单调区间分界点或是导数 $f'(x)$ 为零的点（称为函数 $f(x)$ 的**驻点**或**稳定点**）（如例 3-18 中，点 $x=0$）或是导数 $f'(x)$ 不存在的点（如例 3-19 中，点 $x=0$），因此用驻点及 $f'(x)$ 不存在的点来划分函数 $f(x)$ 的定义域，就能保证函数的导数 $f'(x)$ 在各个部分区间内保持固定的符号，从而函数 $f(x)$ 在每个部分区间上单调.

【例 3 - 21】　确定函数 $f(x)=2x^3-9x^2+12x-3$ 的单调区间.

解　函数的定义域为 $(-\infty,+\infty)$，且
$$f'(x)=6x^2-18x+12=6(x-1)(x-2)$$
令 $f'(x)=0$，得驻点 $x_1=1$，$x_2=2$. 以 x_1，x_2 为分点，将函数的定义域分成三个子区间：$(-\infty,1)$，$(1,2)$，$(2,+\infty)$.

当 $x<1$ 时，$f'(x)>0$，函数 $f(x)$ 单调增加；当 $1<x<2$ 时，$f'(x)<0$，函数 $f(x)$ 单调减少；当 $x>2$ 时，$f'(x)>0$，函数 $f(x)$ 单调增加（如图 3-7 所示）. 故函数的单调增区间是 $(-\infty,1)$ 和 $(2,+\infty)$，单调减区间是 $(1,2)$.

利用函数的单调性可以证明一些不等式.

【例 3 - 22】　证明：当 $x>1$ 时，$2\sqrt{x}>3-\dfrac{1}{x}$.

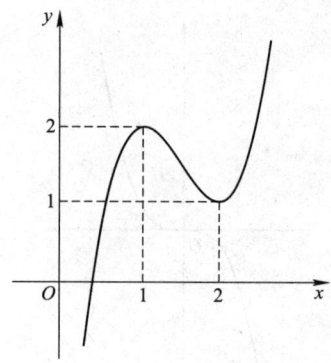

图 3-7

证明 设 $f(x)=2\sqrt{x}-\left(3-\dfrac{1}{x}\right)$，则

$$f'(x)=\dfrac{1}{\sqrt{x}}-\dfrac{1}{x^2}=\dfrac{1}{x^2}(x\sqrt{x}-1)>0 \quad (x>1)$$

故 $f(x)$ 在 $(1,+\infty)$ 上单调增加，又因为 $f(x)$ 在 $x=1$ 处连续，从而 $f(x)>f(1)(x>1)$，由于 $f(1)=0$，所以

$$f(x)>0 \quad (x>1)$$

故当 $x>1$ 时，$2\sqrt{x}-\left(3-\dfrac{1}{x}\right)>0$，即 $2\sqrt{x}>3-\dfrac{1}{x}$.

3.4.2 函数的极值

在例 3-20 中，$x_1=1$，$x_2=2$ 是函数单调区间的分界点．从点 $x_1=1$ 的左侧到右侧，曲线 $y=f(x)$ 先升后降，点 $(1,f(1))$ 处于曲线的"峰顶"．这说明在 $x_1=1$ 处存在一个空心邻域，对该邻域内的任意一点 x，均有 $f(x)<f(1)$. 通常称函数值 $f(1)$ 为 $f(x)$ 的极大值点．通过类似的讨论可知，点 $(2,f(2))$ 处于曲线的"谷底"，通常称函数值 $f(2)$ 为 $f(x)$ 的极小值点．

前面已简单地给出了极值的概念，下面给出它的具体定义．

定义 3-1 设函数 $y=f(x)$ 在点 x_0 的某邻域 $U(x_0)$ 内有定义，若对该邻域内的任一点 $x(x\neq x_0)$，均有 $f(x)<f(x_0)$（或 $f(x)>f(x_0)$），则称 $f(x_0)$ 是 $f(x)$ 的**极大值**（或**极小值**），称 x_0 是 $f(x)$ 的**极大值点**（或**极小值点**）．

函数的极大值和极小值统称为函数的**极值**，极大值点与极小值点统称为**极值点**．

函数极值问题在微分学的理论与应用中都极为重要，下面系统地来讨论函数极值的求法．

从图 3-8 所示的曲线中可以看出，在极值点处，曲线或者有水平切线（如点 x_1 处，x_4 处和 x_5 处）或者切线不存在（如点 x_2 处）．但是有水平切线的点不一定是极值点（如点 x_3）．这说明，极值点应从 $f'(x)$ 为零或 $f'(x)$ 不存在的点中去寻找．这就是下面极值存在的必要条件．

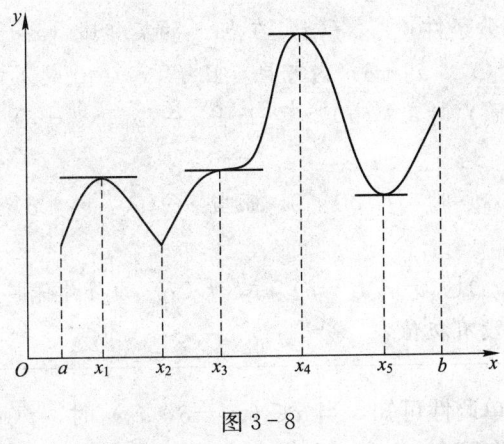

图 3-8

定理 3-9 （极值存在的必要条件）　若函数 $y=f(x)$ 在点 x_0 处取得极值，则 $f'(x_0)=0$ 或者 $f'(x_0)$ 不存在．

证明　若 $f(x)$ 在点 x_0 处不可导，则结论自然成立．

现不妨设 $f(x)$ 在点 x_0 处可导，且点 x_0 为 $f(x)$ 的极大值点．由极大值的定义，存在 x_0 的一个空心邻域，对此邻域内的任何 x 有 $f(x)<f(x_0)$ 成立．从而当 $x<x_0$ 时，$\dfrac{f(x)-f(x_0)}{x-x_0}>0$，因此

$$f'(x_0)=f'_-(x_0)=\lim_{x \to x_0^-}\frac{f(x)-f(x_0)}{x-x_0}\geq 0$$

当 $x>x_0$ 时，$\dfrac{f(x)-f(x_0)}{x-x_0}<0$，因此

$$f'(x_0)=f'_+(x_0)=\lim_{x \to x_0^+}\frac{f(x)-f(x_0)}{x-x_0}\leq 0$$

故 $f'(x_0)=0$．

类似地可证，当点 x_0 为 $f(x)$ 的极小值点时，也必定有 $f'(x_0)=0$．

这个定理告诉我们，函数的极值点必是它的驻点或导数不存在的点．因此，函数极值点

应从其驻点和导数不存在的点中去寻找. 例如, 函数 $f(x)=|x|$ 在点 $x=0$ 处不可导, 但该点是函数的极小值点. 又如, 函数 $f(x)=x^3$, $x=0$ 是它的驻点但不是极值点 (如图 3-6 所示).

那么, 如何来判定一个函数的驻点和导数不存在的点是否为极值点, 这是一个需要进一步解决的问题, 而下面的定理很好地解决了这个问题.

定理 3-10 (第一充分条件) 设 $f(x)$ 在点 x_0 的某邻域 $(x_0-\delta, x_0+\delta)$ 内连续, 在空心邻域 $(x_0-\delta, x_0) \bigcup (x_0, x_0+\delta)$ 内可导, 且 $f'(x_0)=0$ 或 $f'(x_0)$ 不存在.

(1) 当 $x \in (x_0-\delta, x_0)$ 时, $f'(x)>0$, 而当 $x \in (x_0, x_0+\delta)$ 时, $f'(x)<0$, 则 $f(x)$ 在点 x_0 处取得极大值;

(2) 当 $x \in (x_0-\delta, x_0)$ 时, $f'(x)<0$, 而当 $x \in (x_0, x_0+\delta)$ 时, $f'(x)>0$, 则 $f(x)$ 在点 x_0 处取得极小值;

(3) 当 $x \in (x_0-\delta, x_0) \bigcup (x_0, x_0+\delta)$ 时, $f'(x)$ 的符号保持不变 (即恒为正或恒为负), 则 $f(x)$ 在点 x_0 处没有极值.

证明 (1) 由函数的单调性可知, 当 $x \in (x_0-\delta, x_0)$ 时, $f(x)$ 单调增加; 而当 $x \in (x_0, x_0+\delta)$ 时, $f(x)$ 单调减少, 又 $f(x)$ 在点 x_0 处连续, 因此 $f(x)$ 在点 x_0 处取得极大值, 故结论成立.

同理可证 (2) 与 (3) 结论成立. 定理得证.

【例 3-23】 求函数 $f(x)=x^3-3x^2-9x+5$ 的极值.

解 函数的定义域为 $(-\infty, +\infty)$, 且
$$f'(x)=3x^2-6x-9=3(x+1)(x-3)$$
令 $f'(x)=0$, 得驻点 $x_1=-1$, $x_2=3$, 无不可导点. 当 $x \in (-\infty, -1)$ 时, $f'(x)>0$, 而当 $x \in (-1, 3)$ 时, $f'(x)<0$, 因此 $f(-1)$ 是极大值; 又当 $x \in (3, +\infty)$ 时, $f'(x)>0$, 所以 $f(3)$ 是极小值. 极小值为 $f(3)=-22$, 极大值为 $f(-1)=10$.

若函数 $f(x)$ 在驻点处有不等于零的二阶导数, 则有更为简便的判定方法.

定理 3-11 (第二充分条件) 设 $f(x)$ 在点 x_0 的某邻域内具有二阶导数, 且 $f'(x_0)=0$, $f''(x_0) \neq 0$, 则

(1) 当 $f''(x_0)<0$ 时, 函数 $f(x)$ 在点 x_0 处取得极大值;

(2) 当 $f''(x_0)>0$ 时, 函数 $f(x)$ 在点 x_0 处取得极小值.

证明 由二阶导数的定义, 以及 $f'(x_0)=0$ 和 $f''(x_0)<0$, 得
$$\lim_{x \to x_0} \frac{f'(x)}{x-x_0} = \lim_{x \to x_0} \frac{f'(x)-f'(x_0)}{x-x_0} = f''(x_0)<0$$

于是，由极限的性质可知，存在点 x_0 的某空心邻域，使得在此空心邻域内，有 $\dfrac{f'(x)}{x-x_0}<0$，即 $f'(x)$ 与 $x-x_0$ 的符号相异，即在 x_0 的左邻域内，由于 $x-x_0<0$，从而有 $f'(x)>0$；在点 x_0 的右邻域内，由于 $x-x_0>0$，从而有 $f'(x)<0$. 于是，根据判定极值的第一充分条件可知，函数 $f(x)$ 在点 x_0 处取得极大值. 同理可证（2）.

【**例 3 - 24**】　求函数 $f(x)=x^3+3x^2-24x-20$ 的极值.

解　函数的定义域为 $(-\infty, +\infty)$.

① 求导数.
$$f'(x)=3x^2+6x-24=3(x+4)(x-2), \quad f''(x)=6x+6$$

② 求驻点. 令 $f'(x)=0$，得驻点 $x_1=-4$，$x_2=2$.

③ 判别. 因为 $f''(-4)=-18<0$，故 $f(-4)=60$ 是极大值；由于 $f''(2)=18>0$，故 $f(2)=-48$ 是极小值.

【**例 3 - 25**】　求函数 $f(x)=(x^2-1)^3+1$ 的极值.

解　函数的定义域为 $(-\infty, +\infty)$.

① 求导数.
$$f'(x)=6x(x^2-1)^2, \quad f''(x)=6(x^2-1)(5x^2-1)$$

② 求驻点. 令 $f'(x)=0$，得驻点 $x_1=-1$，$x_2=0$，$x_3=1$.

③ 判别. 因为 $f''(0)=6>0$，故 $f(0)=0$ 是极小值；由于 $f''(-1)=f''(1)=0$，所以需用第一充分条件判别. 由于 $f'(x)$ 在点 $x=\pm1$ 处的左右某邻域内不变号，所以 $f(x)$ 在点 $x=\pm1$ 处没有极值（如图 3 - 9 所示）.

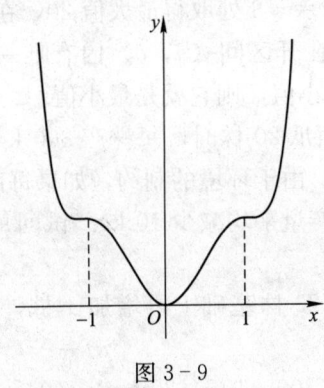

图 3 - 9

3.4.3　函数的最大值与最小值

在生产实践中，为了提高经济效益，必须要考虑在一定的条件下，怎样才能使用料最省、费用最低、效率最高、收益最大等问题. 这类问题在数学上统统归结为求函数的最大值或最小值问题.

一般地说，函数的最值与极值是两个不同的概念，最值是对整个区间而言的，是全局性的；极值是对极值点的某个邻域而言的，是局部性的. 另外，最值可以在区间的端点处取得，而极值则只能在区间内部取得.

由于在闭区间上连续的函数必能在该区间上取得最大值和最小值，故由前面的分析讨论可知，求连续函数 $f(x)$ 在闭区间 $[a, b]$ 上的最值时，只需分别计算 $f(x)$ 在其驻点、导数不存在点，以及端点 a 和 b 处的函数值，然后再加以比较，其中最大值为 $f(x)$ 在 $[a, b]$ 上的最大值，最小值为 $f(x)$ 在 $[a, b]$ 上的最小值.

【例 3-26】 求函数 $f(x)=|x^2-3x+2|$ 在 $[-3, 4]$ 上的最大值与最小值.

解

$$f(x)=\begin{cases} x^2-3x+2, & x\in[-3, 1]\cup[2, 4] \\ -x^2+3x-2, & x\in(1, 2) \end{cases}$$

则

$$f'(x)=\begin{cases} 2x-3, & x\in(-3, 1)\cup(2, 4) \\ -2x+3, & x\in(1, 2) \end{cases}$$

令 $f'(x)=0$，得唯一驻点 $x_1=\dfrac{3}{2}$，导数不存在点 $x_2=1$，$x_3=2$. 由于

$$f(-3)=20, \quad f(1)=0, \quad f\left(\frac{3}{2}\right)=\frac{1}{4}, \quad f(2)=0, \quad f(4)=6$$

故在 $[-3, 4]$ 上，$f(x)$ 在点 $x=-3$ 处取得最大值 20，在 $x=1$ 和 $x=2$ 处取得最小值 0.

特别地，设可导函数 $f(x)$ 在开区间 (a, b) 内有唯一驻点 x_0，若 $f(x_0)$ 是极大值，则它就是最大值；若 $f(x_0)$ 是极小值，则它就是最小值.

【例 3-27】 设每亩地种植西瓜 20 株时，每株产 300 kg 的西瓜. 为了增加产量，计划增加西瓜的株数. 但是人们发现，由于环境的制约，如果每亩地种植的西瓜苗超过 20 株时，每超种一株，将会使西瓜的每株产量平均减少 10 kg. 试问每亩地种植多少株西瓜才能使每亩产量最高.

解 设每亩地所种西瓜数在 20 株基础上再增加 x 株，则每株西瓜产瓜（300-10x），每亩地所产西瓜记作 $f(x)$. 于是

$$f(x)=(300-10x)(20+x) \quad (0\leqslant x<30)$$

问题归结为求 x 之值，使得目标函数 $f(x)$ 取得最大值. 对目标函数求导，得

$$f'(x)=100-20x$$

令 $f'(x)=0$，得驻点为 $x=5$，这是实际问题，最大值肯定存在，而且在 $[0, 30]$ 内只有这一个驻点. 因此，当 $x=5$ 时，$f(x)$ 取最大值，故每亩地种植 25 株西瓜能使亩产量最高.

【例 3-28】 某企业在一个月内生产某产品 q 单位时，总成本为 $C(q)=6q+200$ （万

元），得到的总收益为 $R(q)=12q-0.01q^2$（万元），问在一个月内生产多少单位的产品获得的利润最大？

解　由题设知，利润函数为
$$L(q)=R(q)-C(q)=12q-0.01q^2-(6q+200)=6q-0.01q^2-200$$
所以 $L'(q)=6-0.02q$，令 $L'(q)=0$，得唯一驻点 $q=300$，又 $L''(q)=-0.02<0$，因此 $L(300)=700$ 是极大值，也是最大值．从而在一个月内生产 300 单位的产品获得的利润最大，最大利润为 700 万元．

一般地，设生产 q 单位产品的总收益为 $R(q)$，总成本为 $C(q)$，则总利润为 $L(q)=R(q)-C(q)$，由极值理论知，在使 $L'(q)=0(R'(q)=C'(q))$，且 $L''(q)<0$（即 $R''(q)<C''(q)$）的产量 q 处，$L(q)$ 取得最大值——此为**最大利润原则**．

3.4.4　曲线的凹凸性与函数作图的一般步骤

前面介绍了函数的单调性，这对于了解函数的性态很有帮助，但仅知道单调性还不能全面地反映出曲线的性状，还需要考虑弯曲方向．如图 3-10 所示，曲线 L_1、L_2、L_3 虽然都是从点 A 单调上升到点 B，但它们的图形却有明显的差别，曲线 L_1 是向上凸的弧（凸弧），L_2 是向下凸的弧（凹弧），而 L_3 既有向上凸的弧又有向下凸的弧．从几何上看，在曲线弧上任取两点，则有的曲线弧总在连接这两点的弦的上方，如曲线 L_1，而有的曲线弧总在连接这两点的弦的下方，如曲线 L_2．

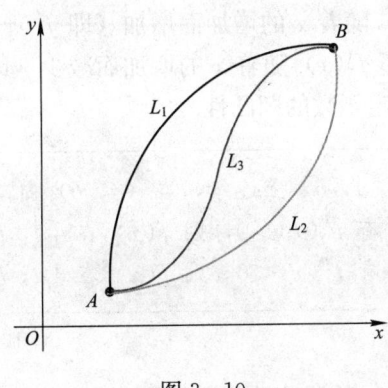

图 3-10

利用连接曲线弧上任意两点的弦的中点与曲线弧上相应点的位置关系可以给出曲线凹凸性的如下定义．

定义 3-2　设函数 $y=f(x)$ 在区间 $[a,b]$ 上连续，若对于任意的 x_1，$x_2\in[a,b]$ 恒有

$$f\left(\frac{x_1+x_2}{2}\right)<\frac{f(x_1)+f(x_2)}{2}$$

则称 $f(x)$ 在 $[a,b]$ 上的图形是向下凸的（或凹弧）；若恒有

$$f\left(\frac{x_1+x_2}{2}\right)>\frac{f(x_1)+f(x_2)}{2}$$

则称 $f(x)$ 在 $[a,b]$ 上的图形是向上凸的（或凸弧）.

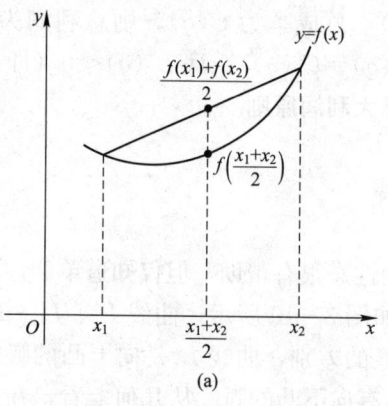 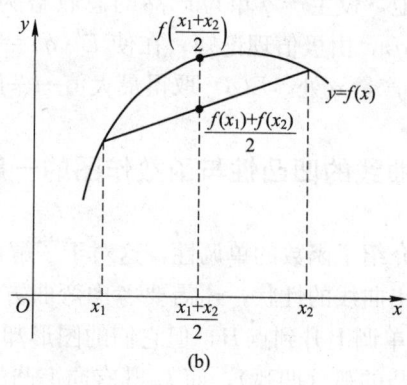

图 3-11

怎样判定曲线的凹凸性呢？若 $f'(x)$ 存在，则从图 3-11 可以看出，当曲线凹时，曲线 $y=f(x)$ 的切线斜率 $f'(x)$ 随着 x 的增加而增加（即 $f'(x)$ 是单调增函数）；当曲线凸时，曲线 $y=f(x)$ 的切线斜率 $f'(x)$ 随着 x 的增加而减少（即 $f'(x)$ 是单调减函数），因此考虑用二阶导数的符号来判定函数的凹凸性.

定理 3-12 设 $f(x)$ 在 $[a,b]$ 上连续，在 (a,b) 内二阶可导，
(1) 若当 $x\in(a,b)$ 时，有 $f''(x)>0$，则 $f(x)$ 在 $[a,b]$ 上的图形是凹的；
(2) 若当 $x\in(a,b)$ 时，有 $f''(x)<0$，则 $f(x)$ 在 $[a,b]$ 上的图形是凸的.

证明略.

【例 3-29】 判定曲线 $y=e^x$ 的凹凸性.

解 函数的定义域为 $(-\infty,+\infty)$，因为 $y''=e^x>0$，所以曲线在 $(-\infty,+\infty)$ 内是凹的.

【例 3-30】 判定曲线 $y=\ln x$ 的凹凸性.

解 函数的定义域为 $(0,+\infty)$，因为 $y'=\frac{1}{x}$，$y''=-\frac{1}{x^2}<0$，所以曲线在 $(0,+\infty)$ 内是凸的.

【例 3 - 31】　判定曲线 $y = x^3$ 的凹凸性.

解　函数的定义域为 $(-\infty, +\infty)$, $y' = 3x^2$, $y'' = 6x$. 当 $x < 0$ 时 $y'' < 0$, 所以曲线在 $(-\infty, 0)$ 内是凸的；当 $x > 0$ 时 $y'' > 0$, 所以曲线在 $(0, +\infty)$ 内是凹的.

在例 3 - 30 中, 点 $(0, 0)$ 是曲线 $y = x^3$ 上凹、凸的分界点. 对这类点, 通常称之为拐点. 确切地说, 就是把曲线 $y = f(x)$ 上凹弧与凸弧的分界点称为曲线的**拐点**.

【例 3 - 32】　求曲线 $y = \sqrt[3]{x}$ 的拐点.

解　函数的定义域为 $(-\infty, +\infty)$, 当 $x \neq 0$ 时, 有 $y' = \frac{1}{3} x^{-\frac{2}{3}}$, $y'' = -\frac{2}{9} x^{-\frac{5}{3}}$, 在 $x = 0$ 处一阶导数和二阶导数均不存在. 又当 $x < 0$ 时 $f''(x) > 0$, 所以曲线在 $(-\infty, 0)$ 内是凹的；当 $x > 0$ 时 $f''(x) < 0$, 所以曲线在 $(0, +\infty)$ 内是凸的, 故点 $(0, 0)$ 是曲线 $y = \sqrt[3]{x}$ 的拐点.

综上所述, 判定曲线 $y = f(x)$ 的凹凸性及拐点的步骤可归纳如下.

① 求出函数的定义域.

② 求出一阶及二阶导数 $f'(x)$, $f''(x)$.

③ 求出二阶导数 $f''(x)$ 为零的点及不存在的点.

④ 以③中求出的全部点, 将定义域分成若干个小区间, 然后考察二阶导数 $f''(x)$ 在各小区间上的符号, 从而判定出曲线的凹凸区间及拐点.

【例 3 - 33】　求曲线 $y = 3x^4 - 4x^3 + 1$ 的凹凸区间及拐点.

解　① 函数的定义域为 $(-\infty, +\infty)$;

② $y' = 12x^3 - 12x^2$, $y'' = 36x^2 - 24x$;

③ 令 $y'' = 0$, 得 $x_1 = 0$, $x_2 = \frac{2}{3}$, 无二阶导数不存在的点;

④ 列表讨论:

x	$(-\infty, 0)$	0	$\left(0, \frac{2}{3}\right)$	$\frac{2}{3}$	$\left(\frac{2}{3}, +\infty\right)$
y''	$+$		$-$		$+$
y	凹	1	凸	$\frac{11}{27}$	凹

因此函数的凹区间为 $(-\infty, 0)$, $\left(\frac{2}{3}, +\infty\right)$. 凸区间为 $\left(0, \frac{2}{3}\right)$, 拐点为 $(0, 1)$, $\left(\frac{2}{3}, \frac{11}{27}\right)$.

在研究函数图形时, 会遇到这样的情况, 随着 x 向某一方向无限延伸时, 曲线会与一直线无限地靠近, 这种直线叫做**曲线的渐近线**, 它对作函数图形很有帮助, 下面介绍曲线三种形式的渐近线.

> **定义 3-3** (1) 若 $\lim\limits_{x\to+\infty} f(x)=b$ 或 $\lim\limits_{x\to-\infty} f(x)=b(b$ 为常数），则称直线 $y=b$ 为曲线 $y=f(x)$ 的一条水平渐近线；
>
> (2) 若 $\lim\limits_{x\to x_0^+} f(x)=\infty$ 或 $\lim\limits_{x\to x_0^-} f(x)=\infty$，则称直线 $x=x_0$ 为曲线 $y=f(x)$ 的一条铅直渐近线；
>
> (3) 若 $\lim\limits_{x\to\infty}\dfrac{f(x)}{x}=a$，$\lim\limits_{x\to\infty}[f(x)-ax]=b$，则称直线 $y=ax+b$ 为曲线 $y=f(x)$ 的一条斜渐近线.

例如，曲线 $y=\dfrac{3}{x-2}$ 有水平渐近线 $y=0$，铅直渐近线 $x=2$，无斜渐近线（见图 3-12）；而双曲线 $\dfrac{x^2}{a^2}-\dfrac{y^2}{b^2}=1$ 有斜渐近线 $y=\dfrac{b}{a}x$ 及 $y=-\dfrac{b}{a}x$，而无其他两种形式的渐近线（见图 3-13）.

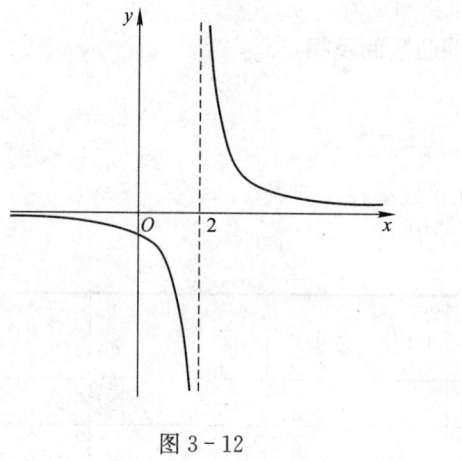

图 3-12

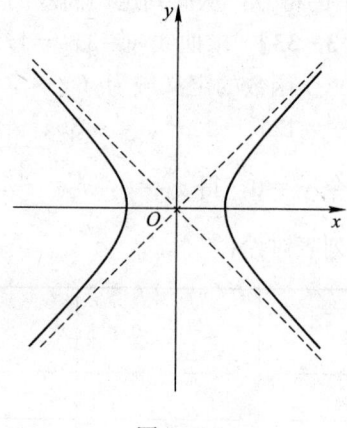

图 3-13

【**例 3-34**】 求曲线 $y=\dfrac{\ln x}{x-1}$ 的渐近线.

解 定义域 $x>0$ 且 $x\neq1$.

$$\lim_{x\to+\infty}\frac{\ln x}{x-1}=\lim_{x\to+\infty}\frac{\frac{1}{x}}{1}=0$$

故该曲线有水平渐近线 $y=0$.

$$\lim_{x \to 1} \frac{\ln x}{x-1} = \lim_{x \to 1} \frac{\frac{1}{x}}{1} = 1, \quad \lim_{x \to 0^+} \frac{\ln x}{x-1} = +\infty$$

故该曲线有铅直渐近线 $x=0$.

$$\lim_{x \to +\infty} \frac{f(x)}{x} = \lim_{x \to +\infty} \frac{\ln x}{x^2-x} = \lim_{x \to +\infty} \frac{\frac{1}{x}}{2x-1} = 0$$

故该曲线无斜渐近线.

下面给出函数作图的一般步骤.

① 确定函数的定义域及不连续点，确定图形的范围及与坐标轴相交情况.

② 讨论函数的奇偶性和周期性.

③ 求出 $f'(x)=0$ 与 $f''(x)=0$ 的点及 $f'(x)$ 与 $f''(x)$ 不存在的点，列表确定函数的单调区间、极值、凹凸区间及拐点.

④ 考察曲线的渐近线，确定图形伸展到无穷远处时的形态.

⑤ 描出曲线上已求得的几个特殊点（曲线与坐标轴的交点、极值点及拐点），必要时再补充一些点，并根据上述讨论的结果，结合描点法，绘出图形.

【例 3 – 35】　绘出函数 $f(x)=x^3-x^2-x+1$ 的图形.

解　① 函数的定义域为 $(-\infty, +\infty)$，函数图形与坐标轴的交点为 $(0, 1)$，$(\pm 1, 0)$，函数无奇偶性和周期性.

② 当 $x \to +\infty$ 时，$f(x) \to +\infty$，$\frac{f(x)}{x} \to +\infty$；当 $x \to -\infty$ 时，$f(x) \to -\infty$，$\frac{f(x)}{x} \to +\infty$；当 x 趋于固定值时，$f(x)$ 有界，因此函数图形无渐近线.

③ 由 $f'(x)=(3x+1)(x-1)$，$f''(x)=2(3x-1)$ 得 $f'(x)=0$ 的点为 $x_1=-\frac{1}{3}$，$x_2=1$；$f''(x)=0$ 的点为 $x_3=\frac{1}{3}$. 这三个点将定义域分为

$$\left(-\infty, -\frac{1}{3}\right), \quad \left(-\frac{1}{3}, \frac{1}{3}\right), \quad \left(\frac{1}{3}, 1\right), \quad (1, +\infty)$$

函数的性态如下：

x	$\left(-\infty, -\frac{1}{3}\right)$	$-\frac{1}{3}$	$\left(-\frac{1}{3}, \frac{1}{3}\right)$	$\frac{1}{3}$	$\left(\frac{1}{3}, 1\right)$	1	$(1, +\infty)$
$f'(x)$	+	0	−	−	−	0	+
$f''(x)$	−	−	−	0	+	+	+
$f(x)$	↗	极大值 $\frac{32}{27}$	↘	拐点 $\left(\frac{1}{3}, \frac{16}{27}\right)$	↘	极小值 0	↗

④ 描出点 $(-1, 0)$，$\left(-\dfrac{1}{3}, \dfrac{32}{27}\right)$，$(0, 1)$，$\left(\dfrac{1}{3}, \dfrac{16}{27}\right)$，$(1, 0)$，再补充点 $\left(\dfrac{3}{2}, \dfrac{5}{8}\right)$.

根据讨论结果，即可作出图形（如图 3-14 所示）.

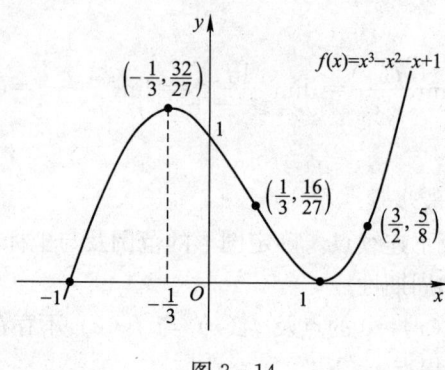

图 3-14

【例 3-36】 在经济学中，会经常遇到函数 $y = \dfrac{1}{\sqrt{2\pi}} e^{-\frac{x^2}{2}}$，试绘出函数的图形.

解 ① 函数的定义域为 $(-\infty, +\infty)$，函数图形与 y 轴的交点为 $\left(0, \dfrac{1}{\sqrt{2\pi}}\right)$. 由于函数为偶函数，它的图形关于 y 轴对称，故只讨论它在 $[0, +\infty)$ 上的函数图形.

② 由于 $\lim\limits_{x \to +\infty} f(x) = 0$，所以 $y = 0$ 是一条水平渐近线；无其他渐近线.

③ 由 $y' = -\dfrac{x}{\sqrt{2\pi}} e^{-\frac{x^2}{2}}$，$y'' = -\dfrac{(x^2-1)}{\sqrt{2\pi}} e^{-\frac{x^2}{2}}$ 得 $f'(x) = 0$ 的点为 $x_1 = 0$；$f''(x) = 0$ 的点为 $x_2 = 1$. 这两个点将 $[0, +\infty)$ 分为 $(0, 1)$，$[1, +\infty)$.

函数的性态如下：

x	0	$(0, 1)$	1	$(1, +\infty)$
$f'(x)$	0	—	—	—
$f''(x)$	—	—	0	+
$f(x)$	极大值 $\dfrac{1}{\sqrt{2\pi}}$	↘	拐点 $\left(1, \dfrac{1}{\sqrt{2e}}\right)$	↘

④ 描出点 $\left(0, \dfrac{1}{\sqrt{2\pi}}\right)$，$\left(1, \dfrac{1}{\sqrt{2\pi e}}\right)$，再补充点 $\left(2, \dfrac{1}{\sqrt{2\pi e^2}}\right)$. 根据讨论结果，画出函数在 $[0, +\infty)$ 上的图形. 最后利用图形的对称性，便可得到函数在 $(-\infty, 0]$ 上的图形（如图 3-15 所示）.

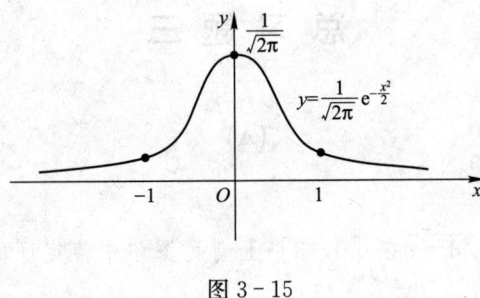

图 3 - 15

习题 3.4

1. 判定函数 $f(x) = \arctan x - x$ 的单调性.

2. 确定下列函数的增减区间.

   (1) $y = x^3 - 3x + b$

   (2) $y = 2x + \dfrac{8}{x}$ $(x > 0)$

3. 证明下列不等式.

   (1) 当 $x > 0$ 时，$1 + \dfrac{1}{2}x > \sqrt{1+x}$

   (2) 当 $0 < x < \dfrac{\pi}{2}$ 时，$\sin x + \tan x > 2x$

4. 求下列函数的极值.

   (1) $y = 2x^3 - 3x^2$

   (2) $y = x + \sqrt{1-x}$

5. 求下列函数的最大值和最小值.

   (1) $y = x^4 - 8x^2 + 2$, $x \in [-1, 3]$

   (2) $y = x + \sqrt{1-x}$, $x \in [-5, 1]$

6. 问函数 $y = x^2 - \dfrac{54}{x}(x < 0)$ 在何处取得最小值？并求出它的最小值.

7. 某企业生产 q 件产品的成本函数为 $C(q) = 1\,000 + 40q + 0.001q^2$，问生产多少件产品可使得平均成本最低？

8. 确定下列曲线的凹凸区间和拐点.

   (1) $y = 2x^3 - 3x^2 - 12x + 14$

   (2) $y = (x-2)^{\frac{5}{3}}$

9. 利用函数图形的凹凸性，证明 $\sin \dfrac{x}{2} > \dfrac{x}{\pi}(0 < x < \pi)$.

10. 求下列曲线的渐近线.

    (1) $y = \arctan x$

    (2) $y = \dfrac{(x-2)^3}{(x+3)^2}$

11. 描绘函数 $y = (x-1)(x-2)^2$ 的图形.

总习题三

(A)

1. 填空题

(1) 函数 $f(x)=x\sqrt{3-x}$ 在 $[0,3]$ 上满足罗尔中值定理的条件，则由罗尔中值定理确定的 $\xi=$_____.

(2) 极限 $\lim\limits_{x\to 0}\dfrac{\tan\alpha x}{\sin\beta x}=$_____，其中 α,β 为非零常数.

(3) 曲线 $y=\mathrm{e}^{\frac{1}{x}}$ 的水平渐近线为_____.

(4) 曲线 $y=\dfrac{1}{x-1}$ 的水平渐近线为_____，铅直渐近线为_____.

(5) 曲线 $y=1-\mathrm{e}^{-x^2}$ 的凹区间是_____，凸区间是_____，拐点为_____，渐近线为_____.

(6) 曲线上_____的点，称为曲线的拐点.

(7) 最值在_____处取得.

(8) 函数 $y=2x^3-3x^2(-1\leqslant x\leqslant 4)$ 的最大值为_____，最小值为_____.

2. 选择题

(1) 曲线 $y=\dfrac{1+\mathrm{e}^{-x^2}}{1-\mathrm{e}^{-x^2}}$ (　　).

A. 没有渐近线　　　　　　　B. 仅有水平渐近线

C. 仅有铅直渐近线　　　　　D. 既有水平渐近线又有铅直渐近线

(2) 设 $f(x)$ 在 $[a,b]$ 上连续，在 (a,b) 内可导，则拉格朗日中值定理 $f(b)-f(a)=f'(\xi)(b-a)$ 中的 ξ 是 (　　).

A. (a,b) 内的任意一点　　　B. (a,b) 内唯一的一点

C. 在 (a,b) 内至少存在的一点　D. $[a,b]$ 区间的中点

(3) 若 $f(x)$ 在点 x_0 处可导，且 $f'(x_0)\neq 0$，则 $f(x)$ 在点 x_0 处 (　　).

A. 取得极大值　　　　　　　B. 取得极小值

C. 无极值　　　　　　　　　D. 不一定取得极值

(4) 函数 $f(x)=2x^2-x+1$ 在区间 $[-1,3]$ 上满足拉格朗日中值定理的 ξ 是 (　　).

A. 1　　　　　　　　　　　B. $-\dfrac{3}{4}$

C. 0　　　　　　　　　　　D. $\dfrac{3}{4}$

3. 证明：当 $0<x<1$ 时，$e^{2x}<\dfrac{1+x}{1-x}$.

4. 证明：当 $0<x<\dfrac{\pi}{2}$ 时，$x>\sin x>\dfrac{2}{\pi}x$.

5. 求下列极限

(1) $\lim\limits_{x\to 0}\dfrac{x-\sin x}{x^2(e^x-1)}$

(2) $\lim\limits_{x\to 0}\dfrac{1}{x^2}\ln\dfrac{\sin x}{x}$

(3) $\lim\limits_{x\to 0}(\cos x+x\sin x)^{\frac{1}{x^2}}$

(4) $\lim\limits_{n\to\infty}\left(\cos\dfrac{\alpha}{n}\right)^n$

6. 判断曲线 $y=x^4$ 的凹凸性.

7. 证明方程 $x^3-12x+10=0$ 在区间 $(0,2)$ 内有唯一实根.

8. 求函数 $y=\dfrac{3}{x}-x^2$ 在区间 $[1,3]$ 上的最大值和最小值.

9. 求函数 $f(x)=x^3+x^2-8x-5$ 的极大值与极小值；指出 $f(x)$ 的增减区间；并求 $f(x)$ 在 $[-4,1]$ 上的最大值与最小值. 曲线 $y=f(x)$ 的凹凸区间是什么？曲线有无拐点？

10. 求曲线 $y=(x+6)e^{\frac{1}{x}}$ 的渐近线.

11. 作出函数 $y=x^2+\dfrac{1}{x}$ 的图形.

12. 生产某种商品 q 个单位的利润为 $L(q)=5\,000+q-0.000\,1q^2$ 元，问生产多少个单位商品时，获得的利润最大？最大利润是多少？

13. 已知某企业生产 q 件产品的成本为 $C(q)=25\,000+200q+\dfrac{1}{40}q^2$，问

(1) 要使平均成本最低，应生产多少件产品？

(2) 若产品以每件 500 元出售，要使利润最大，应生产多少件产品？

14. 假设某种商品的需求量 q 是单价 p（单位：元）的函数 $q=12\,000-80p$，商品的总成本 C 是需求量 q 的函数 $C=25\,000+50q$，每单位商品需要纳税 2 元，试求使销售利润最大的商品单价和最大利润.

(B)

1. (2010) 设曲线 $y=x^3+ax^2+bx+1$ 有拐点 $(-1,0)$，则 $b=$ _____.

2. 选择题

(1) (2001) 设函数 $f(x)$ 的导数在 $x=a$ 处连续，又 $\lim\limits_{x\to a}\dfrac{f'(x)}{x-a}=-1$，则（　　）.

A. $x=a$ 是 $f(x)$ 的极小值点

B. $x=a$ 是 $f(x)$ 的极大值点

C. $(a,f(a))$ 是曲线 $y=f(x)$ 的拐点

D. $x=a$ 不是 $f(x)$ 的极值点，$(a,f(a))$ 也不是曲线 $y=f(x)$ 的拐点

(2)(2002)设函数 $f(x)$ 在闭区间 $[a, b]$ 上有定义,在开区间 (a, b) 内可导,则(　　).

　A. 当 $f(a)f(b)<0$ 时,存在 $\xi\in(a, b)$,使 $f(\xi)=0$

　B. 对任何 $\xi\in(a, b)$,有 $\lim\limits_{x\to\xi}[f(x)-f(\xi)]=0$

　C. 当 $f(a)=f(b)$ 时,存在 $\xi\in(a, b)$,使 $f'(\xi)=0$

　D. 存在 $\xi\in(a, b)$,使 $f(b)-f(a)=f'(\xi)(b-a)$

(3)(2004)设 $f(x)=|x(1-x)|$,则(　　).

　A. $x=0$ 是 $f(x)$ 的极值点,但 $(0, 0)$ 不是曲线 $y=f(x)$ 的拐点

　B. $x=0$ 不是 $f(x)$ 的极值点,但 $(0, 0)$ 是曲线 $y=f(x)$ 的拐点

　C. $x=0$ 是 $f(x)$ 的极值点,且 $(0, 0)$ 是曲线 $y=f(x)$ 的拐点

　D. $x=0$ 不是 $f(x)$ 的极值点,$(0, 0)$ 也不是曲线 $y=f(x)$ 的拐点

(4)(2004)设 $f'(x)$ 在 $[a, b]$ 上连续,且 $f'(a)>0$,$f'(b)<0$,则下列结论中错误的是(　　).

　A. 至少存在一点 $x_0\in(a, b)$,使得 $f(x_0)>f(a)$

　B. 至少存在一点 $x_0\in(a, b)$,使得 $f(x_0)>f(b)$

　C. 至少存在一点 $x_0\in(a, b)$,使得 $f'(x_0)=0$

　D. 至少存在一点 $x_0\in(a, b)$,使得 $f(x_0)=0$

(5)(2005)当 a 取下列哪个值时,函数 $f(x)=2x^3-9x^2+12x-a$ 恰好有两个不同的零点(　　).

　A. 2　　　　　　　　　　　　　B. 4

　C. 6　　　　　　　　　　　　　D. 8

(6)(2005)设 $f(x)=x\sin x+\cos x$,下列命题中正确的是(　　).

　A. $f(0)$ 是极大值,$f\left(\dfrac{\pi}{2}\right)$ 是极小值

　B. $f(0)$ 是极小值,$f\left(\dfrac{\pi}{2}\right)$ 是极大值

　C. $f(0)$ 是极大值,$f\left(\dfrac{\pi}{2}\right)$ 也是极大值

　D. $f(0)$ 是极小值,$f\left(\dfrac{\pi}{2}\right)$ 也是极小值

(7)(2006)设函数 $y=f(x)$ 具有二阶导数,且 $f'(x)>0$,$f''(x)>0$,Δx 为自变量 x 在点 x_0 处的增量,Δy 与 $\mathrm{d}y$ 分别为 $f(x)$ 在点 x_0 处对应的增量与微分,若 $\Delta x>0$,则(　　).

　A. $0<\mathrm{d}y<\Delta y$　　　　　　　B. $0<\Delta y<\mathrm{d}y$

　C. $\Delta y<\mathrm{d}y<0$　　　　　　　D. $\mathrm{d}y<\Delta y<0$

(8)（2007）曲线 $y=\dfrac{1}{x}+\ln(1+e^x)$，渐近线的条数为（　　）.

A. 0　　　　　　　　　　　　B. 1

C. 2　　　　　　　　　　　　D. 3

(9)（2009）当 $x\to0$ 时，$f(x)=x-\sin ax$ 与 $g(x)=x^2\ln(1-bx)$ 等价无穷小，则（　　）.

A. $a=1,\ b=-\dfrac{1}{6}$　　　　　　B. $a=1,\ b=\dfrac{1}{6}$

C. $a=-1,\ b=-\dfrac{1}{6}$　　　　　D. $a=-1,\ b=\dfrac{1}{6}$

(10)（2010）设函数 $f(x)$，$g(x)$ 具有二阶导数，且 $g''(x)<0$. 若 $g(x_0)=a$ 是 $g(x)$ 的极值，则 $f(g(x))$ 在 x_0 点处取极大值的一个充分条件是（　　）.

A. $f'(a)<0$　　　　　　　　B. $f'(a)>0$

C. $f''(a)<0$　　　　　　　　D. $f''(a)>0$

3. 已知 $f(x)$ 在 $(-\infty,+\infty)$ 内可导，且 $\lim\limits_{x\to\infty}f'(x)=e$，又有等式 $\lim\limits_{x\to\infty}\left(\dfrac{x+c}{x-c}\right)=\lim\limits_{x\to\infty}[f(x)-f(x-1)]$ 成立，求 c.

4. 设函数 $f(x)$ 在 $[0,1]$ 上连续，在 $(0,1)$ 内可导，且 $f(0)=f(1)=0$，$f\left(\dfrac{1}{2}\right)=1$，试证至少存在一点 $\xi\in(0,1)$，使得 $f'(\xi)=1$.

5. 试证当 $x>0$ 时，方程 $2^x\cdot x=1$ 只有一个实根.

6.（1998）设某酒厂有一批新酿的好酒，如果现在（假定 $t=0$）就售出，总收入为 R_0（元）. 如果窖藏起来待来日按陈酒价格出售，t 年末总收入为 $R=R_0 e^{\frac{2}{5}\sqrt{t}}$. 假定银行的年利率为 r，并以连续复利计算，试求窖藏多少年售出可使总收入的现值最大. 并求 $r=0.06$ 时的 t 值.

7.（1998）设函数 $f(x)$ 在 $[a,b]$ 上连续，在 (a,b) 内可导，且 $f'(x)\neq0$，试证存在 $\xi,\eta\in(a,b)$，使得 $\dfrac{f'(\xi)}{f'(\eta)}=\dfrac{e^b-e^a}{b-a}\cdot e^{-\eta}$.

8.（1999）设函数 $f(x)$ 在区间 $[0,1]$ 上连续，在 $(0,1)$ 内可导，且 $f(0)=f(1)=0$，$f\left(\dfrac{1}{2}\right)=1$，试证：

(1) 存在一点 $\eta\in\left(\dfrac{1}{2},1\right)$，使 $f(\eta)=\eta$；

(2) 对于任意实数 λ，必存在 $\xi\in(0,\eta)$，使得 $f'(\xi)-\lambda[f(\xi)-\xi]=1$.

9.（2000）求函数 $y=(x-1)e^{\frac{\pi}{2}+\arctan x}$ 的单调区间和极值，并求该函数图形的渐近线.

10.（2001）已知函数 $f(x)$ 在 $(-\infty,+\infty)$ 内可导，且

$$\lim_{x\to\infty}f'(x)=\mathrm{e}, \quad \lim_{x\to\infty}\left(\frac{x+c}{x-c}\right)^x=\lim_{x\to\infty}[f(x)-f(x-1)]$$

求 c 的值.

11. (2003) 设函数 $f(x)$ 在 $[0,3]$ 上连续，在 $(0,3)$ 内可导，且 $f(0)+f(1)+f(2)=3$，当 $f(3)=1$ 时，试证必存在 $\xi\in(0,3)$，使 $f'(\xi)=0$.

12. (2004) 求 $\lim\limits_{x\to0}\left(\dfrac{1}{\sin^2x}-\dfrac{\cos^2x}{x^2}\right)$.

13. (2005) 求 $\lim\limits_{x\to0}\left(\dfrac{1+x}{1-\mathrm{e}^{-x}}-\dfrac{1}{x}\right)$.

14. (2006) 证明：当 $0<a<b<\pi$ 时，$b\sin b+2\cos b+\pi b>a\sin a+2\cos a+\pi a$.

15. (2007) 设函数 $y=y(x)$ 由方程 $y\ln y-x+y=0$ 确定，试判断曲线 $y=y(x)$ 在点 $(1,1)$ 附近的凹凸性.

16. (2007) 设函数 $f(x)$，$g(x)$ 在 $[a,b]$ 上连续，在 (a,b) 内二阶可导且存在相等的最大值，又 $f(a)=g(a)$，$f(b)=g(b)$，证明：

（Ⅰ）存在 $\eta\in(a,b)$，使得 $f(\eta)=g(\eta)$；

（Ⅱ）存在 $\xi\in(a,b)$，使得 $f''(\xi)=g''(\xi)$.

17. (2008) 求极限 $\lim\limits_{x\to0}\dfrac{1}{x^2}\ln\dfrac{\sin x}{x}$.

18. (2009)（Ⅰ）证明拉格朗日中值定理：若函数 $f(x)$ 在 $[a,b]$ 上连续，在 (a,b) 内可导，则存在 $\zeta\in(a,b)$，使得 $f(b)-f(a)=f'(\zeta)(b-a)$.

（Ⅱ）证明：若函数 $f(x)$ 在 $x=0$ 处连续，在 $(0,\delta)(\delta>0)$ 内可导，且 $\lim\limits_{x\to0_+}f'(x)=A$，则 $f'_+(0)$ 存在，且 $f'_+(0)=A$.

19. (2011)（1）证明：对任意的正整数 n，都有 $\dfrac{1}{n+1}<\ln\left(1+\dfrac{1}{n}\right)<\dfrac{1}{n}$ 成立.

（2）设 $a_n=1+\dfrac{1}{2}+\cdots+\dfrac{1}{n}-\ln n(n=1,2,\cdots)$，证明数列 $\{a_n\}$ 收敛.

20. (2011) 证明 $4\arctan x-x+\dfrac{4\pi}{3}-\sqrt{3}=0$ 恰有 2 实根.

21. (2012) 证明：$x\ln\dfrac{1+x}{1-x}+\cos x\geqslant1+\dfrac{x^2}{2}$，其中 $-1<x<1$.

22. (2012) 求极限 $\lim\limits_{x\to0}\dfrac{\mathrm{e}^{x^2}-\mathrm{e}^{2-2\cos x}}{x^4}$.

23. (2013) 设奇函数 $f(x)$ 在 $[-1,1]$ 上具有 2 阶导数，且 $f(1)=1$.

证明：（Ⅰ）存在 $\xi\in(0,1)$，使得 $f'(\xi)=1$.

（Ⅱ）存在 $\eta\in(-1,1)$，使得 $f''(\eta)+f'(\eta)=1$.

第 4 章 不 定 积 分

在微分学中，已经解决了求已知函数导数（或微分）的问题，但在科学技术和经济管理中，常常需要解决相反的问题，即要寻求一个可导函数，使它的导数等于已知函数，这是积分学的基本问题之一——求不定积分.

本章将介绍原函数和不定积分的概念及性质，并讨论不定积分的计算方法.

4.1 不定积分的概念与性质

4.1.1 原函数

1. 原函数与不定积分的概念

> **定义 4-1** 设函数 $f(x)$ 在区间 I 上有定义，如果存在可导函数 $F(x)$，使得对任意的 $x \in I$，都有
> $$F'(x) = f(x) \quad \text{或} \quad \mathrm{d}F(x) = f(x)\mathrm{d}x$$
> 则称 $F(x)$ 为 $f(x)$ 在区间 I 上的一个原函数.

例如，$\frac{1}{3}x^3$ 是 x^2 在实数集 $\mathbf{R}$ 上的一个原函数；$-\frac{1}{2}\cos 2x + 1$，$\sin^2 x$ 和 $-\cos^2 x$ 等都是 $\sin 2x$ 在 $\mathbf{R}$ 上的原函数.

显然，若 $F(x)$ 是 $f(x)$ 在区间 I 上的一个原函数，则函数 $F(x) + C$（C 为任意常数）也是 $f(x)$ 的原函数. 这说明若 $f(x)$ 存在原函数，则其原函数有无穷多个.

关于原函数，考虑下面两个问题.

第一个问题是原函数的存在问题. 什么样的函数存在原函数？对于这个问题，有以下定理成立.

> **定理 4-1** 若函数 $f(x)$ 在区间 I 上连续，则 $f(x)$ 在区间 I 上一定存在原函数.

证明见第 5 章. 简单地说，**连续函数一定有原函数**.

由于初等函数在其定义区间上都是连续的，所以初等函数在其定义区间上都有原函数.

第二个问题是原函数的结构问题. 我们知道，若 $F(x)$ 是 $f(x)$ 在区间 I 上的一个原函数，则函数 $F(x)+C$（C 为任意常数）也是 $f(x)$ 的原函数. 那么除了 $F(x)+C$ 外，$f(x)$ 还有没有其他形式的原函数呢？

设 $F(x)$ 和 $G(x)$ 都是 $f(x)$ 的原函数，即 $F'(x)=f(x)$，$G'(x)=f(x)$，则对任意的 $x \in I$，有 $[G(x)-F(x)]'=G'(x)-F'(x)=f(x)-f(x)=0$，所以 $G(x)-F(x)=C$，即 $G(x)=F(x)+C$. 这样得到如下结论.

定理 4-2 若 $F(x)$ 是 $f(x)$ 在区间 I 上的一个原函数，则 $F(x)+C$（C 为任意常数）也是 $f(x)$ 的原函数，而且 $f(x)$ 的任意一个原函数都可以表示成 $F(x)+C$（C 为任意常数）的形式.

根据定理 4-2，如果 $F(x)$ 是 $f(x)$ 的一个原函数，则 $F(x)+C$（C 为任意常数）就表示了 $f(x)$ 的所有原函数.

定义 4-2 函数 $f(x)$ 在区间 I 上的全体原函数称为 $f(x)$ 在区间 I 上的不定积分，记作

$$\int f(x)\mathrm{d}x$$

其中，"$\int$" 称为积分号，$f(x)$ 称为被积函数，$f(x)\mathrm{d}x$ 称为积分表达式，x 称为积分变量.

由定理 4-2 可知，若 $F(x)$ 是 $f(x)$ 在区间 I 上的一个原函数，则

$$\int f(x)\mathrm{d}x = F(x)+C$$

其中，任意常数 C 称为**积分常数**.

不定积分与原函数的关系是整体与个体的关系，求 $f(x)$ 的不定积分只要求得 $f(x)$ 的一个原函数 $F(x)$ 再加上一个任意常数 C 即可.

【例 4-1】 求 $\int \cos x \mathrm{d}x$.

解 因为 $(\sin x)'=\cos x$，所以

$$\int \cos x \mathrm{d}x = \sin x + C$$

【例 4-2】 求 $\int 3x^2 \mathrm{d}x$.

解 因为 $(x^3)'=3x^2$，所以

$$\int 3x^2 \mathrm{d}x = x^3 + C$$

【**例 4-3**】 假设某产品的边际成本为 $100-0.03x^2$，求总成本函数 $C(x)$.

解 总成本函数 $C(x)$ 是边际成本的原函数，而

$$(100x-0.01x^3)'=100-0.03x^2$$

所以

$$C(x) = \int (100-0.03x^2)\mathrm{d}x = 100x-0.01x^3+C$$

其中，常数 C 是固定成本.

2. 不定积分的几何意义

设函数 $F(x)$ 是 $f(x)$ 的一个原函数，$y=F(x)$ 的图像表示一条曲线，$y=F(x)+C$ 表示曲线族，称 $y=F(x)+C$ 为 $f(x)$ 的**积分曲线族**；C 取不同值对应不同曲线. 积分曲线族 $y=F(x)+C$ 中的任一条曲线都可由曲线 $y=F(x)$ 沿 y 轴上下平移而得到. 函数值 $f(x)$ 正是积分曲线族 $y=F(x)+C$ 在点 x 的切线斜率，对应于同一横坐标 $x=x_0$，积分曲线族中各条曲线具有相同的切线斜率 $f(x_0)$，切线彼此平行，这就是不定积分的几何意义（如图 4-1 所示）.

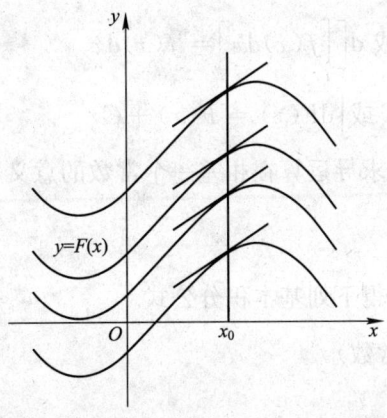

图 4-1

【**例 4-4**】 求通过点 $(2,5)$，且切线斜率为 $2x$ 的曲线方程.

解 设所求的曲线方程是 $y=F(x)$，曲线的斜率为 $2x$，由导数的几何意义可知 $F'(x)=2x$. 而

$$\int 2x\mathrm{d}x = x^2+C$$

于是

$$y=F(x)=x^2+C$$

所求曲线是抛物线族 $y=x^2+C$ 中过 $(2,5)$ 的那一条. 于是，将 $x=2$，$y=5$ 代入

$y=x^2+C$，有 $5=2^2+C$，得 $C=1$. 从而所求的曲线方程是 $y=x^2+1$.

从几何上看，抛物线族 $y=x^2+C$ 是由其中一条抛物线 $y=x^2$ 沿着 y 轴平移而得，在横坐标 x 相同的点的切线是互相平行的.

4.1.2 不定积分的性质及积分公式

1. 不定积分的性质

性质 1 设函数 $f(x)$，$g(x)$ 的不定积分都存在，则

$$\int [f(x) \pm g(x)] dx = \int f(x) dx \pm \int g(x) dx$$

性质 1 也可以推广到有限多个函数的情形.

性质 2 设函数 $f(x)$ 的不定积分存在，k 为不为零的常数，则

$$\int kf(x) dx = k \int f(x) dx \quad (k \text{ 为常数，且 } k \neq 0)$$

性质 3 不定积分与微分（导数）的关系：

① $\left[\int f(x) dx \right]' = f(x)$ 或 $d \left[\int f(x) dx \right] = f(x) dx$

② $\int F'(x) dx = F(x) + C$ 或 $\int dF(x) = F(x) + C$

由此可见，求不定积分与求导运算在相差一个常数的意义下互为逆运算.

2. 不定积分的基本公式

由基本求导公式相应地可得下列基本积分公式.

① $\int k dx = kx + C \ (k \text{ 为常数})$

② $\int x^a dx = \dfrac{1}{1+\alpha} x^{\alpha+1} + C \ (\alpha \neq -1)$

③ $\int \dfrac{1}{x} dx = \ln |x| + C (x \neq 0)$

④ $\int e^x dx = e^x + C$

⑤ $\int a^x dx = \dfrac{a^x}{\ln a} + C \ (a > 0, \ a \neq 1)$

⑥ $\int \cos x dx = \sin x + C$

⑦ $\int \sin x dx = -\cos x + C$

⑧ $\int \sec^2 x \, \mathrm{d}x = \tan x + C$

⑨ $\int \csc^2 x \, \mathrm{d}x = -\cot x + C$

⑩ $\int \sec x \tan x \, \mathrm{d}x = \sec x + C$

⑪ $\int \csc x \cot x \, \mathrm{d}x = -\csc x + C$

⑫ $\int \dfrac{1}{1+x^2} \, \mathrm{d}x = \arctan x + C$

⑬ $\int \dfrac{1}{\sqrt{1-x^2}} \, \mathrm{d}x = \arcsin x + C$

利用基本积分公式和不定积分的性质，可以求出一些比较简单的函数的不定积分，称之为**直接积分法**.

【例 4 - 5】 求 $\int 4\mathrm{e}^x \, \mathrm{d}x$.

解 $\int 4\mathrm{e}^x \, \mathrm{d}x = 4 \int \mathrm{e}^x \, \mathrm{d}x = 4\mathrm{e}^x + C$

【例 4 - 6】 求 $\int \dfrac{2x - \sqrt{x} + 3}{x} \, \mathrm{d}x$.

解 $\int \dfrac{2x - \sqrt{x} + 3}{x} \, \mathrm{d}x = \int 2 \, \mathrm{d}x - \int \dfrac{1}{\sqrt{x}} \, \mathrm{d}x + 3 \int \dfrac{1}{x} \, \mathrm{d}x = 2x - 2\sqrt{x} + 3\ln|x| + C$

【例 4 - 7】 求 $\int \dfrac{2x^2 + 1}{x^2 + 1} \, \mathrm{d}x$.

解 $\int \dfrac{2x^2 + 1}{x^2 + 1} \, \mathrm{d}x = \int \dfrac{2(x^2 + 1) - 1}{x^2 + 1} \, \mathrm{d}x = \int \left(2 - \dfrac{1}{x^2 + 1}\right) \mathrm{d}x = \int 2 \, \mathrm{d}x - \int \dfrac{1}{x^2 + 1} \, \mathrm{d}x$

$\qquad = 2x - \arctan x + C$

【例 4 - 8】 求 $\int \cos^2 \dfrac{x}{2} \, \mathrm{d}x$.

解 $\int \cos^2 \dfrac{x}{2} \, \mathrm{d}x = \dfrac{1}{2} \int (1 + \cos x) \, \mathrm{d}x = \dfrac{1}{2}(x + \sin x) + C$

【例 4 - 9】 求 $\int \dfrac{1}{\cos^2 x \sin^2 x} \, \mathrm{d}x$.

解 $\int \dfrac{1}{\cos^2 x \sin^2 x} \, \mathrm{d}x = \int \dfrac{\cos^2 x + \sin^2 x}{\cos^2 x \sin^2 x} \, \mathrm{d}x = \int (\csc^2 x + \sec^2 x) \, \mathrm{d}x$

$\qquad = -\cot x + \tan x + C$

【例 4 - 10】 某商场销售某种商品的边际收益是 $64Q - Q^2$（万元/千件），其中 Q 是销售量（千件），求总收益函数和需求函数.

解 设收益函数为 $R(Q)$，需求函数为 $P(Q)$，由题设 $R'(Q) = 64Q - Q^2$ 得

$$R(Q) = \int R'(Q)\mathrm{d}Q = \int (64Q - Q^2)\mathrm{d}Q$$
$$= \int 64Q\mathrm{d}Q - \int Q^2\mathrm{d}Q = 32Q^2 - \frac{1}{3}Q^3 + C$$

而当 $Q=0$ 时，$R=0$，所以 $C=0$，因此总收益函数为

$$R(Q) = 32Q^2 - \frac{1}{3}Q^3$$

于是，需求函数为

$$P(Q) = \frac{R(Q)}{Q} = 32Q - \frac{1}{3}Q^2$$

【例 4 - 11】 假设某地区的人口增长率为 $P'(t) = 2\,000 - 30t^{\frac{1}{2}}$，其中 t 是时间（单位：年）．已知现在人口数量是 95 000，试求 16 年后的人口数量.

解 人口数量 P 是时间 t 的函数为

$$P(t) = \int (2\,000 - 30t^{\frac{1}{2}})\mathrm{d}t = 2\,000t - 20t^{\frac{3}{2}} + C$$

由 $t=0$ 时，$P=95\,000$，知 $C=95\,000$，所以

$$P(t) = 2\,000t - 20t^{\frac{3}{2}} + 95\,000$$

从而

$$P(16) = 2\,000 \times 16 - 20 \times 4^3 + 95\,000 = 125\,720$$

即 16 年后的人口数量为 125 720.

习题 4.1

1. 试验证 $y = 4 + \arctan x$ 与 $y = \arcsin \frac{x}{\sqrt{1+x^2}}$ 是同一个函数的原函数.

2. 设一曲线通过点 $(\mathrm{e}^2, 5)$，并且在曲线上的每一点处切线的斜率等于该点横坐标的倒数，求此曲线方程.

3. 求下列不定积分.

(1) $\int x\sqrt{x}\,\mathrm{d}x$

(2) $\int \left(\frac{1}{x} + 4^x\right)\mathrm{d}x$

(3) $\int \frac{1}{1+\cos x}\mathrm{d}x$

(4) $\int \tan^2 x\,\mathrm{d}x$

(5) $\int \sin^2 \frac{x}{2}\,\mathrm{d}x$

(6) $\int 3^x \mathrm{e}^x\,\mathrm{d}x$

(7) $\int (10^x - 1)^2\,\mathrm{d}x$

(8) $\int \frac{1}{x^2(x^2+1)}\mathrm{d}x$

(9) $\int \frac{\cos 2x}{\cos^2 x \sin^2 x}\mathrm{d}x$

(10) $\int \frac{\sqrt{(1-x^2)^3}+2}{\sqrt{1-x^2}}\mathrm{d}x$

4.2 换元积分法

利用基本积分公式和不定积分的性质，可以计算的不定积分是很有限的，因此有必要进一步研究不定积分的求法. 本节介绍的换元积分法，是将复合函数的求导法则反过来用于不定积分，通过适当的变量替换（换元），把某些不定积分化为可以利用基本积分公式的形式，再计算出所求的不定积分.

4.2.1 第一换元法

有些函数，如 $\cos 5x$，它的原函数难以直接使用公式或分项积分的方法求得. 但是，通过观察可发现

$$\cos 5x \mathrm{d}x = \frac{1}{5}\cos 5x \mathrm{d}(5x)$$

所以

$$\int \cos 5x \mathrm{d}x = \int \frac{1}{5}\cos 5x \mathrm{d}(5x) = \frac{1}{5}\int \cos 5x \mathrm{d}(5x)$$

实际上，若记 $u=5x$，则上述积分可写为

$$\int \cos 5x \mathrm{d}x = \frac{1}{5}\int \cos u \mathrm{d}u = \frac{1}{5}\sin u + C = \frac{1}{5}\sin 5x + C$$

这就启发我们建立一种求原函数的方法.

上面所用的方法是把被积函数改写后引进新变量 $u=\varphi(x)$，把对 x 的积分化成对 u 的积分，若此积分可求出，最后再把 u 换回成 $\varphi(x)$ 就得到原来所求的积分. 这种积分法是通过适当的变量替换（换元），把某些不定积分化为可利用基本积分公式的形式，再计算出不定积分，这种方法称为不定积分的**第一换元法（或凑微分法）**.

> **定理 4-3** 设 $f(u)$ 有原函数 $F(u)$，且 $u=\varphi(x)$ 可导，则
>
> $$\int f[\varphi(x)]\varphi'(x)\mathrm{d}x = \left[\int f(u)\mathrm{d}u\right]_{u=\varphi(x)} = [F(u)+C]_{u=\varphi(x)} = F[\varphi(x)] + C$$

证明 由原函数的定义，有 $F'(u)=f(u)$，而 $F[\varphi(x)]$ 是由 $F(u)$ 和 $u=\varphi(x)$ 复合而成，故

$$\{F[\varphi(x)]\}' = F'(u)\varphi'(x) = f(u)\varphi'(x) = f[\varphi(x)]\varphi'(x)$$

由不定积分的定义，得

$$\int f[\varphi(x)]\varphi'(x)\mathrm{d}x = \left[\int f(u)\mathrm{d}u\right]_{u=\varphi(x)} = F[\varphi(x)] + C$$

如何使用此公式求不定积分呢? 先将要求的不定积分 $\int g(x)\mathrm{d}x$ 写成下列形式

$$\int g(x)\mathrm{d}x = \int f[\varphi(x)]\varphi'(x)\mathrm{d}x = \int f[\varphi(x)]\mathrm{d}\varphi(x)$$

再作代换 $u = \varphi(x)$,则原式变为 $\int f(u)\mathrm{d}u$,并求出 $\int f(u)\mathrm{d}u = F(u)+C$,最后将 $u=\varphi(x)$ 代回 $F(u)+C$,便得所求积分.

【例 4 - 12】 求 $\int \sin 2x\mathrm{d}x$.

解 设 $u=2x$,则

$$\int \sin 2x\mathrm{d}x = \frac{1}{2}\int \sin u\mathrm{d}u = -\frac{1}{2}\cos u + C$$

将 $u=2x$ 代入,得

$$\int \sin 2x\mathrm{d}x = -\frac{1}{2}\cos 2x + C$$

【例 4 - 13】 求 $\int (2x-3)^{18}\mathrm{d}x$.

解 令 $u=2x-3$,则

$$\int (2x-3)^{18}\mathrm{d}x = \frac{1}{2}\int u^{18}\mathrm{d}u = \frac{1}{38}u^{19} + C = \frac{1}{38}(2x-3)^{19} + C$$

此例可以推广,即

$$\int (ax+b)^n\mathrm{d}x = \frac{1}{a(n+1)}(ax+b)^{n+1} + C \quad (a \neq 0, n \neq -1)$$

【例 4 - 14】 求 $\int 2x\mathrm{e}^{x^2}\mathrm{d}x$.

解 令 $u=x^2$,则

$$\int 2x\mathrm{e}^{x^2}\mathrm{d}x = \int \mathrm{e}^{x^2}\mathrm{d}(x^2) = \int \mathrm{e}^u\mathrm{d}u = \mathrm{e}^u + C = \mathrm{e}^{x^2} + C$$

【例 4 - 15】 求 $\int x\sqrt{1-x^2}\mathrm{d}x$.

解 令 $1-x^2=u$,则

$$\int x\sqrt{1-x^2}\mathrm{d}x = -\frac{1}{2}\int \sqrt{1-x^2}\mathrm{d}(1-x^2) = -\frac{1}{2}\int \sqrt{u}\mathrm{d}u$$

$$= -\frac{1}{2} \times \frac{2}{3}u^{\frac{3}{2}} + C = -\frac{1}{3}(1-x^2)^{\frac{3}{2}} + C$$

一般地,对于积分 $\int x^{n-1}f(x^n)\mathrm{d}x$,可以选择作代换 $u=x^n$ 或凑微分为

$$\int x^{n-1}f(x^n)\mathrm{d}x = \frac{1}{n}\int f(x^n)\mathrm{d}x^n$$

凑微分法熟练后可以不必写出中间变量 u.

【例 4 - 16】 求 $\int \dfrac{\cos\sqrt{x}}{\sqrt{x}}\mathrm{d}x.$

解 $\int \dfrac{\cos\sqrt{x}}{\sqrt{x}}\mathrm{d}x = 2\int \cos\sqrt{x}\,\mathrm{d}(\sqrt{x}) = 2\sin\sqrt{x} + C$

【例 4 - 17】 求 $\int \dfrac{1}{\sqrt{a^2-x^2}}\mathrm{d}x,$ 其中 $a > 0.$

解 $\int \dfrac{1}{\sqrt{a^2-x^2}}\mathrm{d}x = \int \dfrac{1}{a}\dfrac{1}{\sqrt{1-\left(\dfrac{x}{a}\right)^2}}\mathrm{d}x = \int \dfrac{1}{\sqrt{1-\left(\dfrac{x}{a}\right)^2}}\mathrm{d}\left(\dfrac{x}{a}\right) = \arcsin\left(\dfrac{x}{a}\right) + C$

【例 4 - 18】 求 $\int \dfrac{1}{a^2-x^2}\mathrm{d}x,\ a \neq 0.$

解 $\int \dfrac{1}{a^2-x^2}\mathrm{d}x = \dfrac{1}{2a}\int \left(\dfrac{1}{a+x} + \dfrac{1}{a-x}\right)\mathrm{d}x = \dfrac{1}{2a}\left[\int \dfrac{\mathrm{d}(a+x)}{a+x} - \int \dfrac{\mathrm{d}(a-x)}{a-x}\right]$

$$= \dfrac{1}{2a}(\ln|a+x| - \ln|a-x|) + C = \dfrac{1}{2a}\ln\left|\dfrac{a+x}{a-x}\right| + C \quad (a \neq 0)$$

【例 4 - 19】 求 $\int \sec x\,\mathrm{d}x.$

解 $\int \sec x\,\mathrm{d}x = \int \dfrac{1}{\cos x}\mathrm{d}x = \int \dfrac{\cos x}{\cos^2 x}\mathrm{d}x = \int \dfrac{1}{1-\sin^2 x}\mathrm{d}(\sin x) = \dfrac{1}{2}\ln\left|\dfrac{1+\sin x}{1-\sin x}\right| + C$

因为
$$\dfrac{1+\sin x}{1-\sin x} = \dfrac{(1+\sin x)^2}{\cos^2 x} = (\sec x + \tan x)^2$$

所以
$$\int \sec x\,\mathrm{d}x = \ln|\sec x + \tan x| + C$$

同理可得
$$\int \csc x\,\mathrm{d}x = \ln|\csc x - \cot x| + C$$

【例 4 - 20】 求 $\int \sin^3 x\cos^5 x\,\mathrm{d}x.$

解 $\int \sin^3 x\cos^5 x\,\mathrm{d}x = -\int \sin^2 x\cos^5 x\,\mathrm{d}(\cos x) = \int (\cos^2 x - 1)\cos^5 x\,\mathrm{d}(\cos x)$

$$= \int \cos^7 x\,\mathrm{d}(\cos x) - \int \cos^5 x\,\mathrm{d}(\cos x) = \dfrac{1}{8}\cos^8 x - \dfrac{1}{6}\cos^6 x + C$$

此例题有多种变形方式，用不同变形方式解题可能得到的原函数不相同，但只相差一个常数.

【例 4 - 21】 求 $\int \cos 2x\cos 3x\,\mathrm{d}x.$

解 因为 $\cos 2x\cos 3x=\dfrac{1}{2}(\cos x+\cos 5x)$，所以

$$\int\cos 2x\cos 3x\mathrm{d}x=\int\dfrac{1}{2}(\cos x+\cos 5x)\mathrm{d}x=\dfrac{1}{2}\sin x+\dfrac{1}{10}\sin 5x+C$$

【例 4-22】 求 $\int\arccos^2 x\cdot\dfrac{1}{\sqrt{1-x^2}}\mathrm{d}x$.

解 $\int\arccos^2 x\cdot\dfrac{1}{\sqrt{1-x^2}}\mathrm{d}x=-\int\arccos^2 x\mathrm{d}(\arccos x)=-\dfrac{1}{3}(\arccos x)^3+C$

上述的凑微分法都是对给定的具体函数来求不定积分的. 如果善于用凑微分法求不定积分，不难总结出以下一些公式.

① $\int f(ax+b)\mathrm{d}x=\dfrac{1}{a}\int f(ax+b)\mathrm{d}(ax+b)\ (a\neq 0)$

② $\int f(x^\mu)x^{\mu-1}\mathrm{d}x=\dfrac{1}{\mu}\int f(x^\mu)\mathrm{d}x^\mu\ (\mu\neq 0)$

③ $\int f(\ln x)\dfrac{\mathrm{d}x}{x}=\int f(\ln x)\mathrm{d}(\ln x)$

④ $\int \mathrm{e}^x f(\mathrm{e}^x)\mathrm{d}x=\int f(\mathrm{e}^x)\mathrm{d}(\mathrm{e}^x)$

⑤ $\int f(\sin x)\cos x\mathrm{d}x=\int f(\sin x)\mathrm{d}(\sin x)$

⑥ $\int\dfrac{f(\tan x)}{\cos^2 x}\mathrm{d}x=\int f(\tan x)\mathrm{d}(\tan x)$

⑦ $\int f(\arcsin x)\dfrac{\mathrm{d}x}{\sqrt{1-x^2}}=\int f(\arcsin x)\mathrm{d}(\arcsin x)$

⑧ $\int f(\arctan x)\dfrac{1}{1+x^2}\mathrm{d}x=\int f(\arctan x)\mathrm{d}(\arctan x)$

4.2.2 第二换元法

在第一换元法中，作代换 $u=\varphi(x)$ 使积分由 $\int f[\varphi(x)]\varphi'(x)\mathrm{d}x$ 变为 $\int f(u)\mathrm{d}u$ 的形式，从而利用 $f(u)$ 的原函数求出该不定积分. 但是这样的代换对于被积函数是无理形式的情况，如 $\int\sqrt{a^2-x^2}\mathrm{d}x,\int\dfrac{1}{1+\sqrt{x}}\mathrm{d}x$ 等积分不适用，这时应采用适当的代换去掉根号，先看一个例题.

【例 4-23】 求 $\int\dfrac{1}{1+\sqrt{x}}\mathrm{d}x$.

解 令 $\sqrt{x}=u$，即 $x=u^2$，则 $\mathrm{d}x=2u\mathrm{d}u$，于是

$$\int \frac{1}{1+\sqrt{x}}dx = \int \frac{1}{1+u}2u\,du = 2\int \frac{u}{1+u}du = 2\int\left(1-\frac{1}{1+u}\right)du$$

$$= 2[u-\ln(1+u)]+C = 2\sqrt{x}-2\ln(1+\sqrt{x})+C$$

通过上例可知，对于有些不易计算的积分，可利用适当的代换 $x=\varphi(t)$，将其转化为简单易求的积分，从而有第二换元法.

定理 4 - 4 设 $x=\varphi(t)$ 是单调可导函数，且 $\varphi'(t)\neq 0$，又 $F(t)$ 是 $f[\varphi(t)]\varphi'(t)$ 的一个原函数，则有

$$\int f(x)dx = F[\varphi^{-1}(x)]+C$$

事实上，$F[\varphi^{-1}(x)]$ 是由 $F(t)$ 与 $x=\varphi(t)$ 的反函数 $t=\varphi^{-1}(x)$ 复合而成的，故

$$\{F[\varphi^{-1}(x)]\}'=F'(t)[\varphi^{-1}(x)]'=f[\varphi(t)]\varphi'(t)\frac{1}{\varphi'(t)}=f[\varphi(t)]=f(x)$$

上式中，相当于作了代换 $x=\varphi(t)$，于是

$$\int f(x)dx = \int f[\varphi(t)]\varphi'(t)dt = F(t)+C = F[\varphi^{-1}(x)]+C$$

这种求不定积分的方法称为不定积分的**第二换元法**.

【例 4 - 24】 求 $\displaystyle\int \frac{1}{\sqrt{x}+\sqrt[3]{x}}dx$.

解 令 $x=t^6$，即 $t=\sqrt[6]{x}$，则 $dx=6t^5dt$，于是

$$\int \frac{1}{\sqrt{x}+\sqrt[3]{x}}dx = \int \frac{6t^5}{t^3+t^2}dt = 6\int \frac{t^3}{t+1}dt$$

$$= 6\int(t^2-t+1)dt - 6\int \frac{1}{t+1}dt$$

$$= 2t^3-3t^2+6t-6\ln|t+1|+C$$

$$= 2\sqrt{x}-3\sqrt[3]{x}+6\sqrt[6]{x}-6\ln(\sqrt[6]{x}+1)+C$$

【例 4 - 25】 求 $\displaystyle\int \sqrt{a^2-x^2}\,dx\ (a>0)$.

解 令 $x=a\sin t$，$|t|<\dfrac{\pi}{2}$，则 $dx=a\cos t\,dt$.

$$\int \sqrt{a^2-x^2}\,dx = \int \sqrt{a^2-a^2\sin^2 t}\cdot a\cos t\,dt$$

$$= a^2\int \cos^2 t\,dt$$

$$= \frac{a^2}{2}\int(1+\cos 2t)dt$$

$$= \frac{a^2}{2}(t+\sin t\cos t)+C$$

根据 $\sin t = \dfrac{x}{a}$ 作辅助三角形（如图 4 - 2），得 $\cos t = \dfrac{\sqrt{a^2-x^2}}{a}$，因此

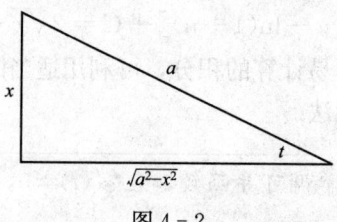

图 4 - 2

$$\int \sqrt{a^2-x^2}\,\mathrm{d}x = \frac{a^2}{2}\left(\arcsin\frac{x}{a} + \frac{x}{a}\frac{\sqrt{a^2-x^2}}{a}\right) + C$$

$$= \frac{a^2}{2}\arcsin\frac{x}{a} + \frac{x\sqrt{a^2-x^2}}{2} + C$$

这种换元的方法称为**三角换元法**.

被积函数中如果含有 $\sqrt{a^2-x^2}$，$\sqrt{x^2\pm a^2}$ 等根式，可以考虑使用三角换元法，其目的是去掉被积函数中的根号，然后再结合其他积分方法求出不定积分.

【例 4 - 26】 求 $\displaystyle\int \frac{\mathrm{d}x}{\sqrt{x^2-a^2}}\ (a>0)$.

解 令 $x = a\sec t$，$0 < t < \dfrac{\pi}{2}$，则 $\mathrm{d}x = a\sec t\tan t\,\mathrm{d}t$，于是

$$\int \frac{\mathrm{d}x}{\sqrt{x^2-a^2}} = \int \frac{1}{\sqrt{a^2\sec^2 t - a^2}}a\sec t\tan t\,\mathrm{d}t$$

$$= \int \sec t\,\mathrm{d}t = \ln|\sec t + \tan t| + C_1$$

由 $\sec t = \dfrac{x}{a}$（见图 4 - 3），得 $\tan t = \dfrac{\sqrt{x^2-a^2}}{a}$，因此

$$\int \frac{\mathrm{d}x}{\sqrt{x^2-a^2}} = \ln\left|\frac{x}{a} + \frac{1}{a}\sqrt{x^2-a^2}\right| + C_1$$

$$= \ln\left|x + \sqrt{x^2-a^2}\right| + C$$

其中，$C = C_1 - \ln a$.

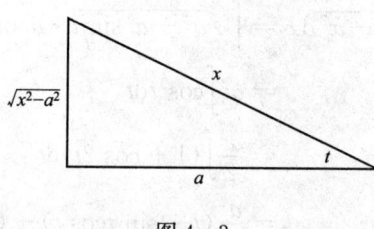

图 4 - 3

【例 4 - 27】 求 $\displaystyle\int \frac{\mathrm{d}x}{\sqrt{x^2+a^2}}$ $(a>0)$.

解　令 $x=a\tan t$（如图 4 - 4 所示），$-\dfrac{\pi}{2}<t<\dfrac{\pi}{2}$，则 $\mathrm{d}x=a\sec^2 t\mathrm{d}t$. 于是

$$\int \frac{\mathrm{d}x}{\sqrt{x^2+a^2}} = \int \frac{1}{\sqrt{a^2\tan^2 t+a^2}}a\sec^2 t\mathrm{d}t = \int \sec t\mathrm{d}t$$

$$= \ln|\sec t + \tan t| + C_1$$

$$= \ln\left| \frac{x}{a} + \frac{1}{a}\sqrt{x^2+a^2} \right| + C_1$$

$$= \ln\left| x + \sqrt{x^2+a^2} \right| + C$$

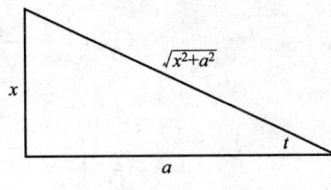

图 4 - 4

【例 4 - 28】 求 $\displaystyle\int \frac{\mathrm{d}x}{x^2\sqrt{x^2+1}}$.

解　**方法 1**　令 $x=\tan t$，$-\dfrac{\pi}{2}<t<\dfrac{\pi}{2}$，则 $\mathrm{d}x=\sec^2 t\mathrm{d}t$，于是

$$\int \frac{\mathrm{d}x}{x^2\sqrt{x^2+1}} = \int \frac{1}{\tan^2 t \cdot \sec t}\sec^2 t\mathrm{d}t = \int \frac{1}{\sin^2 t}\mathrm{d}(\sin t)$$

$$= -\frac{1}{\sin t} + C = -\frac{\sqrt{x^2+1}}{x} + C$$

方法 2　令 $x=\dfrac{1}{u}$，则 $\mathrm{d}x=-\dfrac{1}{u^2}\mathrm{d}u$，于是

$$\int \frac{\mathrm{d}x}{x^2\sqrt{x^2+1}} = -\int \frac{u}{\sqrt{1+u^2}}\mathrm{d}u = -\frac{1}{2}\int (1+u^2)^{-\frac{1}{2}}\mathrm{d}(1+u^2)$$

$$= -\sqrt{1+u^2} + C = -\frac{\sqrt{1+x^2}}{x} + C$$

习题 4.2

1. 求下列不定积分.

(1) $\displaystyle\int \frac{e^x}{1+e^x}dx$ (2) $\displaystyle\int \frac{1}{a^2+x^2}dx$

(3) $\displaystyle\int \frac{1}{x^2+2x+2}dx$ (4) $\displaystyle\int e^{at}\,dt$

(5) $\displaystyle\int 2x\sin x^2\,dx$ (6) $\displaystyle\int \sqrt{3x}\,dx$

(7) $\displaystyle\int \sqrt{2+3x}\,dx$ (8) $\displaystyle\int \frac{1}{2x-1}dx$

(9) $\displaystyle\int (1-x)^2\,dx$ (10) $\displaystyle\int \cot x\,dx$

(11) $\displaystyle\int \frac{1}{x\ln x}dx$ (12) $\displaystyle\int \cos(3x+1)\,dx$

(13) $\displaystyle\int \frac{1}{\sqrt{a^2-x^2}}dx$ (14) $\displaystyle\int \frac{1+\ln^2 x}{x}dx$

2. 求下列不定积分.

(1) $\displaystyle\int \frac{1}{\sqrt{x}}e^{3\sqrt{x}}dx$;   (2) $\displaystyle\int x\sqrt{1-x}\,dx$;

(3) $\displaystyle\int \frac{1}{1+\sqrt{2x}}dx$;   (4) $\displaystyle\int \sqrt{1-x^2}\,dx$.

3. 设 $\displaystyle\int xf(x)dx = \arcsin x + C$, 求 $\displaystyle\int \frac{1}{f(x)}dx$.

4.3 分部积分法

前面利用复合函数的微分公式得到了不定积分的换元积分法，但形如 $\displaystyle\int \ln x\,dx$、$\displaystyle\int xe^x\,dx$ 等的不定积分却不能利用前面的方法. 本节利用两个函数乘积的求导法则，给出求不定积分的另一个重要方法——分部积分法.

设函数 $u=u(x)$, $v=v(x)$ 都有连续导数，则

$$(uv)' = u'v + uv'$$

移项得到

$$uv' = (uv)' - u'v$$

对上式两边求不定积分，得

$$\int uv'\,dx = \int (uv)'\,dx - \int u'v\,dx = uv - \int u'v\,dx$$

即

$$\int uv'\,dx = uv - \int u'v\,dx \quad \text{或} \quad \int u\,dv = uv - \int v\,du$$

上式称为不定积分的**分部积分公式**. 应用分部积分公式求不定积分的方法，称为不定积分的**分部积分法**.

使用分部积分法的关键在于适当选取被积表达式中的 u 和 $\mathrm{d}v$，使右边的不定积分容易求出. 如果选择不当，可能反而会使所求不定积分更加复杂.

【例 4-29】 求 $\int x\sin x\mathrm{d}x$.

解 令 $u=x$，$\mathrm{d}v=\sin x\mathrm{d}x$，则

$$\int x\sin x\mathrm{d}x = -x\cos x + \int \cos x\mathrm{d}x = -x\cos x + \sin x + C$$

此例中，若取 $u=\sin x$，$\mathrm{d}v=x\mathrm{d}x$，则

$$\int x\sin x\mathrm{d}x = \frac{1}{2}\int \sin x\mathrm{d}x^2 = \frac{1}{2}\left(x^2\sin x - \int x^2\cos x\mathrm{d}x\right)$$

上式中 $\int x^2\cos x\mathrm{d}x$ 比原积分 $\int x\sin x\mathrm{d}x$ 更难于计算，这说明 u，v 选择不当.

【例 4-30】 求 $\int \ln x\mathrm{d}x$.

解 令 $u=\ln x$，$\mathrm{d}v=\mathrm{d}x$，则

$$\int \ln x\mathrm{d}x = x\ln x - \int x \cdot \frac{1}{x}\mathrm{d}x = x\ln x - \int \mathrm{d}x = x(\ln x - 1) + C$$

熟练后，不必写出 u，v，只要把被积表达式凑成 $u\mathrm{d}v$ 形式，便可以使用分部积分公式.

【例 4-31】 求 $\int x^2\mathrm{e}^x\mathrm{d}x$.

解 由分部积分公式

$$\int x^2\mathrm{e}^x\mathrm{d}x = x^2\mathrm{e}^x - 2\int x\mathrm{e}^x\mathrm{d}x$$

对于 $\int x\mathrm{e}^x\mathrm{d}x$，继续使用分部积分公式，得

$$\int x\mathrm{e}^x\mathrm{d}x = \int x\mathrm{d}(\mathrm{e}^x) = x\mathrm{e}^x - \mathrm{e}^x + C$$

所以

$$\int x^2\mathrm{e}^x\mathrm{d}x = (x^2 - 2x + 2)\mathrm{e}^x + C$$

这个积分运用了两次分部积分法. 可见，在不定积分的运算中，根据问题的需要，可连续使用分部积分法.

总结上面几个例子可以知道，如果被积函数是幂函数和正（余）弦函数或幂函数和指数函数的乘积，就可以考虑用分部积分法，并设幂函数为 u.

【例 4-32】 求 $\int \mathrm{e}^x\sin x\mathrm{d}x$.

解 $\displaystyle\int e^x \sin x dx = \int \sin x d(e^x) = e^x \sin x - \int e^x d(\sin x) = e^x \sin x - \int e^x \cos x dx$

等式右端的积分 $\displaystyle\int e^x \cos x dx$ 与所要求的不定积分是同一类型，若对右端的积分再次使用分部积分法，得

$$\int e^x \sin x dx = e^x \sin x - \int \cos x d(e^x) = e^x \sin x - e^x \cos x - \int e^x \sin x dx$$

把右端末项移到左端，得

$$\int e^x \sin x dx = \frac{1}{2} e^x (\sin x - \cos x) + C$$

【例 4-33】 求 $\displaystyle\int x \arctan x dx$.

解 $\displaystyle\int x \arctan x dx = \frac{1}{2} \int \arctan x d(x^2)$

$$= \frac{1}{2} \left(x^2 \arctan x - \int x^2 d(\arctan x) \right)$$

$$= \frac{1}{2} \left(x^2 \arctan x - \int \frac{x^2}{1+x^2} dx \right)$$

$$= \frac{1}{2} (x^2 \arctan x - x + \arctan x) + C$$

有些不定积分，需要综合运用换元积分法与分部积分法方可求得结果.

【例 4-34】 求 $\displaystyle\int \cos \sqrt{x} dx$.

解 令 $\sqrt{x} = t$，即 $x = t^2$，则 $dx = 2t dt$，于是

$$\int \cos \sqrt{x} dx = \int \cos t \cdot 2t dt = 2 \int t d\sin t = 2t \sin t - 2 \int \sin t dt$$

$$= 2t \sin t + 2 \cos t + C = 2 \sqrt{x} \sin \sqrt{x} + 2 \cos \sqrt{x} + C$$

此例也可以先用分部积分法，再用换元积分法.

【例 4-35】 求 $\displaystyle\int \frac{x-1}{x(x^2+1)} dx$.

解 $\displaystyle\int \frac{x-1}{x(x^2+1)} dx = \int \left[\frac{1}{x^2+1} - \frac{1}{x(x^2+1)} \right] dx$

$$= \int \left[\frac{1}{x^2+1} - \frac{1}{x} + \frac{x}{x^2+1} \right] dx$$

$$= \arctan x - \ln|x| + \frac{1}{2} \ln(x^2+1) + C$$

$$= \arctan x + \frac{1}{2} \ln \frac{x^2+1}{x^2} + C$$

如果被积函数是幂函数和对数函数或幂函数和反三角函数的乘积，就可以考虑用分部积分法，并设对数函数或反三角函数为 u.

习题 4.3

1. 利用分部积分法求下列不定积分.

(1) $\int x a^x \mathrm{d}x \, (a>0,\, a \neq 1)$　　　　(2) $\int \dfrac{x}{\mathrm{e}^x}\mathrm{d}x$

(3) $\int x\sin 2x\,\mathrm{d}x$　　　　(4) $\int x^2\sin 2x\,\mathrm{d}x$

(5) $\int x\sin^2 2x\,\mathrm{d}x$　　　　(6) $\int \arcsin x\,\mathrm{d}x$

(7) $\int x^2\ln(1+x)\,\mathrm{d}x$　　　　(8) $\int \arctan x\,\mathrm{d}x$

2. 计算下列不定积分.

(1) $\int \dfrac{1}{x^2+x+1}\mathrm{d}x$　　　　(2) $\int \dfrac{\arctan \mathrm{e}^x}{\mathrm{e}^x}\mathrm{d}x$

总 习 题 四

(A)

1. 填空题

(1) 设 $f'(x)=x$，且 $f(0)=1$，则 $\int f(x)\mathrm{d}x = \underline{\qquad}$.

(2) 设 $\mathrm{e}^{2x}+\sin x$ 是 $f(x)$ 的一个原函数，则 $f'(x)=\underline{\qquad}$.

(3) $\int \dfrac{1}{\sqrt{x(4-x)}}\mathrm{d}x = \underline{\qquad}$.

(4) $\int \dfrac{1}{x^2}\mathrm{e}^{\frac{1}{x}}\mathrm{d}x = \underline{\qquad}$.

(5) $\int \mathrm{e}^{\sin x}\cos x\,\mathrm{d}x = \underline{\qquad}$.

(6) $\int x\sin \dfrac{x}{2}\mathrm{d}x = \underline{\qquad}$.

2. 选择题

(1) 如果在区间 I 内有 $f'(x)=g'(x)$，则一定有（　　）.

A. $f(x)=g(x)$　　　　B. $f(x)=g(x)+C$

C. $f''(x)=g''(x)+C$　　　　D. $\int f(x)\mathrm{d}x = \int g(x)\mathrm{d}x$

(2) 函数 $f(x)=\dfrac{\sin 2x}{\sin^4 x+\cos^4 x}$ 在 $(-\infty, +\infty)$ 上的一个原函数是（　　）.

A. $-\arctan(\cos 2x)$ B. $\arctan(\cot^2 x)$

C. $-\arctan(\tan^2 x)$ D. $-\arctan(\csc 2x)$

(3) 若 $f'(x)$ 连续, 则 $\mathrm{d}\left[\displaystyle\int f'(x)\mathrm{d}x\right]=($).

A. $f'(x)+C$ B. $f(x)+C$

C. $f'(x)\mathrm{d}x$ D. $f(x)\mathrm{d}x$

(4) 若 $f(x)$ 的导函数是 $\sin x$, 则 $f(x)$ 的一个原函数是 (   ).

A. $1+\sin x$ B. $1-\sin x$

C. $1+\cos x$ D. $1-\cos x$

(5) 若 $F(x)$ 是连续函数 $f(x)$ 的一个原函数, 则 $\displaystyle\int \cos x f(-\sin x)\mathrm{d}x=($).

A. $F(\sin x)+C$ B. $-F(\sin x)+C$

C. $-F(-\sin x)+C$ D. $F(-\sin x)+C$

(6) 若 $F(x)$ 是连续函数 $f(x)$ 的一个原函数, 则必有 (   ).

A. 当 $f(x)$ 是奇函数时, $F(x)$ 是偶函数

B. 当 $f(x)$ 是偶函数时, $F(x)$ 是奇函数

C. 当 $f(x)$ 是周期函数时, $F(x)$ 是周期函数

D. 当 $f(x)$ 是单调函数时, $F(x)$ 是单调函数

3. 计算下列不定积分.

(1) $\displaystyle\int \sin x(\csc x-\cot x)\mathrm{d}x$ (2) $\displaystyle\int \tan^3 x\mathrm{d}x$

(3) $\displaystyle\int (2\tan x-3\cot x)^2\mathrm{d}x$ (4) $\displaystyle\int (\mathrm{e}^x-\cos x)^2\mathrm{d}x$

(5) $\displaystyle\int \frac{1}{(\sin x+\cos x)^2}\mathrm{d}x$ (6) $\displaystyle\int \frac{1+\sin x}{1+\cos x}\mathrm{d}x$

(7) $\displaystyle\int \frac{\ln 2x}{x\ln 4x}\mathrm{d}x$ (8) $\displaystyle\int \frac{\cos^2 x}{\sin^6 x}\mathrm{d}x$

(9) $\displaystyle\int \frac{\sqrt{a^2-x^2}}{x^4}\mathrm{d}x\,(a>0)$ (10) $\displaystyle\int \frac{\ln(\cos x)}{\cos^2 x}\mathrm{d}x$

(11) $\displaystyle\int \frac{x^2\arctan x}{1+x^2}\mathrm{d}x$ (12) $\displaystyle\int \frac{1}{x}\sqrt{\frac{x+1}{x}}\mathrm{d}x$

4. 已知 $f(x)$ 的一个原函数为 $\ln^2 x$, 求 $\displaystyle\int xf'(x)\mathrm{d}x$.

5. 已知 $f'(\sin^2 x)=\cos 2x+\tan^2 x$, 当 $0<x<1$ 时, 求 $f(x)$.

6. 设 $f(x^2-1)=\ln \dfrac{x^2}{x^2-2}$, 且 $f[\varphi(x)]=\ln x$, 求 $\displaystyle\int \varphi(x)\mathrm{d}x$.

7. 设某产品的边际费用为 $160x^{-\frac{1}{3}}$, x 为产量, 已知生产 125 件的费用为 16 000 元, 求

费用函数.

8. 已知某产品产量为 x 单位的边际成本为 $C'(x)=100-0.2x$，固定成本为 200 万元，边际收益为 $R'(x)=15+0.1x\ln x$，求利润函数.

(B)

1. (1998) $\displaystyle\int \frac{\ln x-1}{x^2}\mathrm{d}x=$ _____.

2. (1999) 设 $f(x)$ 是连续函数，$F(x)$ 是 $f(x)$ 的原函数，则（　　）.

    A. 当 $f(x)$ 是奇函数时，$F(x)$ 必为偶函数

    B. 当 $f(x)$ 是偶函数时，$F(x)$ 必为奇函数

    C. 当 $f(x)$ 是周期函数时，$F(x)$ 必为周期函数

    D. 当 $f(x)$ 是单调增函数时，$F(x)$ 必为单调增函数

3. (2002) 设 $f(\sin^2 x)=\dfrac{x}{\sin x}$，求 $\displaystyle\int \frac{\sqrt{x}}{\sqrt{1-x}}f(x)\mathrm{d}x$.

4. (2009) 计算不定积分 $\displaystyle\int \ln\left(1+\sqrt{\frac{1+x}{x}}\right)\mathrm{d}x\ (x>0)$.

5. (2011) 求 $\displaystyle\int \frac{\arcsin\sqrt{x}+\ln x}{\sqrt{x}}\mathrm{d}x$.

第5章　定积分及其应用

本章将讨论积分学的另一个基本问题——定积分问题. 我们先从几何、物理问题出发引出定积分的定义, 然后讨论它的性质与计算方法, 并在此基础上简要介绍广义积分的概念与计算, 最后讨论定积分在几何与经济中的简单应用.

5.1　定积分的概念与性质

5.1.1　定积分的概念

1. 定积分问题引例

【例 5 - 1】　求曲边梯形的面积.

设函数 $y = f(x)$ 在区间 $[a, b]$ 上非负、连续. 由直线 $x = a$, $x = b$, $y = 0$ 及曲线 $y = f(x)$ 所围成的图形 (如图 5 - 1 所示) 称为曲边梯形, 其中曲线弧称为曲边.

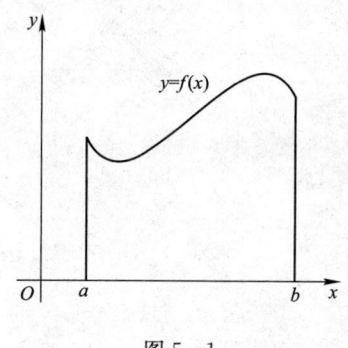

图 5 - 1

我们知道, 若函数 $f(x)$ 是常量函数, 则曲边梯形即为矩形, 其面积 $S_{矩形}$ 的计算公式为 $S_{矩形} = 底 \times 高$. 现在的问题是函数 $y = f(x)$ 在 $[a, b]$ 上不是常量函数, 即曲边梯形在底边上各点处的高度 $f(x)$ 在 $[a, b]$ 上是变化的. 那么能否创造条件, 用"不变代变"来解决这个问题呢?

为此, 用许多平行于 y 轴的直线把曲边梯形分割成许多窄曲边梯形. 对于每个小曲边梯形，由于它的底边很短，曲边 $f(x)$ 又是连续变化的，所以它的高度变化不大，可以把高度近似地看作是一个不变的常数. 这样，每个小曲边梯形的面积可以用一个同底的小矩形的面积来近似地代替，把所有这些小矩形面积加起来，就得到整个曲边梯形面积的近似值. 显然，分割得越细，所得的近似值就越接近曲边梯形的面积. 因此，把 $[a, b]$ 无限细分（即每个小矩形的底边长都趋于 0）时的近似值的极限定义为曲边梯形的面积.

根据以上分析，具体做法如下.

分割：在区间 $[a, b]$ 内插入 $n-1$ 个分点 $a=x_1<x_2<\cdots<x_n<x_{n+1}=b$，把区间 $[a, b]$ 分成 n 个小区间 $[x_1, x_2]$，$[x_2, x_3]$，$\cdots$，$[x_i, x_{i+1}]$，$\cdots$，$[x_n, x_{n+1}]$，各小区间的长度依次为 $\Delta x_i=x_{i+1}-x_i$（$i=1, 2, \cdots, n$），在每个小区间 $[x_i, x_{i+1}]$ 上任取一点 ξ_i，则以 $[x_i, x_{i+1}]$ 为底，以 $f(\xi_i)$ 为高的小矩形面积为 $A_i=f(\xi_i)\Delta x_i$（如图 5-2 所示）.

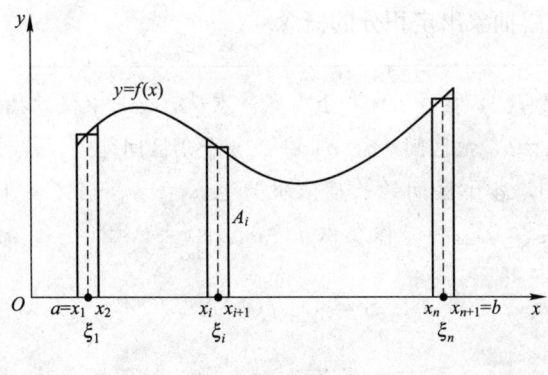

图 5-2

近似求和：则曲边梯形面积的近似值为 $A\approx\sum_{i=1}^{n}f(\xi_i)\Delta x_i$.

取极限：当分割无限加细，即小区间最大长度 $\lambda=\max\{\Delta x_1, \Delta x_2, \cdots, \Delta x_n\}$ 趋近于零时，曲边梯形面积为 $A=\lim\limits_{\lambda\to 0}\sum_{i=1}^{n}f(\xi_i)\Delta x_i$.

【例 5-2】　求变速直线运动的路程.

设某物体作直线运动，已知速度 $v=v(t)$ 是时间间隔 $[T_1, T_2]$ 上关于 t 的一个连续函数，且 $v(t)\geqslant 0$，求物体在这段时间内所经过的路程 s.

用上例中同样的方法处理：把整段时间分割成若干小段，把每小段上速度看作不变，求出各小段的路程再相加，便得到路程的近似值，最后通过对时间的无限细分过程求得路程的精确值，具体如下.

分割：在时间间隔 $[T_1, T_2]$ 内插 $n-1$ 个分点

$$T_1=t_1<t_2<\cdots<t_{n-1}<t_n<t_{n+1}=T_2$$

$$\Delta t_i = t_{i+1} - t_i \quad (i=1, 2, \cdots, n)$$
$$\Delta s_i \approx v(\xi_i)\Delta t_i \quad (i=1, 2, \cdots, n)$$

近似求和：路程的近似值为

$$s \approx \sum_{i=1}^{n} v(\xi_i)\Delta t_i$$

取极限：当分割无限加细，小区间的最大长度 $\lambda = \max\{\Delta t_1, \Delta t_2, \cdots, \Delta t_n\}$ 趋近于零时，路程的精确值 $s = \lim\limits_{\lambda \to 0} \sum\limits_{i=1}^{n} v(\xi_i)\Delta t_i$.

2. 定积分的定义

以上求曲边梯形面积和变速直线运动路程的方法，将问题归结为在某一区间上的和式极限的问题，并且这个极限与区间的分法和中间点的选取无关. 舍弃其实际背景，对这类和式的极限进行深入的研究就抽象出定积分的概念.

定义 5-1 设函数 $f(x)$ 在 $[a, b]$ 上有界，在 $[a, b]$ 中任意插入 $n-1$ 个分点 $a=x_1<x_2<\cdots<x_{n-1}<x_n<x_{n+1}=b$，把区间 $[a, b]$ 分成 n 个小区间 $[x_1, x_2]$，$[x_2, x_3]$，$\cdots$，$[x_i, x_{i+1}]$，$\cdots$，$[x_n, x_{n+1}]$，各小区间的长度依次为 $\Delta x_i = x_{i+1} - x_i (i=1, 2, \cdots, n)$，在各小区间上任取一点 $\xi_i(x_i \leqslant \xi_i \leqslant x_{i+1})$，作乘积 $f(\xi_i)\Delta x_i (i=1, 2, \cdots, n)$，并作和

$$S = \sum_{i=1}^{n} f(\xi_i)\Delta x_i$$

记 $\lambda = \max\{\Delta x_1, \Delta x_2, \cdots, \Delta x_n\}$. 如果不论对 $[a, b]$ 怎样分法，也不论在小区间 $[x_i, x_{i+1}]$ 上点 ξ_i 怎样的取法，极限 $\lim\limits_{\lambda \to 0} \sum\limits_{i=1}^{n} f(\xi_i)\Delta x_i$ 总存在，则称 $f(x)$ 在 $[a, b]$ 上可积，并称这个极限为函数 $f(x)$ 在区间 $[a, b]$ 上的定积分，记作

$$\int_a^b f(x)\mathrm{d}x = \lim_{\lambda \to 0} \sum_{i=1}^{n} f(\xi_i)\Delta x_i$$

其中 $f(x)$ 称为被积函数，$f(x)\mathrm{d}x$ 称为被积表达式，x 称为积分变量，a 称为积分下限，b 称为积分上限，$[a, b]$ 称为积分区间，和数 S 称为积分和.

根据定积分概念，引例中曲边梯形的面积用定积分可表示为 $A = \int_a^b f(x)\mathrm{d}x$；变速直线运动的质点所经过的路程可表示为 $s = \int_{T_1}^{T_2} v(t)\mathrm{d}t$.

关于定积分的定义作以下几点说明.

① 定积分的值仅与被积函数 $f(x)$ 及积分区间 $[a, b]$ 有关，与积分变量无关，即

$$\int_a^b f(x)\mathrm{d}x = \int_a^b f(t)\mathrm{d}t = \int_a^b f(u)\mathrm{d}u$$

② 定义中区间的分法和 ξ_i 的取法是任意的.

③ 规定 $\int_a^b f(x)\mathrm{d}x = -\int_b^a f(x)\mathrm{d}x$，$\int_a^a f(x)\mathrm{d}x = 0$.

④ 定义中的 $\lambda \to 0$，不能用 $n \to \infty$ 代替.

函数 $f(x)$ 在 $[a, b]$ 上满足什么条件可积呢？这里给出两个充分条件，不作证明.

定理 5 - 1　设函数 $f(x)$ 在 $[a, b]$ 上连续，则 $f(x)$ 在 $[a, b]$ 上可积.

定理 5 - 2　设函数 $f(x)$ 在 $[a, b]$ 上有界，且只有有限个第一类间断点，则 $f(x)$ 在 $[a, b]$ 上可积.

【例 5 - 3】 用定义计算 $\int_0^1 x^2 \mathrm{d}x$.

解　因为被积函数 $f(x) = x^2$ 在积分区间 $[0, 1]$ 连续，而连续函数是可积的，所以积分与区间 $[0, 1]$ 的分法及点 ξ_i 的取法无关. 因此，为了便于计算，不妨把区间 $[0, 1]$ 分成 n 等分，分点为 $x_i = \dfrac{i}{n}$，$i = 1, 2, \cdots, n-1$；这样每个小区间 $[x_{i-1}, x_i]$ 的长度 $\Delta x_i = \dfrac{1}{n}$，$i = 1, 2, \cdots, n$；且 $\lambda = \max\{\Delta x_1, \Delta x_2, \cdots, \Delta x_n\} = \dfrac{1}{n}$，取 $\xi_i = x_i$，$i = 1, 2, \cdots, n$. 于是得和式

$$\sum_{i=1}^n f(\xi_i)\Delta x_i = \sum_{i=1}^n \xi_i^2 \Delta x_i = \sum_{i=1}^n x_i^2 \Delta x_i = \sum_{i=1}^n \left(\frac{i}{n}\right)^2 \cdot \frac{1}{n} = \frac{1}{n^3}\sum_{i=1}^n i^2$$

$$= \frac{1}{n^3} \cdot \frac{n(n+1)(2n+1)}{6} = \frac{1}{6}\left(1 + \frac{1}{n}\right)\left(2 + \frac{1}{n}\right)$$

当 $\lambda \to 0$，即 $n \to \infty$ 时，取上式左端的极限，由定积分的定义，即得所要计算的积分为

$$\int_0^1 x^2 \mathrm{d}x = \lim_{\lambda \to 0}\sum_{i=1}^n \xi_i^2 \Delta x_i = \lim_{\lambda \to 0}\frac{1}{6}\left(1 + \frac{1}{n}\right)\left(2 + \frac{1}{n}\right) = \frac{1}{3}$$

3. 定积分的几何意义

若 $f(x) \geqslant 0$，由引例知 $\int_a^b f(x)\mathrm{d}x$ 的几何意义是位于 x 轴上方的曲边梯形的面积；若 $f(x) \leqslant 0$，则曲边梯形位于 x 轴下方，从而定积分 $\int_a^b f(x)\mathrm{d}x$ 为曲边梯形的面积的负值.

一般地，定积分的几何意义就是 $y = f(x)$ 与直线 $x = a$，$x = b$ 及 x 轴所围成图形面

积的代数和，其中在 x 轴上方的部分取正值，在 x 轴下方的部分取负值（如图 5-3 所示）.

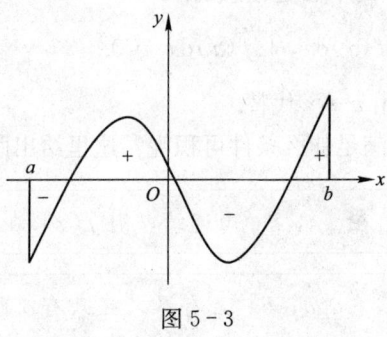

图 5-3

5.1.2 定积分的基本性质

由定积分的定义及极限的运算法则，可以得出以下定积分的性质（假设各性质中所列出的定积分存在）.

性质 1 函数的和（差）的定积分等于它们的定积分的和（差），即

$$\int_a^b [f(x) \pm g(x)] \mathrm{d}x = \int_a^b f(x) \mathrm{d}x \pm \int_a^b g(x) \mathrm{d}x$$

性质 2 被积函数的常数因子可以提到积分号外面，即

$$\int_a^b k f(x) \mathrm{d}x = k \int_a^b f(x) \mathrm{d}x \quad （k \text{ 为常数}）$$

证明 $\displaystyle\int_a^b k f(x) \mathrm{d}x = \lim_{\lambda \to 0} \sum_{i=1}^n k f(\xi_i) \Delta x_i = k \lim_{\lambda \to 0} \sum_{i=1}^n f(\xi_i) \Delta x_i = k \int_a^b f(x) \mathrm{d}x$

性质 3 如果将积分区间分成两部分，则在整个区间上的定积分等于这两部分区间上的定积分之和，即定积分对于积分区间具有可加性，假设 $a < c < b$，则有

$$\int_a^b f(x) \mathrm{d}x = \int_a^c f(x) \mathrm{d}x + \int_c^b f(x) \mathrm{d}x$$

可以验证，不论 a，b，c 的相对位置如何，上式一定成立.

性质 4 如果在区间 $[a, b]$ 上 $f(x) \equiv 1$，则

$$\int_a^b f(x) \mathrm{d}x = b - a$$

性质 5 如果在区间 $[a, b]$ 上 $f(x) \leqslant g(x)$，则

$$\int_a^b f(x) \mathrm{d}x \leqslant \int_a^b g(x) \mathrm{d}x \quad （a < b）$$

推论 1 $\left| \displaystyle\int_a^b f(x) \mathrm{d}x \right| \leqslant \int_a^b |f(x)| \mathrm{d}x \quad （a < b）.$

推论 2（估值定理）　设 M 及 m 分别是函数 $f(x)$ 在区间 $[a, b]$ 上的最大值及最小值，且 $m \leqslant f(x) \leqslant M$，则

$$m(b-a) \leqslant \int_a^b f(x)\mathrm{d}x \leqslant M(b-a) \quad (a < b)$$

此性质可用于估计积分值的大致范围.

性质 6（积分中值定理）　如果函数 $f(x)$ 在闭区间 $[a, b]$ 上连续，则在积分区间 $[a, b]$ 上至少存在一个点 ξ，使

$$\int_a^b f(x)\mathrm{d}x = f(\xi)(b-a) \quad (a \leqslant \xi \leqslant b)$$

证明　因为 $f(x)$ 在闭区间 $[a, b]$ 上连续，所以 $f(x)$ 在 $[a, b]$ 上取得最大值 M 和最小值 m. 于是，由估值定理得

$$m(b-a) \leqslant \int_a^b f(x)\mathrm{d}x \leqslant M(b-a)$$

即

$$m \leqslant \frac{1}{b-a}\int_a^b f(x)\mathrm{d}x \leqslant M$$

由闭区间上连续函数的介值定理可知，至少存在一点 $\xi \in [a, b]$，使得

$$f(\xi) = \frac{1}{b-a}\int_a^b f(x)\mathrm{d}x$$

即

$$\int_a^b f(x)\mathrm{d}x = f(\xi)(b-a)$$

这个公式叫做**积分中值公式**. 实质上，积分中值定理对 $a < b$ 及 $b < a$ 都成立. 把 $f(\xi) = \frac{1}{b-a}\int_a^b f(x)\mathrm{d}x$ 称为函数 $f(x)$ 在区间 $[a, b]$ 上的**平均值**.

积分中值公式的几何意义是：当 $f(x)$ 连续并且 $f(x) \geqslant 0$ 时，以区间 $[a, b]$ 为底边，以曲线 $y = f(x)$ 为曲边的曲边梯形的面积等于同一底边而高为 $f(\xi)$ 的一个矩形的面积（如图 5-4 所示）.

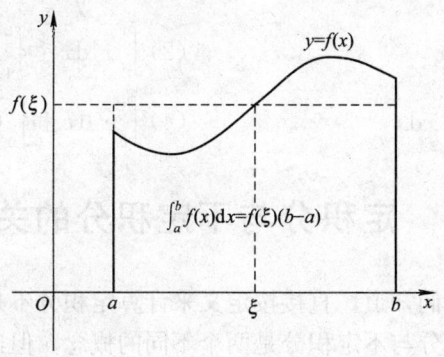

图 5-4

【例 5 - 4】 比较 $\int_3^4 \ln^2 x \mathrm{d}x$ 与 $\int_3^4 \ln^3 x \mathrm{d}x$ 的大小.

解 由于 $\ln x$ 在 $(0, +\infty)$ 单调递增,所以在 $[3, 4]$ 上有

$$\ln x \geqslant \ln 3 > 1$$

所以

$$\ln^2 x < \ln^3 x$$

由性质 5 知

$$\int_3^4 \ln^2 x \mathrm{d}x < \int_3^4 \ln^3 x \mathrm{d}x$$

【例 5 - 5】 估计 $\int_0^2 \mathrm{e}^{x^2-x} \mathrm{d}x$ 的值.

解 先求 $f(x) = \mathrm{e}^{x^2-x}$ 在 $[0, 2]$ 上的最大值与最小值.

令 $f'(x) = (2x-1)\mathrm{e}^{x^2-x} = 0$,得驻点 $x = \dfrac{1}{2}$. 由于

$$f(0) = 1, \quad f(2) = \mathrm{e}^2, \quad f\left(\frac{1}{2}\right) = \mathrm{e}^{-\frac{1}{4}}$$

所以,最小值 $m = f\left(\dfrac{1}{2}\right) = \mathrm{e}^{-\frac{1}{4}}$,最大值 $M = f(2) = \mathrm{e}^2$. 由估值定理得

$$2\mathrm{e}^{-\frac{1}{4}} \leqslant \int_0^2 \mathrm{e}^{x^2-x} \mathrm{d}x \leqslant 2\mathrm{e}^2$$

习题 5.1

1. 表述定积分的几何意义,并根据定积分的几何意义求下列积分的值.

(1) $\int_{-1}^1 x \mathrm{d}x$ \qquad\qquad (2) $\int_{-R}^R \sqrt{R^2 - x^2} \mathrm{d}x$

2. 求函数 $f(x) = \sqrt{1-x^2}$ 在闭区间 $[-1, 1]$ 上的平均值.

3. 比较下列积分的大小.

(1) $\int_0^1 x^2 \mathrm{d}x$ 和 $\int_0^1 x^3 \mathrm{d}x$ \qquad\qquad (2) $\int_1^2 x^3 \mathrm{d}x$ 和 $\int_1^2 x^2 \mathrm{d}x$

(3) $\int_1^2 \ln x \mathrm{d}x$ 和 $\int_1^2 \ln^2 x \mathrm{d}x$ \qquad\qquad (4) $\int_0^1 \mathrm{e}^x \mathrm{d}x$ 和 $\int_0^1 (x+1) \mathrm{d}x$

5.2 定积分与不定积分的关系

通过前面的例题分析我们知道,直接按定义来计算定积分不是很容易的事,必须要研究计算定积分的新方法. 定积分与不定积分是两个不同的概念,但这两个不同的概念之间有内在的联系,只要找出两者之间的关系,定积分的计算方法问题自然得到解决. 这就是本节要

介绍的微积分基本公式——牛顿（Newton)-莱布尼茨（Leibniz）公式.

首先看个实际例子. 设物体从某定点开始作直线运动，在 t 时刻所经过的路程为 $s(t)$，速度为 $v=v(t)=s'(t)$ $(v(t)\geqslant 0)$，则在时间间隔 $[T_1，T_2]$ 内物体所经过的路程 s 可表示为

$$s(T_2)-s(T_1) \quad \text{或} \quad \int_{T_1}^{T_2} v(t)\mathrm{d}t$$

即

$$\int_{T_1}^{T_2} v(t)\mathrm{d}t = s(T_2)-s(T_1)$$

上式表明，速度函数 $v(t)$ 在区间 $[T_1，T_2]$ 上的定积分等于 $v(t)$ 的原函数 $s(t)$ 在区间 $[T_1，T_2]$ 上的增量.

从这个特殊问题中得出来的关系，在一定条件下具有普遍性.

5.2.1 积分上限函数

设函数 $f(x)$ 在区间 $[a，b]$ 上连续，x 为 $[a，b]$ 上任一点，考虑定积分 $\int_a^x f(x)\mathrm{d}x$，其中变量 x 有两方面的含义：它一方面表示定积分的上限，另一方面表示积分变量. 为明确起见，将积分变量换成 t，于是上面的定积分可写成 $\int_a^x f(t)\mathrm{d}t$. 让 x 在区间 $[a，b]$ 上任意变动，对于 x 的每一个值定积分有唯一确定的值与之对应，这样在该区间上就定义了一个函数，记作 $\Phi(x)$，称 $\Phi(x)=\int_a^x f(t)\mathrm{d}t$ $(a\leqslant x\leqslant b)$ 为**积分上限函数**.

关于积分上限函数，有下面的结论.

> **定理 5-3（原函数存在性定理）** 若函数 $f(x)$ 在区间 $[a，b]$ 上连续，则积分上限函数 $\Phi(x)=\int_a^x f(t)\mathrm{d}t$ 为被积函数 $f(x)$ 在区间 $[a，b]$ 上的一个原函数，即
>
> $$\Phi'(x)=\frac{\mathrm{d}}{\mathrm{d}x}\int_a^x f(t)\mathrm{d}t=f(x) \quad (a\leqslant x\leqslant b)$$

证明 当 $x\in(a，b)$ 时，给 x 一个增量 Δx，使得 $x+\Delta x\in(a，b)$，则

$$\Delta\Phi=\Phi(x+\Delta x)-\Phi(x)=\int_a^{x+\Delta x}f(t)\mathrm{d}t-\int_a^x f(t)\mathrm{d}t=\int_a^{x+\Delta x}f(t)\mathrm{d}t+\int_x^a f(t)\mathrm{d}t=\int_x^{x+\Delta x}f(t)\mathrm{d}t$$

由积分中值定理可知，存在位于 x 与 $x+\Delta x$ 之间的点 ξ，使得 $\Delta\Phi=f(\xi)\Delta x$，两端同除以 Δx，得

$$\frac{\Delta\Phi(x)}{\Delta x}=f(\xi)$$

由于 $f(x)$ 在区间 $[a, b]$ 上连续，故当 $\Delta x \to 0$ 时，$\xi \to x$. 因此

$$\Phi'(x) = \lim_{\Delta x \to 0} \frac{\Delta \Phi}{\Delta x} = \lim_{\Delta x \to 0} f(\xi) = \lim_{\xi \to x} f(\xi) = f(x)$$

这就是说，在区间 (a, b) 内函数 $\Phi(x)$ 的导数存在，且 $\Phi'(x) = f(x)$. 当 $x = a$ 或 b 时考虑其单侧导数 $\Phi'_+(a)$ 和 $\Phi'_-(b)$ 可得

$$\Phi'_+(a) = f(a), \quad \Phi'_-(b) = f(b)$$

这个定理的重要意义是：一方面肯定了连续函数的原函数的存在性，另一方面初步地揭示了积分学中的定积分与原函数之间的联系.

【例 5 - 6】 设 $f(x) = \int_1^x \sin t^2 \mathrm{d}t$，求 $f'(x)$.

解 $f'(x) = \sin x^2$

【例 5 - 7】 设 $f(x) = \int_x^1 \sqrt[3]{\sin^2 t}\,\mathrm{d}t$，求 $f'(x)$，$f'\left(\dfrac{\pi}{2}\right)$.

解 $f'(x) = -\sqrt[3]{\sin^2 x}$，$f'\left(\dfrac{\pi}{2}\right) = -1$

【例 5 - 8】 设 $f(x) = \int_a^{e^x} \dfrac{\ln t}{t}\mathrm{d}t \ (a > 0)$，求 $f'(x)$.

解 将 $f(x)$ 看成 $g(u) = \int_a^u \dfrac{\ln t}{t}\mathrm{d}t$ 与 $u = e^x$ 的复合函数，则由复合函数求导法则，有

$$f'(x) = g'(u)\frac{\mathrm{d}u}{\mathrm{d}x} = \frac{\ln u}{u}e^x = x$$

【例 5 - 9】 设 $f(x) = \int_x^{x^2} \cos t \mathrm{d}t$，求 $f'(x)$.

解 设 a 为常数，于是

$$f(x) = \int_x^a \cos t \mathrm{d}t + \int_a^{x^2} \cos t \mathrm{d}t$$
$$= \int_a^{x^2} \cos t \mathrm{d}t - \int_a^x \cos t \mathrm{d}t$$

所以

$$f'(x) = \left(\int_a^{x^2} \cos t \mathrm{d}t\right)' - \left(\int_a^x \cos t \mathrm{d}t\right)' = 2x\cos x^2 - \cos x$$

【例 5 - 10】 求 $\lim\limits_{x \to 0} \dfrac{\displaystyle\int_{\cos x}^1 e^{-t^2}\mathrm{d}t}{x^2}$.

解 这是 $\dfrac{0}{0}$ 型的不定式，由洛必达法则得

$$\lim_{x \to 0} \frac{\displaystyle\int_{\cos x}^1 e^{-t^2}\mathrm{d}t}{x^2} = \lim_{x \to 0} \frac{-\displaystyle\int_1^{\cos x} e^{-t^2}\mathrm{d}t}{x^2} = \lim_{x \to 0} \frac{\sin x \cdot e^{-\cos^2 x}}{2x} = \frac{1}{2e}$$

5.2.2 微积分基本定理 (牛顿-莱布尼茨公式)

> **定理 5-4 (微积分基本定理)** 设函数 $f(x)$ 在 $[a, b]$ 上连续,且 $F(x)$ 是 $f(x)$ 的任一原函数,则
>
> $$\int_a^b f(x)\mathrm{d}x = F(b) - F(a)$$
>
> 这个公式称为**微积分基本公式**,也称为**牛顿-莱布尼茨公式**.

通常,$F(b) - F(a)$ 记作 $\left[F(x)\right]_a^b$ 或 $F(x)\Big|_a^b$.

证明 因为 $f(x)$ 在 $[a, b]$ 上连续,由原函数存在定理可知,$\int_a^x f(t)\mathrm{d}t$ 是 $f(x)$ 的一个原函数. 因此 $f(x)$ 的任意一个原函数 $F(x)$ 都可以写成下面的形式

$$F(x) = \int_a^x f(t)\mathrm{d}t + C \quad (C \text{ 为某一常数})$$

上式中令 $x = a$,则

$$F(a) = \int_a^a f(t)\mathrm{d}t + C = 0 + C$$

即 $C = F(a)$. 于是有

$$F(x) = \int_a^x f(t)\mathrm{d}t + F(a)$$

再令 $x = b$,则上式化为

$$F(b) = \int_a^b f(t)\mathrm{d}t + F(a)$$

于是

$$\int_a^b f(t)\mathrm{d}t = F(b) - F(a)$$

牛顿-莱布尼茨公式为定积分计算提供了一种有效而简便的方法. 现在,要求定积分 $\int_a^b f(x)\mathrm{d}x$,只需找出连续函数 $f(x)$ 在 $[a, b]$ 上的一个原函数 $F(x)$,然后求出 $F(x)$ 在区间 $[a, b]$ 上的增量即可.

【例 5-11】 求 $\int_0^1 x^2 \mathrm{d}x$.

解 $\int_0^1 x^2 \mathrm{d}x = \left[\dfrac{x^3}{3}\right]_0^1 = \dfrac{1^3}{3} - \dfrac{0^3}{3} = \dfrac{1}{3}$

【例 5-12】 求 $\int_{-1}^{\sqrt{3}} \dfrac{\mathrm{d}x}{1+x^2}$.

解 $\int_{-1}^{\sqrt{3}} \dfrac{\mathrm{d}x}{1+x^2} = \left[\arctan x\right]_{-1}^{\sqrt{3}} = \arctan\sqrt{3} - \arctan(-1) = \dfrac{\pi}{3} + \dfrac{\pi}{4} = \dfrac{7\pi}{12}$

【例 5 - 13】 求 $\int_0^{\frac{\pi}{2}} \sin(2x+\pi)\mathrm{d}x$.

解 $\int_0^{\frac{\pi}{2}} \sin(2x+\pi)\mathrm{d}x = \dfrac{1}{2}\int_0^{\frac{\pi}{2}} \sin(2x+\pi)\mathrm{d}(2x+\pi) = -\dfrac{1}{2}\cos(2x+\pi)\Big|_0^{\frac{\pi}{2}} = -1$

【例 5 - 14】 求 $\int_{-1}^3 |2-x|\mathrm{d}x$.

解 因为

$$f(x)=|2-x|=\begin{cases}2-x, & -1\leqslant x\leqslant 2\\ x-2, & 2<x\leqslant 3\end{cases}$$

所以

$$\int_{-1}^3 |2-x|\mathrm{d}x = \int_{-1}^2 (2-x)\mathrm{d}x + \int_2^3 (x-2)\mathrm{d}x$$

$$= \left(2x-\dfrac{1}{2}x^2\right)\Big|_{-1}^2 + \left(\dfrac{1}{2}x^2-2x\right)\Big|_2^3 = 5$$

【例 5 - 15】 求由曲线 $y=\cos x$ 在 $\left[-\dfrac{\pi}{2}, \dfrac{\pi}{2}\right]$ 上与 x 轴所围成的平面图形的面积.

解 由定积分的几何意义，所求平面图形的面积为

$$S = \int_{-\frac{\pi}{2}}^{\frac{\pi}{2}} \cos x\mathrm{d}x = \sin x\Big|_{-\frac{\pi}{2}}^{\frac{\pi}{2}} = \sin\dfrac{\pi}{2} - \sin\left(-\dfrac{\pi}{2}\right) = 2$$

习题 5.2

1. 求下列函数的导数.

(1) $f(x) = \int_1^x (t+\sin t^3)\mathrm{d}t$ 　　　(2) $f(x) = \int_1^{x^2} \ln t^3 \mathrm{d}t$

(3) $f(x) = \int_x^0 \mathrm{e}^{-t^2}\mathrm{d}t$ 　　　(4) $f(x) = \int_{x^2}^{x^3} \dfrac{1}{\sqrt{1+t^4}}\mathrm{d}t$

2. 求下列函数的极限.

(1) $\lim\limits_{x\to 0} \dfrac{\int_0^x \cos t^2\mathrm{d}t}{x}$ 　　　(2) $\lim\limits_{x\to 0} \dfrac{\int_0^x \ln(1+t^2)\mathrm{d}t}{x^3}$

(3) $\lim\limits_{x\to 0^+} \dfrac{\int_0^{\sqrt{x}} (1-\cos t^2)\mathrm{d}t}{x}$ 　　　(4) $\lim\limits_{x\to +\infty} \dfrac{\left(\int_0^x \mathrm{e}^{t^2}\mathrm{d}t\right)^2}{\int_0^x \mathrm{e}^{2t^2}\mathrm{d}t}$

3. 设 $f(x)$ 在 $[0,+\infty)$ 内连续，且 $f(x)>0$. 证明函数

$$F(x)=\frac{\int_0^x tf(t)\mathrm{d}t}{\int_0^x f(t)\mathrm{d}t}$$

在 $(0,+\infty)$ 内为单调增加函数.

4. 计算下列定积分.

(1) $\int_0^1 (x^{100}-2x)\mathrm{d}x$

(2) $\int_1^4 \sqrt{x}\,\mathrm{d}x$

(3) $\int_0^1 100^x\mathrm{d}x$

(4) $\int_{-\frac{1}{2}}^{\frac{1}{2}} \frac{1}{\sqrt{1-x^2}}\mathrm{d}x$

(5) $\int_{-3}^{-2} \frac{1}{x+1}\mathrm{d}x$

(6) $\int_1^e \frac{1+\ln x}{x}\mathrm{d}x$

(7) $\int_{\frac{\pi}{2}}^{\frac{\pi}{4}} \cot^2 x\mathrm{d}x$

(8) $\int_1^{e^2} \frac{\ln^2 x}{x}\mathrm{d}x$

(9) $\int_0^{\frac{\pi}{2}} \sqrt{1-\sin 2x}\,\mathrm{d}x$

(10) $\int_{\frac{1}{\pi}}^{\frac{2}{\pi}} \frac{\sin\frac{1}{x}}{x^2}\mathrm{d}x$

5. 设 $f(x)=\begin{cases} x+1, & 0\leqslant x\leqslant 1 \\ 2e^x, & -1\leqslant x<0 \end{cases}$，求 $\int_{-1}^1 f(x)\mathrm{d}x$.

5.3　定积分的换元积分法与分部积分法

如果被积函数比较复杂，自然可以利用不定积分的换元积分法和分部积分法求出它的原函数，再将定积分的上、下限代入便可计算出定积分的值. 然而，在许多理论和实际问题中，还需要直接利用定积分的换元积分法和分部积分法.

5.3.1　定积分的换元积分法

定理 5-5　设函数 $f(x)$ 在区间 $[a,b]$ 上连续，且函数 $x=\varphi(t)$ 满足条件：

(1) $\varphi(\alpha)=a$, $\varphi(\beta)=b$;

(2) $\varphi(t)$ 在 $[\alpha,\beta]$ 上具有连续导数，且其值域 $R_\varphi\subset[a,b]$.

则有换元积分公式

$$\int_a^b f(x)\mathrm{d}x=\int_\alpha^\beta f[\varphi(t)]\varphi'(t)\mathrm{d}t$$

证明　设 $F(x)$ 是 $f(x)$ 的原函数，由牛顿-莱布尼茨公式有

$$\int_a^b f(x)\mathrm{d}x = F(b) - F(a)$$

且

$$\int_\alpha^\beta f(\varphi(t))\varphi'(t)\mathrm{d}t = F(\varphi(\beta)) - F(\varphi(\alpha))$$

因为 $\varphi(\alpha)=a$，$\varphi(\beta)=b$，于是

$$\int_a^b f(x)\mathrm{d}x = \int_\alpha^\beta f(\varphi(t))\varphi'(t)\mathrm{d}t$$

应用定积分的换元积分法计算定积分时，只要随着积分变量的替换相应地改变定积分的上、下限，这样在求出原函数之后，就可以直接代入积分上、下限计算原函数的改变量之值，而不必换回原来的变量．这就是定积分换元法与不定积分换元法的不同之处．

【例 5-16】 求 $\int_0^8 \dfrac{\mathrm{d}x}{1+\sqrt[3]{x}}$.

解 令 $x=t^3$，则 $\mathrm{d}x=3t^2\mathrm{d}t$，且当 $x=0$ 时，$t=0$. 当 $x=8$ 时，$t=2$，所以

$$\int_0^8 \frac{\mathrm{d}x}{1+\sqrt[3]{x}} = \int_0^2 \frac{3t^2\mathrm{d}t}{1+t} = 3\int_0^2(t-1)\mathrm{d}t + 3\int_0^2 \frac{1}{1+t}\mathrm{d}t$$

$$= 3\left(\frac{1}{2}t^2-t\right)\Big|_0^2 + 3\ln(1+t)\Big|_0^2 = 3\ln 3$$

【例 5-17】 求 $\int_0^3 x\sqrt{1+x}\,\mathrm{d}x$.

解法一 令 $t=\sqrt{1+x}$，即 $x=t^2-1$，则 $\mathrm{d}x=2t\mathrm{d}t$，且当 $x=0$ 时，$t=1$；当 $x=3$ 时，$t=2$. 所以

$$\int_0^3 x\sqrt{1+x}\,\mathrm{d}x = \int_1^2 (t^2-1)t\cdot 2t\mathrm{d}t = 2\int_1^2(t^4-t^2)\mathrm{d}t$$

$$= 2\left(\frac{1}{5}t^5-\frac{1}{3}t^3\right)\Big|_1^2 = \frac{116}{15}$$

解法二
$$\int_0^3 x\sqrt{1+x}\,\mathrm{d}x = \int_0^3 (1+x-1)\sqrt{1+x}\,\mathrm{d}x$$

$$= \int_0^3 (1+x)^{\frac{3}{2}}\mathrm{d}(1+x) - \int_0^3 (1+x)^{\frac{1}{2}}\mathrm{d}(1+x)$$

$$= \frac{2}{5}(1+x)^{\frac{5}{2}}\Big|_0^3 - \frac{2}{3}(1+x)^{\frac{3}{2}}\Big|_0^3 = \frac{116}{15}$$

【例 5-18】 求 $\int_0^a \sqrt{a^2-x^2}\,\mathrm{d}x\ (a>0)$.

解 令 $x=a\sin t$，则 $\mathrm{d}x=a\cos t\mathrm{d}t$. 且当 $x=0$ 时，$t=0$；当 $x=a$ 时，$t=\dfrac{\pi}{2}$. 所以

$$\int_0^a \sqrt{a^2 - x^2}\, \mathrm{d}x = \int_0^{\frac{\pi}{2}} \sqrt{a^2 - a^2 \sin^2 t} \cdot a\cos t\, \mathrm{d}t$$

$$= \int_0^{\frac{\pi}{2}} a\cos t \cdot a\cos t\, \mathrm{d}t = a^2 \int_0^{\frac{\pi}{2}} \cos^2 t\, \mathrm{d}t$$

$$= a^2 \int_0^{\frac{\pi}{2}} \frac{1 + \cos 2t}{2}\, \mathrm{d}t = \frac{a^2}{2}\left(t + \frac{1}{2}\sin 2t\right)\Big|_0^{\frac{\pi}{2}} = \frac{1}{4}\pi a^2$$

这是以 a 为半径的圆面积的四分之一.

【例 5 - 19】 试证：若 $f(x)$ 在 $[-a, a]$ 上连续，则有

$$\int_{-a}^a f(x)\, \mathrm{d}x = \begin{cases} 2\displaystyle\int_0^a f(x)\, \mathrm{d}x, & \text{若 } f(x) \text{ 为偶函数} \\ 0, & \text{若 } f(x) \text{ 为奇函数} \end{cases}$$

证明 由定积分性质 3，有

$$\int_{-a}^a f(x)\, \mathrm{d}x = \int_{-a}^0 f(x)\, \mathrm{d}x + \int_0^a f(x)\, \mathrm{d}x$$

又对于 $\displaystyle\int_{-a}^0 f(x)\, \mathrm{d}x$，令 $x = -t$，则

$$\int_{-a}^0 f(x)\, \mathrm{d}x = -\int_a^0 f(-t)\, \mathrm{d}t = \int_0^a f(-t)\, \mathrm{d}t = \int_0^a f(-x)\, \mathrm{d}x$$

于是

$$\int_{-a}^a f(x)\, \mathrm{d}x = \int_0^a [f(x) + f(-x)]\, \mathrm{d}x$$

所以，若 $f(x)$ 为偶函数，则 $f(-x) = f(x)$，于是

$$\int_{-a}^a f(x)\, \mathrm{d}x = 2\int_0^a f(x)\, \mathrm{d}x$$

若 $f(x)$ 为奇函数，则 $f(-x) = -f(x)$，于是

$$\int_{-a}^a f(x)\, \mathrm{d}x = 0$$

如果积分区间对称，注意被积函数的奇偶性，有时可使计算过程大为简化.

5.3.2 定积分的分部积分法

定理 5 - 6 设函数 $u(x)$，$v(x)$ 及其微商 $u'(x)$，$v'(x)$ 在 $[a, b]$ 上都连续，则有定积分的分部积分公式

$$\int_a^b u(x)\, \mathrm{d}v(x) = u(x)v(x)\Big|_a^b - \int_a^b v(x)\, \mathrm{d}u(x)$$

证明　由 $[u(x) \cdot v(x)]' = u'(x) \cdot v(x) + u(x) \cdot v'(x)$，即

$$u(x) \cdot v'(x) = [u(x) \cdot v(x)]' - u'(x) \cdot v(x)$$

可得

$$\int_a^b u(x) \cdot v'(x) \mathrm{d}x = u(x)v(x) \Big|_a^b - \int_a^b u'(x) \cdot v(x) \mathrm{d}x$$

所以

$$\int_a^b u(x) \mathrm{d}v(x) = u(x)v(x) \Big|_a^b - \int_a^b v(x) \mathrm{d}u(x)$$

【例 5 - 20】　求 $\int_0^1 x \mathrm{e}^x \mathrm{d}x$.

解　$\displaystyle \int_0^1 x \mathrm{e}^x \mathrm{d}x = x \mathrm{e}^x \Big|_0^1 - \int_0^1 \mathrm{e}^x \mathrm{d}x = \mathrm{e} - \mathrm{e}^x \Big|_0^1 = 1$

【例 5 - 21】　求 $\int_0^{\frac{\pi}{2}} x^2 \sin x \mathrm{d}x$.

解　$\displaystyle \int_0^{\frac{\pi}{2}} x^2 \sin x \mathrm{d}x = -\int_0^{\frac{\pi}{2}} x^2 \mathrm{d}(\cos x) = -x^2 \cos x \Big|_0^{\frac{\pi}{2}} + \int_0^{\frac{\pi}{2}} 2x \cos x \mathrm{d}x$

$$= 2\int_0^{\frac{\pi}{2}} x \mathrm{d}(\sin x) = 2\left(x\sin x \Big|_0^{\frac{\pi}{2}} - \int_0^{\frac{\pi}{2}} \sin x \mathrm{d}x \right)$$

$$= 2\left(\frac{\pi}{2} + \cos x \Big|_0^{\frac{\pi}{2}} \right) = \pi - 2$$

【例 5 - 22】　求 $\int_0^{\frac{\pi}{2}} \mathrm{e}^x \cos x \mathrm{d}x$.

解　$\displaystyle \int_0^{\frac{\pi}{2}} \mathrm{e}^x \cos x \mathrm{d}x = \int_0^{\frac{\pi}{2}} \cos x \mathrm{d}(\mathrm{e}^x) = \mathrm{e}^x \cos x \Big|_0^{\frac{\pi}{2}} - \int_0^{\frac{\pi}{2}} \mathrm{e}^x \mathrm{d}(\cos x)$

$$= (0-1) + \int_0^{\frac{\pi}{2}} \mathrm{e}^x \sin x \mathrm{d}x = -1 + \int_0^{\frac{\pi}{2}} \sin x \mathrm{d}(\mathrm{e}^x)$$

$$= -1 + \mathrm{e}^x \sin x \Big|_0^{\frac{\pi}{2}} - \int_0^{\frac{\pi}{2}} \mathrm{e}^x \mathrm{d}(\sin x)$$

$$= -1 + \mathrm{e}^{\frac{\pi}{2}} - \int_0^{\frac{\pi}{2}} \mathrm{e}^x \cos x \mathrm{d}x$$

移项后，得

$$\int_0^{\frac{\pi}{2}} \mathrm{e}^x \cos x \mathrm{d}x = \frac{1}{2}(\mathrm{e}^{\frac{\pi}{2}} - 1)$$

【例 5 - 23】　求 $\int_0^{\frac{1}{2}} \arcsin x \mathrm{d}x$.

解　$\displaystyle \int_0^{\frac{1}{2}} \arcsin x \mathrm{d}x = [x \arcsin x]_0^{\frac{1}{2}} - \int_0^{\frac{1}{2}} x \mathrm{d}(\arcsin x)$

$$= \frac{1}{2} \cdot \frac{\pi}{6} - \int_0^{\frac{1}{2}} \frac{x}{\sqrt{1-x^2}} \mathrm{d}x = \frac{\pi}{12} + \frac{1}{2} \int_0^{\frac{1}{2}} \frac{1}{\sqrt{1-x^2}} \mathrm{d}(1-x^2)$$

$$= \frac{\pi}{12} + \sqrt{1-x^2} \Big|_0^{\frac{1}{2}} = \frac{\pi}{12} + \frac{\sqrt{3}}{2} - 1$$

【例 5 - 24】　求 $\int_1^{\mathrm{e}} x \ln^2 x \mathrm{d}x$

解　$\int_1^{\mathrm{e}} x \ln^2 x \mathrm{d}x = \frac{1}{2} \int_1^{\mathrm{e}} \ln^2 x \mathrm{d}(x^2) = \frac{1}{2} x^2 \ln^2 x \Big|_1^{\mathrm{e}} - \int_1^{\mathrm{e}} x \ln x \mathrm{d}x$

$$= \left(\frac{1}{2} \mathrm{e}^2 - 0 \right) - \frac{1}{2} \int_1^{\mathrm{e}} \ln x \mathrm{d}(x^2) = \frac{1}{2} \mathrm{e}^2 - \frac{1}{2} x^2 \ln x \Big|_1^{\mathrm{e}} + \frac{1}{2} \int_1^{\mathrm{e}} x \mathrm{d}x$$

$$= \frac{1}{2} \mathrm{e}^2 - \left(\frac{1}{2} \mathrm{e}^2 - 0 \right) + \frac{1}{4} x^2 \Big|_1^{\mathrm{e}} = \frac{1}{4} \mathrm{e}^2 - \frac{1}{4}$$

【例 5 - 25】　求 $\int_0^{\frac{1}{2}} \frac{x \arcsin x}{\sqrt{1-x^2}} \mathrm{d}x$.

解　$\int_0^{\frac{1}{2}} \frac{x \arcsin x}{\sqrt{1-x^2}} \mathrm{d}x = -\int_0^{\frac{1}{2}} \arcsin x \mathrm{d}(\sqrt{1-x^2})$

$$= -\sqrt{1-x^2} \arcsin x \Big|_0^{\frac{1}{2}} + \int_0^{\frac{1}{2}} \mathrm{d}x$$

$$= -\frac{\sqrt{3}}{2} \times \frac{\pi}{6} + \frac{1}{2} = \frac{1}{2} - \frac{\sqrt{3}\pi}{12}$$

【例 5 - 26】　设 $I_n = \int_0^{\frac{\pi}{2}} \sin^n x \mathrm{d}x$，证明：

(1) 当 n 为正偶数时，$I_n = \frac{n-1}{n} \cdot \frac{n-3}{n-2} \cdots \frac{3}{4} \cdot \frac{1}{2} \cdot \frac{\pi}{2}$；

(2) 当 n 为大于 1 的正奇数时，$I_n = \frac{n-1}{n} \cdot \frac{n-3}{n-2} \cdots \frac{4}{5} \cdot \frac{2}{3}$.

证明　$I_n = \int_0^{\frac{\pi}{2}} \sin^n x \mathrm{d}x = -\int_0^{\frac{\pi}{2}} \sin^{n-1} x \mathrm{d}(\cos x)$

$$= -\left[\cos x \sin^{n-1} x \right]_0^{\frac{\pi}{2}} + \int_0^{\frac{\pi}{2}} \cos x \mathrm{d}(\sin^{n-1} x)$$

$$= (n-1) \int_0^{\frac{\pi}{2}} \cos^2 x \sin^{n-2} x \mathrm{d}x = (n-1) \int_0^{\frac{\pi}{2}} (\sin^{n-2} x - \sin^n x) \mathrm{d}x$$

$$= (n-1) \int_0^{\frac{\pi}{2}} \sin^{n-2} x \mathrm{d}x - (n-1) \int_0^{\frac{\pi}{2}} \sin^n x \mathrm{d}x = (n-1) I_{n-2} - (n-1) I_n$$

由此得

$$I_n = \frac{n-1}{n} I_{n-2}$$

$$I_{2m} = \frac{2m-1}{2m} \cdot \frac{2m-3}{2m-2} \cdot \frac{2m-5}{2m-4} \cdots \frac{3}{4} \cdot \frac{1}{2} I_0$$

$$I_{2m+1} = \frac{2m}{2m+1} \cdot \frac{2m-2}{2m-1} \cdot \frac{2m-4}{2m-3} \cdots \frac{4}{5} \cdot \frac{2}{3} I_1$$

而

$$I_0 = \int_0^{\frac{\pi}{2}} \mathrm{d}x = \frac{\pi}{2}, \quad I_1 = \int_0^{\frac{\pi}{2}} \sin x \, \mathrm{d}x = 1$$

因此

$$I_{2m} = \frac{2m-1}{2m} \cdot \frac{2m-3}{2m-2} \cdot \frac{2m-5}{2m-4} \cdots \frac{3}{4} \cdot \frac{1}{2} \cdot \frac{\pi}{2}$$

$$I_{2m+1} = \frac{2m}{2m+1} \cdot \frac{2m-2}{2m-1} \cdot \frac{2m-4}{2m-3} \cdots \frac{4}{5} \cdot \frac{2}{3}$$

习题 5.3

1. 用换元法计算下列积分.

(1) $\displaystyle\int_4^9 \frac{\sqrt{x}}{\sqrt{x}-1} \mathrm{d}x$

(2) $\displaystyle\int_{\frac{\sqrt{2}}{2}}^1 \frac{\sqrt{1-x^2}}{x^2} \mathrm{d}x$

(3) $\displaystyle\int_0^2 \sqrt{4-x^2} \mathrm{d}x$

(4) $\displaystyle\int_1^{e^3} \frac{\mathrm{d}x}{x\sqrt{1+\ln x}}$

2. 用分部积分法计算下列积分.

(1) $\displaystyle\int_0^1 \arctan x \, \mathrm{d}x$

(2) $\displaystyle\int_0^1 \ln(1+x^2) \mathrm{d}x$

(3) $\displaystyle\int_0^1 x^2 \arctan x \, \mathrm{d}x$

(4) $\displaystyle\int_0^1 x \mathrm{e}^{2x} \mathrm{d}x$

(5) $\displaystyle\int_0^{\frac{\pi^2}{4}} \sin\sqrt{x} \, \mathrm{d}x$

(6) $\displaystyle\int_0^{\frac{\pi}{3}} \frac{x}{\cos^2 x} \mathrm{d}x$

3. 设函数 $f(x)$ 在 $[0, a]$ 上连续，证明：$\displaystyle\int_0^a f(x) \mathrm{d}x = \int_0^a f(a-x) \mathrm{d}x$.

4. 设 $f(x) = \displaystyle\int_1^{x^2} \mathrm{e}^{-t^2} \mathrm{d}t$，求 $\displaystyle\int_0^1 x f(x) \mathrm{d}x$.

5.4 广 义 积 分

在一些实际问题中，常遇到积分区间为无穷区间或者被积函数为无界函数的积分，这类积分不是通常意义下的积分（定积分）. 于是下面对定积分作如下两种推广，从而形成广义积分的概念.

5.4.1 无穷限的广义积分

定义 5-2 设函数 $f(x)$ 在区间 $[a,+\infty)$ 上连续，取 $b>a$，如果极限

$$\lim_{b\to+\infty}\int_a^b f(x)\mathrm{d}x \tag{5-1}$$

存在，则称此极限为函数 $f(x)$ 在无穷区间 $[a,+\infty)$ 上的广义积分，记作 $\int_a^{+\infty} f(x)\mathrm{d}x$，即

$$\int_a^{+\infty} f(x)\mathrm{d}x = \lim_{b\to+\infty}\int_a^b f(x)\mathrm{d}x \tag{5-2}$$

这时也称广义积分 $\int_a^{+\infty} f(x)\mathrm{d}x$ 收敛. 如果式（5-1）极限不存在，函数 $f(x)$ 在无穷区间 $[a,+\infty)$ 上的广义积分 $\int_a^{+\infty} f(x)\mathrm{d}x$ 就没有意义，此时称广义积分 $\int_a^{+\infty} f(x)\mathrm{d}x$ 发散.

类似地，设函数 $f(x)$ 在区间 $(-\infty,b]$ 上连续，如果极限

$$\lim_{a\to-\infty}\int_a^b f(x)\mathrm{d}x \tag{5-3}$$

存在，则称此极限为函数 $f(x)$ 在无穷区间 $(-\infty,b]$ 上的广义积分，记作 $\int_{-\infty}^b f(x)\mathrm{d}x$，即

$$\int_{-\infty}^b f(x)\mathrm{d}x = \lim_{a\to-\infty}\int_a^b f(x)\mathrm{d}x \tag{5-4}$$

这时也称广义积分 $\int_{-\infty}^b f(x)\mathrm{d}x$ **收敛**. 如果式（5-3）极限不存在，则称广义积分 $\int_{-\infty}^b f(x)\mathrm{d}x$ **发散**.

设函数 $f(x)$ 在区间 $(-\infty,+\infty)$ 上连续，如果广义积分 $\int_{-\infty}^c f(x)\mathrm{d}x$ 和 $\int_c^{+\infty} f(x)\mathrm{d}x$ 都收敛，则称上述两个广义积分的和为函数 $f(x)$ 在无穷区间 $(-\infty,+\infty)$ 上的广义积分，记作 $\int_{-\infty}^{+\infty} f(x)\mathrm{d}x$，即

$$\int_{-\infty}^{+\infty} f(x)\mathrm{d}x = \int_{-\infty}^c f(x)\mathrm{d}x + \int_c^{+\infty} f(x)\mathrm{d}x$$
$$= \lim_{a\to-\infty}\int_a^c f(x)\mathrm{d}x + \lim_{b\to+\infty}\int_c^b f(x)\mathrm{d}x \tag{5-5}$$

这时也称广义积分 $\int_{-\infty}^{+\infty} f(x)\mathrm{d}x$ **收敛**. 如果式（5-5）右端有一个广义积分发散，则称广义

积分 $\int_{-\infty}^{+\infty} f(x)\mathrm{d}x$ 发散.

如果 $F(x)$ 是 $f(x)$ 的一个原函数，则

$$\int_a^{+\infty} f(x)\mathrm{d}x = \lim_{b\to+\infty}\int_a^b f(x)\mathrm{d}x = \lim_{b\to+\infty}[F(x)]_a^b = \lim_{b\to+\infty} F(b) - F(a) = \lim_{x\to+\infty} F(x) - F(a)$$

可采用如下简记形式.

$$\int_a^{+\infty} f(x)\mathrm{d}x = [F(x)]_a^{+\infty} = \lim_{x\to+\infty} F(x) - F(a)$$

类似地

$$\int_{-\infty}^b f(x)\mathrm{d}x = [F(x)]_{-\infty}^b = F(b) - \lim_{x\to-\infty} F(x)$$

$$\int_{-\infty}^{+\infty} f(x)\mathrm{d}x = [F(x)]_{-\infty}^{+\infty} = \lim_{x\to+\infty} F(x) - \lim_{x\to-\infty} F(x)$$

【例 5 - 27】 计算广义积分 $\int_{-\infty}^{+\infty} \dfrac{1}{1+x^2}\mathrm{d}x$.

解 $\int_{-\infty}^{+\infty} \dfrac{1}{1+x^2}\mathrm{d}x = [\arctan x]_{-\infty}^{+\infty}$

$$= \lim_{x\to+\infty} \arctan x - \lim_{x\to-\infty} \arctan x = \frac{\pi}{2} - \left(-\frac{\pi}{2}\right) = \pi.$$

类似地，

$$\int_0^{+\infty} \frac{1}{1+x^2}\mathrm{d}x = \frac{\pi}{2}$$

$$\int_{-\infty}^0 \frac{1}{1+x^2}\mathrm{d}x = \frac{\pi}{2}$$

【例 5 - 28】 讨论 $\int_2^{+\infty} \dfrac{\mathrm{d}x}{x\ln x}$ 的敛散性.

解 因为

$$\int_2^{+\infty} \frac{\mathrm{d}x}{x\ln x} = \int_2^{+\infty} \frac{\mathrm{d}(\ln x)}{\ln x} = \ln|\ln x| \ \Big|_2^{+\infty}$$

所以 $\int_2^{+\infty} \dfrac{\mathrm{d}x}{x\ln x}$ 发散.

【例 5 - 29】 计算广义积分 $\int_0^{+\infty} t\mathrm{e}^{-t}\mathrm{d}t$.

解 $\int_0^{+\infty} t\mathrm{e}^{-t}\mathrm{d}t = -\int_0^{+\infty} t\mathrm{d}(\mathrm{e}^{-t}) = -t\mathrm{e}^{-t}\ \Big|_0^{+\infty} + \int_0^{+\infty} \mathrm{e}^{-t}\mathrm{d}t$

$$= \int_0^{+\infty} \mathrm{e}^{-t}\mathrm{d}t = -\mathrm{e}^{-t}\ \Big|_0^{+\infty} = 1.$$

在 $-t\mathrm{e}^{-t}\Big|_0^{+\infty}$ 中用 t 代替 $+\infty$，实际上是计算极限

$$\lim_{t \to +\infty} t e^{-t} = \lim_{t \to +\infty} \frac{t}{e^t} = \lim_{t \to +\infty} \frac{1}{e^t} = 0$$

【例 5 - 30】 讨论广义积分 $\displaystyle\int_a^{+\infty} \frac{1}{x^p} x$　$(a > 0)$ 的敛散性.

解　当 $p = 1$ 时，$\displaystyle\int_a^{+\infty} \frac{dx}{x^p} = \int_a^{+\infty} \frac{dx}{x} = \ln x \Big|_a^{+\infty} = +\infty$（发散）

当 $p > 1$ 时，$\displaystyle\int_a^{+\infty} \frac{dx}{x^p} = \frac{x^{1-p}}{1-p} \Big|_a^{+\infty} = \frac{1}{(p-1)a^{p-1}}$（收敛）

当 $p < 1$ 时，$\displaystyle\int_a^{+\infty} \frac{dx}{x^p} = \frac{x^{1-p}}{1-p} \Big|_a^{+\infty} = +\infty$（发散）

综上所述

$$\int_a^{+\infty} \frac{1}{x^p} dx = \begin{cases} \dfrac{1}{(p-1)a^{p-1}}, & p > 1 \text{（收敛）} \\ +\infty, & p \leqslant 1 \text{（发散）} \end{cases}$$

5.4.2　无界函数的广义积分

如果被积函数 $f(x)$ 在点 a 的任一邻域内均无界，则称点 a 为 $f(x)$ 的**瑕点**，无界函数的广义积分也称为**瑕积分**.

> **定义 5 - 3**　设 $f(x)$ 在 $(a, b]$ 上连续，且 $\lim\limits_{x \to a^+} f(x) = \infty$，取 $\varepsilon > 0$，称极限 $\lim\limits_{\varepsilon \to 0^+} \displaystyle\int_{a+\varepsilon}^b f(x) dx$
> 为 $f(x)$ 在 $(a, b]$ 上的广义积分，记为
> $$\int_a^b f(x) dx = \lim_{\varepsilon \to 0^+} \int_{a+\varepsilon}^b f(x) dx \qquad (5-6)$$
> 若式（5 - 6）极限存在，则称广义积分 $\displaystyle\int_a^b f(x) dx$ **收敛**；若极限不存在，则称 $\displaystyle\int_a^b f(x) dx$ **发散**.

类似地，当 $x = b$ 为 $f(x)$ 的无穷间断点时，即 $\lim\limits_{x \to b^-} f(x) = \infty$，$f(x)$ 在 $[a, b)$ 上的广义积分定义为：取 $\varepsilon > 0$，$\displaystyle\int_a^b f(x) dx = \lim_{\varepsilon \to 0^+} \int_a^{b-\varepsilon} f(x) dx$.

当无穷间断点 $x = c$ 位于区间 $[a, b]$ 内部时，则定义**广义积分** $\displaystyle\int_a^b f(x) dx$ 为

$$\int_a^b f(x) dx = \int_a^c f(x) dx + \int_c^b f(x) dx$$

上式右端两个积分均为广义积分，仅当这两个广义积分都收敛时，则称 $\displaystyle\int_a^b f(x) dx$ **收**

敛；否则，称 $\int_a^b f(x)\mathrm{d}x$ **发散**.

【例 5 - 31】 计算广义积分 $\int_0^a \dfrac{1}{\sqrt{a^2-x^2}}\mathrm{d}x$.

解 因为 $\lim\limits_{x\to a^-}\dfrac{1}{\sqrt{a^2-x^2}}=+\infty$，所以点 a 为被积函数的瑕点，故

$$\int_0^a \frac{1}{\sqrt{a^2-x^2}}\mathrm{d}x=\left[\arcsin\frac{x}{a}\right]_0^a=\lim_{x\to a^-}\arcsin\frac{x}{a}-0=\frac{\pi}{2}$$

【例 5 - 32】 讨论广义积分 $\int_{-1}^1 \dfrac{1}{x^2}\mathrm{d}x$ 的敛散性.

解 函数 $\dfrac{1}{x^2}$ 在区间 $[-1,1]$ 上除 $x=0$ 外连续，且 $\lim\limits_{x\to 0}\dfrac{1}{x^2}=\infty$. 由于

$$\int_{-1}^0 \frac{1}{x^2}\mathrm{d}x=\left[-\frac{1}{x}\right]_{-1}^0=\lim_{x\to 0^-}\left(-\frac{1}{x}\right)-1=+\infty$$

即广义积分 $\int_{-1}^0 \dfrac{1}{x^2}\mathrm{d}x$ 发散，所以广义积分 $\int_{-1}^1 \dfrac{1}{x^2}\mathrm{d}x$ 发散.

【例 5 - 33】 讨论广义积分 $\int_a^b \dfrac{\mathrm{d}x}{(x-a)^q}$ 的敛散性.

解 当 $q=1$ 时，$\int_a^b \dfrac{\mathrm{d}x}{(x-a)^q}=\int_a^b \dfrac{\mathrm{d}x}{x-a}=\ln(x-a)\Big|_a^b=+\infty$；

当 $q>1$ 时，$\int_a^b \dfrac{\mathrm{d}x}{(x-a)^q}=\left[\dfrac{1}{1-q}(x-a)^{1-q}\right]_a^b=+\infty$；

当 $q<1$ 时，$\int_a^b \dfrac{\mathrm{d}x}{(x-a)^q}=\left[\dfrac{1}{1-q}(x-a)^{1-q}\right]_a^b=\dfrac{1}{1-q}(b-a)^{1-q}$.

因此，当 $q<1$ 时，此广义积分收敛，其值为 $\dfrac{1}{1-q}(b-a)^{1-q}$；当 $q\geqslant 1$ 时，此广义积分发散.

习题 5.4

1. 计算下列广义积分.

   (1) $\int_0^{-\infty} \mathrm{e}^{3x}\mathrm{d}x$

   (2) $\int_1^{+\infty} \dfrac{\arctan x}{x^2}\mathrm{d}x$

   (3) $\int_0^{+\infty} \mathrm{e}^{-2x}\sin x\mathrm{d}x$

   (4) $\int_1^{+\infty} \dfrac{\mathrm{d}x}{x\sqrt{x-1}}$

   (5) $\int_0^1 \ln x\mathrm{d}x$

   (6) $\int_0^1 \dfrac{\mathrm{e}^{\sqrt{x}}}{\sqrt{x}}\mathrm{d}x$

2. 判断下列广义积分的敛散性，如果收敛，求其值.

(1) $\displaystyle\int_{0}^{+\infty}\mathrm{e}^{ax}\,\mathrm{d}x$　　　　　　(2) $\displaystyle\int_{-\infty}^{+\infty}\dfrac{1}{x^{2}+4x+5}\,\mathrm{d}x$

(3) $\displaystyle\int_{0}^{1}\dfrac{(\sqrt[6]{x}+1)^{2}}{\sqrt{x}}\,\mathrm{d}x$　　　(4) $\displaystyle\int_{e}^{+\infty}\dfrac{1}{x}(\ln x)^{a}\,\mathrm{d}x$

5.5　定积分的应用

定积分的应用非常广泛，本节主要介绍定积分在几何及经济中的应用.

5.5.1　平面图形的面积

前面已经知道，由连续曲线 $y=f(x)\geqslant 0$ 与直线 $x=a$，$x=b$ 及 x 轴所围成的曲边梯形的面积 S 的定积分表达式为

$$S=\int_{a}^{b}f(x)\,\mathrm{d}x$$

由连续曲线 $y=f(x)\leqslant 0$ 与直线 $x=a$，$x=b$ 及 x 轴所围成的曲边梯形的面积 S 的定积分表达式为

$$S=-\int_{a}^{b}f(x)\,\mathrm{d}x$$

这样，对于一般的平面图形面积的计算，总可以归结为计算若干个曲边梯形的面积. 下面分情况进行讨论.

x 型区域：若平面图形由上下两条曲线 $y=f(x)$ 与 $y=g(x)(f(x)\geqslant g(x))$ 及左右两条直线 $x=a$ 与 $x=b$ 所围成（如图 5-5 所示），则平面图形的面积为

$$S=\int_{a}^{b}\big[f(x)-g(x)\big]\,\mathrm{d}x$$

y 型区域：若平面图形由左右两条曲线 $x=\psi(y)$ 与 $x=\varphi(y)(\varphi(y)\geqslant\psi(y))$ 及上下两条直线 $y=d$ 与 $y=c$ 所围成（如图 5-6 所示），则平面图形的面积为

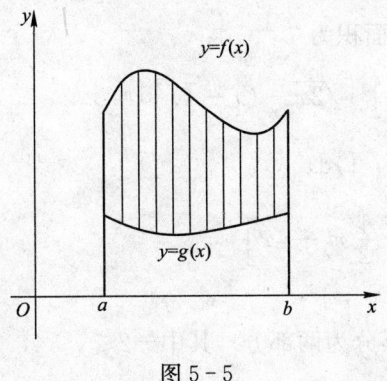

图 5-5　　　　　　　　　　图 5-6

$$S = \int_c^d [\varphi(y) - \psi(y)] dy$$

【例 5 - 34】 计算抛物线 $x = y^2$ 和 $y = x^2$ 所围成的图形的面积.

解 两条抛物线 $x = y^2$ 和 $y = x^2$ 的交点坐标是（0，0）和（1，1）（如图 5 - 7 所示）.

方法 1 x 型区域. 上边界为 $y = \sqrt{x}$，下边界为 $y = x^2$，$0 \leqslant x \leqslant 1$，于是所围成的图形的面积为

$$S = \int_0^1 (\sqrt{x} - x^2) dx = \left(\frac{2}{3} x^{\frac{3}{2}} - \frac{1}{3} x^3 \right) \Big|_0^1 = \frac{1}{3}$$

方法 2 y 型区域. 左边界为 $x = y^2$，右边界为 $x = \sqrt{y}$，$0 \leqslant y \leqslant 1$，于是所围成的图形的面积为

$$S = \int_0^1 (\sqrt{y} - y^2) dy = \left(\frac{2}{3} y^{\frac{3}{2}} - \frac{1}{3} y^3 \right) \Big|_0^1 = \frac{1}{3}$$

【例 5 - 35】 计算抛物线 $y^2 = 2x$ 与直线 $y = x - 4$ 所围成的图形的面积（如图 5 - 8 所示）.

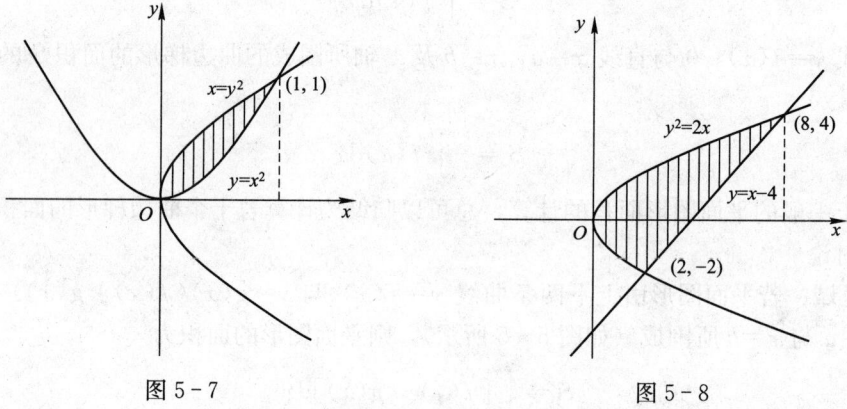

图 5 - 7   图 5 - 8

解 抛物线 $y^2 = 2x$ 与直线 $y = x - 4$ 的交点为（2，-2）和（8，4），其中 $0 \leqslant x \leqslant 8$.

若 $x \in [0, 2]$，上边界为 $y = \sqrt{2x}$，下边界为 $y = -\sqrt{2x}$；若 $x \in [2, 8]$，上边界为 $y = \sqrt{2x}$，下边界为 $y = x - 4$. 于是，所围成的图形的面积为

$$S = \int_0^2 [\sqrt{2x} - (-\sqrt{2x})] dx + \int_2^8 [\sqrt{2x} - (x - 4)] dx$$

$$= 2 \int_0^2 \sqrt{2x} dx + \int_2^8 (\sqrt{2x} - x + 4) dx$$

$$= \frac{2}{3} (2x)^{\frac{3}{2}} \Big|_0^2 + \left[\frac{1}{3} (2x)^{\frac{3}{2}} - \frac{1}{2} x^2 + 4x \right]_2^8$$

$$= 18$$

此题若使用 y 型区域进行积分，就不必将图形分为两部分. 其中 $-2 \leqslant y \leqslant 4$，左边界为

$x=\dfrac{1}{2}y^2$，右边界为直线 $x=y+4$，于是所围成的图形的面积为

$$S=\int_{-2}^{4}\left[(y+4)-\frac{1}{2}y^2\right]\mathrm{d}y=\left(\frac{1}{2}y^2+4y-\frac{1}{6}y^3\right)\Big|_{-2}^{4}=18$$

【例 5-36】　求椭圆 $\dfrac{x^2}{a^2}+\dfrac{y^2}{b^2}=1$ 所围成的图形的面积（如图 5-9 所示）.

解　由对称性，得

$$S=4\int_{0}^{a}y\mathrm{d}x=4\int_{0}^{a}\frac{b}{a}\sqrt{a^2-x^2}\,\mathrm{d}x$$

令 $x=a\sin t$，则 $\mathrm{d}x=a\cos t\mathrm{d}t$. 且当 $x=0$ 时，$t=0$；当 $x=a$ 时，$t=\dfrac{\pi}{2}$. 所以

$$S=4\int_{0}^{a}\frac{b}{a}\sqrt{a^2-x^2}\,\mathrm{d}x=4\,\frac{b}{a}\int_{0}^{\frac{\pi}{2}}\sqrt{a^2-a^2\sin^2 t}\cdot a\cos t\mathrm{d}t$$

$$=4\,\frac{b}{a}\int_{0}^{\frac{\pi}{2}}a^2\cos^2 t\mathrm{d}t=2ab\int_{0}^{\frac{\pi}{2}}(1+\cos 2t)\mathrm{d}t=2ab\left(t+\frac{1}{2}\sin 2t\right)\Big|_{0}^{\frac{\pi}{2}}=\pi ab$$

【例 5-37】　求由曲线 $y=\ln x$，x 轴和曲线上点 $B(\mathrm{e},1)$ 处的切线所围成的图形的面积.

解　曲线 $y=\ln x$ 在点 $B(\mathrm{e},1)$ 处的切线方程为

$$y-1=\frac{1}{\mathrm{e}}(x-\mathrm{e})$$

即 $x=\mathrm{e}y$. 从而围成的图形（如图 5-10 所示），属于 y 型区域，于是所围成的图形的面积为

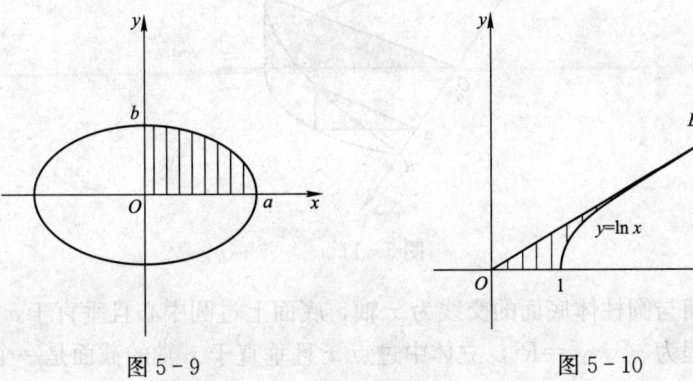

图 5-9　　　　　　　　　　　　　　图 5-10

$$S=\int_{0}^{1}(\mathrm{e}^y-\mathrm{e}y)\mathrm{d}y=\frac{\mathrm{e}}{2}-1$$

5.5.2　立体的体积

用定积分计算立体的体积，主要讨论下面两种简单情形，至于较一般的几何体体积的求法将在第 6 章给出.

1. 平行截面面积已知的立体的体积

设空间某立体由一曲面和垂直于 x 轴的两个平面 $x=a$ 与 $x=b$ 所围成，若过任意点 $x(a \leqslant x \leqslant b)$ 且垂直于 x 轴的平面截立体所得的截面面积 $A(x)$ 为已知的连续函数，则此立体的体积为

$$V = \int_a^b A(x)\mathrm{d}x$$

证明　在区间 $[a, b]$ 内插入 $n-1$ 个分点 $a=x_1<x_2<\cdots<x_n<x_{n+1}=b$，把区间 $[a, b]$ 分成 n 个小区间 $[x_1, x_2]$，$[x_2, x_3]$，$\cdots$，$[x_i, x_{i+1}]$，$\cdots$，$[x_n, x_{n+1}]$，各小区间长度为 $\Delta x_i = x_{i+1} - x_i (i=1, 2, \cdots, n)$，满足 $\lambda = \max\{\Delta x_1, \Delta x_2, \cdots, \Delta x_n\} \to 0$，这样所求的体积被分成无数个小薄片的体积．每个小薄片的体积为 $\Delta V_i \approx A(\xi_i)\Delta x_i$，于是

$$V \approx A(\xi_i)\Delta x_i$$

所以

$$V = \lim_{\lambda \to 0} \sum_{i=1}^n A(\xi_i)\Delta x_i = \int_a^b A(x)\mathrm{d}x$$

【例 5-38】　一平面经过半径为 R 的圆柱体的底圆中心，并与底面交成角 α，计算这平面截圆柱所得立体的体积（如图 5-11 所示）．

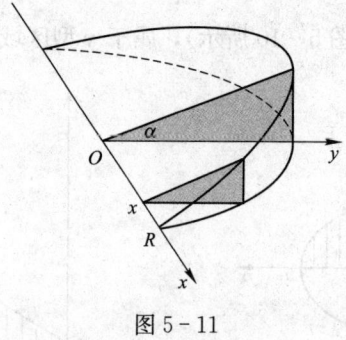

图 5-11

解　取这个平面与圆柱体底面的交线为 x 轴，底面上过圆中心且垂直于 x 轴的直线为 y 轴，那么底圆的方程为 $x^2+y^2=R^2$，立体中过点 x 且垂直于 x 轴的截面是一个直角三角形．两直角边分别为 $\sqrt{R^2-x^2}$ 及 $\sqrt{R^2-x^2}\tan\alpha$，因而截面面积为

$$A(x) = \frac{1}{2}(R^2-x^2)\tan\alpha$$

于是所求的立体体积为

$$V = \int_{-R}^R \frac{1}{2}(R^2-x^2)\tan\alpha\,\mathrm{d}x$$

$$= \frac{1}{2}\tan\alpha\left[R^2 x - \frac{1}{3}x^3\right]_{-R}^R = \frac{2}{3}R^3\tan\alpha$$

【例 5–39】　求以半径为 R 的圆为底、平行且等于底圆直径的线段为顶、高为 h 的正劈锥体的体积.

解　取底圆所在的平面为 xOy 平面，圆心为原点，使 x 轴与正劈锥的顶平行. 底圆的方程为 $x^2+y^2=R^2$. 过 x 轴上的点 $x(-R<x<R)$ 作垂直于 x 轴的平面，截正劈锥体得等腰三角形. 这截面的面积为

$$A(x)=h \cdot y=h\sqrt{R^2-x^2}$$

于是，所求正劈锥体的体积为

$$V=\int_{-R}^{R}h\sqrt{R^2-x^2}\,\mathrm{d}x=2R^2h\int_{0}^{\frac{\pi}{2}}\cos^2\theta\mathrm{d}\theta=\frac{1}{2}\pi R^2 h$$

2. 旋转体的体积

点动成线，线动成面，面动成体. 旋转体就是由一个平面图形绕平面内一条直线旋转一周而成的立体，这条直线叫做旋转轴. 旋转体是一种特殊类型的平行截面面积已知的立体.

现在解决由连续曲线 $y=f(x)\geqslant 0$ 与直线 $x=a$，$x=b$ 及 x 轴所围成的曲边梯形绕 x 轴旋转一周而成的旋转体的体积（如图 5–12 所示）.

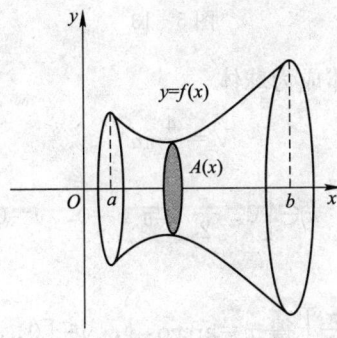

图 5–12

设 $x\in[a,b]$，在 x 处用垂直于 x 轴的平面截旋转体，得到的旋转体的截面是圆，其面积为

$$A(x)=\pi y^2=\pi f^2(x)$$

所以该旋转体的体积为

$$V=\pi\int_{a}^{b}f^2(x)\,\mathrm{d}x$$

同理可得，由连续曲线 $x=\varphi(y)\geqslant 0$ 与直线 $y=c$，$y=d$ 及 y 轴所围成的曲边梯形绕 y 轴旋转一周而成的旋转体的体积为

$$V=\pi\int_{c}^{d}\varphi^2(y)\,\mathrm{d}y$$

【例 5–40】　求椭圆 $\dfrac{x^2}{a^2}+\dfrac{y^2}{b^2}=1$ 所围成的平面图形绕 x 轴旋转一周所成的旋转体（旋转

椭球体）的体积.

解 这个旋转体可以看成是由 x 轴与半个椭圆 $y=\dfrac{b}{a}\sqrt{a^2-x^2}$ 所围成的平面图形绕 x 轴旋转而成的立体（如图 5-13 所示），则有

$$V=\pi\int_{-a}^{a}\frac{b^2}{a^2}(a^2-x^2)\mathrm{d}x=\frac{4}{3}\pi ab^2$$

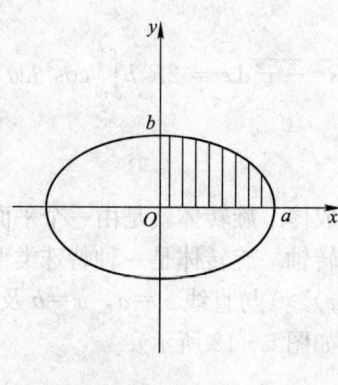

图 5-13

特别地，当 $a=b$ 时，旋转体成为球体

$$V=\frac{4}{3}\pi a^3$$

【例 5-41】 求由 $y=\cos x$，$x\in\left[0,\dfrac{\pi}{2}\right]$ 与 $x=0$，$y=0$ 围成的平面图形绕 y 轴旋转一周所形成的立体的体积.

解 由 $y=\cos x$，$x\in\left[0,\dfrac{\pi}{2}\right]$ 得 $x=\arccos y$，$y\in[0,1]$，于是

$$V=\pi\int_{0}^{1}(\arccos y)^2\mathrm{d}y$$

令 $\arccos y=t$，得

$$V=\pi\int_{0}^{1}(\arccos y)^2\mathrm{d}y=\pi\int_{0}^{\frac{\pi}{2}}t^2\sin t\,\mathrm{d}t=\pi(-t^2\cos t)\Big|_{0}^{\frac{\pi}{2}}+2\pi\int_{0}^{\frac{\pi}{2}}t\cos t\,\mathrm{d}t$$

$$=2\pi(t\sin t)\Big|_{0}^{\frac{\pi}{2}}-2\pi\int_{0}^{\frac{\pi}{2}}\sin t\,\mathrm{d}t=\pi^2+2\pi\cos t\Big|_{0}^{\frac{\pi}{2}}=\pi^2-2\pi$$

【例 5-42】 设 D_1 是由抛物线 $y=2x^2$ 和直线 $x=a(0<a<2)$，$x=2$ 及 x 轴所围成的平面区域；D_2 是由抛物线 $y=2x^2$ 和直线 $x=a$ 及 x 轴所围成的平面区域（如图 5-14 所示）.

(1) 试求 D_1 绕 x 轴旋转而成的旋转体体积 V_1，D_2 绕 y 轴旋转而成的旋转体体积 V_2；

(2) 当 a 为何值时，$V=V_1+V_2$ 取最大值？并求出最大值.

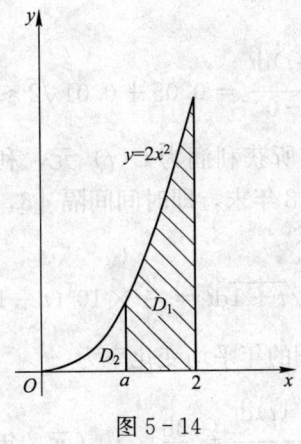

图 5 - 14

解　(1) $V_1 = \pi \int_a^2 (2x^2)^2 \mathrm{d}x = \dfrac{4\pi}{5}(32-a^5)$,

$$V_2 = \pi a^2 \cdot 2a^2 - \pi \int_0^{2a^2} \dfrac{y}{2} \mathrm{d}y = 2\pi a^4 - \pi a^4 = \pi a^4$$

(2) $V = V_1 + V_2 = \dfrac{4\pi}{5}(32-a^5) + \pi a^4$, 令

$$V' = 4\pi a^3 (1-a) = 0$$

在 (0, 2) 内解得 $a=1$, 当 $1<a<2$ 时, $V'<0$; 当 $0<a<1$ 时, $V'>0$. 于是当 $a=1$ 时, $V=V_1+V_2$ 取最大值, 其最大值为 $V=\dfrac{129}{5}\pi$.

5.5.3　定积分在经济中的应用

1. 经济函数在区间上的平均变化率

设某经济函数的变化率为 $f(t)$, 则称

$$\dfrac{\int_{t_1}^{t_2} f(t)\mathrm{d}t}{t_2 - t_1}$$

为该经济函数在时间间隔 $[t_1, t_2]$ 内的**平均变化率.**

【例 5 - 43】　设某银行的利息连续计算, 利息率是时间 t（单位：年）的函数：$r(t)=0.08+0.015\sqrt{t}$. 求它在开始 2 年, 即时间段 $[0, 2]$ 内的平均利息率.

解　由于

$$\int_0^2 r(t)\mathrm{d}t = \int_0^2 (0.08 + 0.015\sqrt{t})\mathrm{d}t = 0.16 + 0.01t\sqrt{t}\,\Big|_0^2 = 0.16 + 0.02\sqrt{2}$$

所以开始 2 年的平均利息率为

$$r = \frac{\int_0^2 r(t)\mathrm{d}t}{2-0} = 0.08 + 0.01\sqrt{2} \approx 0.094$$

【例 5 - 44】 某公司运行 t 年所获利润为 $L(t)$ 元，利润的年变化率 $L'(t) = 10^6\sqrt{t+1}$ （元/年），求利润从第 4 年初到第 8 年末，即时间间隔 $[3，8]$ 内年平均变化率.

解 由于

$$\int_3^8 L'(t)\mathrm{d}t = \int_3^8 10^6\sqrt{t+1}\mathrm{d}t = \frac{2}{3}\times 10^6 (t+1)^{\frac{3}{2}}\Big|_3^8 = \frac{38}{3}\times 10^6$$

所以从第 4 年初到第 8 年末，利润的年平均变化率为

$$\frac{\int_3^8 L'(t)\mathrm{d}t}{8-3} = \frac{38}{15}\times 10^6 (元／年)$$

即在这 5 年内公司平均每年平均获利 $\frac{38}{15}\times 10^6$ 元.

2. 已知总产量变化率求总产量

已知某产品总产量 Q 的变化率是时间 t 的连续函数 $f(t)$，即 $Q'(t) = f(t)$，则该产品的总产量函数为

$$Q(t) = Q(t_0) + \int_{t_0}^t f(x)\mathrm{d}x \quad (t \geqslant t_0)$$

其中，$t_0 \geqslant 0$ 为规定的某个初始时刻.

【例 5 - 45】 设某产品总产量的变化率为 $f(t) = 100 + 12t - 0.6t^2$ （单位/小时），求从 $t=2$ 到 $t=4$ 这段时间内的总产量.

解 设总产量为 $Q(t)$，由已知条件 $Q'(t) = f(t)$，则

$$Q(t) = \int_0^t f(x)\mathrm{d}x = \int_0^t (100 + 12x - 0.6x^2)\mathrm{d}x = 100t + 6t^2 - 0.2t^3$$

于是从 $t=2$ 到 $t=4$ 这段时间内的总产量为

$$Q(4) - Q(2) = (100t + 6t^2 - 0.2t^3)\Big|_2^4 = 160.8 \text{（单位）}$$

3. 已知边际函数求总量函数

总量经济函数 $F(x)$ 的边际函数就是其导函数 $F'(x)$，故对已知的边际函数 $F'(x)$ 求不定积分 $\int F'(x)\mathrm{d}x$，就可求得原总量函数，其中积分常数 C 由 $F(x_0) = F_0$ 的具体条件确定.

【例 5 - 46】 已知生产某产品 x 单位（百台）的边际成本和边际收入分别为 $C'(x) = 3 + \frac{1}{3}x$（万元/百台）和 $R'(x) = 7 - x$（万元/百台），其中 $C(x)$ 和 $R(x)$ 分别是总成本函数、总

收入函数.

(1) 若固定成本 $C(0)=1$ 万元，求总成本函数、总收入函数和总利润函数；

(2) 产量为多少时，总利润最大？最大总利润是多少？

解 (1) 总成本为固定成本与可变成本之和，即

$$C(x) = C(0) + \int_0^x \left(3 + \frac{t}{3}\right)dt = 1 + 3x + \frac{1}{6}x^2$$

总收入函数为

$$R(x) = R(0) + \int_0^x (7-t)dt = 7x - \frac{1}{2}x^2 \quad (R(0)=0)$$

于是总利润 L 为

$$L(x) = \left(7x - \frac{1}{2}x^2\right) - \left(1 + 3x + \frac{1}{6}x^2\right) = -1 + 4x - \frac{2}{3}x^2$$

(2) 由于 $L'(x) = 4 - \frac{4}{3}x$，令 $4 - \frac{4}{3}x = 0$，得唯一驻点 $x=3$. 根据该题实际意义知，当 $x=3$ 百台时，$L(x)$ 有最大值，即最大利润为

$$L(3) = -1 + 4 \times 3 - \frac{2}{3} \times 3^2 = 5 \text{（万元）}$$

习题 5.5

1. 求下列曲线所围成的图形的面积.

(1) $y=\sqrt{x}$ 与 $y=x$

(2) $y=x^2-2x+3$ 与 $y=x+3$

(3) $y=4-x^2$ 与 $y=x^2-4x-2$

(4) $y=\sin x$ 在区间 $\left[0, \frac{\pi}{2}\right]$ 上，与直线 $x=0$，$y=1$ 所围成的部分.

2. 求椭球 $\frac{x^2}{a^2} + \frac{y^2}{b^2} + \frac{z^2}{c^2} \leqslant 1$ 的体积.

3. 求抛物线 $x=y^2$ 和 $y=x^2$ 所围成的图形绕 y 轴的旋转体的体积.

4. 连接坐标原点 O 及点 $P(h, r)$ 的直线、直线 $x=h$ 及 x 轴围成一个直角三角形. 将它绕 x 轴旋转一周构成一个底半径为 r、高为 h 的圆锥体. 计算这个圆锥体的体积.

5. 某工程总投资在竣工时的贴现值为 1000 万元，竣工后的年收入预计为 200 万元，年利息率为 0.08，求该工程的投资回收期.

6. 已知某商品边际收入为 $-0.08x+25$（万元/百台），边际成本为 5（万元/百台），求产量 x 从 250 台增加到 300 台时销售收入 $R(x)$、总成本 $C(x)$、利润 $L(x)$ 的改变量.

总习题五

(A)

1. 填空题

(1) $\dfrac{\mathrm{d}}{\mathrm{d}x}\left(\displaystyle\int_x^0 t^2 \mathrm{e}^{-t^2}\mathrm{d}t\right)=$ _____.

(2) $I_1=\displaystyle\int_0^1 \sqrt{1+x^3}\mathrm{d}x$ 与 $I_2=\displaystyle\int_0^1 \sqrt{1+x^4}\mathrm{d}x$ 的大小关系是 _____.

(3) $\displaystyle\int_{-\frac{\pi}{2}}^{\frac{\pi}{2}} \cos x\mathrm{e}^{\sin x}\mathrm{d}x=$ _____.

(4) 设 $a\neq 1$,则 $\displaystyle\int_{-\frac{\pi}{2}}^{\frac{\pi}{2}} \dfrac{\sin t\mathrm{d}t}{(1-2a\cos t+a^2)^2}=$ _____.

(5) 定积分 $\displaystyle\int_{\mathrm{e}^{-1}}^1 (x^5+x^3)\ln x\mathrm{d}x$ 的值的符号为 _____.

(6) 若 $f(x)$ 连续,则 $\displaystyle\lim_{x\to a}\dfrac{x}{x-a}\int_a^x f(t)\mathrm{d}t=$ _____.

(7) 由曲线 $y=\ln x$ 与两直线 $y=(\mathrm{e}+1)-x$ 及 $y=0$ 所围成的平面图形的面积是 _____.

(8) 设边际成本为 $C'(x)=100+4x$,x 为销售量,固定成本设为零,则销售量为 10 单位时,总成本 $C=$ _____.

(9) 设某产品产量的变化率是时间 t 的函数 $f(t)=2t+6$,$t\geqslant 0$,且当 $t=0$ 时的产量为零,则 t 从 5 到 15 这段时间内的产量是 _____.

2. 选择题

(1) 设函数 $f(x)$ 连续,已知 $n\displaystyle\int_0^1 xf(2x)\mathrm{d}x=\int_0^2 xf(x)\mathrm{d}x$,则 $n=$ (   ).

A. 1   B. 2

C. 4   D. $\dfrac{1}{4}$

(2) 设 $f(x)=\begin{cases} x^2, & 0\leqslant x\leqslant 1 \\ x, & 1<x\leqslant 2 \end{cases}$,则 $F(x)=\displaystyle\int_0^x f(t)\mathrm{d}t$ 在区间 $(0,2)$ 内 (   ).

A. 有第一类间断点   B. 有第二类间断点

C. 两类间断点都可能有   D. 是连续的

(3) 设 $f(x)=\displaystyle\int_0^{x^2} \sin t^2\mathrm{d}t$,$g(x)=x^5$,则当 $x\to 0$ 时,$f(x)$ 是 $g(x)$ 的 (   ).

A. 等价无穷小   B. 同阶但非等价无穷小

C. 高阶无穷小　　　　　　　　　D. 低阶无穷小

(4) 已知 $\int_0^x f(t^2)\,dt = x^3$，则 $\int_0^1 f(x)\,dx = ($　　$)$.

A. 1　　　　　　　　　　　　　B. 3

C. $\dfrac{1}{2}$　　　　　　　　　　　　D. $\dfrac{3}{2}$

(5) 设函数 $f(x)$ 连续，则下列函数中必为偶函数的是 (　　).

A. $\int_0^x f(t^2)\,dt$　　　　　　　　B. $\int_0^x t[f(t) - f(-t)]\,dt$

C. $\int_0^x f^2(t)\,dt$　　　　　　　　D. $\int_0^x t[f(t) + f(-t)]\,dt$

(6) 设 $f(x)$ 为连续函数，$I = t\int_0^{\frac{s}{t}} f(tx)\,dx$，其中 $t>0$，$s>0$，则 I 的值 (　　).

A. 依赖于 s 和 t　　　　　　　　B. 依赖于 s，t，x

C. 依赖于 t 和 x，不依赖于 s　　D. 依赖于 s，不依赖于 t

(7) 曲线 $y=x^2-2x$ 与直线 $y=0$，$x=1$，$x=3$ 所围成的平面图形的面积是 (　　).

A. 1　　　　　　　　　　　　　B. 2

C. 3　　　　　　　　　　　　　D. 4

(8) 曲线 $y=\sin^{\frac{3}{2}} x\,(0\leqslant x\leqslant \pi)$ 与 x 轴所围成的图形绕 x 轴旋转一周所成的旋转体的体积为 (　　).

A. $\dfrac{4}{3}$　　　　　　　　　　　　B. $\dfrac{4}{3}\pi$

C. $\dfrac{2}{3}\pi^2$　　　　　　　　　　D. $\dfrac{2}{3}\pi$

(9) 曲线 $y=(x-1)(x-2)$ 和 x 轴围成一平面图形，则此平面图形绕 y 轴旋转一周所成旋转体的体积是 (　　).

A. π　　　　　　　　　　　　B. 2π

C. $\dfrac{1}{2}\pi^2$　　　　　　　　　　D. $\dfrac{1}{2}\pi$

3. 设 $f(x) = \int_{x^2}^0 x\cos t^2\,dt$，求 $f'(x)$.

4. 求曲线 $y=\int_0^x (t-1)(t-2)\,dt$ 在点 $(0, 0)$ 处的切线方程.

5. 设 $f(x) = \int_1^x \left(2 - \dfrac{1}{\sqrt{t}}\right)dt\,(x>0)$，求 $f(x)$ 的单调区间.

6. 设 $f(x)$ 连续，且 $\int_0^x f(t)\,dt = \int_x^1 t^2 f(t)\,dt + \dfrac{x^2}{2} + C$，求 $f(x)$ 的表达式和常数 C.

7. 求 $\lim\limits_{x\to+\infty}\dfrac{\int_0^x\arctan^2 t\,dt}{\sqrt{x^2+1}}$.

8. 讨论函数

$$f(x)=\begin{cases}\dfrac{\sin 2(e^x-1)}{e^x-1}, & x<0\\[2mm] 2, & x=0\\[2mm] \dfrac{1}{x}\int_0^x\cos^2 t\,dt, & x>0\end{cases}$$

的连续性.

9. 设 $a_n=\dfrac{3}{2}\int_0^{\frac{n}{n+1}}x^{n-1}\sqrt{1+x^n}\,dx$，求 $\lim\limits_{n\to\infty}na_n$.

10. 设 $f(x)$ 在 $[-a,a]$ $(a>0)$ 上连续，证明：$\int_{-a}^a f(x)\,dx=\int_0^a[f(x)+f(-x)]\,dx$，

并计算积分 $\int_{-\frac{\pi}{4}}^{\frac{\pi}{4}}\dfrac{dx}{1+\sin x}$.

11. 计算下列定积分.

(1) $\int_{\ln 2}^{2\ln 2}\dfrac{dx}{\sqrt{e^x-1}}$ 　　　　　　(2) $\int_{-1}^1 x(1+x^{2009})(e^x-e^{-x})\,dx$

(3) $\int_0^{\frac{\pi}{2}}\dfrac{1+\sin x}{1+\cos x}\,dx$ 　　　　　　(4) $\int_0^\pi\dfrac{dx}{4\sin^2 x+\cos^2 x}$

(5) $\int_0^{100\pi}\sqrt{1-\cos 2x}\,dx$.

12. 若 $f(x)=\dfrac{1}{1+x^2}+\sqrt{1-x^2}\int_0^1 f(x)\,dx$，求 $\int_0^1 f(x)\,dx$.

13. 设 $f(x)=\int_0^x\dfrac{\sin t}{\pi-t}\,dt$，求 $\int_0^\pi f(x)\,dx$.

14. 计算下列反常积分.

(1) $\int_{-2}^2\dfrac{e^x}{(e^x-1)^{\frac{1}{3}}}\,dx$ 　　　　　　(2) $\int_1^{+\infty}\dfrac{\ln x}{x^2}\,dx$

(3) $\int_0^{+\infty}\dfrac{\arctan^2\sqrt{x}}{\sqrt{x}(1+x)}\,dx$

15. 设 $\lim\limits_{x\to\infty}\left(\dfrac{1+x}{x}\right)^{ax}=\int_{-\infty}^a te^t\,dt$，求常数 a.

16. 由曲线 $y^2=ax(a>0)$ 与直线 $x=3$，$y=0$ 所围成的平面图形的面积为 6，求 a 的值.

17. 求由 $xy=4$，$x=1$，$y=0$ 所围成的无界图形绕 x 轴旋转一周所成旋转体的体积.

18. 已知直线 $y=ax+b$ 过 $(0,1)$ 点，当直线 $y=ax+b$ 与抛物线 $y=x^2$ 所围成的图形

面积最小时，a，b 应取何值？

19. 某产品的边际成本函数是 $C'(x) = \dfrac{1}{\sqrt{x}} + \dfrac{1}{200}$，边际收益函数是 $R'(x) = 100 - 0.01x$，已知固定成本为 $C(0) = 10$，求总成本函数及总收益函数.

20. 已知某产品总产量的变化率是时间 t（单位：年）的函数 $f(t) = 4t + 10$，求第一个 5 年和第二个 5 年的总产量各为多少？

21. 某地区居民购买冰箱的消费支出 $W(x)$ 的变化率是居民总收入 x 的函数 $W'(x) = \dfrac{1}{200\sqrt{x}}$，当居民总收入由 4 亿元增加到 9 亿元时，购买冰箱的消费支出增加多少？

(B)

1. 填空题

(1) (1999) 设 $f(x)$ 有一个原函数 $\dfrac{\sin x}{x}$，则 $\displaystyle\int_{\frac{\pi}{2}}^{\pi} x f'(x)\,\mathrm{d}x = $ _____.

(2) (2000) $\displaystyle\int_{1}^{+\infty} \dfrac{\mathrm{d}x}{\mathrm{e}^x + \mathrm{e}^{2-x}} = $ _____.

(3) (2004) 设 $f(x) = \begin{cases} x\mathrm{e}^{x^2}, & -\dfrac{1}{2} \leqslant x < \dfrac{1}{2} \\ -1, & x \geqslant \dfrac{1}{2} \end{cases}$，则 $\displaystyle\int_{\frac{1}{2}}^{2} f(x-1)\,\mathrm{d}x = $ _____.

(4) (2010) 设可导函数 $y = y(x)$ 由方程 $\displaystyle\int_{0}^{x+y} \mathrm{e}^{-t^2}\,\mathrm{d}t = \int_{0}^{x} x\sin t^2\,\mathrm{d}t$ 确定，则 $\dfrac{\mathrm{d}y}{\mathrm{d}x}\Big|_{x=0} = $

_____.

(5) (2012) $\displaystyle\int_{0}^{2} x\sqrt{2x - x^2}\,\mathrm{d}x = $ _____.

2. 选择题

(1) (2008) 设函数 $f(x)$ 在区间 $[-1, 1]$ 上连续，则 $x = 0$ 是函数 $g(x) = \dfrac{\displaystyle\int_{0}^{x} f(t)\,\mathrm{d}t}{x}$

的（　　）.

A. 跳跃间断点　　　　　　　　B. 可去间断点

C. 无穷间断点　　　　　　　　D. 振荡间断点

(2) (2009) 使不等式 $\displaystyle\int_{1}^{x} \dfrac{\sin t}{t}\,\mathrm{d}t > \ln x$ 成立的 x 的范围是（　　）.

A. $(0, 1)$　　　　　　　　　　B. $\left(1, \dfrac{\pi}{2}\right)$

C. $\left(\dfrac{\pi}{2}, \pi\right)$　　　　　　　　　　D. $(\pi, +\infty)$

(3) (2011) 设 $I = \int_0^{\frac{\pi}{4}} \ln \sin x \, dx$，$J = \int_0^{\frac{\pi}{4}} \ln \cot x \, dx$，$K = \int_0^{\frac{\pi}{4}} \ln \cos x \, dx$ 则 I、J、K 的大小关系是（　　）.

    A. $I < J < K$ B. $I < K < J$

    C. $J < I < K$ D. $K < J < I$

3. (1999) 设函数 $f(x)$ 连续，且 $\int_0^x t f(2x - t) \, dx = \frac{1}{2} \arctan x^2$. 已知 $f(1) = 1$，求 $\int_1^2 f(x) \, dx$ 的值.

4. (2002) 求极限 $\lim\limits_{x \to 0} \dfrac{\int_0^x \left[\int_0^{u^2} \arctan(1+t) \, dt \right] du}{x(1 - \cos x)}$.

5. (2000) 设函数 $f(x)$ 在 $[0, \pi]$ 上连续，且 $\int_0^\pi f(x) \, dx = 0$，$\int_0^\pi f(x) \cos x \, dx = 0$. 试证明：在 $(0, \pi)$ 内至少存在两个不同的点 ξ_1，ξ_2，使 $f(\xi_1) = f(\xi_2) = 0$.

6. (2005) 设 $f(x)$，$g(x)$ 在 $[0, 1]$ 上的导数连续，且 $f(0) = 0$，$f'(x) \geqslant 0$，$g'(x) \geqslant 0$，证明：对任何 $a \in [0, 1]$，有

$$\int_0^a g(x) f'(x) \, dx + \int_0^1 f(x) g'(x) \, dx \geqslant f(a) g(1)$$

7. (2008) 设 $f(x)$ 是周期为 2 的连续函数.

(1) 证明对任意的实数 t，有 $\int_t^{t+2} f(x) \, dx = \int_0^2 f(x) \, dx$；

(2) 证明 $G(x) = \int_0^x \left[2 f(t) - \int_t^{t+2} f(s) \, ds \right] dt$ 是周期为 2 的周期函数.

8. (2013) 设 D 是由曲线 $y = x^{\frac{1}{3}}$，直线 $x = a(a > 0)$ 及 x 轴所围成的平面图形，V_x，V_y 分别是 D 绕 x 轴、y 轴旋转一周所得旋转体的体积，若 $V_y = 10 V_x$，求 a 的值.

第 6 章　多元函数微积分

前面几章讨论的函数都只有一个自变量，即一元函数，但许多实际问题经常涉及多个自变量的情形，这就提出了多元函数的概念及多元函数的微分与积分问题.

本章将介绍多元函数微积分学，它是一元函数微积分学的自然延伸和发展. 在处理问题的思路和方法上两者有许多类似之处. 但由于变量增多，问题更复杂，因而也有不少差别. 因此，本章首先简单介绍空间解析几何的初步知识，然后讨论多元函数的微分、多元函数的极值和最值、二重积分的概念和计算等.

6.1　空间解析几何简介

解析几何是通过点和坐标的对应关系，将"数"与"形"统一起来. 在平面解析几何中，通过平面直角坐标系，将平面上的点与有序数组 (x, y) 对应起来，将平面曲线与二元方程 $y=f(x)$（或 $F(x, y)=0$）对应起来. 类似地，在空间解析几何中，通过空间直角坐标系，将空间中的点与有序数组 (x, y, z) 对应起来，将曲面与三元方程 $z=f(x, y)$（或 $F(x, y, z)=0$）对应起来. 为此，应先建立空间直角坐标系.

6.1.1　空间直角坐标系

1. 直角坐标系的建立

过空间定点 O 作三条互相垂直的以 O 为原点的数轴：Ox 轴（横轴）、Oy 轴（纵轴）和 Oz 轴（竖轴），统称为**坐标轴**. 各轴取定正向，再规定一个共同的长度单位，就构成了一个空间直角坐标系. 各坐标轴的顺序按下述右手规则确定：以右手握住 z 轴，让右手的四个手指从 x 轴正向以 $\frac{\pi}{2}$ 角度转向 y 轴正向时，大拇指的方向就是 z 轴的正向. 为方便起见，用右手法则确定其正向（如图 6-1 所示）. 点 O 称为坐标原点（或原点），每两条坐标轴确定一个平面，称为坐标平面. 由 x 轴与 y 轴确定的平面称为 xOy 平面，类似地有 yOz 平面和 zOx 平面.

三个坐标平面将整个空间分成八个部分，每一部分叫做一个卦限. 在 xOy 平面的上方，含有三个坐标轴正半轴的那个卦限叫做第 I 卦限，按逆时针方向确定第 II、第 III、第 IV 卦限. 第Ⅰ、Ⅱ、Ⅲ、Ⅳ卦限下面的空间部分分别称为第Ⅴ、Ⅵ、Ⅶ、Ⅷ卦限（如图 6-2 所示）.

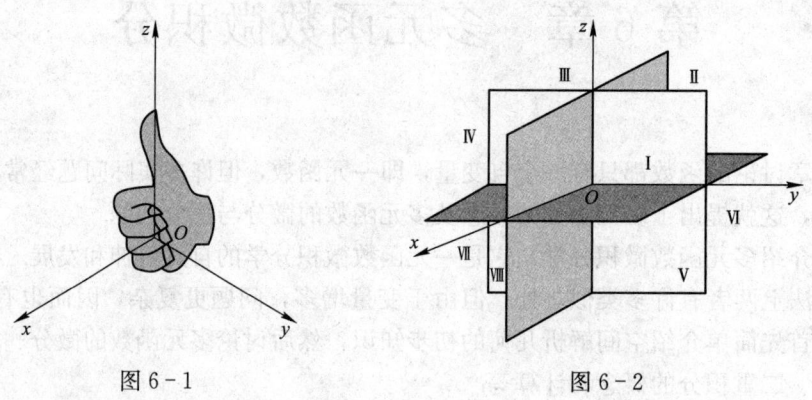

图 6-1   图 6-2

2. 空间点与数组的一一对应

设 M 为空间任意一点，过点 M 分别作垂线垂直于三坐标轴的平面，与坐标轴分别交于 P，Q，R 三点（如图 6-3 所示）. 设这三个点在 x 轴、y 轴和 z 轴上的坐标分别为 x，y 和 z，则点 M 唯一确定了一个三元有序数组 (x, y, z)；反之，设给定一组三元有序数组 (x, y, z)，在 x 轴、y 轴和 z 轴上分别取点 P，Q，R，使得 $OP=x$，$OQ=y$，$OR=z$，然后过 P，Q，R 三点分别作垂直于 x 轴、y 轴和 z 轴的平面，这三个平面相交于点 M，即由一个三元有序数组 (x, y, z) 唯一地确定了空间的一个点 M. 于是，空间的点 M 和三元有序数组 (x, y, z) 之间建立了一一对应的关系，称这个三元有序数组为点 M 的坐标，记作 $M(x, y, z)$，并依次称 x、y 和 z 为点 M 的横坐标、纵坐标和竖坐标.

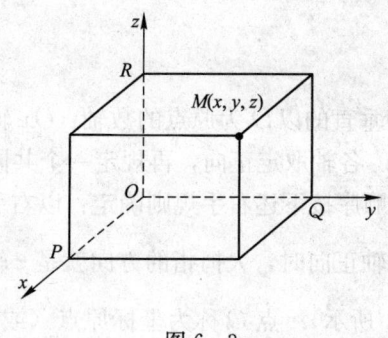

图 6-3

显然，原点 O 的坐标为 $(0, 0, 0)$；x 轴、y 轴和 z 轴上点的坐标分别为 $(x, 0, 0)$，$(0, y, 0)$ 和 $(0, 0, z)$；xOy 平面、yOz 平面和 zOx 平面上点的坐标分别为 $(x, y, 0)$，$(0, y, z)$ 和 $(x, 0, z)$.

6.1.2　空间两点间的距离

设 M_1（x_1，y_1，z_1），M_2（x_2，y_2，z_2）为空间任意两点，过点 M_1，M_2 各作三个分别垂直于三条坐标轴的平面，这六个平面围成一个以 M_1M_2 为对角线的长方体（如图 6-4 所示）. 由立体几何知，长方体对角线的长度的平方等于它的三条棱的长度的平方和，即

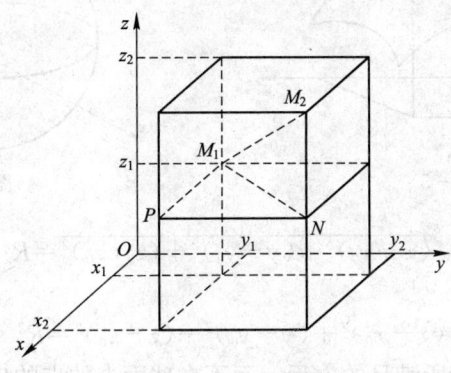

图 6-4

$$|M_1M_2|^2 = |M_1P|^2 + |PN|^2 + |NM_2|^2$$
$$= |x_2-x_1|^2 + |y_2-y_1|^2 + |z_2-z_1|^2$$

由此得空间任意两点间的距离公式为

$$|M_1M_2| = \sqrt{(x_2-x_1)^2 + (y_2-y_1)^2 + (z_2-z_1)^2}$$

【例 6-1】　求点 M（2，1，−1）到 y 轴的距离.

解　过点 M 作 y 轴的垂线，其垂足点 P 的坐标为（0，1，0），则

$$|MP| = \sqrt{(2-0)^2 + (1-1)^2 + (-1-0)^2} = \sqrt{5}$$

6.1.3　常见曲面及其方程

与在平面解析几何中建立平面曲线与二元方程 $F(x, y) = 0$ 的对应关系一样，在空间直角坐标系中可以建立空间曲面与三元方程 $F(x, y, z) = 0$ 之间的对应关系.

在空间解析几何中，任何曲面都可以看作点的几何轨迹. 在这样的意义下，如果曲面 S 与三元方程 $F(x, y, z) = 0$，则有下述关系：

（1）曲面 S 上任一点的坐标都满足方程 $F(x, y, z) = 0$；

（2）不在曲面 S 上的点的坐标都不满足方程 $F(x, y, z) = 0$.

那么，方程 $F(x, y, z) = 0$ 就叫做曲面 S 的**方程**，而曲面 S 就叫做方程 $F(x, y, z) = 0$ 的**图形**（如图 6-5 所示）.

【例 6-2】 求球心在点 $M_0(x_0, y_0, z_0)$，半径为 R 的球面方程.

解 设 $M(x, y, z)$ 是球面上任一点（如图 6-6 所示），则有 $|M_0M| = R$，由两点间距离公式得

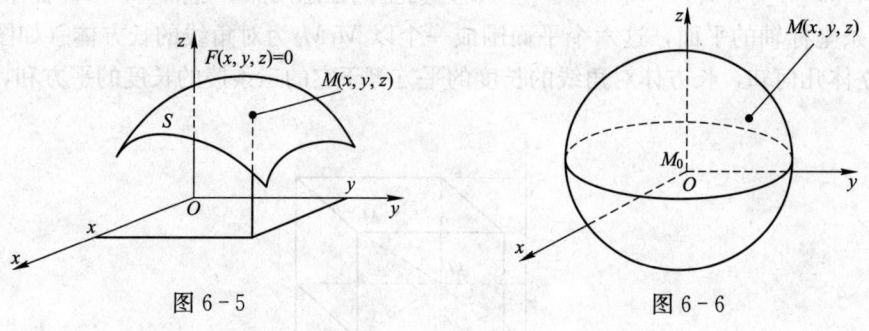

图 6-5   图 6-6

$$\sqrt{(x-x_0)^2+(y-y_0)^2+(z-z_0)^2}=R$$

两边平方，得

$$(x-x_0)^2+(y-y_0)^2+(z-z_0)^2=R^2$$

这就是球面上点的坐标所满足的方程，而不在球面上的点的坐标都不满足这个方程. 所以，这个方程就是以点 $M_0(x_0, y_0, z_0)$ 为球心、以 R 为半径的球面方程.

特别地，若球心在原点，那么 $x_0=y_0=z_0=0$，此时球面方程为

$$x^2+y^2+z^2=R^2$$

下面再介绍一些常见的曲面及其方程.

1. 平面

空间平面方程的一般形式表示为三元一次方程

$$Ax+By+Cz+D=0$$

其中，A，B，C 是不全为零的常数.

特别地，xOy 面方程为 $z=0$，yOz 面方程为 $x=0$，zOx 面方程为 $y=0$，平行于 xOy 面的方程为 $Cz+D=0(C\neq0)$，平行于 yOz 面的方程为 $Ax+D=0(A\neq0)$，平行于 zOx 面的方程为 $By+D=0(B\neq0)$，平行于 x 轴的平面方程为 $By+Cz+D=0$（B，C 不全为零），平行于 y 轴的平面方程为 $Ax+Cz+D=0$（A，C 不全为零），平行于 z 轴的平面方程为 $Ax+By+D=0$（A，B 不全为零）.

【例 6-3】 设有点 $A(1, 2, 3)$ 和 $B(2, -1, 4)$，求线段 AB 的垂直平分面的方程.

解 设 $M(x, y, z)$ 为所求平面上的任一点，由题意可知

$$|AM| = |BM|$$

即

$$\sqrt{(x-1)^2+(y-2)^2+(z-3)^2}=\sqrt{(x-2)^2+(y+1)^2+(z-4)^2}$$

故所求的平面方程为

$$2x-6y+2z-7=0$$

2. 柱面

动直线 L 沿给定曲线 C 平行移动所形成的曲面称为**柱面**. 曲线 C 称为柱面的**准线**, 动直线 L 称为柱面的**母线**.

如果母线是平行于 z 轴的直线, 准线 C 是 xOy 平面上的曲线 $F(x, y)=0$, 则此柱面的方程就是

$$F(x, y)=0$$

这是因为, 对柱面上任一点 $M(x, y, z)$, 过点 M 作直线平行于 z 轴, 这直线就是过点 M 的母线, 直线上任何点的 x, y 坐标都相等, 只有 z 坐标不同, 它与 xOy 平面的交点 $N(x, y, 0)$ 必在准线 C 上, 点 N 的 x, y 坐标满足方程 $F(x, y)=0$, 故点 $M(x, y, z)$ 的坐标满足方程 $F(x, y)=0$; 反之满足 $F(x, y)=0$ 的点 $M(x, y, z)$ 一定在过点 $N(x, y, 0)$ 且平行于 z 轴的母线上, 即在柱面上.

同样, 仅含 y, z 的方程 $F(y, z)=0$ 表示母线平行于 x 轴的柱面; 仅含 z, x 的方程 $F(z, x)=0$ 表示母线平行于 y 轴的柱面.

例如, 方程 $\dfrac{x^2}{a^2}+\dfrac{y^2}{b^2}=1$, $\dfrac{x^2}{a^2}-\dfrac{y^2}{b^2}=1$ 和 $y^2=2px(p>0)$ 分别表示母线平行于 z 轴的椭圆柱面 (如图 6-7 所示)、双曲柱面 (如图 6-8 所示) 和抛物柱面 (如图 6-9 所示).

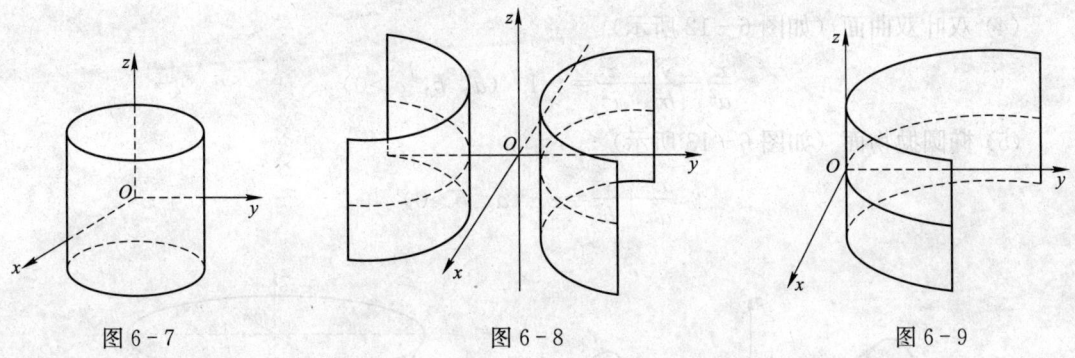

图 6-7   图 6-8   图 6-9

3. 二次曲面

与平面解析几何中规定的二次曲线相类似, 把三元二次方程

$$a_1x^2+a_2y^2+a_3z^2+b_1xy+b_2yz+b_3zx+c_1x+c_2y+c_3z+d=0$$

所表示的曲面叫做**二次曲面**. 其中 a_i, b_i, $c_i(i=1, 2, 3)$ 和 d 均为常数, 且 a_i, b_i, $c_i(i=1, 2, 3)$ 不全为零.

二次曲面方程可以归结为以下几种常见的标准形式.

（1）球面

$$x^2+y^2+z^2=R^2 \quad (R>0)$$

（2）椭球面（如图 6-10 所示）

$$\frac{x^2}{a^2}+\frac{y^2}{b^2}+\frac{z^2}{c^2}=1 \quad (a,\,b,\,c>0)$$

（3）单叶双曲面（如图 6-11 所示）

$$\frac{x^2}{a^2}+\frac{y^2}{b^2}-\frac{z^2}{c^2}=1 \quad (a,\,b,\,c>0)$$

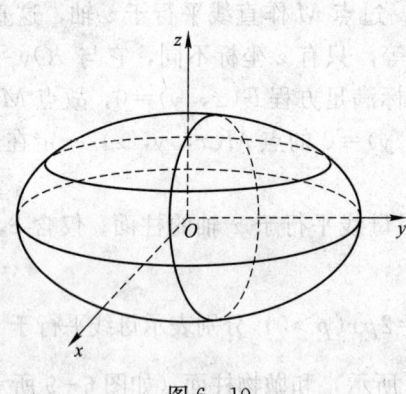

图 6-10

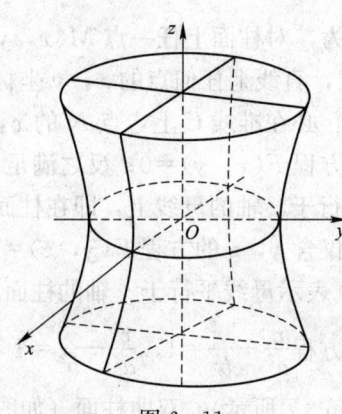

图 6-11

（4）双叶双曲面（如图 6-12 所示）

$$\frac{x^2}{a^2}-\frac{y^2}{b^2}+\frac{z^2}{c^2}=-1 \quad (a,\,b,\,c>0)$$

（5）椭圆抛物面（如图 6-13 所示）

$$\frac{x^2}{a^2}+\frac{y^2}{b^2}=z \quad (a,\,b>0)$$

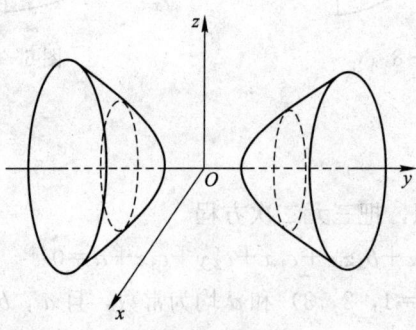

图 6-12

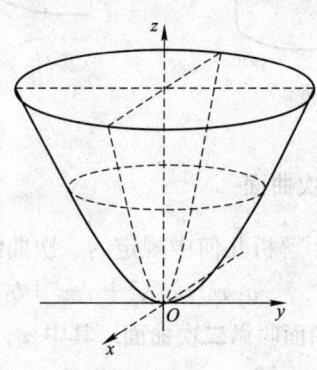

图 6-13

（6）双曲抛物面（马鞍面）（如图 6-14 所示）

$$\frac{x^2}{a^2} - \frac{y^2}{b^2} = z \quad (a,\ b > 0)$$

（7）二次锥面（如图 6-15 所示）

$$\frac{x^2}{a^2} + \frac{y^2}{b^2} - \frac{z^2}{c^2} = 0 \quad (a,\ b,\ c > 0)$$

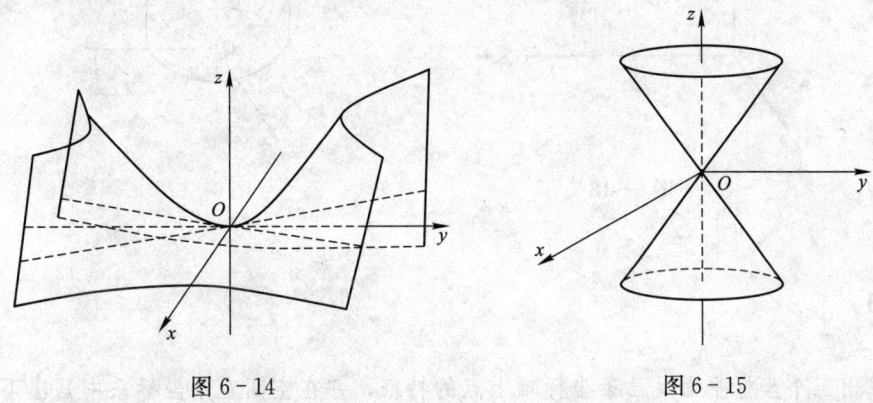

图 6-14　　　　　　　　　　　　　　图 6-15

此外，图 6-7、图 6-8 和图 6-9 分别是以二次曲线 $\frac{x^2}{a^2} + \frac{y^2}{b^2} = 1$，$\frac{x^2}{a^2} - \frac{y^2}{b^2} = 1$ 和 $y^2 = 2px$（$z=0$）为准线的柱面，也是二次曲面.

6.1.4　常见曲线及其方程

空间曲线可以看作两个曲面的交线. 设

$$F(x,\ y,\ z) = 0, \quad G(x,\ y,\ z) = 0$$

是两个曲面的方程，它们的交线为 C（如图 6-16 所示）. 因为曲线 C 上的任何点的坐标应同时满足这两个曲面的方程，所以应满足方程组

$$\begin{cases} F(x,\ y,\ z) = 0 \\ G(x,\ y,\ z) = 0 \end{cases}$$

反过来，如果点 M 不在曲线 C 上，那么它不可能同时在两个曲面上，所以它的坐标不满足上述方程组. 因此曲线 C 可以用方程组来表示. 此方程组叫做空间曲线 C 的一般方程.

【例 6-4】　方程组 $\begin{cases} x^2 + y^2 = 1 \\ 2x + 3z = 6 \end{cases}$ 表示怎样的曲线？

解　方程组中第一个方程表示母线平行于 z 轴的圆柱面，其中准线是 xOy 面上的圆，圆心在原点 O，半径为 1. 第二个方程表示一个平面. 方程组表示上述平面与圆柱面的交线（如图 6-17 所示）.

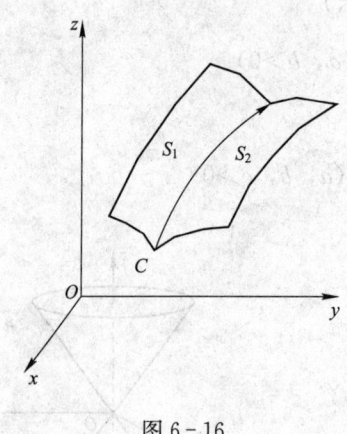

图 6-16

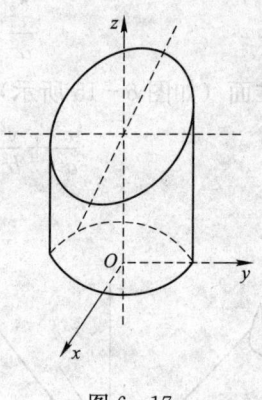

图 6-17

习题 6.1

1. 找出三个坐标平面及三条坐标轴上点的特征，并在空间直角坐标系中画出下列各点.
$$A(1, 2, 3), \quad B(0, 2, 1), \quad C(0, 0, 6), \quad D(-2, 3, 1)$$

2. 求点 $(1, 2, 3)$ 关于各坐标轴、各坐标平面及点 $(2, 1, 5)$ 的对称点.

3. 已知 $A(2, 3, 4)$，$B(x, -2, 4)$，且 $|AB| = 5$，求 x.

4. 判断以 $A(4, 1, 9)$，$B(10, -1, 6)$，$C(2, 4, 3)$ 为顶点的三角形的形状.

5. 求与两定点 $A(1, 0, -1)$，$B(-1, 2, 3)$ 距离相等的点的轨迹方程.

6. 指出下列方程表示什么曲面，画出它的图形.

    (1) $x^2 + y^2 = 1$ (2) $\dfrac{x^2}{9} + \dfrac{y^2}{4} - \dfrac{z^2}{9} = 1$

    (3) $x^2 + y^2 - 2z^2 = 0$ (4) $x^2 - y^2 = 2z$

6.2 多元函数的基本概念

为讨论多元函数的微分学与积分学，需先介绍多元函数的基本概念，如极限和连续性.

6.2.1 二元函数的相关概念

1. 平面点集

任意一点 $P \in \mathbf{R}^2$ 与任意一个点集 $E \subset \mathbf{R}^2$ 之间必有以下三种关系中的一种：

① 如果存在点 P 的某一邻域 $U(P)$，使得 $U(P) \subset E$，则称 P 为 E 的**内点**；

② 如果存在点 P 的某个邻域 $U(P)$，使得 $U(P) \bigcap E = \varnothing$，则称 P 为 E 的**外点**；

③ 如果点 P 的任一邻域内既有属于 E 的点，也有不属于 E 的点，则称 P 点为 E 的**边界点**.

E 的边界点的全体，称为 E 的**边界**.

E 的内点必属于 E；E 的外点必定不属于 E；而 E 的边界点可能属于 E，也可能不属于 E.

若点集 E 的点都是内点，则称 E 为**开集**. 若点集的余集 E^c 为开集，则称 E 为**闭集**. 例如，$E = \{(x, y) \mid 1 < x^2 + y^2 < 2\}$ 是开集；$E = \{(x, y) \mid 1 \leqslant x^2 + y^2 \leqslant 2\}$ 是闭集；集合 $\{(x, y) \mid 1 < x^2 + y^2 \leqslant 2\}$ 既非开集，也非闭集.

若点集 E 内任意两点都可用折线连结起来，且该折线上的点都属于 E，则称 E 为**连通集**. 连通的开集称为**区域**（或开区域）. 例如，$E = \{(x, y) \mid 1 < x^2 + y^2 < 2\}$ 是区域.

开区域连同它的边界一起所构成的点集称为**闭区域**. 例如，$E = \{(x, y) \mid 1 \leqslant x^2 + y^2 \leqslant 2\}$.

对于平面点集 E，若存在某一正数 r，使得 $E \subset U(O, r)$，其中 O 是坐标原点，则称 E 为**有界点集**. 若一个集合不是有界集，则称这集合为**无界点集**. 例如，集合 $\{(x, y) \mid 1 \leqslant x^2 + y^2 \leqslant 2\}$ 是有界闭区域；集合 $\{(x, y) \mid x + y > 1\}$ 是无界开区域；集合 $\{(x, y) \mid x + y \geqslant 1\}$ 是无界闭区域.

2. 二元函数的概念

设 D 是 $\mathbf{R}^2$ 的一个非空子集，若对于 D 内的任一点 (x, y)，按照某种对应法则 f，都有唯一确定的实数 z 与之对应，则称 f 是 D 上的**二元函数**，或称变量 z 是变量 x, y 的二元函数，记作 $z = f(x, y)$，$(x, y) \in D$，其中点集 D 称为该函数的**定义域**，x, y 称为**自变量**，z 称为**因变量**. 全体函数值的集合 $f(D) = \{z \mid z = f(x, y), (x, y) \in D\}$ 称为函数的**值域**.

类似地可定义三元函数 $u = f(x, y, z)$，$(x, y, z) \in D$ 及三元以上的函数. 当 $n \geqslant 2$ 时，n 元函数统称为**多元函数**.

【例 6 - 5】　求 $z = \sqrt{1 - x^2 - y^2}$ 的定义域.

解　显然要使得上式有意义，必须满足

$$x^2 + y^2 \leqslant 1$$

故所求定义域为

$$D = \{(x, y) \mid x^2 + y^2 \leqslant 1\}$$

3. 二元函数的图像

设函数 $z = f(x, y)$ 的定义域为 D，对于 D 中的每一点 $P(x, y)$，对应的函数值是 $z = f(x, y)$，于是在空间中就确定了一点 $M(x, y, z)$ 与之对应. 当点 $P(x, y)$ 取遍整个定

义域 D 时，点 M 在空间中的轨迹就形成了曲面 S，此曲面 S 就是二元函数 $z=f(x, y)$ 的图形. 也就是说，二元函数的图像是三维空间中的一个曲面，其定义域 D 是该曲面在 xOy 平面上的投影，如图 6-18 所示.

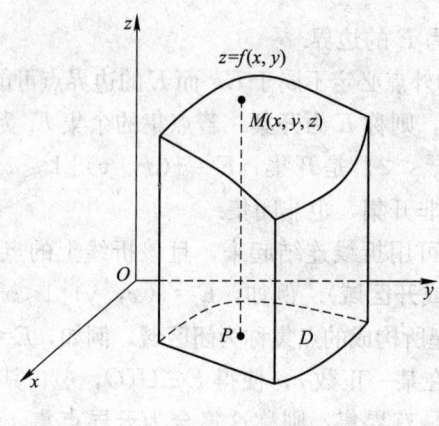

图 6-18

例 6-5 中函数 $z=\sqrt{1-x^2-y^2}$ 的图像为上半单位球面.

6.2.2 二元函数的极限

与一元函数极限的概念类似，二元函数的极限也反映了函数值随自变量变化而变化的趋势.

> **定义 6-1** 设二元函数 $f(x, y)$ 在点 $P_0(x_0, y_0)$ 的某个空心邻域内有定义，若动点 $P(x, y)$ 以任意方式趋于定点 $P_0(x_0, y_0)$ $(P(x, y)\neq P_0(x_0, y_0))$ 时，函数值 $f(x, y)$ 总趋于一个确定的常数 A，则称 A 是函数 $f(x, y)$ 在 (x, y) 趋于 (x_0, y_0) 时的极限，记作
>
> $$\lim_{\substack{x\to x_0 \\ y\to y_0}} f(x, y)=A$$
>
> 或
>
> $$f(x, y)\to A, \quad (x, y)\to(x_0, y_0)$$

由定义可知，二元函数极限的定义与一元函数极限的定义是类似的，因此二元函数的极限也有类似的四则运算法则.

【例 6 - 6】 求 $\lim\limits_{\substack{x \to 0 \\ y \to 0}} \dfrac{2-\sqrt{xy+4}}{xy}$.

解 因为分子分母的极限分别为零，故考虑变形.

$$\lim_{\substack{x \to 0 \\ y \to 0}} \frac{2-\sqrt{xy+4}}{xy} = \lim_{\substack{x \to 0 \\ y \to 0}} \frac{(2-\sqrt{xy+4})(2+\sqrt{xy+4})}{xy(2+\sqrt{xy+4})}$$

$$= \lim_{\substack{x \to 0 \\ y \to 0}} \frac{-xy}{xy(2+\sqrt{xy+4})} = -\frac{1}{4}$$

【例 6 - 7】 求 $\lim\limits_{\substack{x \to 0 \\ y \to 0}} (1+xy)^{\frac{1}{\tan xy}}$.

解 $\lim\limits_{\substack{x \to 0 \\ y \to 0}} (1+xy)^{\frac{1}{\tan xy}} = \lim\limits_{\substack{x \to 0 \\ y \to 0}} (1+xy)^{\frac{1}{xy} \cdot \frac{xy}{\tan xy}} = e^{\lim\limits_{\substack{x \to 0 \\ y \to 0}} \frac{xy}{\tan xy}} = e^1 = e$

需要注意的是，二元函数的极限与一元函数的极限在趋向路径要求上有较大的区别. 对于一元函数 $f(x)$，自变量 $x \to x_0$ 的路径只能在 x 轴上左右两个方向；对于二元函数 $f(x, y)$，自变量 $P(x, y) \to P_0(x_0, y_0)$ 在 xOy 平面上却有无穷多条路径，只有当 $P(x, y)$ 沿着任意路径无限趋近点 $P_0(x_0, y_0)$ 时，函数 $f(x, y)$ 的极限都存在且相等，函数 $f(x, y)$ 的极限才存在. 因此当 $P(x, y)$ 趋近于点 $P_0(x_0, y_0)$ 的某一种特殊方式下极限不存在或是在某两种特殊方式下极限虽然都存在但不相等，则说明函数 $f(x, y)$ 在点 $P_0(x_0, y_0)$ 的极限不存在.

【例 6 - 8】 证明 $\lim\limits_{\substack{x \to 0 \\ y \to 0}} \dfrac{xy}{x^2+y^2}$ 不存在.

证明 若点 $P(x, y)$ 沿直线 $y=kx$ 趋于点 $P_0(0, 0)$ 时，则

$$\lim_{\substack{x \to 0 \\ y \to 0}} \frac{xy}{x^2+y^2} = \lim_{x \to 0} \frac{kx^2}{x^2+k^2x^2} = \lim_{x \to 0} \frac{k}{1+k^2}$$

其结果随着 k 取不同的值而变化，故极限不存在.

6.2.3 二元函数的连续性

定义 6 - 2 设二元函数 $f(x, y)$ 在点 $P_0(x_0, y_0)$ 的某邻域内有定义，且 $\lim\limits_{\substack{x \to x_0 \\ y \to y_0}} f(x, y) = f(x_0, y_0)$，则称函数 $f(x, y)$ 在点 $P_0(x_0, y_0)$ **连续**.

若函数 $f(x, y)$ 在某个区域 D 的每一点处均连续，则称 $f(x, y)$ 是 D 上的**连续函数**.

【例 6-9】 设函数

$$f(x,y)=\begin{cases} 0 & (x,y)=(0,0) \\ (x+y)\sin\dfrac{1}{x^2+y^2} & 其他 \end{cases}$$

请判断 $f(x,y)$ 在点 $(0,0)$ 处的连续性.

解 因为 $\left|\sin\dfrac{1}{x^2+y^2}\right|\leqslant 1$, $\lim\limits_{(x,y)\to(0,0)}(x+y)=0$, 所以

$$\lim_{(x,y)\to(0,0)}f(x,y)=0=f(0,0)$$

所以 $f(x,y)$ 在点 $(0,0)$ 处连续.

二元连续函数与一元连续函数有相仿的性质.

性质 1（最大值和最小值） 若函数 $z=f(x,y)$ 在有界闭区域 D 上连续，则函数 f 在 D 上有界，并且能取得最大值与最小值.

性质 2（介值定理） 设函数 $z=f(x,y)$ 在有界闭区域 D 上连续，若 $P_1(x_1,y_1)$, $P_2(x_2,y_2)\in D$, 且 $f(x_1,y_1)<f(x_2,y_2)$, 则对任何满足不等式 $f(x_1,y_1)<c<f(x_2,y_2)$ 的实数 c, 总存在点 $P_0(x_0,y_0)$, 使得 $f(x_0,y_0)=c$.

习题 6.2

1. 求下列二元函数的定义域.

(1) $z=\ln(y^2-4x+8)$

(2) $z=e^{-(x^2+y^2)}$

(3) $z=\ln(y-x)+\dfrac{\sqrt{xy}}{\sqrt{x^2+y^2-1}}$

(4) $f(x,y)=\dfrac{\arcsin(3-x^2-y^2)}{\sqrt{x-y^2}}$

2. 已知 $f(x,y)=x^2-y^2$, 求 $f\left(x+y,\dfrac{y}{x}\right)$.

3. $f\left(x-y,\dfrac{y}{x}\right)=x^2-y^2$, 求 $f(x,y)$.

4. 求下列二元函数的极限.

(1) $\lim\limits_{\substack{x\to 0\\ y\to 1}}\dfrac{1-x+xy}{x^2+y^2}$

(2) $\lim\limits_{\substack{x\to 0\\ y\to 0}}\dfrac{(2+x)\sin(x^2+y^2)}{x^2+y^2}$

(3) $\lim\limits_{\substack{x\to 0\\ y\to 0}}\dfrac{\ln(1+x^2y^2)}{x^2\sin y^2}$

(4) $\lim\limits_{\substack{x\to\infty\\ y\to a}}\left(1+\dfrac{1}{x}\right)^{\frac{x^2}{x+y}}$

5. 设

$$f(x,y)=\begin{cases} \dfrac{\sin(x^2+y^2)}{\sqrt{x^2+y^2}}, & x^2+y^2\neq 0 \\ a, & x^2+y^2=0 \end{cases}$$

试问 a 为何值时，$f(x, y)$ 在点（0，0）连续.

6.3　偏　导　数

6.3.1　偏导数

当一个变量与多个变量之间存在相互依赖关系时，人们往往想了解这个变量相对于多个变量中的某一个变量的变化率，即多元函数相对于某一个自变量的变化率，由此引入多元函数的偏导数的概念.

1. 偏导数的定义

设函数 $z=f(x, y)$ 在点 (x_0, y_0) 的某邻域内有定义，保持 $y=y_0$ 不变，而 x 从 x_0 变到 $x_0+\Delta x(\Delta x \neq 0)$，函数 z 得到一个改变量 $\Delta_x z=f(x_0+\Delta x, y_0)-f(x_0, y_0)$，称为函数 $f(x, y)$ 对于 x 的**偏改变量**或**偏增量**.

类似地可定义函数 $f(x, y)$ 在点 (x_0, y_0) 处对于 y 的**偏改变量**或**偏增量**为 $\Delta_y z=f(x_0, y_0+\Delta y)-f(x_0, y_0)$.

> **定义 6-3**　设二元函数 $z=f(x, y)$ 在点 (x_0, y_0) 的某邻域内有定义，固定自变量 y，即取 $y=y_0$，而 x 从 x_0 变到 $x_0+\Delta x$ 时，若极限
> $$\lim_{\Delta x \to 0} \frac{\Delta_x z}{\Delta x}=\lim_{\Delta x \to 0} \frac{f(x_0+\Delta x, y_0)-f(x_0, y_0)}{\Delta x}$$
> 存在，则称此极限值为函数 $z=f(x, y)$ 在 (x_0, y_0) 处关于 x 的偏导数，记作
> $$f'_x(x_0, y_0), \quad \frac{\partial f(x_0, y_0)}{\partial x}, \quad z'_x\Big|_{\substack{x=x_0 \\ y=y_0}} \text{或} \frac{\partial z}{\partial x}\Big|_{\substack{x=x_0 \\ y=y_0}}$$

类似地，若极限
$$\lim_{\Delta y \to 0} \frac{\Delta_y z}{\Delta y}=\lim_{\Delta y \to 0} \frac{f(x_0, y_0+\Delta y)-f(x_0, y_0)}{\Delta y}$$
存在，则称此极限值为函数 $z=f(x, y)$ 在 (x_0, y_0) 处关于 y 的偏导数，记作
$$f'_y(x_0, y_0), \quad \frac{\partial f(x_0, y_0)}{\partial y}, \quad z'_y\Big|_{\substack{x=x_0 \\ y=y_0}} \text{或} \frac{\partial z}{\partial y}\Big|_{\substack{x=x_0 \\ y=y_0}}$$

若二元函数 $z=f(x, y)$ 在区域 D 内每一点 (x, y) 处都有对 x，y 的偏导数存在，则称函数在区域 D 内可导，并且偏导数 $f'_x(x, y)$ 与 $f'_y(x, y)$ 在 D 内仍是 x，y 的二元函数，称它们为函数 $z=f(x, y)$ 在区域 D 上对 x（或 y）的偏导函数，简称偏导数，记作
$$f'_x(x, y), \quad z'_x, \quad \frac{\partial f(x, y)}{\partial x}, \quad \frac{\partial z}{\partial x}\left(\text{或} f'_y(x, y), z'_y, \frac{\partial f(x, y)}{\partial y}, \frac{\partial z}{\partial y}\right)$$

求二元函数 $z = f(x, y)$ 对某一个变量的偏导数时，就是将另一个变量看成常数，对一个变量求导数，故只需运用一元函数求导的基本运算法则、基本公式就可求得偏导数.

【例 6 - 10】 求函数 $f(x, y) = x^3 \sin 2y$ 在 $\left(1, \dfrac{\pi}{4}\right)$ 处的偏导数.

解 求函数对 x 的偏导数时，把 y 看作常量，于是

$$f'_x\left(1, \frac{\pi}{4}\right) = 3x^2 \sin 2y \bigg|_{\substack{x=1 \\ y=\frac{\pi}{4}}} = 3$$

求函数对 y 的一阶偏导数时，把 x 看作常量，于是

$$f'_y\left(1, \frac{\pi}{4}\right) = 2x^3 \cos 2y \bigg|_{\substack{x=1 \\ y=\frac{\pi}{4}}} = 0$$

在求偏导数时要注意，符号 $\dfrac{\partial z}{\partial x}$ 是个不可分离的整体记号.

【例 6 - 11】 求二元函数 $z = x^2 + 3xy + y^2$ 的偏导数.

解 把 y 看作常量，于是

$$z'_x = 2x + 3y$$

把 x 看作常量，于是

$$z'_y = 3x + 2y$$

【例 6 - 12】 设 $z = y^x (y > 0, \ y \neq 1)$，求 $\dfrac{\partial z}{\partial x}$，$\dfrac{\partial z}{\partial y}$.

解
$$\frac{\partial z}{\partial x} = y^x \ln y, \qquad \frac{\partial z}{\partial y} = xy^{x-1}$$

偏导数的概念可推广到三元及三元以上的函数.

【例 6 - 13】 设 $u = \ln(x + y^2 + z^3)$，求 $\dfrac{\partial u}{\partial x}$，$\dfrac{\partial u}{\partial y}$，$\dfrac{\partial u}{\partial z}$.

解 求对 x 的一阶偏导数时，把 y，z 看作常量，于是

$$\frac{\partial u}{\partial x} = \frac{1}{x + y^2 + z^3}$$

同理可得

$$\frac{\partial u}{\partial y} = \frac{2y}{x + y^2 + z^3}, \qquad \frac{\partial u}{\partial z} = \frac{3z^2}{x + y^2 + z^3}$$

【例 6 - 14】 已知理想气体的状态方程 $pV = RT$（R 为常量），求证：

$$\frac{\partial p}{\partial V} \cdot \frac{\partial V}{\partial T} \cdot \frac{\partial T}{\partial p} = -1$$

证明 因为

$$p = \frac{RT}{V}, \qquad \frac{\partial p}{\partial V} = -\frac{RT}{V^2}$$

$$V = \frac{RT}{p}, \qquad \frac{\partial V}{\partial T} = \frac{R}{p}$$

$$T=\frac{pV}{R},\quad \frac{\partial T}{\partial p}=\frac{V}{R}$$

所以

$$\frac{\partial p}{\partial V}\cdot\frac{\partial V}{\partial T}\cdot\frac{\partial T}{\partial p}=-\frac{RT}{V^2}\cdot\frac{R}{p}\cdot\frac{V}{R}=-\frac{RT}{pV}=-1$$

函数在某点处的偏导数存在不能保证函数在此点处连续.

【例 6 - 15】　求二元函数 $f(x,y)=\begin{cases}\dfrac{xy}{x^2+y^2}, & x^2+y^2\neq 0\\ 0, & x^2+y^2=0\end{cases}$ 在 （0，0） 处的偏导数.

解　$f_x'(0,0)=\lim\limits_{\Delta x\to 0}\dfrac{f(0+\Delta x,0)-f(0,0)}{\Delta x}=\lim\limits_{\Delta x\to 0}0=0$

$f_y'(0,0)=\lim\limits_{\Delta y\to 0}\dfrac{f(0,0+\Delta y)-f(0,0)}{\Delta y}=\lim\limits_{\Delta y\to 0}0=0$

同样，函数在某点处连续也不能保证函数在此点处关于自变量的偏导数存在. 例如，$f(x,y)=\sqrt{x^2+y^2}$ 在 （0，0） 是连续的，但在 （0，0） 偏导数不存在.

2. 偏导数的几何意义

函数 $z=f(x,y)$ 在点 $M_0(x_0,y_0)$ 处对 x 的偏导数 $f_x'(x_0,y_0)$ 就是一元函数 $z=f(x,y_0)$ 在 (x_0,y_0) 处的导数. 而导数几何意义就是曲线的切线斜率，而 C 是曲面 $z=f(x,y)$ 与平面 $y=y_0$ 相交的曲线，因此 $f_x'(x_0,y_0)$ 表示曲线 C 在点 $M_0(x_0,y_0,f(x_0,y_0))$ 处切线 T_x 的斜率（如图 6 - 19 所示）. $f_y'(x_0,y_0)$ 表示曲线 $\begin{cases}z=f(x,y)\\ x=x_0\end{cases}$ 在点 $M_0(x_0,y_0,f(x_0,y_0))$ 处切线 T_y 的斜率（如图 6 - 19 所示）.

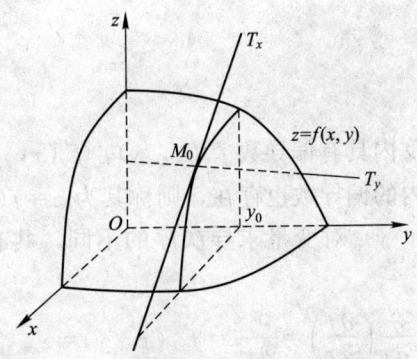

图 6 - 19

3. 偏导数的经济意义

二元函数 $z=f(x,y)$ 的偏导数 $f'_x(x,y)$ 与 $f'_y(x,y)$ 分别称为函数 $z=f(x,y)$ 对变量 x 与 y 的**边际函数**，边际函数概念也可以推广到多元函数上。下面仅以收益函数为例来说明偏导数的经济意义。

设某产品的需求量 $Q=Q(P,y)$，其中 P 为产品价格，y 为消费者收入。记需求量 Q 对于价格 P、消费者收入 y 的偏改变量分别为

$$\Delta_P Q=Q(P+\Delta P,y)-Q(P,y),\ \Delta_y Q=Q(P,y+\Delta y)-Q(P,y)$$

易见，$\dfrac{\Delta_P Q}{\Delta P}$ 表示 Q 对于价格 P 由 P 变到 $P+\Delta P$ 的平均变化率。而

$$\frac{\partial Q}{\partial P}=\lim_{\Delta P\to 0}\frac{\Delta_P Q}{\Delta P}$$

表示当价格为 P、消费者收入为 y 时，Q 对于 P 的变化率。称

$$E_P=\lim_{\Delta P\to 0}\frac{\Delta_P Q/Q}{\Delta P/P}=\frac{\partial Q}{\partial P}\cdot\frac{P}{Q}$$

为需求 Q 对价格 P 的**偏弹性**。

同理，$\dfrac{\Delta_y Q}{\Delta y}$ 表示 Q 对于价格 y 由 y 变到 $y+\Delta y$ 的平均变化率。而

$$\frac{\partial Q}{\partial y}=\lim_{\Delta y\to 0}\frac{\Delta_y Q}{\Delta y}$$

表示当价格为 P、消费者收入为 y 时，Q 对于 y 的变化率。称

$$E_y=\lim_{\Delta y\to 0}\frac{\Delta_y Q/Q}{\Delta y/y}=\frac{\partial Q}{\partial y}\cdot\frac{y}{Q}$$

为需求 Q 对收入 y 的**偏弹性**。

6.3.2　高阶偏导数

若 $z=f(x,y)$ 在区域 D 内具有偏导数 $f'_x(x,y)$，$f'_y(x,y)$，则这两个偏导数仍是二元函数；如果它们在区域 D 内的偏导数也存在，则称其为 $z=f(x,y)$ 在点 $P(x,y)$ 的**二阶偏导数**。按照函数 $z=f(x,y)$ 对变量求导次序的不同，共有以下四种不同的二阶偏导数，即

$$\frac{\partial}{\partial x}\left(\frac{\partial f}{\partial x}\right)=\frac{\partial^2 z}{\partial x^2}=f''_{xx}(x,y)=z''_{xx}$$

$$\frac{\partial}{\partial y}\left(\frac{\partial f}{\partial x}\right)=\frac{\partial^2 z}{\partial x\partial y}=f''_{xy}(x,y)=z''_{xy}$$

$$\frac{\partial}{\partial x}\left(\frac{\partial f}{\partial y}\right)=\frac{\partial^2 z}{\partial y\,\partial x}=f''_{yx}(x,\ y)=z''_{yx}$$

$$\frac{\partial}{\partial y}\left(\frac{\partial f}{\partial y}\right)=\frac{\partial^2 z}{\partial y^2}=f''_{yy}(x,\ y)=z''_{yy}$$

其中，$f''_{xy}(x,\ y)$ 与 $f''_{yx}(x,\ y)$ 称为**二阶混合偏导数**.

同样地，可以定义三阶及其以上的偏导数. 例如 $z=f(x,\ y)$ 对 x 的二阶偏导数，再对 y 的偏导数所形成的三阶偏导数为

$$\frac{\partial}{\partial y}\left(\frac{\partial^2 z}{\partial x^2}\right)=\frac{\partial^3 z}{\partial x^2\,\partial y}$$

二阶及二阶以上的偏导数统称为**高阶偏导数**，而把前面定义的偏导数，叫做一阶偏导数.

【例 6 - 16】 设 $z=x^3 y^2-3xy^3-xy+1$，求二阶偏导数.

解　因为 $\dfrac{\partial z}{\partial x}=3x^2 y^2-3y^3-y$，$\dfrac{\partial z}{\partial y}=2x^3 y-9xy^2-x$，所以二阶偏导数为

$$\frac{\partial^2 z}{\partial x^2}=6xy^2,\qquad \frac{\partial^2 z}{\partial x\,\partial y}=6x^2 y-9y^2-1$$

$$\frac{\partial^2 z}{\partial y\,\partial x}=6x^2 y-9y^2-1,\ \ \frac{\partial^2 z}{\partial y^2}=2x^3-18xy$$

【例 6 - 17】 设 $u=\mathrm{e}^{ax}\cos by$，求二阶偏导数.

解
$$\frac{\partial u}{\partial x}=a\mathrm{e}^{ax}\cos by,\qquad \frac{\partial u}{\partial y}=-b\mathrm{e}^{ax}\sin by$$

$$\frac{\partial^2 u}{\partial x^2}=a^2\mathrm{e}^{ax}\cos by,\qquad \frac{\partial^2 u}{\partial x\,\partial y}=-ab\mathrm{e}^{ax}\sin by$$

$$\frac{\partial^2 u}{\partial y\,\partial x}=-ab\mathrm{e}^{ax}\sin by,\qquad \frac{\partial^2 u}{\partial y^2}=-b^2\mathrm{e}^{ax}\cos by$$

在例 6 - 16 和例 6 - 17 中，两个二阶混合偏导数相等. 事实上，有下述定理.

> **定理 6 - 1**　若函数 $z=f(x,\ y)$ 的两个二阶混合偏导数 $f''_{xy}(x,\ y)$，$f''_{yx}(x,\ y)$ 在区域 D 内连续，则在该区域内有
> $$f''_{xy}(x,\ y)=f''_{yx}(x,\ y)$$

证明略.

此定理可以推广至更高阶混合偏导数的情形.

【例 6 - 18】 设 $u=\ln(x+2y+3z)$，验证

$$\frac{\partial^3 u}{\partial x\,\partial y\,\partial z}=\frac{\partial^3 u}{\partial z\,\partial x\,\partial y}$$

证明　因为

$$\frac{\partial u}{\partial x}=\frac{1}{x+2y+3z},\qquad \frac{\partial u}{\partial z}=\frac{3}{x+2y+3z}$$

从而

$$\frac{\partial^2 u}{\partial x \partial y} = \frac{-2}{(x+2y+3z)^2}, \quad \frac{\partial^2 u}{\partial z \partial x} = \frac{-3}{(x+2y+3z)^2}$$

于是

$$\frac{\partial^3 u}{\partial x \partial y \partial z} = \frac{12}{(x+2y+3z)^3}, \quad \frac{\partial^3 u}{\partial z \partial x \partial y} = \frac{12}{(x+2y+3z)^3}$$

所以

$$\frac{\partial^3 u}{\partial x \partial y \partial z} = \frac{\partial^3 u}{\partial z \partial x \partial y}$$

习题 6.3

1. 求下列函数的一阶偏导数.

(1) $z = x^2 + xy^3$ (2) $z = x^2 ye^y$

(3) $z = \arctan \dfrac{y}{x}$ (4) $u = \sqrt{x^2 + y^2 + z^2}$

2. 已知 $f(x, y, z) = \ln(xy + z)$，求 $f'_z(2, 1, 0)$.

3. 设 $z = x^3 y^2 - 3xy^3 - xy + 1$，求 $\dfrac{\partial^2 z}{\partial x^2}$，$\dfrac{\partial^3 z}{\partial x^3}$，$\dfrac{\partial^2 z}{\partial y \partial x}$ 和 $\dfrac{\partial^2 z}{\partial x \partial y}$.

4. 验证函数 $z = \ln \sqrt{x^2 + y^2}$ 满足方程 $\dfrac{\partial^2 z}{\partial x^2} + \dfrac{\partial^2 z}{\partial y^2} = 0$.

5. 设某种商品的需求函数为 $Q = 15P^{-\frac{3}{4}} P_1^{-\frac{1}{4}} M^{\frac{1}{2}}$，其中 Q 为该商品的需求量，P 为其价格，P_1 为另一相关商品的价格，M 为消费者的收入，求需求的直接价格弹性 $\dfrac{EQ}{EP}$、交叉价格弹性 $\dfrac{EQ}{EP_1}$ 及需求的收入弹性 $\dfrac{EQ}{EM}$，并说明两商品之间的关系.

6.4 全 微 分

在许多实际问题中，经常会碰到多元函数中各个自变量都取得增量时因变量所获得的增量，而多元函数的偏导数只描述了某个自变量变化而其他自变量保持不变时的性质，为了研究所有自变量同时发生变化时多元函数的性质，以二元函数为例引入全微分的概念.

6.4.1 全微分的概念

设二元函数 $z = f(x, y)$ 在点 $P(x_0, y_0)$ 的某邻域内有定义，若 Δx，Δy 分别为自变

量 x_0，y_0 的增量，则称函数增量
$$\Delta z=f(x_0+\Delta x,\ y_0+\Delta y)-f(x_0,\ y_0)$$
为函数 $z=f(x,\ y)$ 在点 $P(x_0,\ y_0)$ 处的**全增量**.

例如，设有一个矩形金属片，其边长分别为 x，y，由于受热，边长分别增加了 Δx，Δy，金属片面积的改变量
$$\Delta S=(x+\Delta x)(y+\Delta y)-xy=y\Delta x+x\Delta y+\Delta x\Delta y$$
当 $\Delta x\to 0$，$\Delta y\to 0$ 时，就有 $\Delta x\Delta y$ 是较 $\rho=\sqrt{(\Delta x)^2+(\Delta y)^2}$ 高阶的无穷小，于是
$$\Delta S\approx y\Delta x+x\Delta y$$

一般来说，计算全增量是比较复杂的，依照一元函数计算增量的方法，我们希望用自变量的增量 Δx，Δy 的线性函数来近似地代替函数的全增量，且要求误差很小，从而引出二元函数的全微分的定义.

> **定义 6-4** 设函数 $z=f(x,\ y)$ 在点 $(x_0,\ y_0)$ 的某个邻域有定义，且其全增量可表成
> $$\Delta z=f(x_0+\Delta x,\ y_0+\Delta y)-f(x_0,\ y_0)=A\Delta x+B\Delta y+o(\rho)$$
> 其中 A，B 仅与点 $(x_0,\ y_0)$ 有关，而与 Δx，Δy 均无关，$\rho=\sqrt{(\Delta x)^2+(\Delta y)^2}$，则称 $z=f(x,\ y)$ 在点 $(x_0,\ y_0)$ 处可微，并称 $A\Delta x+B\Delta y$ 为函数 $z=f(x,\ y)$ 在点 $(x_0,\ y_0)$ 处的**全微分**，记作 dz，即
> $$dz=A\Delta x+B\Delta y$$

当函数 $z=f(x,\ y)$ 在某平面区域 D 内处处可微时，称 $z=f(x,\ y)$ 为此平面区域 D 内的可微函数.

在一元函数中，可导与可微是等价的，对于多元函数来说，这个结论不成立. 下面给出两个定理，说明二元函数可微与可导的关系.

> **定理 6-2（可微的必要条件）** 如果函数 $z=f(x,\ y)$ 在点 $(x_0,\ y_0)$ 可微，则函数在该点的偏导数 $\dfrac{\partial z}{\partial x}$，$\dfrac{\partial z}{\partial y}$ 必定存在，且函数 $z=f(x,\ y)$ 在点 $(x_0,\ y_0)$ 的全微分为
> $$dz=f'_x(x_0,\ y_0)\Delta x+f'_y(x_0,\ y_0)\Delta y$$

证明 因为 $z=f(x,\ y)$ 在点 $(x_0,\ y_0)$ 可微，所以
$$\Delta z=f(x_0+\Delta x,\ y_0+\Delta y)-f(x_0,\ y_0)=A\Delta x+B\Delta y+o(\rho)$$
令 $\Delta y=0$，有
$$\Delta z=f(x_0+\Delta x,\ y_0)-f(x_0,\ y_0)=A\Delta x+0+o(|\Delta x|)$$
所以
$$\lim_{\Delta x\to 0}\frac{\Delta z}{\Delta x}=\lim_{\Delta x\to 0}\left(A+\frac{o(|\Delta x|)}{\Delta x}\right)=A+0=A=f'_x(x_0,\ y_0)$$

同理令 $\Delta x=0$，得到 $B=f'_y(x_0,y_0)$.

由于自变量的改变量等于自变量的微分，即 $\Delta x=\mathrm{d}x$，$\Delta y=\mathrm{d}y$，所以函数 $z=f(x,y)$ 在点 (x_0,y_0) 的全微分为

$$\mathrm{d}z=f'_x(x_0,y_0)\mathrm{d}x+f'_y(x_0,y_0)\mathrm{d}y$$

若函数 $z=f(x,y)$ 在区域 D 内可微，则将区域 D 内任意点 (x,y) 的全微分记作

$$\mathrm{d}z=\frac{\partial z}{\partial x}\mathrm{d}x+\frac{\partial z}{\partial y}\mathrm{d}y$$

函数 $z=f(x,y)$ 在点 (x_0,y_0) 偏导数 $\dfrac{\partial z}{\partial x}$，$\dfrac{\partial z}{\partial y}$ 存在是可微分的必要条件，但不是充分条件. 例如函数

$$f(x,y)=\begin{cases}\dfrac{xy}{\sqrt{x^2+y^2}}, & x^2+y^2\neq0\\[2mm] 0, & x^2+y^2=0\end{cases}$$

在点 $(0,0)$ 处虽然有 $f'_x(0,0)=0$ 及 $f'_y(0,0)=0$，但函数在 $(0,0)$ 却不可微. 这是因为，若 $f(x,y)$ 在 $(0,0)$ 点可微，则

$$\Delta y=f'_x(0,0)\Delta x+f'_y(0,0)\Delta y+o(\rho)=o(\rho)$$

但

$$\Delta y=\frac{\Delta x\cdot\Delta y}{\sqrt{(\Delta x)^2+(\Delta y)^2}}$$

而

$$\frac{\Delta y}{\rho}=\frac{\Delta x\cdot\Delta y}{(\Delta x)^2+(\Delta y)^2}$$

由例 $6-8$ 可知 $\Delta y\neq o(\rho)$.

定理 6-3（可微的充分条件） 如果函数 $z=f(x,y)$ 在点 (x,y) 的某邻域内有连续的偏导数 $\dfrac{\partial z}{\partial x}$ 和 $\dfrac{\partial z}{\partial y}$，则函数 $z=f(x,y)$ 在该点可微.

定理 $6-2$ 和定理 $6-3$ 的结论可推广到三元及三元以上函数.

二元函数的全微分等于它的两个偏微分之和，这个结果称为二元函数微分的叠加原理. 叠加原理也适用于二元以上的函数，例如函数 $u=f(x,y,z)$ 的全微分为

$$\mathrm{d}u=\frac{\partial u}{\partial x}\mathrm{d}x+\frac{\partial u}{\partial y}\mathrm{d}y+\frac{\partial u}{\partial z}\mathrm{d}z$$

【例 6-19】 求函数 $z=\mathrm{e}^{xy}$ 在点 $(2,1)$ 处的全微分.

解 因为

$$\frac{\partial z}{\partial x}=y\mathrm{e}^{xy},\qquad \frac{\partial z}{\partial y}=x\mathrm{e}^{xy}$$

$$\frac{\partial z}{\partial x}\bigg|_{\substack{x=2\\y=1}}=\mathrm{e}^2,\qquad \frac{\partial z}{\partial y}\bigg|_{\substack{x=2\\y=1}}=2\mathrm{e}^2$$

所以
$$dz = e^2 dx + 2e^2 dy$$

【例 6 – 20】 求函数 $z = x^2 y + y^2$ 的全微分.

解　因为
$$\frac{\partial z}{\partial x} = 2xy, \quad \frac{\partial z}{\partial y} = x^2 + 2y$$

所以
$$dz = 2xy dx + (x^2 + 2y) dy$$

【例 6 – 21】 求函数 $u = x + \sin \dfrac{y}{2} + e^{yz}$ 的全微分.

解　因为
$$\frac{\partial u}{\partial x} = 1, \quad \frac{\partial u}{\partial y} = \frac{1}{2}\cos \frac{y}{2} + z e^{yz}, \quad \frac{\partial u}{\partial z} = y e^{yz}$$

所以
$$du = dx + \left(\frac{1}{2}\cos \frac{y}{2} + z e^{yz} \right) dy + y e^{yz} dz$$

6.4.2　全微分在近似计算中的应用

当函数 $z = f(x, y)$ 在点 (x_0, y_0) 可微时，有
$$\Delta z = f(x_0 + \Delta x, y_0 + \Delta y) - f(x_0, y_0)$$
$$= f_x'(x_0, y_0)\Delta x + f_y'(x_0, y_0)\Delta y + o(\rho) \quad (\rho \to 0)$$
当 $|\Delta x|$，$|\Delta y|$ 充分小时，
$$\Delta z \approx dz = f_x'(x, y)\Delta x + f_y'(x, y)\Delta y$$
即
$$f(x + \Delta x, y + \Delta y) \approx f(x, y) + f_x'(x, y)\Delta x + f_y'(x, y)\Delta y$$

与一元函数的情形相类似，可对二元函数作近似计算或误差估计，当然这种方法还可以推广到二元以上的函数.

【例 6 – 22】 计算 $1.02^{1.98}$ 的近似值.

解　设函数 $z = f(x, y) = x^y$，取 $(x_0, y_0) = (1, 2)$，$\Delta x = 0.02$，$\Delta y = -0.02$. 由于 $f(1, 2) = 1$，$f_x'(x, y) = yx^{y-1}$，$f_y'(x, y) = x^y \ln x$，$f_x'(1, 2) = 2$，$f_y'(1, 2) = 0$
所以由近似公式得
$$1.02^{1.98} = (1 + 0.02)^{2 - 0.02} \approx 1 + 2 \times 0.02 + 0 \times (-0.02) = 1.04$$

习题 6.4

1. 求下列函数的全微分.

(1) $z=x^2+xy^3$ (2) $z=\arctan(xy)$

(3) $z=\mathrm{e}^{\sqrt{x^2+y^2}}$ (4) $z=xy+\dfrac{y}{x}-\dfrac{x}{y}$

2. 求 $z=\arctan\dfrac{x}{y}$ 在点 $(1,1)$ 处的全微分.

3. 计算 $\sqrt{1.02^3+1.97^3}$ 的近似值.

4. 设一无盖圆柱形容器的内径为 $2\,\mathrm{m}$,高为 $4\,\mathrm{m}$,侧壁及底的厚度均为 $0.01\,\mathrm{m}$,求所需材料的近似值与精确值.

6.5   多元复合函数与隐函数的微分法

6.5.1   多元复合函数的微分法

多元复合函数的偏导数是多元函数微分学中的重要内容,现在要将一元函数微分学中的求导法则推广到多元复合函数的情形,从而得到多元函数的求导法则.

1. 中间变量均为一元函数的情形

定理 6-4   如果函数 $u=\varphi(t)$ 及 $v=\psi(t)$ 都在点 t 可导,函数 $z=f(u,v)$ 在对应点 (u,v) 具有连续偏导数,则复合函数 $z=f[\varphi(t),\psi(t)]$ 在点 t 可导,称其为全导数,且有

$$\frac{\mathrm{d}z}{\mathrm{d}t}=\frac{\partial z}{\partial u}\cdot\frac{\mathrm{d}u}{\mathrm{d}t}+\frac{\partial z}{\partial v}\cdot\frac{\mathrm{d}v}{\mathrm{d}t}$$

证明   因为 $z=f(u,v)$ 具有连续的偏导数,所以它是可微的,即有

$$\mathrm{d}z=\frac{\partial z}{\partial u}\mathrm{d}u+\frac{\partial z}{\partial v}\mathrm{d}v$$

又因为 $u=\varphi(t)$ 及 $v=\psi(t)$ 都可导,因而可微,即有

$$\mathrm{d}u=\frac{\mathrm{d}u}{\mathrm{d}t}\mathrm{d}t,\ \ \mathrm{d}v=\frac{\mathrm{d}v}{\mathrm{d}t}\mathrm{d}t$$

所以

$$\mathrm{d}z=\frac{\partial z}{\partial u}\cdot\frac{\mathrm{d}u}{\mathrm{d}t}\mathrm{d}t+\frac{\partial z}{\partial v}\cdot\frac{\mathrm{d}v}{\mathrm{d}t}\mathrm{d}t=\left(\frac{\partial z}{\partial u}\cdot\frac{\mathrm{d}u}{\mathrm{d}t}+\frac{\partial z}{\partial v}\cdot\frac{\mathrm{d}v}{\mathrm{d}t}\right)\mathrm{d}t$$

从而

$$\frac{\mathrm{d}z}{\mathrm{d}t}=\frac{\partial z}{\partial u}\cdot\frac{\mathrm{d}u}{\mathrm{d}t}+\frac{\partial z}{\partial v}\cdot\frac{\mathrm{d}v}{\mathrm{d}t}$$

【例 6 - 23】 设 $z=u^v$，$u=\cos t$，$v=\sin^2 t$，求 $\dfrac{\mathrm{d}z}{\mathrm{d}t}$.

解 因为

$$\frac{\partial z}{\partial u}=v\cdot u^{v-1}，\quad \frac{\partial z}{\partial v}=u^v\cdot\ln u，\quad \frac{\mathrm{d}u}{\mathrm{d}t}=-\sin t，\quad \frac{\mathrm{d}v}{\mathrm{d}t}=2\sin t\cos t=\sin 2t$$

所以

$$\frac{\mathrm{d}y}{\mathrm{d}t}=\frac{\partial z}{\partial u}\cdot\frac{\mathrm{d}u}{\mathrm{d}t}+\frac{\partial z}{\partial v}\cdot\frac{\mathrm{d}v}{\mathrm{d}t}=-\sin^3 t(\cos t)^{-\cos^2 t}+\sin 2\,t\cdot(\cos t)^{\sin^2 t}\cdot\ln\cos t$$

2. 中间变量均为多元函数的情形

> **定理 6 - 5** 设函数 $u=u(x,y)$，$v=v(x,y)$ 在点 (x,y) 处有偏导数，函数 $z=f(u,v)$ 在其对应的点处有连续的偏导数，则 $z=f(u(x,y),v(x,y))$ 在点 (x,y) 处有对 x 和 y 的偏导数，且有下列公式：
>
> $$\frac{\partial z}{\partial x}=\frac{\partial z}{\partial u}\cdot\frac{\partial u}{\partial x}+\frac{\partial z}{\partial v}\cdot\frac{\partial v}{\partial x}$$
>
> $$\frac{\partial z}{\partial y}=\frac{\partial z}{\partial u}\cdot\frac{\partial u}{\partial y}+\frac{\partial z}{\partial v}\cdot\frac{\partial v}{\partial y}$$

证明略.

【例 6 - 24】 设 $z=\mathrm{e}^u\sin v$，$u=xy$，$v=x+y$，求 $\dfrac{\partial z}{\partial x}$，$\dfrac{\partial z}{\partial y}$.

解 由多元复合函数求导公式可得

$$\frac{\partial z}{\partial x}=\frac{\partial z}{\partial u}\frac{\partial u}{\partial x}+\frac{\partial z}{\partial v}\frac{\partial v}{\partial x}=\mathrm{e}^u\sin v\cdot y+\mathrm{e}^u\cos v$$

$$=\mathrm{e}^{xy}\big[y\sin(x+y)+\cos(x+y)\big]$$

$$\frac{\partial z}{\partial y}=\frac{\partial z}{\partial u}\frac{\partial u}{\partial y}+\frac{\partial z}{\partial v}\frac{\partial v}{\partial y}=\mathrm{e}^u\sin v\cdot x+\mathrm{e}^u\cos v$$

$$=\mathrm{e}^{xy}\big[x\sin(x+y)+\cos(x+y)\big]$$

【例 6 - 25】 设 $z=f\left(xy,\dfrac{x}{y}\right)$，求 $\dfrac{\partial z}{\partial x}$ 和 $\dfrac{\partial z}{\partial y}$.

解 令 $u=xy$，$v=\dfrac{x}{y}$，于是 $z=f(u,v)$. 所以

$$\frac{\partial z}{\partial x}=\frac{\partial z}{\partial u}\cdot\frac{\partial u}{\partial x}+\frac{\partial z}{\partial v}\cdot\frac{\partial v}{\partial x}=y\cdot\frac{\partial z}{\partial u}+\frac{1}{y}\cdot\frac{\partial z}{\partial v}$$

$$\frac{\partial z}{\partial y}=\frac{\partial z}{\partial u}\cdot\frac{\partial u}{\partial y}+\frac{\partial z}{\partial v}\cdot\frac{\partial v}{\partial y}=x\cdot\frac{\partial z}{\partial u}-\frac{x}{y^2}\frac{\partial z}{\partial v}$$

3. 复合函数的中间变量既有一元函数，又有多元函数的情形

> **定理 6 - 6** 如果函数 $u=\varphi(x,\ y)$ 在点 $(x,\ y)$ 具有对 x 及对 y 的偏导数，函数 $v=\psi(y)$ 在点 y 可导，函数 $z=f(u,\ v)$ 在对应点 $(u,\ v)$ 具有连续偏导数，则复合函数 $z=f[\varphi(x,\ y),\ \psi(y)]$ 在点 $(x,\ y)$ 的两个偏导数存在，且有
>
> $$\frac{\partial z}{\partial x}=\frac{\partial z}{\partial u}\cdot\frac{\partial u}{\partial x},\quad \frac{\partial z}{\partial y}=\frac{\partial z}{\partial u}\cdot\frac{\partial u}{\partial y}+\frac{\partial z}{\partial v}\cdot\frac{\mathrm{d}v}{\mathrm{d}y}$$

【例 6 - 26】 设 $u=f(x,\ y,\ z)=\mathrm{e}^{x^2+y^2+z^2}$，而 $z=x^2\sin y$，求 $\dfrac{\partial u}{\partial x}$ 和 $\dfrac{\partial u}{\partial y}$.

解
$$\frac{\partial u}{\partial x}=\frac{\partial f}{\partial x}+\frac{\partial f}{\partial z}\cdot\frac{\partial z}{\partial x}$$
$$=2x\mathrm{e}^{x^2+y^2+z^2}+2z\mathrm{e}^{x^2+y^2+z^2}\cdot 2x\sin y$$
$$=2x(1+2x^2\sin^2 y)\mathrm{e}^{x^2+y^2+x^4\sin^2 y}$$

$$\frac{\partial u}{\partial y}=\frac{\partial f}{\partial y}+\frac{\partial f}{\partial z}\cdot\frac{\partial z}{\partial y}$$
$$=2y\mathrm{e}^{x^2+y^2+z^2}+2z\mathrm{e}^{x^2+y^2+z^2}\cdot x^2\cos y$$
$$=2(y+x^4\sin y\cos y)\mathrm{e}^{x^2+y^2+x^4\sin^2 y}$$

这里的 $\dfrac{\partial f}{\partial x}$，$\dfrac{\partial f}{\partial y}$，$\dfrac{\partial f}{\partial z}$ 不可写作 $\dfrac{\partial u}{\partial x}$，$\dfrac{\partial u}{\partial y}$，$\dfrac{\partial u}{\partial z}$，否则与等式左端混淆.

4. 全微分形式不变性

设 $z=f(u,\ v)$ 具有连续偏导数，则有全微分

$$\mathrm{d}z=\frac{\partial z}{\partial u}\mathrm{d}u+\frac{\partial z}{\partial v}\mathrm{d}v$$

如果 $z=f(u,\ v)$ 具有连续偏导数，而 $u=\varphi(x,\ y)$，$v=\psi(x,\ y)$ 也具有连续偏导数，则

$$\mathrm{d}z=\frac{\partial z}{\partial x}\mathrm{d}x+\frac{\partial z}{\partial y}\mathrm{d}y$$

$$=\left(\frac{\partial z}{\partial u}\frac{\partial u}{\partial x}+\frac{\partial z}{\partial v}\frac{\partial v}{\partial x}\right)\mathrm{d}x+\left(\frac{\partial z}{\partial u}\frac{\partial u}{\partial y}+\frac{\partial z}{\partial v}\frac{\partial v}{\partial y}\right)\mathrm{d}y$$

$$=\frac{\partial z}{\partial u}\left(\frac{\partial u}{\partial x}\mathrm{d}x+\frac{\partial u}{\partial y}\mathrm{d}y\right)+\frac{\partial z}{\partial v}\left(\frac{\partial v}{\partial x}\mathrm{d}x+\frac{\partial v}{\partial y}\mathrm{d}y\right)$$

$$=\frac{\partial z}{\partial u}\mathrm{d}u+\frac{\partial z}{\partial v}\mathrm{d}v$$

由此可见，无论 z 是自变量 $u,\ v$ 的函数或中间变量 $u,\ v$ 的函数，它的全微分形式是一

样的. 这个性质称为**全微分形式不变性**.

【例 6 - 27】　设 $z=\mathrm{e}^u\sin v$，$u=xy$，$v=x+y$，利用全微分形式不变性求全微分.

解　$\mathrm{d}z=\dfrac{\partial z}{\partial u}\mathrm{d}u+\dfrac{\partial z}{\partial v}\mathrm{d}v=\mathrm{e}^u\sin v\mathrm{d}u+\mathrm{e}^u\cos v\mathrm{d}v$

$\qquad=\mathrm{e}^u\sin v(y\mathrm{d}x+x\mathrm{d}y)+\mathrm{e}^u\cos v(\mathrm{d}x+\mathrm{d}y)$

$\qquad=(y\mathrm{e}^u\sin v+\mathrm{e}^u\cos v)\mathrm{d}x+(x\mathrm{e}^u\sin v+\mathrm{e}^u\cos v)\mathrm{d}y$

$\qquad=\mathrm{e}^{xy}[y\sin(x+y)+\cos(x+y)]\mathrm{d}x+\mathrm{e}^{xy}[x\sin(x+y)+\cos(x+y)]\mathrm{d}y$

6.5.2　隐函数的微分法

在一元函数微分学中，对于方程 $F(x,y)=0$ 所确定的隐函数 $y=f(x)$，可用复合函数求导法则求 $\dfrac{\mathrm{d}y}{\mathrm{d}x}$，现在用偏导数来求 $\dfrac{\mathrm{d}y}{\mathrm{d}x}$.

因为 $y=f(x)$ 是由方程 $F(x,y)=0$ 所确定的隐函数，所以有

$$F(x,f(x))=0$$

其左端可看作是 x 的复合函数，两边同时对 x 求全导数，得

$$\frac{\partial F}{\partial x}+\frac{\partial F}{\partial y}\cdot\frac{\mathrm{d}y}{\mathrm{d}x}=0$$

当 $\dfrac{\partial F}{\partial y}\neq0$ 时，有

$$\frac{\mathrm{d}y}{\mathrm{d}x}=-\frac{\dfrac{\partial F}{\partial x}}{\dfrac{\partial F}{\partial y}}$$

【例 6 - 28】　设 $\cos y+\mathrm{e}^x-x^2y=0$，求 $\dfrac{\mathrm{d}y}{\mathrm{d}x}$.

解　设 $F(x,y)=\cos y+\mathrm{e}^x-x^2y$，则

$$\frac{\partial F}{\partial x}=\mathrm{e}^x-2xy,\quad\frac{\partial F}{\partial y}=-\sin y-x^2$$

当 $\dfrac{\partial F}{\partial y}\neq0$ 时，有

$$\frac{\mathrm{d}y}{\mathrm{d}x}=-\frac{\dfrac{\partial F}{\partial x}}{\dfrac{\partial F}{\partial y}}=-\frac{\mathrm{e}^x-2xy}{-\sin y-x^2}=\frac{\mathrm{e}^x-2xy}{\sin y+x^2}$$

类似地，对于方程 $F(x,y,z)=0$ 所确定的二元函数 $z=f(x,y)$ 有下述定理.

定理 6 - 7 设方程 $F(x, y, z)=0$ 所确定的隐函数 $z=f(x, y)$，且函数 $F(x, y, z)$ 存在连续偏导数，则当 $\dfrac{\partial F}{\partial z} \neq 0$ 时，有隐函数求导公式

$$\frac{\partial z}{\partial x}=-\frac{\dfrac{\partial F}{\partial x}}{\dfrac{\partial F}{\partial z}}, \quad \frac{\partial z}{\partial y}=-\frac{\dfrac{\partial F}{\partial y}}{\dfrac{\partial F}{\partial z}}$$

证明略.

此定理可以推广到三元及三元以上的隐函数.

【例 6 - 29】 设方程 $xy+yz+zx=1$ 确定隐函数 $z=f(x, y)$，求 $\dfrac{\partial^2 z}{\partial x^2}$ 和 $\dfrac{\partial^2 z}{\partial y^2}$.

解 令 $F(x, y, z)=xy+yz+zx-1$，则

$$\frac{\partial F}{\partial x}=y+z, \quad \frac{\partial F}{\partial y}=z+x, \quad \frac{\partial F}{\partial z}=x+y$$

所以

$$\frac{\partial z}{\partial x}=-\frac{y+z}{x+y}$$

上式再一次对求偏导数，得

$$\frac{\partial^2 z}{\partial x^2}=-\frac{\dfrac{\partial z}{\partial x}(x+y)-(y+z)}{(x+y)^2}=-\frac{-\dfrac{y+z}{x+y}(x+y)-(y+z)}{(x+y)^2}=\frac{2(y+z)}{(x+y)^2}$$

同理可得

$$\frac{\partial^2 z}{\partial y^2}=\frac{2(x+z)}{(x+y)^2}$$

【例 6 - 30】 设方程 $F(x, y, z)=0$，可以把任一变量确定为其余两个变量的隐函数，试证

$$\frac{\partial x}{\partial y} \cdot \frac{\partial y}{\partial z} \cdot \frac{\partial z}{\partial x}=-1$$

证明 首先将方程 $F(x, y, z)=0$ 看成是确定了 x 是 y 与 z 的隐函数，于是

$$\frac{\partial x}{\partial y}=-\frac{F_y'}{F_x'}$$

同理可得

$$\frac{\partial y}{\partial z}=-\frac{F_z'}{F_y'}, \quad \frac{\partial z}{\partial x}=-\frac{F_x'}{F_z'}$$

所以

$$\frac{\partial x}{\partial y}\cdot\frac{\partial y}{\partial z}\cdot\frac{\partial z}{\partial x}=-1$$

习题 6.5

1. 求下列复合函数的偏导数.

(1) $z=u^2+v^2$，$u=x+y$，$v=x-y$ 　　(2) $z=(x^2+1)^x$

(3) $z=u^v$，$u=x^2+y^2$，$v=xy$ 　　(4) $z=(x^2+2y^2)^{xy}$

(5) $z=e^u+x^3$，$u=x-y$

2. 求下列方程所确定的隐函数的导数.

(1) $y-xe^y+x=0$，求 $\dfrac{dy}{dx}$；　　(2) $\dfrac{x^2}{a^2}+\dfrac{y^2}{b^2}+\dfrac{z^2}{c^2}=1$，求 $\dfrac{\partial z}{\partial x}$，$\dfrac{\partial z}{\partial y}$；

(3) $x^2+y^2+z^2=4z$，求 $\dfrac{\partial z}{\partial x}$，$\dfrac{\partial z}{\partial y}$.

3. 设 $x^2+y^2+z^2=2az$，求 $\dfrac{\partial z}{\partial x}$，$\dfrac{\partial z}{\partial y}$ 及 $\dfrac{\partial^2 z}{\partial x\partial y}$.

4. 证明隐函数 $2\sin(x+2y-3z)=x+2y-3z$ 一定满足表达式 $\dfrac{\partial z}{\partial x}+\dfrac{\partial z}{\partial y}=1$.

6.6　多元函数极值和最值

我们已经借助一元函数微分学研究了一元函数求极值问题，并对一元函数的最大最小值问题进行了讨论. 但许多实际问题往往受多个因素影响和制约，因此有必要讨论多元函数的最值问题. 与一元函数类似，多元函数的最值问题与极值有密切的联系，所以本节以二元函数为例研究多元函数极值的求法，并求解受多个因素影响和制约的最大和最小值问题.

6.6.1　无条件极值与最值

> **定义 6-5**　设函数 $z=f(x,y)$ 在点 $P_0=(x_0,y_0)$ 某邻域 $U(P_0)$ 有定义，若对任意的 $(x,y)\in U(P_0)$，有
> $$f(x,y)\leqslant f(x_0,y_0)\quad(\text{或 } f(x,y)\geqslant f(x_0,y_0))$$
> 则称函数 $f(x,y)$ 在点 (x_0,y_0) 处取得极大值（或极小值），点 (x_0,y_0) 称为函数 $f(x,y)$ 的极大值点（或极小值点）.

极大值、极小值统称为**极值**，极大值点、极小值点统称为**极值点**.

【例 6 - 31】 函数 $f(x，y)=-\sqrt{x^2+y^2}$，在点 （0，0） 取极大值 （如图 6 - 20 所示）.

【例 6 - 32】 函数 $f(x，y)=3x^2+4y^2$，在点 （0，0） 取极小值 （如图 6 - 21 所示）.

【例 6 - 33】 函数 $f(x，y)=xy$，点 （0，0） 不是其极值点. 因为在点 （0，0） 的任一邻域内，总有使函数值为正的点，也有使函数值为负的点 （如图 6 - 22 所示）.

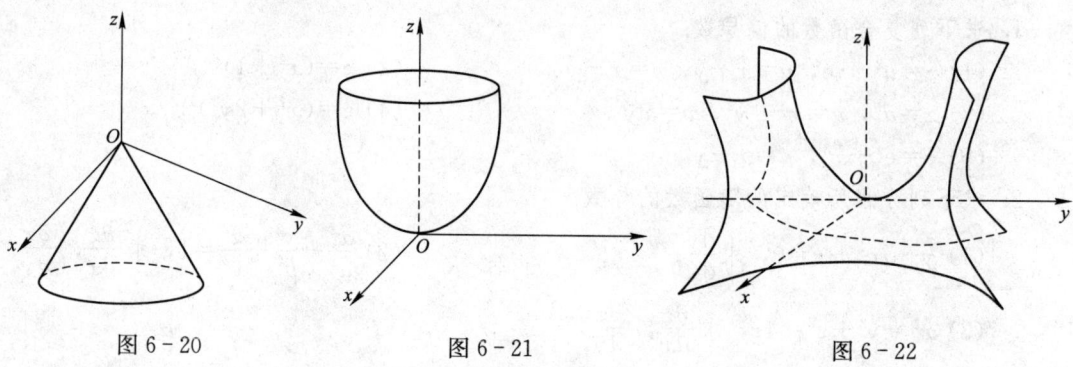

图 6 - 20   图 6 - 21   图 6 - 22

二元函数 $z=f(x，y)$ 的极值，一般可用偏导数来求，下述两个定理给出了二元函数极值存在的条件和求法.

定理 6 - 8 （极值存在的必要条件） 设函数 $z=f(x，y)$ 在点 $(x_0，y_0)$ 处存在偏导数，且在点 $(x_0，y_0)$ 处取得极值，则有
$$f'_x(x_0，y_0)=0，\quad f'_y(x_0，y_0)=0$$

证明 不妨设 $(x_0，y_0)$ 为函数 $f(x，y)$ 极大值点，即存在点 $(x_0，y_0)$ 的邻域 U，使得任意的 $(x，y)\in U$ 都有 $f(x，y)<f(x_0，y_0)$. 特别地，当 $y=y_0$ 时，有
$$f(x，y_0)<f(x_0，y_0)$$
这表明 $x=x_0$ 是一元函数 $f(x，y_0)$ 的极大值点，由一元函数极值的必要条件有
$$f'_x(x_0，y_0)=0$$
同理有
$$f'_y(x_0，y_0)=0$$

与一元函数相仿，使 $f'_x(x_0，y_0)=0$ 和 $f'_y(x_0，y_0)=0$ 同时成立的点 $(x_0，y_0)$ 称为函数 $f(x，y)$ 的驻点. 由上述定理可知，具有一阶偏导数的二元函数的极值点一定是驻点，但函数的**驻点未必是极值点**，如例 6 - 33，点 （0，0） 是函数 $z=f(x，y)$ 的驻点，但却不是它的极值点. 另外，函数的偏导数不存在的点也可能是极值点，如例 6 - 31，函数 $z=-\sqrt{x^2+y^2}$ 在点 （0，0） 的两个偏导数都不存在，但 （0，0） 却是它的一个极值点.

因此，函数的极值点包含在偏导数不存在的点和驻点中，对于偏导数不存在的点是否为极值点可通过极值点的定义来判断，对于驻点我们给出下面的定理.

> **定理 6-9（极值存在的充分条件）**　设函数 $z=f(x, y)$ 在点 (x_0, y_0) 的某邻域内有二阶连续偏导数，且有 $f'_x(x_0, y_0)=f'_y(x_0, y_0)=0$. 记
> $$A=f''_{xx}(x_0, y_0), B=f''_{xy}(x_0, y_0), C=f''_{yy}(x_0, y_0)$$
> 则有下列结论成立：
>
> ① 当 $AC-B^2>0$ 时，函数 $f(x, y)$ 在 (x_0, y_0) 处取极值，且当 $A>0$ 时有极小值 $f(x_0, y_0)$；当 $A<0$ 时有极大值 $f(x_0, y_0)$；
>
> ② 当 $AC-B^2<0$ 时，(x_0, y_0) 不是函数 $f(x, y)$ 的极值点；
>
> ③ 当 $AC-B^2=0$ 时，函数 $f(x, y)$ 在 (x_0, y_0) 处可能有极值，也可能没有极值.

根据定理 6-8 与定理 6-9，如果函数 $f(x, y)$ 具有二阶连续偏导数，则求 $z=f(x, y)$ 的极值的一般步骤为：

① 解方程组 $f'_x(x, y)=0$，$f'_y(x, y)=0$，求出 $f(x, y)$ 的所有驻点；

② 求出函数 $f(x, y)$ 的二阶偏导数，依次确定各驻点处 A, B, C 的值.

③ 确定 $AC-B^2$ 的符号，根据定理 6-9 判定驻点是否为极值点，如果是极值点，是极大值还是极小值，最后求出函数 $f(x, y)$ 在极值点处的极值.

【例 6-34】 求函数 $f(x, y)=x^3-y^2-27x$ 的极值.

解　函数的一阶偏导数为 $f'_x(x, y)=3x^2-27$，$f'_y(x, y)=-2y$，令
$$\begin{cases} f'_x(x, y)=3x^2-27=0 \\ f'_y(x, y)=-2y=0 \end{cases}$$

得驻点为 $(-3, 0)$ 和 $(3, 0)$.

又二阶偏导数为 $A=f''_{xx}(x, y)=6x$，$B=f''_{xy}(x, y)=0$，$C=f''_{yy}(x, y)=-2$. 在点 $(-3, 0)$ 处，$A=-18$，$B=0$，$C=-2$，而 $AC-B^2=36>0$，所以 $f(-3, 0)=54$ 为函数 $f(x, y)=x^3-y^2-27x$ 的极大值. 在点 $(3, 0)$ 处，$A=18$，$B=0$，$C=-2$，而 $AC-B^2=-36<0$，所以点 $(3, 0)$ 不是函数 $f(x, y)=x^3-y^2-27x$ 的极值点.

【例 6-35】 求函数 $f(x, y)=x^3-y^3+3x^2+3y^2-9x$ 的极值.

解　一阶偏导数为
$$f'_x(x, y)=3x^2+6x-9, \quad f'_y(x, y)=-3y^2+6y$$

令一阶偏导数为零，求得驻点为 $(1, 0)$，$(1, 2)$，$(-3, 0)$，$(-3, 2)$.

又二阶偏导数为
$$A=f''_{xx}(x, y)=6x+6, B=f''_{xy}(x, y)=0, C=f''_{yy}(x, y)=-6y+6$$

在点 $(1, 0)$ 处，$AC-B^2=72>0$ 且 $A=12>0$，故 $f(1, 0)=-5$ 为极小值；在点 $(1, 2)$ 处，$AC-B^2=-72<0$，故点 $(1, 2)$ 不是极值点；在点 $(-3, 0)$ 处，$AC-B^2=-72<0$，故点 $(-3, 0)$ 不是极值点；在点 $(-3, 2)$ 处，$AC-B^2=72>0$，且 $A=-12<0$，故 $f(-3, 2)=31$ 为极大值.

在二元连续函数的性质中，我们已经知道，若函数 $f(x, y)$ 在有界闭区域 D 上连续，

则 $f(x,y)$ 在 D 上必有最大值和最小值，而最大值、最小值可能在 D 的内部取得，也可能是在 D 的边界上取得. 因此，求在有界闭区域 D 上连续二元函数 $f(x,y)$ 的最大值和最小值，只需将函数 $f(x,y)$ 在区域 D 内的一切偏导数不存在的点处的函数值、驻点处的函数值与函数 $f(x,y)$ 在区域 D 边界上的最大值、最小值相比较，其中最大者就是最大值，最小者就是最小值. 而在实际问题中，如果从问题本身就能够断定函数取到最大值或最小值，且可微函数在定义域内有唯一的驻点，那么可以肯定该驻点就是函数在 D 内的最值点.

【例 6-36】 设某厂一年内生产甲产品 x 件，生产乙产品 y 件，其总成本为 $C=2x^2+2y^2$，且甲产品每件售价 1 000 元，乙产品每件售价 2 000 元，问该厂一年内生产甲产品、乙产品各多少件时，才能使利润最大？并求最大利润.

解 因为收入函数

$$R=1\,000x+2\,000y$$

所以

$$L=R-C=1\,000x+2\,000y-2x^2-2y^2$$

又

$$L'_x=1\,000-4x, \quad L'_y=2\,000-4y$$
$$A=L''_{xx}=-4, \quad B=L''_{xy}=0, \quad C=L''_{yy}=-4$$

令

$$\begin{cases} L'_x=1\,000-4x=0 \\ L'_y=2\,000-4y=0 \end{cases}$$

得唯一驻点为 (250, 500).

又根据实际问题，L 在 $x>0$，$y>0$ 内一定有最大值，且 L 在 $x>0$，$y>0$ 内又只有一个驻点 (250, 500)，所以 L 在点 (250, 500) 取得最大值，即当甲产品生产 250 件，乙产品生产 500 件时，才能使利润最大，最大利润为 62.5 万元.

6.6.2 条件极值与拉格朗日乘数法

在许多极值问题中，函数的自变量除了限制在定义域内以外，还受其他一些附加条件的限制. 例如，要制作一个容量为 a^3 的长方体无盖小箱，问当它的长、宽、高各为多少时，其表面积最小. 为求解该问题，设长方体的长宽高分别为 x，y，z，表面积为 S，则该问题即是求函数 $S=2(xz+yz)+xy$ 中的自变量 x，y，z 受条件 $xyz=a^3$ 限制下的最小值.

像这类对自变量有附加约束条件的极值问题称为**条件极值**，把待求极值的函数称为**目标函数**，附加的条件称为**约束条件**，没有约束条件的极值称为**无条件极值**. 求解条件极值问题的基本方法，是设法把它转化为无条件极值问题. 当约束条件较简单时，如上例，可以从约束条件 $xyz=a^3$ 中解出 $z=\dfrac{a^3}{xy}$，代入 $S=2(xz+yz)+xy$，从而用前面的方法就能解决问题.

但在一般情况下，上述这种形式的转化往往会遇到困难，因为从约束条件中解出某个变量是其余变量的显函数表达式常常不容易或不可能做到，为此以二元函数的条件极值为例介绍一种求条件极值的常用方法——**拉格朗日乘数法**.

设函数 $f(x, y)$，$\varphi(x, y)$ 在区域 D 内有二阶连续偏导数，求目标函数 $f(x, y)$ 在区域 D 内满足约束条件 $\varphi(x, y)=0$ 的极值，可按如下方法进行.

① 构造辅助函数 $F(x, y, \lambda)=f(x, y)+\lambda\varphi(x, y)$；

② 求 $F(x, y, \lambda)$ 的三个一阶偏导数

$$F_x'=f_x'(x, y)+\lambda\varphi_x'(x, y)$$
$$F_y'=f_y'(x, y)+\lambda\varphi_y'(x, y)$$
$$F_\lambda'=\varphi(x, y)$$

③ 令

$$\begin{cases} F_x'=f_x'(x, y)+\lambda\varphi_x'(x, y)=0 \\ F_y'=f_y'(x, y)+\lambda\varphi_y'(x, y)=0 \\ F_\lambda'=\varphi(x, y)=0 \end{cases}$$

求出此方程组的解 $x=x_0$，$y=y_0$，则点 (x_0, y_0) 就是函数 $z=f(x, y)$ 在 $\varphi(x, y)=0$ 的条件下的可能极值点. 像求函数最值一样，根据实际问题的具体情况来分析点 (x_0, y_0) 是否为条件极值的极值点，这种方法称为**拉格朗日乘数法**，其中函数 $F(x, y, \lambda)$ 称为**拉格朗日函数**，参数 λ 称为**拉格朗日常数**.

这种求条件极值的方法可以推广到求三元或更高元函数的条件极值. 例如，求函数 $u=f(x, y, z)$ 在满足约束条件 $\varphi(x, y, z)=0$ 下的条件极值，其常用方法是拉格朗日乘数法. 拉格朗日乘数法的具体步骤如下.

① 构造拉格朗日函数 $F(x, y, z, \lambda)=f(x, y, z)+\lambda\varphi(x, y, z)$.

② 求四元函数 $F(x, y, z, \lambda)$ 的驻点，即下列方程组

$$\begin{cases} F_x=f_x(x, y, z)+\lambda\varphi_x(x, y, z)=0 \\ F_y=f_y(x, y, z)+\lambda\varphi_y(x, y, z)=0 \\ F_z=f_z(x, y, z)+\lambda\varphi_z(x, y, z)=0 \\ F_\lambda=\varphi(x, y, z)=0 \end{cases}$$

求出上述方程组的解 x, y, z, λ，那么驻点 (x, y, z) 有可能是极值点.

③ 由实际问题的实际意义确定求出的点 (x, y, z) 是否是极值点.

对于有两个或两个以上约束条件的条件极值也可以用拉格朗日乘数法. 例如，求函数 $f(x, y, z)$ 在约束条件 $\varphi(x, y, z)=0$ 和 $\psi(x, y, z)=0$ 下的条件极值. 其步骤如下.

① 构造拉格朗日函数

$$F(x, y, z, \lambda, \mu)=f(x, y, z)+\lambda\varphi(x, y, z)+\mu\psi(x, y, z)$$

其中 λ 和 μ 为拉格朗日乘数.

② 求五元函数 $F(x, y, z, \lambda, \mu)$ 的驻点，即列方程组

$$\begin{cases} F_x = f_x(x, y, z) + \lambda\varphi_x(x, y, z) + \mu\psi_x(x, y, z) = 0 \\ F_y = f_y(x, y, z) + \lambda\varphi_y(x, y, z) + \mu\psi_y(x, y, z) = 0 \\ F_z = f_z(x, y, z) + \lambda\varphi_z(x, y, z) + \mu\psi_z(x, y, z) = 0 \\ F_\lambda = \varphi(x, y, z) = 0 \\ F_\mu = \psi(x, y, z) = 0 \end{cases}$$

求出可能的极值点 (x, y, z, λ, μ).

拉格朗日乘数法还可以推广到自变量有 n 个，而条件有 m 个 $(m < n)$ 的情形.

【例 6-37】 求表面积为 a^2，而体积为最大的长方体的体积.

解 设长方体的长、宽、高分别为 x, y, z，则其表面积为 $2xy + 2yz + 2xz = a^2$，体积为 $V = xyz$. 所要求的问题就是函数 $f(x, y, z) = xyz$ 在 $\varphi(x, y, z) = 2xy + 2yz + 2xz - a^2 = 0$ 下的条件极值，令 $L(x, y, z, \lambda) = xyz + \lambda(2xy + 2yz + 2zx - a^2)$，求 $L(x, y, z, \lambda)$ 的一阶偏导数，并使之等于 0，得方程组

$$\begin{cases} L'_x = yz + 2\lambda(y + z) = 0 \\ L'_y = xz + 2\lambda(x + z) = 0 \\ L'_z = xy + 2\lambda(x + y) = 0 \\ L'_\lambda = 2xy + 2yz + 2xz - a^2 = 0 \end{cases}$$

由于 x, y, z 均大于零，解方程组可得

$$x = y = z = \frac{a}{\sqrt{6}}$$

这是唯一可能的极值点，由问题本身可知，最大值一定存在，所以这可能的极值点就是最大值点. 因此，表面积为 a^2 的所有长方体，以边长为 $\dfrac{a}{\sqrt{6}}$ 的正方体体积最大，最大值为

$V = \dfrac{\sqrt{6}a^3}{36}$.

习题 6.6

1. 求下列函数的极值.

(1) $f(x, y) = 4(x - y) - x^2 - y^2$

(2) $f(x, y) = e^{2x}(x + y^2 + 2y)$

(3) $f(x, y) = \sin x + \cos y + \cos(x - y)$ $\left(x \geqslant 0, y \leqslant \dfrac{\pi}{2}\right)$

(4) $f(x, y) = x^2 + y^2 - 2\ln x - 2\ln y + 5 (x > 0, y > 0)$

2. 求函数 $f(x, y) = xy$ 在条件 $x + y = 1$ 下的极值.

3. 求由原点到曲面 $(x-y)^2-z^2=1$ 上的点的最短距离.

4. 将周长为 $2p$ 的矩形绕它的一边旋转而构成一个圆柱体，问矩形的边长各为多少时，圆柱体的体积最大.

5. 销售某产品作两种方式的广告宣传，设当宣传费用分别为 x 和 y（单位：千元）时，销售量 S（单位：件）是 x 和 y 的函数

$$S=\frac{200x}{5+x}+\frac{100y}{10+y}$$

若销售产品所得的利润是销售量的 $\frac{1}{5}$ 减去总的广告费，两种方式广告费合计 25 千元，应如何分配两种方式的广告费，才能使利润最大？最大利润是多少？

6.7 二 重 积 分

一元函数的定积分的思想方法同样可以推广到二元函数，从而建立起二重积分的概念.

6.7.1 二重积分的概念

1. 曲顶柱体的体积

一元函数积分的典型几何实例是曲边梯形的面积，相似地，二元函数重积分的一个典型几何实例是曲顶柱体的体积.

设有一立体，它的底是 xOy 面上的闭区域 D，它的侧面是以 D 的边界曲线为准线而母线平行于 z 轴的柱面，它的顶是曲面 $z=f(x,y)$，这里 $f(x,y)\geqslant 0$ 且在 D 上连续，这种立体叫做**曲顶柱体**. 现在讨论如何计算曲顶柱体的体积（如图 6-23 所示）.

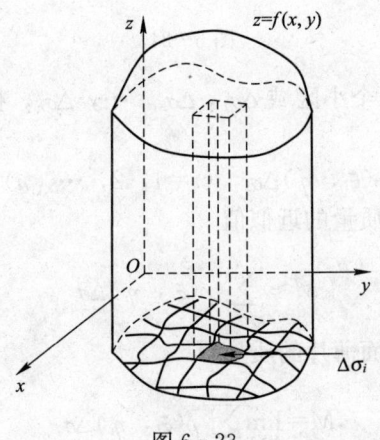

图 6-23

首先，用一组曲线网把 D 分成 n 个小区域 $\Delta\sigma_1$，$\Delta\sigma_2$，$\cdots$，$\Delta\sigma_n$，分别以这些小闭区域的边界曲线为准线，作母线平行于 z 轴的柱面，这些柱面把原来的曲顶柱体分为 n 个细曲顶柱体. 在每个 $\Delta\sigma_i$ 中任取一点 $(\xi_i,\ \eta_i)$，以 $f(\xi_i,\ \eta_i)$ 为高，而底为 $\Delta\sigma_i$ 的平顶柱体的体积为

$$f(\xi_i,\ \eta_i)\Delta\sigma_i \quad (i=1,\ 2,\ \cdots,\ n)$$

这个平顶柱体体积之和

$$V\approx\sum_{i=1}^{n}f(\xi_i,\ \eta_i)\Delta\sigma_i$$

可以认为是整个曲顶柱体体积的近似值. 为求得曲顶柱体体积的精确值，将分割加密，只需取极限，即

$$V=\lim_{\lambda\to0}\sum_{i=1}^{n}f(\xi_i,\ \eta_i)\Delta\sigma_i$$

其中，λ 是 n 个小区域的直径中的最大值.

2. 平面薄片的质量

设有一平面薄片占有 xOy 面上的闭区域 D，它在点 $(x,\ y)$ 处的面密度为 $\rho(x,\ y)$，这里 $\rho(x,\ y)>0$ 且在 D 上连续，现在要计算该薄片的质量 M（如图 6 - 24 所示）.

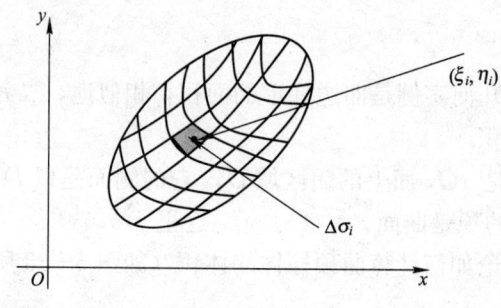

图 6 - 24

用一组曲线网把 D 分成 n 个小区域 $\Delta\sigma_1$，$\Delta\sigma_2$，$\cdots$，$\Delta\sigma_n$，把各小块的质量近似地看作均匀薄片的质量

$$\rho(\xi_i,\ \eta_i)\Delta\sigma_i \quad (i=1,\ 2,\ \cdots,\ n)$$

各小块质量的和作为平面薄片质量的近似值

$$M\approx\sum_{i=1}^{n}\rho(\xi_i,\ \eta_i)\Delta\sigma_i$$

将分割加细，取极限，得到平面薄片的质量

$$M=\lim_{\lambda\to0}\sum_{i=1}^{n}\rho(\xi_i,\ \eta_i)\Delta\sigma_i$$

其中，λ 是 n 个小区域的直径中的最大值.

3. 二重积分的概念

定义 6-6　设 $f(x, y)$ 是有界闭区域 D 上的有界函数. 将闭区域 D 任意分成 n 个小闭区域 $\Delta\sigma_1$，$\Delta\sigma_2$，$\cdots$，$\Delta\sigma_n$，其中 $\Delta\sigma_i$ 表示第 i 个小区域（$i = 1, 2, \cdots, n$），也表示它的面积. 在每个 $\Delta\sigma_i$ 上任取一点 (ξ_i, η_i)，作和式

$$\sum_{i=1}^{n} f(\xi_i, \eta_i) \Delta\sigma_i$$

如果当各小闭区域的直径中的最大值 λ 趋于零时，这个和的极限总存在，则称此极限为函数 $f(x, y)$ 在闭区域 D 上的二重积分，记作 $\iint\limits_{D} f(x, y)\,\mathrm{d}\sigma$，即

$$\iint\limits_{D} f(x, y)\mathrm{d}\sigma = \lim_{\lambda \to 0} \sum_{i=1}^{n} f(\xi_i, \eta_i) \Delta\sigma_i$$

其中 $f(x, y)$ 称为被积函数，$f(x, y)\mathrm{d}\sigma$ 称为被积表达式，$\mathrm{d}\sigma$ 称为面积元素，x，y 称为积分变量，D 称为积分区域，$\sum\limits_{i=1}^{n} f(\xi_i, \eta_i)\Delta\sigma_i$ 称为积分和.

在二重积分的定义中对闭区域 D 的划分是任意的，如果在直角坐标系中用平行于坐标轴的直线网来划分 D，那么除了包含边界点的一些小闭区域外，其余的小闭区域都是矩形闭区域. 设矩形闭区域 $\Delta\sigma_i$ 的边长为 Δx_i 和 Δy_i，则 $\Delta\sigma_i = \Delta x_i \Delta y_i$，因此在直角坐标系中，有时也把面积元素 $\mathrm{d}\sigma$ 记作 $\mathrm{d}x\mathrm{d}y$，而把二重积分记作

$$\iint\limits_{D} f(x, y)\mathrm{d}x\mathrm{d}y$$

其中，$\mathrm{d}x\mathrm{d}y$ 称为直角坐标系中的面积元素.

这里要指出，当 $f(x, y)$ 在闭区域 D 上连续时，积分和的极限是存在的，也就是说函数 $f(x, y)$ 在 D 上的二重积分必定存在. 总假定函数 $f(x, y)$ 在闭区域 D 上连续，所以 $f(x, y)$ 在 D 上的二重积分都是存在的.

一般地，如果 $f(x, y) \geqslant 0$，那么二重积分的几何意义就是柱体的体积. 如果 $f(x, y)$ 是负的，柱体就在 xOy 面的下方，二重积分的绝对值仍等于柱体的体积，但二重积分的值是负的.

6.7.2　二重积分的性质

比较定积分与二重积分的定义可以想到，二重积分与定积分有类似的性质，现叙述如下.

性质 1（线性） 设 c_1，c_2 为常数，则

$$\iint\limits_{D} [c_1 f(x, y) + c_2 g(x, y)] \mathrm{d}\sigma = c_1 \iint\limits_{D} f(x, y) \mathrm{d}\sigma + c_2 \iint\limits_{D} g(x, y) \mathrm{d}\sigma$$

性质 2（对区域的有限可加性） 如果闭区域 D 被有限条曲线分为有限个部分闭区域，则在 D 上的二重积分等于在各部分闭区域上的二重积分的和.

例如，D 分为两个闭区域 D_1 与 D_2，则

$$\iint\limits_{D} f(x, y) \mathrm{d}\sigma = \iint\limits_{D_1} f(x, y) \mathrm{d}\sigma + \iint\limits_{D_2} f(x, y) \mathrm{d}\sigma$$

性质 3 如果在 D 上，$f(x, y) = 1$，σ 为 D 的面积，则

$$\iint\limits_{D} 1 \cdot \mathrm{d}\sigma = \iint\limits_{D} \mathrm{d}\sigma = \sigma$$

这个性质的几何意义是很明显的，因为高为 1 的平顶柱体的体积在数值上等于柱体的底面积.

性质 4（单调性） 如果在 D 上，$f(x, y) \leqslant g(x, y)$，则有不等式

$$\iint\limits_{D} f(x, y) \mathrm{d}\sigma \leqslant \iint\limits_{D} g(x, y) \mathrm{d}\sigma$$

特别地，有

$$\left| \iint\limits_{D} f(x, y) \mathrm{d}\sigma \right| \leqslant \iint\limits_{D} |f(x, y)| \mathrm{d}\sigma$$

性质 5（估值不等式） 设 M，m 分别是 $f(x, y)$ 在闭区域 D 上的最大值和最小值，σ 为 D 的面积，则

$$m\sigma \leqslant \iint\limits_{D} f(x, y) \mathrm{d}\sigma \leqslant M\sigma$$

性质 6（二重积分的中值定理） 设函数 $f(x, y)$ 在闭区域 D 上连续，σ 为 D 的面积，则在 D 上至少存在一点 (ξ, η)，使得

$$\iint\limits_{D} f(x, y) \mathrm{d}\sigma = f(\xi, \eta) \cdot \sigma$$

6.7.3 二重积分的计算

在曲顶柱体体积的讨论中，已经说明矩形区域上非负函数 f 的二重积分可以用两个一元函数的积分来计算，即当 $D = [a, b] \times [c, d]$ 时，

$$\iint\limits_{D} f(x, y) \mathrm{d}\sigma = \int_a^b \left[\int_c^d f(x, y) \mathrm{d}y \right] \mathrm{d}x = \int_c^d \left[\int_a^b f(x, y) \mathrm{d}x \right] \mathrm{d}y$$

下面将讨论更为一般的情况.

1. 在直角坐标系下计算二重积分

设 f 是区域 D 上的非负连续函数，其中 $D=\{(x, y)\mid \varphi_1(x)\leqslant y\leqslant\varphi_2(x), \quad a\leqslant x\leqslant b\}$，则二重积分 $\displaystyle\iint\limits_{D} f(x, y)\mathrm{d}\sigma$ 是 D 上以 $z=f(x, y)$ 为顶的曲顶柱体的体积（如图 6 - 25 所示）.

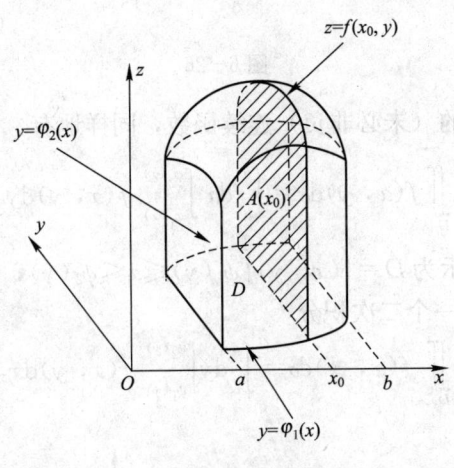

图 6 - 25

为了求曲顶柱体的体积，用过 $(x, 0, 0)$ 且平行于 yOz 坐标平面的平面去截该柱体，记截面积为 $A(x)$，这样

$$\iint\limits_{D} f(x, y)\mathrm{d}\sigma=\int_a^b A(x)\mathrm{d}x$$

注意到 $A(x)$ 是一个曲边梯形的面积，所以

$$A(x)=\int_{\varphi_1(x)}^{\varphi_2(x)} f(x, y)\mathrm{d}y$$

因此

$$\iint\limits_{D} f(x, y)\mathrm{d}\sigma=\int_a^b\left[\int_{\varphi_1(x)}^{\varphi_2(x)} f(x, y)\mathrm{d}y\right]\mathrm{d}x$$

上式右端的积分通常记作

$$\int_a^b\mathrm{d}x\int_{\varphi_1(x)}^{\varphi_2(x)} f(x, y)\mathrm{d}y$$

这样的积分称为**二次积分**（如图 6 - 26 所示）.

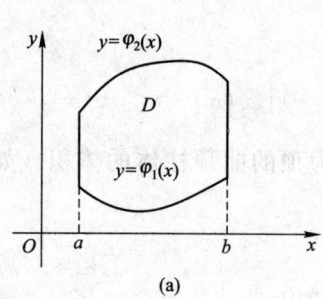
(a)

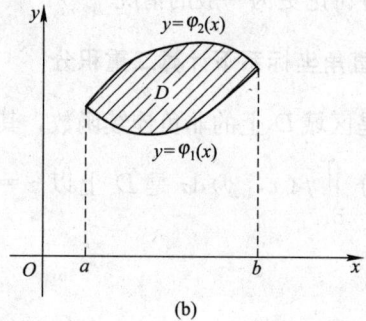
(b)

图 6 - 26

对上述区域 D 上一般的（未必非负）连续函数，同样地有

$$\iint\limits_{D} f(x, y)\mathrm{d}\sigma = \int_a^b \mathrm{d}x \int_{\varphi_1(x)}^{\varphi_2(x)} f(x, y)\mathrm{d}y$$

同理，如果区域 D 表示为 $D=\{(x, y) \mid \psi_1(y) \leqslant x \leqslant \psi_2(y), c \leqslant y \leqslant d\}$（如图 6 - 27 所示），则二重积分可化为另一个二次积分

$$\iint\limits_{D} f(x, y)\mathrm{d}\sigma = \int_c^d \mathrm{d}y \int_{\psi_1(y)}^{\psi_2(y)} f(x, y)\mathrm{d}x$$

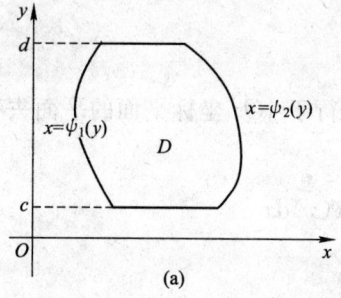
(a)

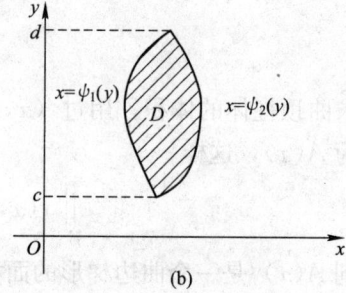
(b)

图 6 - 27

按以上说明，二重积分的计算可以归结为两个一元函数的积分，因而就计算本身而言，并无新的困难. 问题在于区域 D 的恰当表示，这里作两点说明.

① 区域 D 表示 $D=\{(x, y) \mid \varphi_1(x) \leqslant y \leqslant \varphi_2(x), a \leqslant x \leqslant b\}$ 或 $D=\{(x, y) \mid \psi_1(y) \leqslant x \leqslant \psi_2(y), c \leqslant y \leqslant d\}$ 时均要求平行于坐标轴的直线与 D 的边界的交点不超过两个. 多于两个的情况下，则须将 D 分割为若干个区域，使每个区域的边界与平行于坐标轴的直线的交点不多于两个.

② 二重积分表示为二次积分往往可取两种顺序. 不同的顺序计算难易未必一致，为此须灵活掌握，按具体情况决定所采取的顺序.

【例 6 - 38】 计算二重积分 $\iint\limits_{D} xy^2 \mathrm{d}x\mathrm{d}y$，其中 D 是由 $x=0$，$x=1$，$y=0$，$y=1$ 围成的矩形（如图 6 - 28 所示）.

解 把二重积分化成二次积分，得

$$\iint\limits_{D} xy^2 \mathrm{d}x\mathrm{d}y = \int_0^1 \mathrm{d}x \int_0^1 xy^2 \mathrm{d}y = \int_0^1 \frac{x}{3}\,\mathrm{d}x = \frac{1}{6}$$

【例 6 - 39】 计算二重积分 $\iint\limits_{D} x^2 y \mathrm{d}x\mathrm{d}y$，其中区域 D 是由 $y=0$，$x^2+y^2=1$ 所围成的上半平面中的图形（如图 6 - 29 所示）.

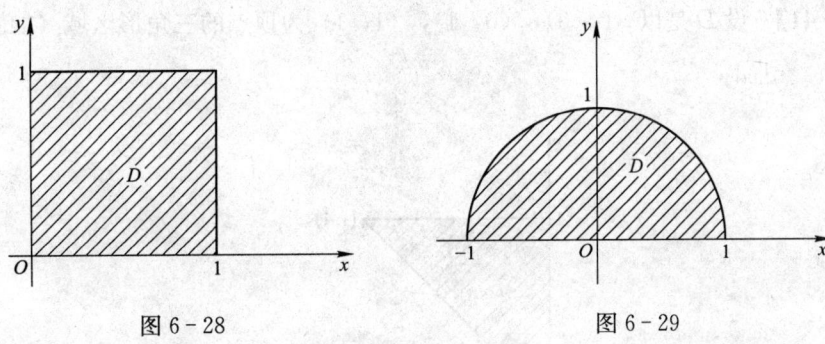

图 6 - 28   图 6 - 29

解 区域 D 可以表示为

$$D = \{(x,\ y) \mid 0 \leqslant y \leqslant \sqrt{1-x^2},\ -1 \leqslant x \leqslant 1\}$$

因此

$$\iint\limits_{D} x^2 y \mathrm{d}x\mathrm{d}y = \int_{-1}^1 \mathrm{d}x \int_0^{\sqrt{1-x^2}} x^2 y \mathrm{d}y = \frac{1}{2} \int_{-1}^1 x^2 (1-x^2)\mathrm{d}x = \frac{1}{2}\left(\frac{x^3}{3} - \frac{x^5}{5}\right)\Bigg|_{-1}^1 = \frac{2}{15}$$

【例 6 - 40】 设 D 是由直线 $y=x$，抛物线 $y=x^2$ 所围成的区域（如图 6 - 30 所示），求 $\iint\limits_{D} (2-x-y)\mathrm{d}x\mathrm{d}y$.

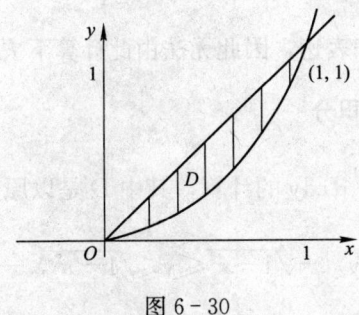

图 6 - 30

解 把原积分化为先对 y 再对 x 的积分. 区域 D 可表示为

$$D=\{(x,y)\mid x^2\leqslant y\leqslant x,\ 0\leqslant x\leqslant 1\}$$

这样

$$\iint\limits_{D}(2-x-y)\mathrm{d}x\mathrm{d}y=\int_0^1\mathrm{d}x\int_{x^2}^x(2-x-y)\mathrm{d}y=\frac{1}{2}\int_0^1(4x-7x^2+2x^3+x^4)\mathrm{d}x=\frac{11}{60}$$

为把原积分化为先对 x 再对 y 的积分, 可把区域 D 表示为

$$D=\{(x,y)\mid y\leqslant x\leqslant\sqrt{y},\ 0\leqslant y\leqslant 1\}$$

这样

$$\iint\limits_{D}(2-x-y)\mathrm{d}x\mathrm{d}y=\int_0^1\mathrm{d}y\int_y^{\sqrt{y}}(2-x-y)\ \mathrm{d}x=\frac{11}{60}$$

【例 6-41】 设 D 是以 $(0,0)$, $(0,1)$, $(1,1)$ 为顶点的三角形区域（如图 6-31 所示）. 求 $\iint\limits_{D}\mathrm{e}^{-y^2}\mathrm{d}x\mathrm{d}y$.

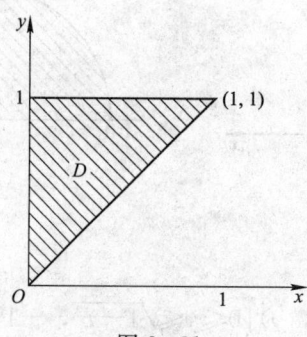

图 6-31

解 把原积分化为先对 x 后对 y 的积分, 则有

$$\iint\limits_{D}\mathrm{e}^{-y^2}\mathrm{d}x\mathrm{d}y=\int_0^1\mathrm{d}y\int_0^y\mathrm{e}^{-y^2}\mathrm{d}x=\int_0^1 y\mathrm{e}^{-y^2}\mathrm{d}y=\frac{1}{2}\left(1-\frac{1}{\mathrm{e}}\right)$$

注意, 如果把原积分化为先对 y 后对 x 的积分, 则得到

$$\iint\limits_{D}\mathrm{e}^{-y^2}\mathrm{d}x\mathrm{d}y=\int_0^1\mathrm{d}x\int_x^1\mathrm{e}^{-y^2}\mathrm{d}y$$

e^{-y^2} 的原函数不能用初等函数来表达, 因此无法由此计算下去.

2. 在极坐标系下计算二重积分

现在考虑二重积分 $\iint\limits_{D}\mathrm{e}^{-x^2-y^2}\mathrm{d}x\mathrm{d}y$ 的计算, 其中 D 是以原点为中心的单位圆

$$D=\{(x,y)\mid -\sqrt{1-x^2}\leqslant y\leqslant\sqrt{1-x^2},\ -1\leqslant x\leqslant 1\}$$

把二重积分化为二次积分, 得

$$\iint_D e^{-x^2-y^2}dxdy = \int_{-1}^{1} e^{-x^2}dx\int_{-\sqrt{1-x^2}}^{\sqrt{1-x^2}} e^{-y^2}dy$$

由例 6 - 41 可知该积分也无法计算.

注意到上例中被积函数和积分区域都有关于原点对称的特点,容易设想采用极坐标或许能为计算提供便利. 实际上,在许多情况下,适当地选取坐标系的确可以简化重积分的计算.

下面先介绍二重积分在极坐标下的计算公式.

我们知道直角坐标系下二重积分的面积元素 $d\sigma = dxdy$,它是用直角坐标的网格作区域分割后以 dx 和 dy 为边长的小矩形的面积,而极坐标的坐标网格则是用极半径为常数的一族同心圆和极角为常数的一族射线组成(如图 6 - 32 所示).

现在设 $\Delta\sigma$ 是极半径从 r 到 $r+\Delta r$,极角从 θ 到 $\theta+\Delta\theta$ 间的小区域,则其面积

$$|\Delta\sigma| = \frac{1}{2}(r+\Delta r)^2\Delta\theta - \frac{1}{2}r^2\Delta\theta = r\Delta r\Delta\theta + \frac{1}{2}\Delta r^2\Delta\theta$$

当 $\Delta r \to 0$, $\Delta\theta \to 0$ 时,第二项是比第一项更高阶的无穷小量,略去这个高阶无穷小项后,即得极坐标下的面积元素 $d\sigma = rdrd\theta$,于是

$$\iint_D f(x,y)dxdy = \iint_D f(r\cos\theta, r\sin\theta)rdrd\theta$$

在极坐标系下二重积分的计算通常也化为二次积分来进行,至于积分限的取法,则应根据区域 D 的极坐标表示来确定. 例如,当 D 表示为

$$D = \{(r,\theta) \mid 0 \leqslant r_1(\theta) \leqslant r \leqslant r_2(\theta), \quad \alpha \leqslant \theta \leqslant \beta\}$$

时(如图 6 - 33 所示),

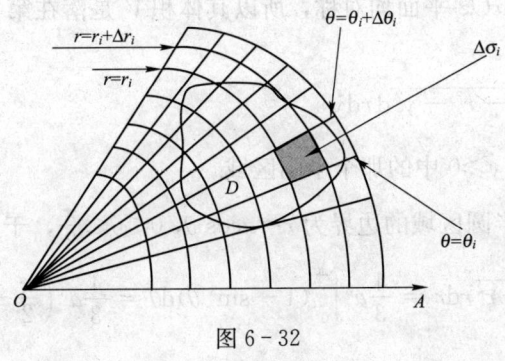

图 6 - 32

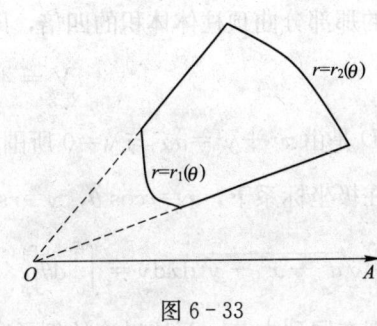

图 6 - 33

$$\iint_D f(x,y)d\sigma = \int_\alpha^\beta d\theta \int_{r_1(\theta)}^{r_2(\theta)} f(r\cos\theta, r\sin\theta)rdr$$

【例 6 - 42】 计算二重积分 $\displaystyle\iint_D (x^2+y^2)d\sigma$,其中 D 是由圆 $x^2+y^2=2x$ 所围成的区域(如图 6 - 34 所示).

解 在 $x^2+y^2=2x$ 中用 $x=r\cos\theta$, $y=r\sin\theta$ 代入,得

$$r = 2\cos\theta, \quad -\frac{\pi}{2} \leqslant \theta \leqslant \frac{\pi}{2}$$

因此，区域 $D = \{(r, \theta) \mid 0 \leqslant r \leqslant 2\cos\theta, \ -\frac{\pi}{2} \leqslant \theta \leqslant \frac{\pi}{2}\}$. 于是

$$\iint\limits_{D}(x^2+y^2)\mathrm{d}\sigma = \int_{-\frac{\pi}{2}}^{\frac{\pi}{2}}\mathrm{d}\theta\int_0^{2\cos\theta} r^2 \cdot r\mathrm{d}r$$

$$= \int_{-\frac{\pi}{2}}^{\frac{\pi}{2}}\left(\frac{r^4}{4}\Big|_0^{2\cos\theta}\right)\mathrm{d}\theta = 4\int_{-\frac{\pi}{2}}^{\frac{\pi}{2}}\cos^4\theta\mathrm{d}\theta = \frac{3}{2}\pi$$

【例 6 - 43】 求球体 $x^2+y^2+z^2 \leqslant a^2$ 被圆柱面 $x^2+y^2=ax$ 所截得的那部分区域的体积（如图 6 - 35 所示）.

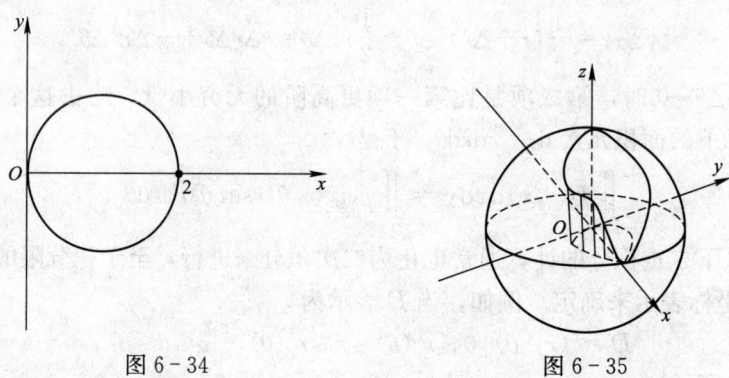

图 6 - 34　　　　　　　　图 6 - 35

解 因为所截取的区域关于 xOy 平面和 xOz 平面均对称，所以其体积 V 是落在第一卦限中的那部分曲顶柱体体积的四倍，即

$$V = 4\iint\limits_{D}\sqrt{a^2-x^2-y^2}\mathrm{d}x\mathrm{d}y$$

其中 D 是由 $x^2+y^2=ax$ 与 $y=0$ 所围成的在 $y \geqslant 0$ 中的那个半圆区域.

在极坐标系下，$x=r\cos\theta, \ y=r\sin\theta$，半圆区域的边界为 $r=a\cos\theta, 0 \leqslant \theta \leqslant \frac{\pi}{2}$，于是

$$V = 4\iint\limits_{D}\sqrt{a^2-x^2-y^2}\mathrm{d}x\mathrm{d}y = \int_0^{\frac{\pi}{2}}\mathrm{d}\theta\int_0^{a\cos\theta}\sqrt{a^2-r^2}\,r\mathrm{d}r = \frac{4}{3}a^3\int_0^{\frac{\pi}{2}}(1-\sin^3\theta)\mathrm{d}\theta = \frac{4}{3}a^3\left(\frac{\pi}{2}-\frac{2}{3}\right)$$

现在回到本节一开始讨论的例子.

【例 6 - 44】 计算 $\iint\limits_{D}\mathrm{e}^{-x^2-y^2}\mathrm{d}x\mathrm{d}y$ 其中 D 是以原点为中心的单位圆域.

解 利用极坐标，可得

$$\iint\limits_{D}\mathrm{e}^{-x^2-y^2}\mathrm{d}x\mathrm{d}y = \int_0^{2\pi}\mathrm{d}\theta\int_0^1\mathrm{e}^{-r^2}\,r\mathrm{d}r = 2\pi\left(-\frac{1}{2}\mathrm{e}^{-r^2}\right)\Big|_0^1$$

$$= \pi(1-\mathrm{e}^{-1})$$

3. 二重积分的换元法

在一元函数定积分的计算中，有换元积分公式

$$\int_a^b f(x)\mathrm{d}x = \int_\alpha^\beta f(\varphi(t))\varphi'(t)\mathrm{d}t$$

在二元函数积分的计算中，也已得到

$$\iint\limits_D f(x,\ y)\mathrm{d}x\mathrm{d}y = \iint\limits_D f(r\cos\theta,\ r\sin\theta)r\mathrm{d}r\mathrm{d}\theta$$

其中的因子 r 其实是由直角坐标变换为极坐标的雅可比（Jacobi）行列式 $\dfrac{\partial(x,\ y)}{\partial(r,\ \theta)}$，这个行列式的定义为

$$\frac{\partial(x,\ y)}{\partial(r,\ \theta)} = \begin{vmatrix} x_r' & x_\theta' \\ y_r' & y_\theta' \end{vmatrix} = \begin{vmatrix} \cos\theta & -r\sin\theta \\ \sin\theta & r\cos\theta \end{vmatrix} = r$$

一般地，如果作坐标变换

$$\begin{cases} x = \varphi(u,\ v) \\ y = \psi(u,\ v) \end{cases}$$

则有

$$\iint\limits_D f(x,\ y)\mathrm{d}x\mathrm{d}y = \iint\limits_D f(\varphi(u,\ v),\ \psi(u,\ v))\left|\frac{\partial(x,\ y)}{\partial(u,\ v)}\right|\mathrm{d}u\mathrm{d}v$$

其中

$$\frac{\partial(x,\ y)}{\partial(u,\ v)} = \begin{vmatrix} \dfrac{\partial x}{\partial u} & \dfrac{\partial x}{\partial v} \\ \dfrac{\partial y}{\partial u} & \dfrac{\partial y}{\partial v} \end{vmatrix}$$

在 $(u,\ v)$ 坐标系下的面积元素为 $\left|\dfrac{\partial(x,\ y)}{\partial(u,\ v)}\right|\mathrm{d}u\mathrm{d}v$，这里取绝对值是为了保证面积元素的非负性.

【例 6-45】　求由曲面 $z=xy$，$x^2=y$，$x^2=2y$，$y^2=x$，$y^2=2x$，$z=0$ 围成的空间区域的体积 V.

解　这个空间区域是一个曲顶柱体，顶部为曲面 $z=xy$ 的一部分，其底是 xOy 坐标平面上由四条抛物线 $x^2=y$，$x^2=2y$，$y^2=x$，$y^2=2x$ 围成的区域 D，于是

$$V = \iint\limits_D xy\mathrm{d}x\mathrm{d}y$$

为了计算这个积分，作变量代换

$$u=\frac{x}{y^2}, \quad v=\frac{y}{x^2}$$

即

$$x = u^{-\frac{1}{3}} v^{-\frac{2}{3}}, \quad y = u^{-\frac{2}{3}} v^{-\frac{1}{3}}$$

此时

$$D = \left\{ (u, v) \,\middle|\, \frac{1}{2} \leqslant u \leqslant 1, \ \frac{1}{2} \leqslant v \leqslant 1 \right\}$$

又由计算，得

$$\left| \frac{\partial(x, y)}{\partial(u, v)} \right| = \frac{1}{3} u^{-2} v^{-2}$$

所以

$$V = \iint_D xy \,\mathrm{d}x\mathrm{d}y = \frac{1}{3} \int_{\frac{1}{2}}^{1} \mathrm{d}u \int_{\frac{1}{2}}^{1} u^{-3} v^{-3} \,\mathrm{d}v$$

$$= \frac{1}{3} \left(\int_{\frac{1}{2}}^{1} u^{-3} \mathrm{d}u \right)^2 = \frac{1}{3} \cdot \frac{9}{4} = \frac{3}{4}$$

习题 6.7

1. 判断 $\displaystyle\iint_{\frac{1}{2} \leqslant |x| + |y| \leqslant 1} \ln(x^2 + y^2) \,\mathrm{d}x\mathrm{d}y$ 的正负.

2. 不计算积分，估计下列积分的值.

(1) $I = \displaystyle\iint_D \sqrt{(x+y)xy} \,\mathrm{d}x\mathrm{d}y$，其中 D 是由矩形域 $0 \leqslant x \leqslant 2$，$0 \leqslant y \leqslant 2$ 所围成的.

(2) $I = \displaystyle\iint_D e^{x^2 + y^2} \,\mathrm{d}x\mathrm{d}y$，其中 D 是由圆周 $x^2 + y^2 = 1$ 所围成的.

3. 根据二重积分的性质，比较下列积分的大小.

(1) $I_1 = \displaystyle\iint_D (x+y)^2 \,\mathrm{d}\sigma$，$I_2 = \displaystyle\iint_D (x+y)^3 \,\mathrm{d}\sigma$，其中 D 是由直线 $x=0$，$y=0$ 和 $x+y=1$ 所围成的.

(2) $I_1 = \displaystyle\iint_D \ln(x+y) \,\mathrm{d}\sigma$，$I_2 = \displaystyle\iint_D (x+y)^2 \,\mathrm{d}\sigma$，$I_3 = \displaystyle\iint_D (x+y) \,\mathrm{d}\sigma$，其中 D 是由直线 $x=0$，$y=0$，$x+y=\frac{1}{2}$ 和 $x+y=1$ 所围成的.

4. 利用二重积分的定义证明.

(1) $\displaystyle\iint_D \mathrm{d}\sigma = \sigma$ （σ 为 D 的面积）

(2) $\displaystyle\iint_D kf(x, y) \,\mathrm{d}\sigma = k \iint_D f(x, y) \,\mathrm{d}\sigma$ （k 为常数）

(3) $\displaystyle\iint_D f(x, y) \,\mathrm{d}\sigma = \iint_{D_1} f(x, y) \,\mathrm{d}\sigma + \iint_{D_2} f(x, y) \,\mathrm{d}\sigma$

5. 计算下列二重积分.

(1) $\iint\limits_{D}(2y-x)\mathrm{d}\sigma$，其中 D 是直线 $y=x+2$ 及抛物线 $y=x^2$ 所围成的区域.

(2) $\iint\limits_{D}\dfrac{x^2}{y^2}\mathrm{d}\sigma$，其中 D 是直线 $y=2$，$y=x$ 及双曲线 $xy=1$ 所围成的区域.

(3) $\iint\limits_{D}xy\mathrm{d}\sigma$，其中 D 是直线 $y=1$，$x=2$ 及 $y=x$ 所围成的区域.

(4) $\iint\limits_{D}y\sqrt{1+x^2-y^2}\mathrm{d}\sigma$，其中 D 是直线 $y=1$，$x=-1$ 及 $y=x$ 所围成的区域.

(5) $\iint\limits_{D}xy\mathrm{d}\sigma$，其中 D 是抛物线 $y^2=x$ 及直线 $y=x-2$ 所围成的区域.

6. 计算下列二重积分.

(1) $I=\iint\limits_{D}\mathrm{e}^{-x^2-y^2}\mathrm{d}x\mathrm{d}y$，其中 D 是由圆域 $x^2+y^2\leqslant a^2$ 所围成的.

(2) $I=\iint\limits_{D}(x+y)\mathrm{d}x\mathrm{d}y$，其中 D 是由圆域 $x^2+y^2\leqslant x+y$ 所围成的.

7. 求两个底圆半径都是 R 的直交圆柱面所围成的立体的体积.

8. 求球体 $x^2+y^2+z^2\leqslant 4a^2$ 被圆柱面 $x^2+y^2=2ax(a>0)$ 所截得的那部分区域的体积.

9. 改换下列二次积分的积分顺序.

(1) $\int_{0}^{1}\mathrm{d}x\int_{0}^{1-x}f(x,\ y)\mathrm{d}y$ 　　　　(2) $\int_{0}^{1}\mathrm{d}y\int_{0}^{y}f(x,\ y)\mathrm{d}x$

(3) $\int_{0}^{2}\mathrm{d}y\int_{y^2}^{2y}f(x,\ y)\mathrm{d}x$ 　　　　(4) $\int_{1}^{\mathrm{e}}\mathrm{d}x\int_{0}^{\ln x}f(x,\ y)\mathrm{d}y$

10. 计算下列二重积分.

(1) $\iint\limits_{D}\sqrt{1-\dfrac{x^2}{a^2}-\dfrac{y^2}{b^2}}\mathrm{d}x\mathrm{d}y$，其中 D 是由椭圆 $\dfrac{x^2}{a^2}+\dfrac{y^2}{b^2}=1$ 所围成的区域.

(2) $\iint\limits_{D}\mathrm{e}^{\frac{y-x}{y+x}}\mathrm{d}x\mathrm{d}y$，其中 D 是 x 轴，y 轴及直线 $x+y=2$ 所围成的区域.

总 习 题 六

(A)

1. 填空题

(1) 已知 $f(x+y,\ xy)=2x^2+xy+2y^2$，则二元函数 $f(x,\ y)=$_____.

(2) 设 $f(x,\ y,\ z)=\ln(1+x+y^2+z^3)$，则 $f_z'(1,\ 1,\ 1)=$_____.

(3) 设函数 $z=z(x, y)$ 由方程 $z=e^{2x-3z}+2y$ 确定，则 $3\dfrac{\partial z}{\partial x}+\dfrac{\partial z}{\partial y}=$ _____.

(4) 函数 $z=x^2+y^2+2$ 的极小值为 _____.

(5) 设 $z=e^{xy}\sin(x+y)$，则 $\dfrac{\partial^2 z}{\partial u\,\partial v}=$ _____.

(6) $\displaystyle\int_0^1 dx\int_{x^2}^1 \dfrac{xy}{\sqrt{1+y^2}}dx=$ _____.

2. 选择题

(1) 关于函数 $f(x, y)$ 在点 $P_0(x_0, y_0)$ 的下列陈述中正确的是 (   ).

A. 连续则偏导数存在   B. 若两个偏导数存在则必连续

C. 两个偏导数或都存在，或都不存在   D. 两个偏导数存在，但不一定连续

(2) 函数 $f(x, y)$ 在点 $P(x, y)$ 的某邻域内偏导数存在且连续，是 $f(x, y)$ 在该点可微的 (   ).

A. 必要但不充分条件   B. 充分但不必要条件

C. 充要条件   D. 既不是充分条件，也不是必要条件

(3) 设 $f(x+y, x-y)=x^2-y^2$，则 $\dfrac{\partial f(x, y)}{\partial x}$，$\dfrac{\partial f(x, y)}{\partial y}$ 分别为 (   ).

A. y, x B. $2x$, $2y$

C. $2x$, $-2x$ D. x, $-y$

(4) 对函数 $f(x, y)=x^2+xy$，则点 $(0, 0)$ (   ).

A. 不是驻点   B. 是驻点但不是极值点

C. 是极大值点   D. 是极小值点

(5) 二重积分 $\displaystyle\iint_D \ln(x^2+y^2)d\sigma(D=\{(x, y)\,|\,x^2+y^2\leqslant 1\})$ 的值 (   ).

A. 大于零   B. 小于零

C. 等于零   D. A，B，C 都不对

(6) 函数 $f(x, y)$ 的定义域内的点 (x_0, y_0)，满足 $f'_x(x_0, y_0)=f'_y(x_0, y_0)=0$，则 (   ).

A. (x_0, y_0) 是 $f(x, y)$ 的极值点   B. (x_0, y_0) 可能是 $f(x, y)$ 的极值点

C. (x_0, y_0) 是 $f(x, y)$ 的极大值点   D. (x_0, y_0) 是 $f(x, y)$ 的极小值点

(7) $\displaystyle\int_0^1 dy\int_0^y f(x, y)\,dx=$ (   ).

A. $\displaystyle\int_0^y dx\int_0^x f(x, y)dy$ B. $\displaystyle\int_0^1 dx\int_x^1 f(x, y)dy$

C. $\displaystyle\int_0^1 dx\int_0^y f(x, y)dy$ D. $\displaystyle\int_0^1 dx\int_1^1 f(x, y)dy$

3. 求下列极值问题

(1) 求函数 $f(x, y)=xy(x^2+y^2-1)$ 的极值.

(2) 求函数 $f(x, y)=x^2+y^2+1$ 在约束条件 $x+y-3=0$ 下的极值.

4. 计算下列二重积分

(1) $\iint\limits_{D} (x+y)\mathrm{d}x\mathrm{d}y$, 其中 D 是由曲线 $y=x^2$, $y=4x^2$ 及 $y=1$ 所围成的平面区域.

(2) $\iint\limits_{D} |y-x^2|\mathrm{d}x\mathrm{d}y$, 其中 $D=\{(x, y) \mid -1\leqslant x\leqslant 1,\ 0\leqslant y\leqslant 1\}$.

(3) $\iint\limits_{D} \sqrt{x^2+y^2}\mathrm{d}x\mathrm{d}y$, 其中 $D=\{(x, y) \mid Rx\leqslant x^2+y^2\leqslant R^2\}$.

(4) $\iint\limits_{D} xy\mathrm{d}x\mathrm{d}y$, 其中 $D=\{(x, y) \mid y\geqslant 0,\ x^2+y^2\geqslant 1,\ x^2+y^2\leqslant 2x\}$.

5. 某地区生产出口服装和皮鞋, 由以往的经验得知, 欲使这两类产品的产量分别增加 x 单位和 y 单位, 需分别增加 $\sqrt{x}$ 和 $\sqrt{y}$ 单位的投资, 这时出口的销售总收入将增加 $R=3x+4y$ 单位. 现该地区用 K 单位的资金投给服装工业和制鞋工业, 问如何分配这 K 单位的资金, 才能使出口总收入增加最大? 最大增量是多少?

(B)

1. 填空题

(1) (2005) 设二元函数 $z=x\mathrm{e}^{x+y}+(x+1)\ln(1+y)$, 则 $\mathrm{d}z\big|_{(1,0)}=$_____.

(2) (2006) 设 $f(u)$ 是可微函数, 且 $f'(0)=\dfrac{1}{2}$, 则 $z=f(4x^2-y^2)$ 在点 $(1, 2)$ 处的全微分 $\mathrm{d}z\big|_{(1,2)}=$_____.

(3) (2007) 设 $f(u, v)$ 是二元可微函数, $z=f\left(\dfrac{y}{x}, \dfrac{x}{y}\right)$, 则 $x\dfrac{\partial z}{\partial x}-y\dfrac{\partial z}{\partial y}=$

_____.

(4) (2004) 设 $f(u, v)$ 是二元可微函数, 函数 $f(u, v)$ 的关系式由 $f[xg(y), y]=x+g(y)$ 确定, 其中 $g(y)$ 是可微的, 且 $g(y)\neq 0$, 则 $\dfrac{\partial^2 f}{\partial u\,\partial v}=$_____.

(5) (2002) 交换积分次序 $\displaystyle\int_0^{\frac{1}{4}}\mathrm{d}y\int_y^{\sqrt{y}}f(x, y)\mathrm{d}x+\int_{\frac{1}{4}}^{\frac{1}{2}}\mathrm{d}y\int_y^{\frac{1}{2}}f(x, y)\mathrm{d}x=$_____.

(6) (2008) 设 $D=\{(x, y) \mid x^2+y^2\leqslant 1\}$, 则 $\iint\limits_{D} (x^2-y)\mathrm{d}x\mathrm{d}y=$_____.

(7) (2011) 设函数 $z=\left(1+\dfrac{x}{y}\right)^{\frac{x}{y}}$, $\mathrm{d}z\big|_{(1,0)}=$_____.

2. 选择题

(1) (2008) 已知函数 $f(x, y)=\mathrm{e}^{\sqrt{x^2+y^4}}$, 则 (　　).

A. $f'_x(0, 0)$, $f'_y(0, 0)$ 都存在

B. $f'_x(0, 0)$ 不存在，$f'_y(0, 0)$ 存在

C. $f'_x(0, 0)$ 存在，$f'_y(0, 0)$ 不存在

D. $f'_x(0, 0)$, $f'_y(0, 0)$ 都不存在

(2) (2003) 设可微函数 $f(x, y)$ 在点 (x_0, y_0) 取极小值，则下列结论正确的是（　　）.

A. $f(x_0, y)$ 在 $y=y_0$ 处的导数等于零

B. $f(x_0, y)$ 在 $y=y_0$ 处的导数大于零

C. $f(x_0, y)$ 在 $y=y_0$ 处的导数小于零

D. $f(x_0, y)$ 在 $y=y_0$ 处的导数不存在

(3) (2006) 设 $f(x, y)$ 与 $\varphi(x, y)$ 均为可微函数，且 $\varphi'_y(x, y)\neq0$，已知 (x_0, y_0) 是 $f(x, y)$ 在约束条件 $\varphi(x, y)=0$ 下的一个极值点，则下列选项正确的是（　　）.

A. 若 $f'_x(x_0, y_0)=0$，则 $f'_y(x_0, y_0)=0$

B. 若 $f'_x(x_0, y_0)=0$，则 $f'_y(x_0, y_0)\neq0$

C. 若 $f'_x(x_0, y_0)\neq0$，则 $f'_y(x_0, y_0)=0$

D. 若 $f'_x(x_0, y_0)\neq0$，则 $f'_y(x_0, y_0)\neq0$

(4) (2007) 设函数 $f(x, y)$ 连续，则二次积分 $\displaystyle\int_{\frac{\pi}{2}}^{\pi} dx \int_{\sin x}^{1} f(x, y) dy$ 等于（　　）.

A. $\displaystyle\int_0^1 dy \int_{\pi+\arcsin y}^{\pi} f(x, y) dx$

B. $\displaystyle\int_0^1 dy \int_{\pi-\arcsin y}^{\pi} f(x, y) dx$

C. $\displaystyle\int_0^1 dy \int_{\frac{\pi}{2}}^{\pi+\arcsin y} f(x, y) dx$

D. $\displaystyle\int_0^1 dy \int_{\frac{\pi}{2}}^{\pi-\arcsin y} f(x, y) dx$

(5) (2005) 设 $I_1=\displaystyle\iint\limits_{D} \cos\sqrt{x^2+y^2}\,d\sigma$, $I_2=\displaystyle\iint\limits_{D} \cos(x^2+y^2)\,d\sigma$, $I_3=\displaystyle\iint\limits_{D} \cos(x^2+y^2)^2\,d\sigma$, 其中 $D=\{(x, y)\,|\,x^2+y^2\leqslant1\}$，则（　　）.

A. $I_3>I_2>I_1$

B. $I_1>I_2>I_3$

C. $I_2>I_1>I_3$

D. $I_3>I_1>I_2$

3. (1998) 设 $z=(x^2+y^2)\,e^{-\arctan\frac{y}{x}}$，求 dz 与 $\dfrac{\partial^2 z}{\partial x \partial y}$.

4. (2008) 设 $z=z(x, y)$ 是由方程 $x^2+y^2-z=\varphi(x+y+z)$ 所确定的函数，其中 φ 具有二阶导数，且 $\varphi'\neq-1$. (1) 求 dz；(2) 记 $u(x, y)=\dfrac{1}{x-y}\left(\dfrac{\partial z}{\partial x}-\dfrac{\partial z}{\partial y}\right)$，求 $\dfrac{\partial u}{\partial x}$.

5. (2005) 设 $f(u)$ 具有二阶连续导数，且 $g(x, y)=f\left(\dfrac{y}{x}\right)+yf\left(\dfrac{x}{y}\right)$，求 $x^2\dfrac{\partial^2 g}{\partial x^2}-y^2\dfrac{\partial^2 g}{\partial y^2}$.

6. (2002) 设函数 $u=f(x, y, z)$ 有连续的偏导数，且函数 $z=z(x, y)$ 由方程 xe^x-

$ye^y = ze^z$ 所确定，求 du.

7. (2009) 求二元函数 $f(x, y) = x^2(2+y^2) + y\ln y$ 的极值.

8. (2010) 求函数 $u = xy + 2yz$ 在约束条件 $x^2 + y^2 + z^2 = 10$ 下的最大值和最小值.

9. (1999) 设生产某种产品必须投入两种要素，x_1 和 x_2 分别为两要素的投入量，Q 为产出量，若生产函数为 $Q = 2x_1^\alpha x_2^\beta$，其中 α，β 为正常数，且 $\alpha + \beta = 1$. 假设两种要素的价格分别为 p_1 和 p_2，试问：当产出量为 12 时，两要素各投入多少可以使得投入总费用最小？

10. (2000) 假设某企业在两个互相分割的市场上出售同一种产品，两个市场的需求函数分别是 $p_1 = 18 - 2Q_1$ 和 $p_2 = 12 - Q_2$，其中 p_1 和 p_2 分别表示该产品在两个市场的价格（单位：万元/吨），Q_1 和 Q_2 分别表示该产品在两个市场的销售量（即需求量，单位：吨），并且该企业生产这种产品的总成本函数是 $C = 2Q + 5$，其中 Q 表示该产品在两个市场的销售总量，即 $Q = Q_1 + Q_2$.

(1) 如果该企业实行价格差别策略，试确定两个市场上该产品的销售量和价格，使该企业获得最大利润；

(2) 如果该企业实行价格无差别策略，试确定两个市场上该产品的销售量及其统一的价格，使该企业的总利润最大化；并比较两种价格策略下的总利润大小.

11. (2003) 计算二重积分 $I = \iint\limits_D e^{-(x^2+y^2-\pi)} \sin(x^2+y^2)dxdy$，其中积分区域 $D = \{(x, y) \mid x^2 + y^2 \leqslant \pi\}$.

12. (2006) 计算二重积分 $\iint\limits_D \sqrt{y^2 - xy}\,dxdy$，其中 D 是由直线 $y = x$，$y = 1$ 及 $x = 0$ 所围成的平面区域.

13. (2007) 设二元函数

$$f(x, y) = \begin{cases} x^2, & |x| + |y| \leqslant 1 \\ \dfrac{1}{\sqrt{x^2+y^2}}, & 1 < |x| + |y| \leqslant 2 \end{cases}$$

计算二重积分 $\iint\limits_D f(x, y)d\sigma$，其中 $D = \{(x, y) \mid |x| + |y| \leqslant 2\}$.

14. (2011) 已知函数 $f(u, v)$ 具有连续的二阶偏导数，$f(1, 1) = 2$ 是 $f(u, v)$ 的极值，$z = f[(x+y), f(x, y)]$. 求 $\dfrac{\partial^2 z}{\partial x \partial y}\Big|_{(1, 1)}$.

15. (2013) 设平面区域 D 由直线 $x = 3y$，$y = 3x$ 及 $x + y = 8$ 围成，计算 $\iint\limits_D x^2 dxdy$.

第7章 无穷级数

无穷级数是高等数学的一个重要的组成部分，它是表示和研究函数乃至进行数值计算的重要数学工具，它与微积分一起构成高等数学的基础. 无穷级数包括常数项级数与函数项级数两大类，常数项级数是函数项级数的基础. 因此，本章先介绍常数项级数的有关内容，然后介绍函数项级数中最为重要的幂级数.

7.1 常数项级数的概念与性质

我们知道，有限个实数 u_1，u_2，u_3，$\cdots$，u_n 相加，其结果是一个实数. 本节要讨论"无限个实数相加"是否一定有意义，以及可能出现的情形和特征. 先看这样一个例子.

一位慢性病人每天服用某种药物 0.05 g，设体内的药物每天排泄掉 20%，长期用药后，体内药量维持在怎样的水平？会不会无限增多以至于危害健康？这是个很实际的问题，需要计算长期用药后，体内的药物含量.

实际上，第一天服用后体内的药量为 0.05 g，第二天服用后体内的药量为

$$0.05(1-0.2)+0.05=0.05\left(1+\frac{4}{5}\right)$$

第三天服用后体内的药量为

$$0.05\left(1+\frac{4}{5}\right)(1-0.2)+0.05=0.05\left[1+\frac{4}{5}+\left(\frac{4}{5}\right)^2\right]$$

长期用药后，体内的药量近似为

$$0.05\left[1+\frac{4}{5}+\left(\frac{4}{5}\right)^2+\cdots+\left(\frac{4}{5}\right)^n+\cdots\right]$$

这是要计算"无限个数相加"的一个例子（后面会算得这个值为 0.25 g），这种形式的表达式就是要研究的问题——无穷级数.

7.1.1 常数项级数的概念

定义 7-1 给定一个无穷数列 $\{u_n\}$，将它的各项依次用加号连接起来的表达式

$$u_1+u_2+u_3+\cdots+u_n+\cdots$$

称为无穷级数或常数项级数，简称为级数或数项级数，记作 $\sum\limits_{n=1}^{\infty} u_n$，即

$$\sum_{n=1}^{\infty} u_n = u_1 + u_2 + u_3 + \cdots + u_n + \cdots \qquad (7-1)$$

其中，u_n 称为级数的一般项或通项.

　　上述级数的定义只是一个形式上的定义，现在的问题是如何理解无穷多项的"和"？这个"和"的确切含义是什么？为此，先从有限项的和出发，观察它们的变化趋势，由此来理解无穷多个数相加的含义.

　　级数（7-1）的前 n 项

$$S_n = u_1 + u_2 + u_3 + \cdots + u_n$$

称为级数（7-1）的前 n 项**部分和**.

　　当 n 依次取 1，2，3，…时，部分和构成一个数列：

$$S_1 = u_1,\ S_2 = u_1 + u_2,\ S_3 = u_1 + u_2 + u_3,\ \cdots,\ S_n = u_1 + u_2 + u_3 + \cdots + u_n,\ \cdots$$

称为级数（7-1）的**部分和数列**，记作 $\{S_n\}$.

　　很明显，随着 n 的增大，S_n 中 u_n 的项也就跟着增多. 所以当 n 趋于无穷大时，S_n 的变化趋势也就反映了无穷多项相加情况. 这样，就可以通过级数的部分和的极限来研究无穷多项相加的情况.

　　定义 7-2　如果级数 $\sum\limits_{n=1}^{\infty} u_n$ 的部分和数列 $\{S_n\}$ 有极限 S，即

$$\lim_{n\to\infty} S_n = S$$

则称级数 $\sum\limits_{n=1}^{\infty} u_n$ 收敛，极限 S 称为这个级数的和，记作 $\sum\limits_{n=1}^{\infty} u_n = S$. 如果 $\{S_n\}$ 没有极限，则称级数 $\sum\limits_{n=1}^{\infty} u_n$ 发散.

　　当级数 $\sum\limits_{n=1}^{\infty} u_n$ 收敛时，其部分和 S_n 是级数 $\sum\limits_{n=1}^{\infty} u_n$ 的和 S 的近似值. 这时称 $S - S_n$ 为级数 $\sum\limits_{n=1}^{\infty} u_n$ 的**余项**，记作 R_n，即

$$R_n = S - S_n = u_{n+1} + u_{n+2} + u_{n+3} + \cdots + u_{n+k} + \cdots$$

用 S_n 代替 S 时所产生的误差就是余项的绝对值 $|R_n|$.

　　由定义 7-2 可知，判别级数的敛散性实质上就是判别它的部分和数列 $\{S_n\}$ 的敛散性. 因此，可以将级数问题转化为它的部分和数列的相应问题来研究.

【例 7-1】 判别级数 $\sum\limits_{n=1}^{\infty} \dfrac{1}{n(n+1)}$ 的敛散性.

解 因为

$$\frac{1}{n(n+1)} = \frac{1}{n} - \frac{1}{n+1} \quad (n=1,\ 2,\ \cdots)$$

所以

$$\begin{aligned} S_n &= \frac{1}{1\cdot 2} + \frac{1}{2\cdot 3} + \cdots + \frac{1}{n\ (n+1)} \\ &= \left(1-\frac{1}{2}\right) + \left(\frac{1}{2}-\frac{1}{3}\right) + \cdots + \left(\frac{1}{n}-\frac{1}{n+1}\right) \\ &= 1 - \frac{1}{n+1} \end{aligned}$$

于是

$$\lim_{n\to\infty} S_n = \lim_{n\to\infty}\left(1-\frac{1}{n+1}\right) = 1$$

因此级数 $\sum\limits_{n=1}^{\infty} \dfrac{1}{n(n+1)}$ 收敛.

【例 7-2】 判别级数 $\sum\limits_{n=1}^{\infty} \ln\dfrac{n+1}{n}$ 的敛散性.

解 由 $\ln\dfrac{n+1}{n} = \ln(n+1) - \ln n \,(n=1,\ 2,\ \cdots)$ 得

$$\begin{aligned} S_n &= \ln\frac{2}{1} + \ln\frac{3}{2} + \ln\frac{4}{3} + \cdots + \ln\frac{n+1}{n} \\ &= (\ln 2 - \ln 1) + (\ln 3 - \ln 2) + \cdots + [\ln(n+1) - \ln n] \\ &= \ln(n+1) \end{aligned}$$

从而

$$\lim_{n\to\infty} S_n = \lim_{n\to\infty} \ln(n+1) = +\infty$$

所以级数 $\sum\limits_{n=1}^{\infty} \ln\dfrac{n+1}{n}$ 发散.

【例 7-3】 讨论等比级数（又称几何级数）

$$\sum_{n=1}^{\infty} aq^{n-1} = a + aq + aq^2 + \cdots + aq^{n-1} + \cdots$$

的敛散性，其中 $a\neq 0$.

解 若 $|q|\neq 1$，其前 n 项部分和

$$S_n = a + aq + aq^2 + \cdots + aq^{n-1} = a\cdot\frac{1-q^n}{1-q}$$

当 $|q|<1$ 时，则 $\lim\limits_{n\to\infty} q^n = 0$，于是 $\lim\limits_{n\to\infty} S_n = \lim\limits_{n\to\infty} a\dfrac{1-q^n}{1-q} = \dfrac{a}{1-q}$，即当 $|q|<1$ 时，等比级

数收敛，且其和为 $\frac{a}{1-q}$.

当 $|q|>1$ 时，$\lim\limits_{n\to\infty}|q|^n=\infty$，于是 $\lim\limits_{n\to\infty}S_n=\infty$，所以级数发散.

若 $|q|=1$，则当 $q=1$ 时，则级数成为 $a+a+a+\cdots$，于是 $S_n=na$，$\lim\limits_{n\to\infty}S_n=\infty$，级数发散；当 $q=-1$ 时，则级数成为 $a-a+a-a+\cdots$当 n 为奇数时，$S_n=a$，而当 n 为偶数时，$S_n=0$，从而当 $n\to\infty$ 时，S_n 无极限，所以级数也发散.

综上所述，公比为 q 的等比级数，当 $|q|<1$ 时，级数收敛，其和为 $\frac{a}{1-q}$；当 $|q|\geqslant1$ 时，级数发散.

有了等比级数收敛性的结论，很容易解决本节开始提出的问题：慢性病人长期用药后，体内药量的近似值是公比为 $q=\frac{4}{5}$ 的等比级数，所以收敛，且其和为

$$0.05\left[1+\frac{4}{5}+\left(\frac{4}{5}\right)^2+\cdots+\left(\frac{4}{5}\right)^n+\cdots\right]=\frac{0.05}{1-\frac{4}{5}}=0.25(\mathrm{g})$$

【例 7-4】 证明调和级数 $1+\frac{1}{2}+\frac{1}{3}+\cdots+\frac{1}{n}+\cdots$ 是发散的.

证明 由于 u_n 都是正数，所以部分和数列 $\{S_n\}$ 是严格增加的，讨论子数列 $\{S_{2^m}\}$：S_2，S_4，S_8，$\cdots$，S_{2^m}，$\cdots$

$$S_{2^m}=1+\frac{1}{2}+\underbrace{\left(\frac{1}{3}+\frac{1}{4}\right)}_{2}+\underbrace{\left(\frac{1}{5}+\frac{1}{6}+\frac{1}{7}+\frac{1}{8}\right)}_{2^2}+\cdots+\underbrace{\left(\frac{1}{2^{m-1}+1}+\frac{1}{2^{m-1}+2}+\cdots+\frac{1}{2^m}\right)}_{2^{m-1}}$$

因为

$$\frac{1}{3}+\frac{1}{4}>\frac{1}{4}+\frac{1}{4}=\frac{1}{2}$$

$$\frac{1}{5}+\frac{1}{6}+\frac{1}{7}+\frac{1}{8}>\frac{1}{8}+\frac{1}{8}+\frac{1}{8}+\frac{1}{8}=\frac{1}{2}，\cdots$$

$$\frac{1}{2^{m-1}+1}+\frac{1}{2^{m-1}+2}+\cdots+\frac{1}{2^m}>2^{m-1}\cdot\frac{1}{2^m}=\frac{1}{2}$$

所以

$$\lim\limits_{m\to\infty}S_{2^m}\geqslant\lim\limits_{m\to\infty}\left(1+\frac{m}{2}\right)=+\infty$$

即 $\lim\limits_{m\to\infty}S_{2^m}=+\infty$. 又因为对于任意的 $n\geqslant2$，存在唯一的自然数 m，使得 $2^{m-1}\leqslant n<2^m$，故 $S_{2^{m-1}}\leqslant S_n\leqslant S_{2^m}$. 而当 $n\to\infty$ 时，有 $m\to\infty$，所以 $\lim\limits_{n\to\infty}S_n=+\infty$，即调和级数发散.

7.1.2 无穷级数的基本性质

由于数项级数敛散性的讨论可以转化为对其部分和数列敛散性的讨论，因此根据收敛数

列的基本性质，可以得到下列关于收敛级数的几个基本性质.

性质 1 若级数 $\sum\limits_{n=1}^{\infty} u_n$ 收敛，其和为 S，则它的每一项同乘以任意常数 c 后，得到的级数 $\sum\limits_{n=1}^{\infty} cu_n$ 也收敛，其和为 cS.

证明 设级数 $\sum\limits_{n=1}^{\infty} u_n$ 与 $\sum\limits_{n=1}^{\infty} cu_n$ 的 n 项部分和分别为 S_n 与 T_n，则有

$$T_n = cu_1 + cu_2 + \cdots cu_n = c(u_1 + u_2 + \cdots + u_n) = cS_n$$

又 $\lim\limits_{n\to\infty} S_n = S$，因此

$$\lim\limits_{n\to\infty} T_n = \lim\limits_{n\to\infty} cS_n = cS$$

即级数 $\sum\limits_{n=1}^{\infty} cu_n$ 收敛，其和为 cS.

当 $c \neq 0$ 时，由关系式 $T_n = cS_n$ 可知，若 S_n 没有极限，则 T_n 也不可能有极限. 因此，有如下推论.

推论 1 级数 $\sum\limits_{n=1}^{\infty} u_n$ 和 $\sum\limits_{n=1}^{\infty} cu_n (c \neq 0)$ 有相同的敛散性.

性质 2 若级数 $\sum\limits_{n=1}^{\infty} u_n$ 与 $\sum\limits_{n=1}^{\infty} v_n$ 都收敛，其和分别是 S 与 T，则级数

$$\sum\limits_{n=1}^{\infty} (u_n \pm v_n) = (u_1 \pm v_1) + (u_2 \pm v_2) + \cdots + (u_n \pm v_n) + \cdots$$

也收敛，其和为 $S \pm T$. 即

$$\sum\limits_{n=1}^{\infty} (u_n \pm v_n) = \sum\limits_{n=1}^{\infty} u_n \pm \sum\limits_{n=1}^{\infty} v_n$$

性质 2 表明，两个收敛的级数可逐项相加或相减. 例如，运用性质 2 可以判定级数 $\sum\limits_{n=1}^{\infty} \dfrac{4^n + 3^n}{12^n}$ 收敛，且和为

$$\sum\limits_{n=1}^{\infty} \frac{4^n + 3^n}{12^n} = \sum\limits_{n=1}^{\infty} \frac{1}{3^n} + \sum\limits_{n=1}^{\infty} \frac{1}{4^n} = \frac{1}{2} + \frac{1}{3} = \frac{5}{6}$$

联系性质 1 可知，若级数 $\sum\limits_{n=1}^{\infty} u_n$ 与 $\sum\limits_{n=1}^{\infty} v_n$ 都收敛，则对任意常数 c, d，级数 $\sum\limits_{n=1}^{\infty} (cu_n + dv_n)$ 也收敛，且 $\sum\limits_{n=1}^{\infty} (cu_n + dv_n) = c\sum\limits_{n=1}^{\infty} u_n + d\sum\limits_{n=1}^{\infty} v_n$.

性质 3 去掉、增加或改变级数 $\sum\limits_{n=1}^{\infty} u_n$ 的有限项，不改变级数 $\sum\limits_{n=1}^{\infty} u_n$ 的敛散性.

证明 只需证明"在级数的前面去掉或加上有限项，级数的敛散性不变"，因为其他情

形可以看成在级数的前面先去掉有限项，然后再加上有限项的结果.

设将级数
$$u_1+u_2+u_3+\cdots+u_k+u_{k+1}+\cdots+u_{k+n}+\cdots$$
的前 k 项去掉，得到级数
$$u_{k+1}+u_{k+2}+\cdots+u_{k+n}+\cdots$$
于是，新级数的前 n 项部分和为
$$T_n=u_{k+1}+u_{k+2}+\cdots+u_{k+n}=S_{k+n}-S_k$$
其中，S_{k+n}，S_k 分别是原来级数的前 $k+n$，k 项的部分和. 因为 S_k 是常数，所以当 $n\to\infty$ 时，部分和数列 $\{T_n\}$ 与 $\{S_{k+n}\}$ 具有相同的敛散性，即新级数与原级数具有相同的敛散性.

类似地，可以证明在级数的前面加上有限项，级数的敛散性不变.

性质 4　在收敛级数的项中任意加括号，既不改变级数的收敛性，也不改变它的和.

证明　设级数 $\sum_{n=1}^{\infty}u_n$ 的和为 S，其部分和数列为 $\{S_n\}$，加括号后得新级数
$$(u_1+\cdots+u_{n_1})+(u_{n_1+1}+\cdots+u_{n_2})+\cdots+(u_{n_{k-1}+1}+\cdots+u_{n_k})+\cdots$$
设其部分和为 T_k，则
$$T_1=u_1+\cdots+u_{n_1}=S_{n_1},$$
$$T_2=(u_1+\cdots+u_{n_1})+(u_{n_1+1}+\cdots+u_{n_2})=S_{n_2}$$
$$\vdots$$
$$T_k=(u_1+\cdots+u_{n_1})+(u_{n_1+1}+\cdots+u_{n_2})+\cdots+(u_{n_{k-1}+1}+\cdots+u_{n_k})=S_{n_k}$$
$$\vdots$$
显然，$\{T_k\}$ 是数列 $\{S_n\}$ 的一个子数列. 由于 $\lim_{n\to\infty}S_n=S$，由收敛数列与其子数列的关系可知，数列 $\{T_k\}$ 必定收敛，且其和不变.

需要指出的是，性质 4 的逆命题不真，即当级数任意加括号后的新级数收敛时，不能得到原来级数收敛的结论. 例如，级数 $\sum_{n=1}^{\infty}(-1)^{n+1}=1-1+1-1+\cdots$ 每两项加括号为
$$(1-1)+(1-1)+\cdots+(1-1)+\cdots=0+0+\cdots+0+\cdots$$
此级数收敛，而级数 $1-1+1-1+\cdots$ 是发散的.

由性质 4 可以直接得到：如果加括号后得到的新级数发散，则原级数发散.

【例 7-5】　判别级数
$$\frac{1}{\sqrt{2}-1}-\frac{1}{\sqrt{2}+1}+\frac{1}{\sqrt{3}-1}-\frac{1}{\sqrt{3}+1}+\frac{1}{\sqrt{4}-1}-\frac{1}{\sqrt{4}+1}+\cdots$$
的敛散性.

解　考虑加括号后的级数
$$\left(\frac{1}{\sqrt{2}-1}-\frac{1}{\sqrt{2}+1}\right)+\left(\frac{1}{\sqrt{3}-1}-\frac{1}{\sqrt{3}+1}\right)+\left(\frac{1}{\sqrt{4}-1}-\frac{1}{\sqrt{4}+1}\right)+\cdots$$

其通项为

$$u_n = \frac{1}{\sqrt{n-1}} - \frac{1}{\sqrt{n+1}} = \frac{2}{n-1}$$

而 $\sum_{n=2}^{\infty} u_n = 2 \sum_{n=1}^{\infty} \frac{1}{n}$ 发散, 从而原级数发散.

性质 5 (级数收敛的必要条件) 若级数 $\sum_{n=1}^{\infty} u_n$ 收敛, 则它的一般项 u_n 趋于零, 即 $\lim_{n \to \infty} u_n = 0$.

证明 因为 $u_n = S_n - S_{n-1}$, 且 $\lim_{n \to \infty} S_n = S$, 所以

$$\lim_{n \to \infty} u_n = \lim_{n \to \infty} (S_n - S_{n-1}) = \lim_{n \to \infty} S_n - \lim_{n \to \infty} S_{n-1} = S - S = 0$$

由此可知, 如果 $\lim_{n \to \infty} u_n \neq 0$, 则级数 $\sum_{n=1}^{\infty} u_n$ 发散.

【例 7-6】 对于 $p \leqslant 0$, 判断级数 $\sum_{n=1}^{\infty} \frac{1}{n^p}$ 的敛散性.

解 当 $p < 0$ 时, $\lim_{n \to \infty} u_n = \lim_{n \to \infty} \frac{1}{n^p} = +\infty \neq 0$; 当 $p = 0$ 时, $\lim_{n \to \infty} \frac{1}{n^p} = 1 \neq 0$, 从而可知级数发散.

应注意的是, $\lim_{n \to \infty} u_n = 0$ 仅是级数 $\sum_{n=1}^{\infty} u_n$ 收敛的必要条件, 而不是充分条件, 即 $\lim_{n \to \infty} u_n = 0$ 时, $\sum_{n=1}^{\infty} u_n$ 也可以发散. 例如, 调和级数

$$1 + \frac{1}{2} + \frac{1}{3} + \cdots + \frac{1}{n} + \cdots$$

它的一般项为 $u_n = \frac{1}{n}$, 显然 $\lim_{n \to \infty} u_n = \lim_{n \to \infty} \frac{1}{n} = 0$, 而调和级数 $\sum_{n=1}^{\infty} \frac{1}{n}$ 却是发散的.

习题 7.1

1. 写出下列级数的一般项.

(1) $\frac{1}{2} + \frac{2}{5} + \frac{3}{10} + \frac{4}{17} + \cdots$ (2) $\frac{1}{1 \times 3} + \frac{2}{3 \times 5} + \frac{4}{5 \times 7} + \frac{8}{7 \times 9} + \cdots$

(3) $\frac{a^2}{3} - \frac{a^4}{6} + \frac{a^6}{11} - \frac{a^8}{18} + \cdots$ (4) $\frac{\sqrt{x}}{2 \times 4} + \frac{x}{4 \times 6} + \frac{x\sqrt{x}}{6 \times 8} + \frac{x^2}{8 \times 10} + \cdots$

2. 已知级数 $\sum_{n=1}^{\infty} u_n$ 的前 n 项和 $S_n = \frac{1}{2} - \frac{1}{2(2n+1)}$, 试写出 u_1, u_n 并写出级数及其和.

3. 用级数收敛的定义判别下列级数的敛散性, 若收敛, 求其和.

(1) $\sum_{n=2}^{\infty} [\ln \ln(n+1) - \ln \ln n]$ (2) $\sum_{n=1}^{\infty} \frac{n}{(n+1)!}$

(3) $\sum\limits_{n=1}^{\infty}(\sqrt{n+2}-2\sqrt{n+1}+\sqrt{n})$　　(4) $\sum\limits_{n=1}^{\infty}\dfrac{1}{\sqrt{n(n+1)}\,(\sqrt{n}+\sqrt{n+1})}$

4. 判定下列级数的敛散性.

(1) $-\dfrac{8}{9}+\dfrac{8^2}{9^2}-\dfrac{8^3}{9^3}+\cdots+(-1)^n\dfrac{8^n}{9^n}+\cdots$　　(2) $\dfrac{1}{3}+\dfrac{1}{6}+\dfrac{1}{9}+\dfrac{1}{12}+\cdots+\dfrac{1}{3n}+\cdots$

(3) $\sum\limits_{n=1}^{\infty}\dfrac{1}{\sqrt[n]{a}}\ (a>0)$　　(4) $\dfrac{1}{2}+\dfrac{3}{4}+\dfrac{5}{6}+\dfrac{7}{8}+\cdots$

(5) $\sum\limits_{n=1}^{\infty}\left[\dfrac{(\ln 2)^n}{2^n}+\dfrac{1}{3^n}\right]$　　(6) $\sum\limits_{n=1}^{\infty}(-1)^{n-1}\mathrm{e}^{-n}$

5. 判断下列命题是否成立, 如成立, 试证明; 如不成立, 请举出反例.

(1) 若级数 $\sum\limits_{n=1}^{\infty}u_n$ 与 $\sum\limits_{n=1}^{\infty}v_n$ 中, 一个收敛, 另一个发散, 则 $\sum\limits_{n=1}^{\infty}(u_n\pm v_n)$ 必发散.

(2) 若级数 $\sum\limits_{n=1}^{\infty}u_n$ 与 $\sum\limits_{n=1}^{\infty}v_n$ 都发散, $\sum\limits_{n=1}^{\infty}(u_n\pm v_n)$ 的敛散性不定.

(3) 若级数 $\sum\limits_{n=1}^{\infty}u_n$ 发散, 则 $\lim\limits_{n\to\infty}S_n=\infty$.

(4) 若级数 $\sum\limits_{n=1}^{\infty}u_n$ 收敛, 则级数 $\sum\limits_{n=1}^{\infty}(u_n+u_{n+3})$ 收敛.

(5) 设级数 $\sum\limits_{n=1}^{\infty}(u_{2n-1}+u_{2n})$ 收敛, 且其和为 S, 又 $\lim\limits_{n\to\infty}u_n=0$, 则级数 $\sum\limits_{n=1}^{\infty}u_n$ 收敛, 且其和为 S.

7.2　正　项　级　数

判断级数是否收敛可以直接利用定义, 但是求级数的部分和数列的极限通常并不是一件容易的事, 因此需要建立较为方便的级数收敛法. 这里先考虑一类较简单而且很有用的级数, 即正项级数.

如果级数 $\sum\limits_{n=1}^{\infty}u_n$ 各项都非负, 即 $u_n\geqslant 0\,(n=1,\,2,\,\cdots)$, 则称 $\sum\limits_{n=1}^{\infty}u_n$ 为**正项级数**. 许多级数的收敛性问题都可归结为正项级数的收敛性问题.

设级数

$$u_1+u_2+u_3+\cdots+u_n+\cdots$$

是一个正项级数 ($u_n\geqslant 0$), 它的部分和为 S_n. 显然, 数列 $\{S_n\}$ 是单调增加的, 即 $S_1\leqslant S_2\leqslant S_3\leqslant\cdots\leqslant S_n\leqslant\cdots$由数列收敛的单调有界准则知, $\{S_n\}$ 收敛的充要条件是 $\{S_n\}$ 有界. 由此得到判定正项级数敛散性的基本定理.

定理 7-1（基本收敛定理） 正项级数 $\sum\limits_{n=1}^{\infty} u_n$ 收敛的充分必要条件是它的部分和数列 $\{S_n\}$ 有界.

定理 7-1 的重要意义不在于用它去判别某具体正项级数的敛散性，而在于它是证明下面几种常用判别法的理论基础.

定理 7-2（比较判别法） 设 $\sum\limits_{n=1}^{\infty} u_n$ 和 $\sum\limits_{n=1}^{\infty} v_n$ 都是正项级数，且 $u_n \leqslant v_n (n=1, 2, 3, \cdots)$，则

(1) 若级数 $\sum\limits_{n=1}^{\infty} v_n$ 收敛，则级数 $\sum\limits_{n=1}^{\infty} u_n$ 也收敛；

(2) 若级数 $\sum\limits_{n=1}^{\infty} u_n$ 发散，则级数 $\sum\limits_{n=1}^{\infty} v_n$ 也发散.

证明 设正项级数 $\sum\limits_{n=1}^{\infty} u_n$ 和级数 $\sum\limits_{n=1}^{\infty} v_n$ 的部分和数列分别为 $\{S_n\}$ 和 $\{T_n\}$，因为 $u_n \leqslant v_n$，所以 $S_n \leqslant T_n (n=1, 2, 3, \cdots)$. 若级数 $\sum\limits_{n=1}^{\infty} v_n$ 收敛，则数列 $\{T_n\}$ 有界，因而 $\{S_n\}$ 也有界. 由定理 7-1 知级数 $\sum\limits_{n=1}^{\infty} u_n$ 收敛，于是结论 (1) 成立. 而结论 (2) 只不过是结论 (1) 的逆否命题，故成立.

由于级数的每一项乘以一个不为零的常数 k，以及去掉或增加有限项，不影响级数的敛散性，因此有如下推论.

推论 1 设 $\sum\limits_{n=1}^{\infty} u_n$ 和 $\sum\limits_{n=1}^{\infty} v_n$ 都是正项级数，且存在自然数 N，使当 $n \geqslant N$ 时，有 $u_n \leqslant kv_n$ ($k>0$ 常数) 成立，则

(1) 若级数 $\sum\limits_{n=1}^{\infty} v_n$ 收敛，则级数 $\sum\limits_{n=1}^{\infty} u_n$ 也收敛；

(2) 若级数 $\sum\limits_{n=1}^{\infty} u_n$ 发散，则级数 $\sum\limits_{n=1}^{\infty} v_n$ 也发散.

【例 7-7】 讨论 p-级数 $\sum\limits_{n=1}^{\infty} \dfrac{1}{n^p} = 1 + \dfrac{1}{2^p} + \dfrac{1}{3^p} + \dfrac{1}{4^p} + \cdots + \dfrac{1}{n^p} + \cdots$ 的敛散性，其中 p 为常数.

解 当 $p \leqslant 0$ 时，级数 $\sum\limits_{n=1}^{\infty} \dfrac{1}{n^p}$ 发散. 若 $0 < p \leqslant 1$，则 $\dfrac{1}{n^p} \geqslant \dfrac{1}{n}$. 而调和级数 $\sum\limits_{n=1}^{\infty} \dfrac{1}{n}$ 发散，

由比较判别法知，当 $p \leqslant 1$ 时，级数 $\sum\limits_{n=1}^{\infty} \dfrac{1}{n^p}$ 发散. 若 $p>1$，当 $n-1 \leqslant x \leqslant n$ 时，有 $\dfrac{1}{n^p} \leqslant \dfrac{1}{x^p}$，所以

$$\frac{1}{n^p}=\int_{n-1}^{n} \frac{1}{n^p} \mathrm{d}x \leqslant \int_{n-1}^{n} \frac{1}{x^p} \mathrm{d}x = \frac{1}{p-1}\left[\frac{1}{(n-1)^{p-1}}-\frac{1}{n^{p-1}}\right] \quad (n=2, 3, \cdots)$$

正项级数 $\sum\limits_{n=2}^{\infty}\left[\dfrac{1}{(n-1)^{p-1}}-\dfrac{1}{n^{p-1}}\right]$ 的部分和

$$S_n=\left[1-\frac{1}{2^{p-1}}\right]+\left[\frac{1}{2^{p-1}}-\frac{1}{3^{p-1}}\right]+\cdots+\left[\frac{1}{n^{p-1}}-\frac{1}{(n+1)^{p-1}}\right]$$

$$=1-\frac{1}{(n+1)^{p-1}}$$

且 $\lim\limits_{n \to \infty} S_n=\lim\limits_{n \to \infty}\left[1-\dfrac{1}{(n+1)^{p-1}}\right]=1$，故级数 $\sum\limits_{n=2}^{\infty}\left[\dfrac{1}{(n-1)^{p-1}}-\dfrac{1}{n^{p-1}}\right]$ 收敛. 由比较判别法知，当 $p>1$ 时，级数 $\sum\limits_{n=1}^{\infty} \dfrac{1}{n^p}$ 收敛.

综上所述，当 $p \leqslant 1$ 时，p-级数发散；当 $p>1$ 时，p-级数收敛.

在用比较判别法判别正项级数 $\sum\limits_{n=1}^{\infty} u_n$ 的敛散性时，一般要对所给级数的敛散性作出初步估计，然后寻求一个已知收敛或发散的正项级数与之比较，这需要巧妙地放缩不等式. 常用来比较的级数是几何级数、调和级数和 p-级数.

【例 7-8】 判别下列级数的敛散性.

(1) $\sum\limits_{n=1}^{\infty}\left(\dfrac{2n}{3n+1}\right)^n$ (2) $\sum\limits_{n=1}^{\infty} \dfrac{1}{\sqrt{n+n^3}}$ (3) $\sum\limits_{n=1}^{\infty} \dfrac{1}{\ln(n+1)}$

解 (1) 由于 $u_n=\left(\dfrac{2n}{3n+1}\right)^n \leqslant \left(\dfrac{2}{3}\right)^n$，而等比级数 $\sum\limits_{n=1}^{\infty}\left(\dfrac{2}{3}\right)^n$ 收敛，所以由比较判别法可知，级数 $\sum\limits_{n=1}^{\infty}\left(\dfrac{2n}{3n+1}\right)^n$ 收敛.

(2) 由于 $u_n=\dfrac{1}{\sqrt{n+n^3}}<\dfrac{1}{\sqrt{n^3}}=\dfrac{1}{n^{\frac{3}{2}}}$，而 p-级数 $\sum\limits_{n=1}^{\infty} \dfrac{1}{n^{\frac{3}{2}}}$ 收敛，所以由比较判别法可知，级数 $\sum\limits_{n=1}^{\infty} \dfrac{1}{\sqrt{n+n^3}}$ 收敛.

(3) 因为 $\ln(1+x)<x(x>0)$，所以 $u_n=\dfrac{1}{\ln(n+1)}>\dfrac{1}{n}$，而调和级数 $\sum\limits_{n=1}^{\infty} \dfrac{1}{n}$ 是发散的，所以由比较判别法可知，级数 $\sum\limits_{n=1}^{\infty} \dfrac{1}{\ln(n+1)}$ 发散.

【例 7-9】 证明级数 $\sum\limits_{n=1}^{\infty} \dfrac{1}{\sqrt{n(n+1)}}$ 是发散的.

证明 因为 $n(n+1)<(n+1)^2$，所以

$$\frac{1}{\sqrt{n(n+1)}}>\frac{1}{\sqrt{(n+1)^2}}=\frac{1}{n+1}$$

而级数 $\sum\limits_{n=1}^{\infty}\dfrac{1}{n+1}=\dfrac{1}{2}+\dfrac{1}{3}+\cdots+\dfrac{1}{n+1}+\cdots$ 是发散的，根据比较判别法可知，级数

$\sum\limits_{n=1}^{\infty}\dfrac{1}{\sqrt{n(n+1)}}$ 也是发散的.

在应用比较判别法判断正项级数的敛散性时，常常需要将级数的通项进行放大或缩小，以得到适当的不等式关系. 而建立这种不等式关系，有时相当困难. 因此在实际应用时，比较判别法的极限形式往往更为方便.

定理 7-3（比较判别法的极限形式） 设 $\sum\limits_{n=1}^{\infty}u_n$ 和 $\sum\limits_{n=1}^{\infty}v_n$ 都是正项级数，且

$$\lim_{n\to\infty}\frac{u_n}{v_n}=l$$

(1) 若 $0<l<+\infty$，则级数 $\sum\limits_{n=1}^{\infty}u_n$ 与 $\sum\limits_{n=1}^{\infty}v_n$ 同时收敛或同时发散；

(2) 若 $l=0$，且 $\sum\limits_{n=1}^{\infty}v_n$ 收敛，则级数 $\sum\limits_{n=1}^{\infty}u_n$ 也收敛；

(3) 若 $l=+\infty$，且 $\sum\limits_{n=1}^{\infty}v_n$ 发散，则级数 $\sum\limits_{n=1}^{\infty}u_n$ 也发散.

证明 (1) 由于 $\lim\limits_{n\to\infty}\dfrac{u_n}{v_n}=l$，根据极限定义，取 $\varepsilon=\dfrac{l}{2}>0$，存在正整数 N，使当 $n>N$ 时，有

$$l-\frac{l}{2}<\frac{u_n}{v_n}<l+\frac{l}{2}$$

即

$$\frac{l}{2}v_n<u_n<\frac{3l}{2}v_n$$

再由正项级数的比较判别法即得结论.

类似地可证 (2) 与 (3) 的结论.

【例 7-10】 判别下列级数的敛散性.

(1) $\sum\limits_{n=1}^{\infty}\sin\dfrac{1}{n}$ (2) $\sum\limits_{n=1}^{\infty}\ln\left(1+\dfrac{1}{n^2}\right)$ (3) $\sum\limits_{n=1}^{\infty}\dfrac{1}{3^n-n}$

解 (1) 因为

$$\lim_{n\to\infty}\frac{\sin\dfrac{1}{n}}{\dfrac{1}{n}}=1$$

而级数 $\displaystyle\sum_{n=1}^{\infty}\frac{1}{n}$ 发散，根据比较判别法的极限形式可知，级数 $\displaystyle\sum_{n=1}^{\infty}\sin\frac{1}{n}$ 发散.

（2）因为

$$\lim_{n\to\infty}\frac{\ln\left(1+\dfrac{1}{n^2}\right)}{\dfrac{1}{n^2}}=\lim_{n\to\infty}\ln\left(1+\frac{1}{n^2}\right)^{n^2}=1$$

而级数 $\displaystyle\sum_{n=1}^{\infty}\frac{1}{n^2}$ 收敛，根据比较判别法的极限形式可知，级数 $\displaystyle\sum_{n=1}^{\infty}\ln\left(1+\frac{1}{n^2}\right)$ 收敛.

（3）因为

$$\lim_{n\to\infty}\frac{\dfrac{1}{3^n-n}}{\dfrac{1}{3^n}}=\lim_{n\to\infty}\frac{1}{1-\dfrac{n}{3^n}}=1$$

而级数 $\displaystyle\sum_{n=1}^{\infty}\frac{1}{3^n}$ 收敛，根据比较判别法的极限形式可知，级数 $\displaystyle\sum_{n=1}^{\infty}\frac{1}{3^n-n}$ 收敛.

由定理 7-3 可知，判别正项级数 $\displaystyle\sum_{n=1}^{\infty}u_n$（当 $n\to\infty$，$u_n\to0$）的敛散性时，若以正项级数 $\displaystyle\sum_{n=1}^{\infty}v_n$（当 $n\to\infty$，$v_n\to0$）作为基准来进行比较，则比较判别法的极限形式实质上是考察这两个正项级数的通项 u_n 与 v_n 当 $n\to\infty$ 时的无穷小的阶，即有下述结论.

推论2　（1）当 $n\to\infty$ 时，若 u_n 与 v_n 是同阶无穷小，则级数 $\displaystyle\sum_{n=1}^{\infty}u_n$ 与 $\displaystyle\sum_{n=1}^{\infty}v_n$ 的敛散性相同.

（2）当 $n\to\infty$ 时，若 u_n 是比 v_n 较高阶的无穷小，当级数 $\displaystyle\sum_{n=1}^{\infty}v_n$ 收敛时，则级数 $\displaystyle\sum_{n=1}^{\infty}u_n$ 收敛；若 u_n 是比 v_n 较低阶的无穷小，当级数 $\displaystyle\sum_{n=1}^{\infty}v_n$ 发散时，则级数 $\displaystyle\sum_{n=1}^{\infty}u_n$ 发散.

正因如此，在判别正项级数 $\displaystyle\sum_{n=1}^{\infty}u_n$ 的敛散性时，可将该级数的通项 u_n 或其部分因子用等价无穷小量替换，替换后所得的新级数与原级数 $\displaystyle\sum_{n=1}^{\infty}u_n$ 的敛散性相同.

【例 7-11】　判别下列级数的敛散性.

(1) $\displaystyle\sum_{n=1}^{\infty} \sin\frac{\pi}{2^n}$　　　　(2) $\displaystyle\sum_{n=1}^{\infty} \frac{1}{\sqrt{n}}\ln\left(1+\frac{1}{n}\right)$　　　　(3) $\displaystyle\sum_{n=1}^{\infty}\left(1-\cos\frac{1}{\sqrt{n}}\right)$

解 (1) 因为

$$\lim_{n\to\infty} \frac{\sin\dfrac{\pi}{2^n}}{\dfrac{\pi}{2^n}} = 1$$

即

$$\sin\frac{\pi}{2^n} \sim \frac{\pi}{2^n}\,(n\to\infty)$$

而级数 $\displaystyle\sum_{n=1}^{\infty}\frac{\pi}{2^n}$ 收敛, 由推论 2 可知, 级数 $\displaystyle\sum_{n=1}^{\infty}\sin\frac{\pi}{2^n}$ 收敛.

(2) 由于当 $n\to\infty$ 时, $\dfrac{1}{\sqrt{n}}\ln\left(1+\dfrac{1}{n}\right) \sim \dfrac{1}{\sqrt{n}}\cdot\dfrac{1}{n} = \dfrac{1}{n^{\frac{3}{2}}}$, 而级数 $\displaystyle\sum_{n=1}^{\infty}\frac{1}{n^{\frac{3}{2}}}$ 收敛, 由推论 2 可

知, 级数 $\displaystyle\sum_{n=1}^{\infty}\frac{1}{\sqrt{n}}\ln\left(1+\frac{1}{n}\right)$ 收敛.

(3) 由于当 $n\to\infty$ 时, $1-\cos\dfrac{1}{\sqrt{n}} \sim \dfrac{\left(\dfrac{1}{\sqrt{n}}\right)^2}{2} = \dfrac{1}{2n}$, 而级数 $\displaystyle\sum_{n=1}^{\infty}\frac{1}{2n}$ 发散, 由推论 2 可知, 级

数 $\displaystyle\sum_{n=1}^{\infty}\left(1-\cos\frac{1}{\sqrt{n}}\right)$ 发散.

利用比较判别法将正项级数与等比级数相比较, 可以得到在实用上很方便的比值判别法和根值判别法, 它是直接根据级数自身的特点来判断级数的敛散性.

定理 7-4 (比值判别法)　若正项级数 $\displaystyle\sum_{n=1}^{\infty} u_n$ 满足

$$\lim_{n\to\infty}\frac{u_{n+1}}{u_n} = \rho$$

则

(1) 当 $\rho<1$ 时, 级数收敛;

(2) 当 $\rho>1$ $\left(或\displaystyle\lim_{n\to\infty}\frac{u_{n+1}}{u_n}=\infty\right)$ 时, 级数发散;

(3) 当 $\rho=1$ 时, 级数可能收敛也可能发散.

比值判别法通常又称为达朗贝尔 (D'Alembert) 判别法.

证明 (1) 当 $\rho<1$ 时, 取一个适当正数 ε, 使 $\rho+\varepsilon=r<1$, 由极限定义可知, 存在自然数 N, 当 $n\geq N$ 时, 有

$$\frac{u_{n+1}}{u_n}<\rho+\varepsilon=r<1$$

因此

$$u_{N+1}<ru_N$$

$$u_{N+2}<ru_{N+1}<r^2u_N$$

$$u_{N+3}<ru_{N+2}<r^3u_N$$

$$\vdots$$

$$u_{N+n}<ru_{N+n-1}<\cdots<r^nu_N$$

$$\vdots$$

由于 $0<r<1$，所以等比级数 $\sum\limits_{n=1}^{\infty}r^nu_N$ 收敛. 于是，级数

$$\sum_{n=1}^{\infty}u_{N+n}=u_{N+1}+u_{N+2}+u_{N+3}+\cdots$$

各项小于收敛的等比级数 $\sum\limits_{n=1}^{\infty}r^nu_N$ 的各对应项，由比较判别法可知，级数 $\sum\limits_{n=1}^{\infty}u_{N+n}$ 收敛. 由于级数 $\sum\limits_{n=1}^{\infty}u_n$ 只比它多了前 N 项，因此级数 $\sum\limits_{n=1}^{\infty}u_n$ 也收敛.

（2）当 $\rho>1$ 时，取一个适当正数 ε，使 $\rho-\varepsilon>1$，由极限定义可知，存在自然数 N，当 $n\geq N$ 时，有

$$\frac{u_{n+1}}{u_n}>\rho-\varepsilon>1$$

即

$$u_{n+1}>u_n$$

所以当 $n\geq N$ 时，级数的一般项 u_n 是逐渐增大的，从而 $\lim\limits_{n\to\infty}u_n\neq 0$. 由级数收敛的必要条件可知级数 $\sum\limits_{n=1}^{\infty}u_n$ 发散.

类似可证，当 $\lim\limits_{n\to\infty}\dfrac{u_{n+1}}{u_n}=\infty$ 时，$\sum\limits_{n=1}^{\infty}u_n$ 发散.

（3）当 $\rho=1$ 时，由 p -级数可知，级数可能收敛也可能发散.

【例 7 - 12】 判别下列级数敛散性.

（1）$\sum\limits_{n=1}^{\infty}\dfrac{2^n\cdot n!}{n^n}$　　　　（2）$\sum\limits_{n=1}^{\infty}\dfrac{n!}{10^n}$　　　　（3）$\sum\limits_{n=1}^{\infty}\dfrac{1}{(2n-1)\cdot 2n}$

解　（1）因为

$$\frac{u_{n+1}}{u_n}=\frac{2^{n+1}\cdot(n+1)!}{(n+1)^{n+1}}\cdot\frac{n^n}{2^n\cdot n!}=2\cdot\left(\frac{n}{n+1}\right)^n=2\cdot\frac{1}{\left(1+\frac{1}{n}\right)^n}$$

所以

$$\lim_{n \to \infty} \frac{u_{n+1}}{u_n} = \lim_{n \to \infty} \frac{2}{\left(1 + \frac{1}{n}\right)^n} = \frac{2}{e} < 1$$

由比值判别法可知级数 $\displaystyle\sum_{n=1}^{\infty} \frac{2^n \cdot n!}{n^n}$ 收敛.

（2）因为

$$\frac{u_{n+1}}{u_n} = \frac{(n+1)!}{10^{n+1}} \cdot \frac{10^n}{n!} = \frac{n+1}{10}$$

所以

$$\lim_{n \to \infty} \frac{u_{n+1}}{u_n} = \infty$$

由比值判别法可知级数 $\displaystyle\sum_{n=1}^{\infty} \frac{n!}{10^n}$ 发散.

（3）因为

$$\lim_{n \to \infty} \frac{u_{n+1}}{u_n} = \lim_{n \to \infty} \frac{(2n-1) \cdot 2n}{(2n+1) \cdot (2n+2)} = 1$$

此时 $\rho = 1$，比值判别法失效，改用其他方法来判别级数的敛散性.

由于 $2n > 2n - 1 \geqslant n$，所以 $\dfrac{1}{(2n-1) \cdot 2n} < \dfrac{1}{n^2}$，而级数 $\displaystyle\sum_{n=1}^{\infty} \frac{1}{n^2}$ 收敛，因此由比较判别法可知级数 $\displaystyle\sum_{n=1}^{\infty} \frac{1}{(2n-1) \cdot 2n}$ 收敛.

【例 7-13】 讨论级数 $\displaystyle\sum_{n=1}^{\infty} n! \left(\frac{x}{n}\right)^n (x > 0)$ 的敛散性.

解 因为

$$\lim_{n \to \infty} \frac{u_{n+1}}{u_n} = \lim_{n \to \infty} \frac{(n+1)! \left(\dfrac{x}{n+1}\right)^{n+1}}{n! \left(\dfrac{x}{n}\right)^n} = \lim_{n \to \infty} \frac{x}{\left(1 + \dfrac{1}{n}\right)^n} = \frac{x}{e}$$

所以，根据定理 7-4 可知，当 $x < e$ 时级数收敛；当 $x > e$ 时级数发散；当 $x = e$ 时比值判别法失效，而 $e > \left(1 + \dfrac{1}{n}\right)^n (n = 1, 2, \cdots)$，故

$$\frac{u_{n+1}}{u_n} = \frac{e}{\left(1 + \dfrac{1}{n}\right)^n} > 1, \quad 即 \ u_{n+1} > u_n (n = 1, 2, \cdots)$$

所以 $\lim\limits_{n \to \infty} u_n \neq 0$，即当 $x = e$ 时，级数 $\displaystyle\sum_{n=1}^{\infty} n! \left(\frac{x}{n}\right)^n$ 发散.

定理 7 - 5（根值判别法） 设 $\sum\limits_{n=1}^{\infty} u_n$ 为正项级数，且

$$\lim_{n \to \infty} \sqrt[n]{u_n} = \rho$$

则

(1) 当 $\rho < 1$ 时，级数 $\sum\limits_{n=1}^{\infty} u_n$ 收敛；

(2) 当 $\rho > 1$（或 $\lim\limits_{n \to \infty} \sqrt[n]{u_n} = +\infty$）时，级数 $\sum\limits_{n=1}^{\infty} u_n$ 发散；

(3) 当 $\rho = 1$ 时，级数可能收敛也可能发散.

定理 7 - 5 的证明与定理 7 - 4 相仿，这里从略.

根值判别法又称为**柯西判别法**.

【例 7 - 14】 判别下列级数的敛散性.

(1) $\sum\limits_{n=1}^{\infty} \left(\dfrac{n}{2n+1} \right)^n$ 　　　　(2) $\sum\limits_{n=1}^{\infty} \left(1 - \dfrac{1}{n} \right)^{n^2}$

解 (1) 因为

$$\lim_{n \to \infty} \sqrt[n]{u_n} = \lim_{n \to \infty} \frac{n}{2n+1} = \frac{1}{2} < 1$$

所以由根值判别法可知级数 $\sum\limits_{n=1}^{\infty} \left(\dfrac{n}{2n+1} \right)^n$ 收敛.

(2) 因为

$$\lim_{n \to \infty} \sqrt[n]{u_n} = \lim_{n \to \infty} \left(1 - \frac{1}{n} \right)^n = \frac{1}{e} < 1$$

所以由根值判别法可知级数 $\sum\limits_{n=1}^{\infty} \left(1 - \dfrac{1}{n} \right)^{n^2}$ 收敛.

【例 7 - 15】 证明级数

$$1 + \frac{1}{2^2} + \frac{1}{3^3} + \cdots + \frac{1}{n^n} + \cdots$$

收敛，并估计以级数的部分和 S_n 近似代替和 S 所产生的误差.

解 因为

$$\lim_{n \to \infty} \sqrt[n]{u_n} = \lim_{n \to \infty} \sqrt[n]{\frac{1}{n^n}} = \lim_{n \to \infty} \frac{1}{n} = 0 < 1$$

所以根据根值判别法可知，级数 $\sum\limits_{n=1}^{\infty} \dfrac{1}{n^n}$ 收敛，其和记为 S. 以级数的部分和 S_n 近似代替和 S 所产生的误差为

$$|R_n| = \frac{1}{(n+1)^{n+1}} + \frac{1}{(n+2)^{n+2}} + \frac{1}{(n+3)^{n+3}} + \cdots$$

$$< \frac{1}{(n+1)^{n+1}} + \frac{1}{(n+1)^{n+2}} + \frac{1}{(n+1)^{n+3}} + \cdots$$

$$= \frac{1}{n(n+1)^n}$$

以上介绍了判别正项级数敛散性的几种常用方法. 实际运用时，可根据级数一般项的特点，选择适当的判别方法.

习题 7.2

1. 用比较判别法或其极限形式判别下列级数的敛散性.

(1) $1 + \frac{1}{3} + \frac{1}{5} + \cdots + \frac{1}{2n-1} + \cdots$

(2) $1 + \frac{1+2}{1+2^2} + \frac{1+3}{1+3^2} + \cdots + \frac{1+n}{1+n^2} + \cdots$

(3) $\frac{1}{2 \cdot 5} + \frac{1}{3 \cdot 6} + \cdots + \frac{1}{(n+1)(n+4)} + \cdots$

(4) $\sin \frac{\pi}{2} + \sin \frac{\pi}{2^2} + \cdots + \sin \frac{\pi}{2^n} + \cdots$

(5) $\sum_{n=1}^{\infty} \frac{1}{\ln(n+1)}$

(6) $\sum_{n=1}^{\infty} \frac{1}{n \cdot \sqrt[n]{2n}}$

(7) $\sum_{n=1}^{\infty} \frac{\pi}{n} \tan \frac{\pi}{n}$

(8) $\sum_{n=1}^{\infty} \frac{1}{1+a^n} \quad (a > 0)$

2. 利用比值判别法判别下列级数敛散性.

(1) $\sum_{n=1}^{\infty} \frac{3^n}{n \cdot 2^n}$

(2) $\sum_{n=1}^{\infty} \frac{n^2}{3^n}$

(3) $\sum_{n=1}^{\infty} \frac{2^n \cdot n!}{n^n}$

(4) $\sum_{n=1}^{\infty} n^2 \sin \frac{\pi}{2^n}$

(5) $\sum_{n=1}^{\infty} 2^{n+1} \tan \frac{\pi}{4n^2}$

(6) $\sum_{n=1}^{\infty} \frac{(n!)^2}{(2n)!}$

3. 利用根值判别法判别下列级数的敛散性.

(1) $\sum_{n=1}^{\infty} \left(\frac{n}{2n+1} \right)^n$

(2) $\sum_{n=1}^{\infty} \frac{1}{[\ln(n+1)]^n}$

(3) $\sum_{n=1}^{\infty} \left(\frac{n}{3n-1} \right)^{2n-1}$

(4) $\sum_{n=1}^{\infty} \left(\frac{3n^2}{n^2+1} \right)^n$

4. 判别级数 $\sum_{n=1}^{\infty} \left(\frac{b}{a_n} \right)^n$ 的敛散性，其中 $a_n \to a(n \to \infty)$，且 a_n, a, b 均为正数，$a \neq b$.

5. 若 $\sum_{n=1}^{\infty} a_n^2$ 及 $\sum_{n=1}^{\infty} b_n^2$ 收敛，证明下列级数也收敛.

(1) $\displaystyle\sum_{n=1}^{\infty}|a_nb_n|$　　　　　　(2) $\displaystyle\sum_{n=1}^{\infty}(a_n+b_n)^2$

(3) $\displaystyle\sum_{n=1}^{\infty}\frac{|a_n|}{n}$

7.3　任意项级数

如果在级数 $\displaystyle\sum_{n=1}^{\infty}u_n$ 中，有无穷多个正项和无穷多个负项，则称其为**任意项级数**. 下面先来讨论这类级数中最重要的一种特殊情形——交错级数.

7.3.1　交错级数

交错级数是这样的级数，它的各项是正负交错的，从而可以写成下面的形式：
$$u_1-u_2+u_3-u_4+\cdots+(-1)^{n-1}u_n+\cdots$$
或
$$-u_1+u_2-u_3+u_4-\cdots+(-1)^nu_n+\cdots$$
其中，$u_n(n=1,2,\cdots)$ 都是正数.

由于 $\displaystyle\sum_{n=1}^{\infty}(-1)^{n-1}u_n=(-1)\sum_{n=1}^{\infty}(-1)^nu_n$，所以仅对 $\displaystyle\sum_{n=1}^{\infty}(-1)^{n-1}u_n$ 的形式研究交错级数敛散性的判别法. 对于交错级数的敛散性，有如下的判别法.

定理 7-6（莱布尼茨判别法）　若交错级数 $\displaystyle\sum_{n=1}^{\infty}(-1)^{n-1}u_n$ 满足

(1) $u_n\geqslant u_{n+1}(n=1,2,\cdots)$；

(2) $\displaystyle\lim_{n\to\infty}u_n=0$.

则级数 $\displaystyle\sum_{n=1}^{\infty}(-1)^{n-1}u_n$ 收敛，且其和 $S\leqslant u_1$，余项 R_n 的绝对值 $|R_n|\leqslant u_{n+1}$.

证明　设 $\{S_n\}$ 为交错级数 $\displaystyle\sum_{n=1}^{\infty}(-1)^{n-1}u_n$ 的前 n 项部分和数列，为了说明 $\displaystyle\lim_{n\to\infty}S_n$ 存在，分别考察 $\{S_n\}$ 的偶数项子列 $\{S_{2n}\}$ 和奇数项子列 $\{S_{2n-1}\}$.

S_{2n} 可写成下面两种形式：
$$S_{2n}=(u_1-u_2)+(u_3-u_4)+\cdots+(u_{2n-1}-u_{2n})$$
及
$$S_{2n}=u_1-(u_2-u_3)-(u_4-u_5)-\cdots-(u_{2n-2}-u_{2n-1})-u_{2n}$$

根据条件（1）知，以上所有括号中的差都是非负的．由第一种形式知，数列 $\{S_{2n}\}$ 是单调增加数列；由第二种形式知，$S_{2n} \leqslant u_1$，故 $\{S_{2n}\}$ 为单调有界数列，从而 $\lim\limits_{n \to \infty} S_{2n}$ 存在．

设 $\lim\limits_{n \to \infty} S_{2n} = S$，由条件（2）知 $\lim\limits_{n \to \infty} u_{2n} = 0$，因此

$$\lim_{n \to \infty} S_{2n-1} = \lim_{n \to \infty}(S_{2n} - u_{2n}) = \lim_{n \to \infty} S_{2n} - \lim_{n \to \infty} u_{2n} = S - 0 = S$$

这说明 $\lim\limits_{n \to \infty} S_n = S$，级数 $\sum\limits_{n=1}^{\infty}(-1)^{n-1}u_n$ 收敛．另外，由于 $S_{2n} \leqslant u_1$，因此 $S \leqslant u_1$．余项的绝对值

$$|R_n| = \left| S - \sum_{k=1}^{n}(-1)^{k-1}u_k \right| = u_{n+1} - u_{n+2} + u_{n+3} - u_{n+4} \cdots$$

也是一个交错级数，且满足定理 7-6 的两个条件，因此它也收敛，且其和不超过该级数的第一项，即 $|R_n| \leqslant u_{n+1}$．

【例 7-16】 判别下列级数的敛散性．

(1) $\sum\limits_{n=1}^{\infty}(-1)^{n-1}\dfrac{1}{n}$　　　　(2) $\sum\limits_{n=1}^{\infty}(-1)^{n-1}\dfrac{n}{10^n}$

解　(1) 交错级数 $\sum\limits_{n=1}^{\infty}(-1)^{n-1}\dfrac{1}{n}$ 满足

$$u_n = \frac{1}{n} > \frac{1}{n+1} = u_{n+1} \quad (n=1,2,\cdots)$$

及

$$\lim_{n \to \infty} u_n = \lim_{n \to \infty} \frac{1}{n} = 0$$

由莱布尼茨判别法可知，交错级数 $\sum\limits_{n=1}^{\infty}(-1)^{n-1}\dfrac{1}{n}$ 是收敛的，且其和 $S < 1$．若取前 n 项的和 $S_n = 1 - \dfrac{1}{2} + \dfrac{1}{3} + \cdots + (-1)^{n-1}\dfrac{1}{n}$ 作为 S 的近似值，产生的误差 $|R_n| \leqslant \dfrac{1}{n+1}$．

(2) 任给正整数 n，有 $10n > n+1$，因此

$$\frac{u_{n+1}}{u_n} = \frac{\dfrac{n+1}{10^{n+1}}}{\dfrac{n}{10^n}} = \frac{1}{10} \cdot \frac{n+1}{n} < 1$$

所以 $u_n > u_{n+1}$，又因为

$$\lim_{n \to \infty} u_n = \lim_{n \to \infty} \frac{n}{10^n} = 0$$

所以该交错级数收敛．

【例 7-17】 讨论级数 $\sum\limits_{n=1}^{\infty}\dfrac{(-1)^{n+1}}{n^p}$ 的敛散性．

解　当 $p \leqslant 0$ 时，显然级数发散．当 $p > 0$ 时，所给级数是一个交错级数，且满足

$$u_n = \frac{1}{n^p} > \frac{1}{(n+1)^p} = u_{n+1} \quad (n=1,\ 2,\ \cdots)$$

及

$$\lim_{n \to \infty} u_n = \lim_{n \to \infty} \frac{1}{n^p} = 0$$

由定理 7-6 知，该级数收敛.

综上所述，当 $p \leqslant 0$ 时，级数 $\displaystyle\sum_{n=1}^{\infty} \frac{(-1)^{n+1}}{n^p}$ 发散；当 $p > 0$ 时，级数收敛.

需要注意的是，莱布尼茨判别法中的第一个条件 $u_n \geqslant u_{n+1}$ $(n=1,\ 2,\ \cdots)$ 不是必要条件，不能说不满足该判别法的两个条件的交错级数就一定发散. 例如，交错级数 $\displaystyle\sum_{n=1}^{\infty} \frac{(-1)^n}{n+(-1)^{n+1}}$ 并不满足 $u_n > u_{n+1}(n=1,\ 2,\ \cdots)$，但该级数收敛.

7.3.2 绝对收敛与条件收敛

如前所述，对 u_n 的符号不加限制的常数项级数 $\displaystyle\sum_{n=1}^{\infty} u_n$，称为**任意项级数**. 任意项级数敛散性的判别，通常是先将其转化为正项级数，再借助于正项级数敛散性的判别法予以解决.

设有任意项级数

$$\sum_{n=1}^{\infty} u_n = u_1 + u_2 + u_3 + \cdots + u_n + \cdots$$

其各项取绝对值后得到一个正项级数

$$\sum_{n=1}^{\infty} |u_n| = |u_1| + |u_2| + |u_3| + \cdots + |u_n| + \cdots$$

关于上述两个级数敛散性的关系有下面的定理成立.

定理 7-7 如果级数 $\displaystyle\sum_{n=1}^{\infty} |u_n|$ 收敛，则级数 $\displaystyle\sum_{n=1}^{\infty} u_n$ 必定收敛.

证明 令 $v_n = \frac{1}{2}(|u_n| + u_n)(n=1,\ 2,\ \cdots)$，显然 $v_n \geqslant 0$，即 $\displaystyle\sum_{n=1}^{\infty} v_n$ 是正项级数.

因为 $v_n \leqslant |u_n|$，且级数 $\displaystyle\sum_{n=1}^{\infty} |u_n|$ 收敛，故由比较判别法可知级数 $\displaystyle\sum_{n=1}^{\infty} v_n$ 收敛，从而级数 $\displaystyle\sum_{n=1}^{\infty} 2v_n$ 也收敛. 而 $u_n = 2v_n - |u_n|$，由收敛级数的基本性质可知

$$\sum_{n=1}^{\infty} u_n = \sum_{n=1}^{\infty} 2v_n - \sum_{n=1}^{\infty} |u_n|$$

所以级数 $\displaystyle\sum_{n=1}^{\infty} u_n$ 收敛.

必须指出,上述定理的逆定理并不成立. 也就是说,在 $\displaystyle\sum_{n=1}^{\infty}|u_n|$ 发散的情况下,$\displaystyle\sum_{n=1}^{\infty} u_n$ 也有可能收敛. 例如,级数 $\displaystyle\sum_{n=1}^{\infty}\left|(-1)^{n-1}\frac{1}{n}\right|=\sum_{n=1}^{\infty}\frac{1}{n}$ 是发散的,而级数 $\displaystyle\sum_{n=1}^{\infty}(-1)^{n-1}\frac{1}{n}$ 却是收敛的.

因此,给出以下定义.

定义 7-3 若级数 $\displaystyle\sum_{n=1}^{\infty}|u_n|$ 收敛,则称级数 $\displaystyle\sum_{n=1}^{\infty} u_n$ 绝对收敛;若级数 $\displaystyle\sum_{n=1}^{\infty} u_n$ 收敛,而级数 $\displaystyle\sum_{n=1}^{\infty}|u_n|$ 发散,则称级数 $\displaystyle\sum_{n=1}^{\infty} u_n$ 条件收敛.

根据这个定义,级数 $\displaystyle\sum_{n=1}^{\infty}(-1)^{n-1}\frac{1}{n}$ 是条件收敛的,而级数 $\displaystyle\sum_{n=1}^{\infty}(-1)^{n-1}\frac{1}{n^2}$ 是绝对收敛的.

由定理 7-7 可知,绝对收敛的级数一定收敛,它给出了任意项级数的一个判别敛散性的方法.

【例 7-18】 判别级数 $\displaystyle\sum_{n=1}^{\infty}\frac{\sin na}{n^{\lambda}}(\lambda>1)$ 的敛散性.

解 因为

$$\left|\frac{\sin na}{n^{\lambda}}\right|\leqslant\frac{1}{n^{\lambda}}$$

而当 $\lambda>1$ 时,级数 $\displaystyle\sum_{n=1}^{\infty}\frac{1}{n^{\lambda}}$ 是收敛的,所以级数 $\displaystyle\sum_{n=1}^{\infty}\left|\frac{\sin na}{n^{\lambda}}\right|$ 也收敛,从而级数 $\displaystyle\sum_{n=1}^{\infty}\frac{\sin na}{n^{\lambda}}$ 绝对收敛.

一般来说,若级数 $\displaystyle\sum_{n=1}^{\infty}|u_n|$ 发散,不能断定级数 $\displaystyle\sum_{n=1}^{\infty} u_n$ 也发散. 但是,若采用比值判别法或根值判别法判定级数 $\displaystyle\sum_{n=1}^{\infty}|u_n|$ 发散,则可以断定级数 $\displaystyle\sum_{n=1}^{\infty} u_n$ 也发散. 这是因为比值判别法或根值判别法判定级数发散的依据是一般项不趋向于零,即 $\displaystyle\sum_{n=1}^{\infty}|u_n|$ 发散是由于 $\displaystyle\lim_{n\to\infty}|u_n|\neq 0$,从而 $\displaystyle\lim_{n\to\infty} u_n\neq 0$,于是级数 $\displaystyle\sum_{n=1}^{\infty} u_n$ 也是发散的. 因此可以得到下面的定理.

定理 7-8　若任意项级数

$$\sum_{n=1}^{\infty} u_n = u_1 + u_2 + u_3 + \cdots + u_n + \cdots$$

满足条件

$$\lim_{n \to \infty} \left| \frac{u_{n+1}}{u_n} \right| = \rho \quad \left(或 \lim_{n \to \infty} \sqrt[n]{|u_n|} = \rho \right)$$

则当 $\rho < 1$ 时, 级数 $\sum\limits_{n=1}^{\infty} u_n$ 绝对收敛; 当 $\rho > 1$ 时, 级数 $\sum\limits_{n=1}^{\infty} u_n$ 发散.

【例 7-19】　判定下列级数敛散性.

(1) $\sum\limits_{n=1}^{\infty} (-1)^{n+1} \dfrac{1}{n \cdot 2^n}$ \qquad (2) $\sum\limits_{n=1}^{\infty} (-1)^n \dfrac{1}{2^n} \left(1 + \dfrac{1}{n} \right)^{n^2}$

解　(1) 因为

$$\lim_{n \to \infty} \left| \frac{u_{n+1}}{u_n} \right| = \lim_{n \to \infty} \frac{\frac{1}{n+1} \cdot \frac{1}{2^{n+1}}}{\frac{1}{n} \cdot \frac{1}{2^n}} = \lim_{n \to \infty} \left(\frac{n}{n+1} \cdot \frac{1}{2} \right) = \frac{1}{2} < 1$$

所以由定理 7-8 可知, 级数 $\sum\limits_{n=1}^{\infty} (-1)^{n+1} \dfrac{1}{n \cdot 2^n}$ 绝对收敛.

(2) 由 $|u_n| = \dfrac{1}{2^n} \left(1 + \dfrac{1}{n} \right)^{n^2}$, 有

$$\lim_{n \to \infty} \sqrt[n]{|u_n|} = \frac{1}{2} \lim_{n \to \infty} \left(1 + \frac{1}{n} \right)^n = \frac{1}{2} e > 1$$

因此由定理 7-8 可知级数 $\sum\limits_{n=1}^{\infty} (-1)^n \dfrac{1}{2^n} \left(1 + \dfrac{1}{n} \right)^{n^2}$ 发散.

【例 7-20】　讨论级数 $\sum\limits_{n=1}^{\infty} (-1)^{n-1} \dfrac{x^n}{n}$ 的敛散性.

解　由于

$$\lim_{n \to \infty} \left| \frac{u_{n+1}}{u_n} \right| = \lim_{n \to \infty} \left| \frac{\frac{(-1)^n x^{n+1}}{n+1}}{\frac{(-1)^{n-1} x^n}{n}} \right| = |x| \cdot \lim_{n \to \infty} \frac{n}{n+1} = |x|$$

因此由定理 7-8 可知, 当 $|x| < 1$ 时, 级数 $\sum\limits_{n=1}^{\infty} (-1)^{n-1} \dfrac{x^n}{n}$ 绝对收敛; 当 $|x| > 1$ 时, 级数

$\sum\limits_{n=1}^{\infty} (-1)^{n-1} \dfrac{x^n}{n}$ 发散; 当 $x=1$ 时, 级数成为 $\sum\limits_{n=1}^{\infty} (-1)^{n-1} \dfrac{1}{n}$, 条件收敛; 当 $x=-1$ 时, 级数

成为 $-\sum\limits_{n=1}^{\infty}\dfrac{1}{n}$ 发散.

综上所述,当 $|x|<1$ 时,级数绝对收敛;当 $x=1$ 时,级数条件收敛;当 $|x|>1$ 或 $x=-1$ 时,级数发散.

讨论任意项级数 $\sum\limits_{n=1}^{\infty}u_n$ 的敛散性,通常首要要看它是否满足级数收敛的必要条件 $\lim\limits_{n\to\infty}u_n=0$. 如满足,则可考察级数 $\sum\limits_{n=1}^{\infty}|u_n|$,利用正项级数的敛散性的判别法,判别它是否收敛. 若收敛,则级数 $\sum\limits_{n=1}^{\infty}u_n$ 绝对收敛,从而级数本身也收敛;若级数 $\sum\limits_{n=1}^{\infty}|u_n|$ 发散,则再讨论级数 $\sum\limits_{n=1}^{\infty}u_n$ 本身是否收敛. 特别地,对于交错级数,可以考虑用莱布尼茨判别法来判别其敛散性. 当我们用比值判别法或根值判别法判定级数 $\sum\limits_{n=1}^{\infty}|u_n|$ 发散时,由 $\rho>1$ 可知 $\lim\limits_{n\to\infty}u_n\neq0$,故级数 $\sum\limits_{n=1}^{\infty}u_n$ 必定发散,而不可能是条件收敛.

习题 7.3

1. 判别下列级数的敛散性,若收敛,是绝对收敛,还是条件收敛?

(1) $\sum\limits_{n=1}^{\infty}(-1)^{n-1}\dfrac{n}{3^{n-1}}$

(2) $\sum\limits_{n=1}^{\infty}(-1)^n\dfrac{\ln n}{n}$

(3) $\sum\limits_{n=1}^{\infty}(-1)^{n+1}\dfrac{2^{n^2}}{n!}$

(4) $\sum\limits_{n=1}^{\infty}\dfrac{\sin n\alpha}{(n+1)^2}$

(5) $\sum\limits_{n=1}^{\infty}(-1)^{n+1}\dfrac{n}{n+1}$

(6) $\sum\limits_{n=1}^{\infty}\dfrac{(-1)^{n-1}n^3}{2^n}$

(7) $\sum\limits_{n=1}^{\infty}\dfrac{(-1)^{n-1}}{\sqrt[3]{n}}$

(8) $\sum\limits_{n=2}^{\infty}\dfrac{(-1)^n}{\ln n}$

(9) $\sum\limits_{n=2}^{\infty}\dfrac{(-1)^n}{\pi^n}\sin\dfrac{\pi}{n}$

(10) $\sum\limits_{n=2}^{\infty}(-1)^{n-1}\dfrac{2n+1}{20n(n+1)}$

2. 判定级数 $\sum\limits_{n=2}^{\infty}\sin\left(n\pi+\dfrac{1}{\ln n}\right)$ 的敛散性.

3. 证明:若级数 $\sum\limits_{n=1}^{\infty}u_n^2$ 及 $\sum\limits_{n=1}^{\infty}v_n^2$ 收敛,则 $\sum\limits_{n=1}^{\infty}u_nv_n$ 绝对收敛.

4. 证明:若级数 $\sum\limits_{n=1}^{\infty}|u_n|$ 收敛,则 $\sum\limits_{n=1}^{\infty}|u_nu_{n+1}|^{\frac{1}{2}}$ 收敛.

7.4 幂 级 数

7.4.1 函数项级数的概念

前面讨论的数项级数的每一项都是实数,若级数的每一项都是函数,即给定一个定义在区间 I 上的无穷函数列

$$u_1(x), \ u_2(x), \ u_3(x), \ \cdots, \ u_n(x), \ \cdots$$

则表达式

$$\sum_{n=1}^{\infty} u_n(x) = u_1(x) + u_2(x) + u_3(x) + \cdots + u_n(x) + \cdots$$

称为定义在区间 I 上的**函数项无穷级数**,简称为**函数项级数**.

对于函数项级数 $\sum\limits_{n=1}^{\infty} u_n(x)$,若令 x 取某一特定值 $x_0 \in I$,则得到一个数项级数

$$\sum_{n=1}^{\infty} u_n(x_0) = u_1(x_0) + u_2(x_0) + u_3(x_0) + \cdots + u_n(x_0) + \cdots$$

若数项级数 $\sum\limits_{n=1}^{\infty} u_n(x_0)$ 收敛,则称点 x_0 为函数项级数 $\sum\limits_{n=1}^{\infty} u_n(x)$ 的一个**收敛点**. 反之,若数项级数 $\sum\limits_{n=1}^{\infty} u_n(x_0)$ 发散,则称点 x_0 为函数项级数 $\sum\limits_{n=1}^{\infty} u_n(x)$ 的一个**发散点**. 函数项级数的收敛点的全体构成的集合,称为它的**收敛域**.

若 x_0 是收敛域内的一个值,则必有一个和 $S(x_0)$ 与之对应,即

$$S(x_0) = \sum_{n=1}^{\infty} u_n(x_0) = u_1(x_0) + u_2(x_0) + u_3(x_0) + \cdots + u_n(x_0) + \cdots$$

当 x_0 在收敛域内变动时,由对应关系就得到一个定义在收敛域上的函数 $S(x)$,即

$$S(x) = \sum_{n=1}^{\infty} u_n(x) = u_1(x) + u_2(x) + u_3(x) + \cdots + u_n(x) + \cdots$$

这个函数 $S(x)$ 称为**函数项级数的和函数**.

仿照数项级数的情形,将函数项级数 $\sum\limits_{n=1}^{\infty} u_n(x)$ 的前 n 项部分和记作 $S_n(x)$,且称之为**部分和函数**,即

$$S_n(x) = u_1(x) + u_2(x) + u_3(x) + \cdots + u_n(x)$$

因此在收敛域上,有

$$\lim_{n \to \infty} S_n(x) = S(x)$$

若记 $R_n(x)=S(x)-S_n(x)$，则称 $R_n(x)$ 为函数项级数 $\sum\limits_{n=1}^{\infty}u_n(x)$ 的**余项**. 显然，对该级数收敛域 D 内的每一点 x，都有

$$\lim_{n\to\infty}R_n(x)=0$$

由此，函数项级数的敛散性问题完全归结为讨论它的部分和函数列 $\{S_n(x)\}$ 的敛散性问题.

例如，讨论定义在区间 $(-\infty,+\infty)$ 上的函数项级数

$$\sum_{n=1}^{\infty}x^{n-1}=1+x+x^2+\cdots+x^n+\cdots$$

的收敛域及和函数 $S(x)$.

当 $x\neq\pm1$ 时，它的部分和函数

$$S_n(x)=1+x+x^2+\cdots+x^{n-1}=\frac{1-x^n}{1-x}$$

当 $|x|<1$ 时，$S(x)=\lim\limits_{n\to\infty}S_n(x)=\dfrac{1}{1-x}$；

当 $|x|>1$ 时，$\lim\limits_{n\to\infty}S_n(x)$ 不存在，所以，函数项级数发散；

当 $|x|=1$ 时，所对应的级数显然也发散.

综上所述，函数项级数 $\sum\limits_{n=1}^{\infty}x^{n-1}$ 的收敛域为 $(-1,1)$，其和函数为 $S(x)=\dfrac{1}{1-x}$.

本节只讨论最基本而又最常用的函数项级数——幂级数.

7.4.2 幂级数及其收敛性

各项都是幂函数的函数项级数，即形如

$$\sum_{n=0}^{\infty}a_n(x-x_0)^n=a_0+a_1(x-x_0)+a_2(x-x_0)^2+\cdots+a_n(x-x_0)^n+\cdots$$

的函数项级数称为 $(x-x_0)$ 的**幂级数**，其中 x_0 是某个定点，常数 a_0，a_1，a_2，$\cdots$，a_n，$\cdots$ 称为**幂级数的系数**.

当 $x_0=0$ 时，上述级数成为

$$\sum_{n=0}^{\infty}a_nx^n=a_0+a_1x+a_2x^2+\cdots+a_nx^n+\cdots$$

称为 x 的**幂级数**.

若令 $t=x-x_0$，则幂级数 $\sum\limits_{n=0}^{\infty}a_n(x-x_0)^n$ 就化为最简形式

$$\sum_{n=0}^{\infty}a_nt^n=a_0+a_1t+a_2t^2+\cdots+a_nt^n+\cdots$$

因此，下面主要讨论形如 $\sum_{n=0}^{\infty} a_n x^n$ 的幂级数，这并不影响一般性．

首先研究幂级数的收敛域．对于一般的函数项级数，其收敛域往往比较复杂，但幂级数的收敛域都比较简单，例如幂级数

$$\sum_{n=1}^{\infty} x^{n-1} = 1 + x + x^2 + \cdots + x^n + \cdots$$

当 $|x| < 1$ 时收敛，当 $|x| \geqslant 1$ 时发散，因此它的收敛域是以原点 O 为中心的一个对称区间．对于一般的幂级数也有类似的结论（但幂级数在这个对称区间的两个端点处的收敛性，可以因幂级数的不同而有所变化）．下面的阿贝尔定理说明了这一事实．

定理 7-9（阿贝尔（Abel）定理） 对于幂级数 $\sum_{n=0}^{\infty} a_n x^n$，下列命题成立：

(1) 若当 $x = x_1 (x_1 \neq 0)$ 时，幂级数 $\sum_{n=0}^{\infty} a_n x^n$ 收敛，则对于满足不等式 $|x| < |x_1|$ 的一切 x，幂级数绝对收敛；

(2) 若当 $x = x_2$ 时，幂级数 $\sum_{n=0}^{\infty} a_n x^n$ 发散，则对于满足不等式 $|x| > |x_2|$ 的一切 x，幂级数发散．

证明 (1) 由于 x_1 是幂级数 $\sum_{n=0}^{\infty} a_n x^n$ 的收敛点，即级数 $\sum_{n=0}^{\infty} a_n x_1^n$ 收敛．由级数收敛的必要条件知 $\lim_{n \to \infty} a_n x_1^n = 0$，从而数列 $\{a_n x_1^n\}$ 有界，即存在常数 $M > 0$，使

$$|a_n x_1^n| \leqslant M \quad (n = 0, 1, 2, \cdots)$$

这样幂级数 $\sum_{n=0}^{\infty} a_n x^n$ 的一般项的绝对值

$$|a_n x^n| = \left| a_n x_1^n \cdot \frac{x^n}{x_1^n} \right| = |a_n x_1^n| \cdot \left| \frac{x}{x_1} \right|^n \leqslant M \left| \frac{x}{x_1} \right|^n$$

因为当 $|x| < |x_1|$ 时，等比级数 $\sum_{n=0}^{\infty} M \cdot \left| \frac{x}{x_1} \right|^n$ 收敛$\left(\text{公比} \left| \frac{x}{x_1} \right| < 1\right)$，所以由比较判别法知，级数 $\sum_{n=0}^{\infty} |a_n x^n|$ 收敛，即级数 $\sum_{n=0}^{\infty} a_n x^n$ 绝对收敛．

(2) 用反证法．假设有 x_0，满足 $|x_0| > |x_2|$，并使 $\sum_{n=0}^{\infty} a_n x_0^n$ 收敛，则由（1）知 $\sum_{n=0}^{\infty} a_n x_2^n$ 收敛，与题设矛盾．从而结论（2）成立．

阿贝尔定理给出了幂级数收敛域的结构情况，即若点 x_0 是幂级数 $\sum_{n=0}^{\infty} a_n x^n$ 的收敛点，则

到坐标原点距离比点 x_0 近的点都是该幂级数的收敛点；若点 x_0 是幂级数 $\sum\limits_{n=0}^{\infty} a_n x^n$ 的发散点，则到坐标原点距离比点 x_0 远的点都是该幂级数的发散点.

数轴上的点不是幂级数 $\sum\limits_{n=0}^{\infty} a_n x^n$ 的收敛点就是发散点，显然 $x=0$ 是其收敛点. 假设幂级数 $\sum\limits_{n=0}^{\infty} a_n x^n$ 不仅仅在 $x=0$ 处收敛，也不是在整个数轴上收敛，设想从原点出发沿数轴向右行进，先遇到的点必然都是收敛点，一旦遇到了一个发散点，那么以后遇到的都是发散点. 自原点向左也有类似的情况. 因此，它在原点的左右两侧各有一个临界点 M 及 M'，由定理 7-9 可知它们到原点的距离是一样的（如图 7-1），记这个距离为 R.

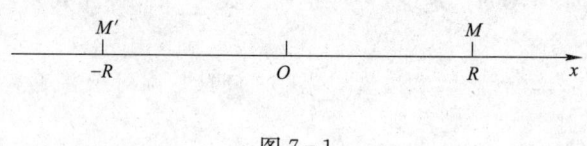

图 7-1

从上面的几何说明，就得到以下的重要推论.

推论 1 如果幂级数 $\sum\limits_{n=0}^{\infty} a_n x^n$ 既有发散点，也有异于原点的其他收敛点，则必有一个完全确定的正数 R 存在，使得

(1) 当 $|x|<R$ 时，幂级数绝对收敛；

(2) 当 $|x|>R$ 时，幂级数发散；

(3) 当 $x=R$ 与 $x=-R$ 时，幂级数可能收敛也可能发散.

这个正数 R 通常叫做幂级数 $\sum\limits_{n=0}^{\infty} a_n x^n$ 的**收敛半径**. 而开区间 $(-R,R)$ 称为幂级数 $\sum\limits_{n=0}^{\infty} a_n x^n$ 的**收敛区间**.

综上所述，幂级数的收敛域不外乎下列三种情况.

① 以原点为中心，长度为 $2R$ 的有限区间. 幂级数在 $(-R,R)$ 内绝对收敛；在 $[-R,R]$ 外发散；在 $x=\pm R$ 处可能收敛，也可能发散，再由幂级数在 $x=\pm R$ 处的收敛性就可以决定它的收敛域是 $(-R,R)$，$[-R,R)$，$(-R,R]$ 或 $[-R,R]$ 之一.

② 无穷区间 $(-\infty,+\infty)$. 此时，规定收敛半径 R 是无穷大.

③ 只有 $x=0$ 一点. 此时，规定收敛半径 R 为 0.

这样，幂级数总是有收敛半径的.

由此可见，讨论幂级数的收敛问题，先要求出收敛半径，再讨论在收敛区间端点处幂级数的敛散性，就可以确定收敛域了. 下面的定理给出了收敛半径的一种计算方法.

定理 7-10 设 $\sum\limits_{n=0}^{\infty} a_n x^n$ 为幂级数，且

$$\lim_{n\to\infty}\left|\frac{a_{n+1}}{a_n}\right|=\rho$$

R 为其收敛半径.

(1) 若 $0<\rho<+\infty$，则 $R=\dfrac{1}{\rho}$；

(2) 若 $\rho=0$，则 $R=+\infty$；

(3) 若 $\rho=+\infty$，则 $R=0$.

证明 将幂级数 $\sum\limits_{n=0}^{\infty} a_n x^n$ 的各项取绝对值得 $\sum\limits_{n=0}^{\infty}|a_n x^n|$，则

$$\lim_{n\to\infty}\left|\frac{a_{n+1}x^{n+1}}{a_n x^n}\right|=\lim_{n\to\infty}\left|\frac{a_{n+1}}{a_n}\right|\cdot|x|=\rho|x|$$

若 $0<\rho<+\infty$，由正项级数的比值判别法知，当 $\rho|x|<1$，即 $|x|<\dfrac{1}{\rho}$ 时，级数 $\sum\limits_{n=0}^{\infty}|a_n x^n|$ 收敛，从而幂级数 $\sum\limits_{n=0}^{\infty} a_n x^n$ 绝对收敛；当 $\rho|x|>1$，即 $|x|>\dfrac{1}{\rho}$ 时，幂级数 $\sum\limits_{n=0}^{\infty} a_n x^n$ 发散. 因此收敛半径 $R=\dfrac{1}{\rho}$.

若 $\rho=0$ 时，则对任意 $x\neq0$，上式极限均为零，所以级数 $\sum\limits_{n=0}^{\infty}|a_n x^n|$ 绝对收敛，从而级数 $\sum\limits_{n=0}^{\infty} a_n x^n$ 绝对收敛. 于是收敛半径 $R=+\infty$.

若 $\rho=+\infty$，则对任意 $x\neq0$，上式极限均为 $+\infty$（即大于 1），所以级数 $\sum\limits_{n=0}^{\infty} a_n x^n$ 发散. 于是收敛半径 $R=0$.

【例 7-21】 求下列幂级数的收敛半径与收敛域.

(1) $\sum\limits_{n=1}^{\infty}(-1)^{n-1}\dfrac{x^n}{n}$ (2) $\sum\limits_{n=0}^{\infty}n!\,x^n$ (3) $\sum\limits_{n=0}^{\infty}\dfrac{1}{n!}x^n$

解 (1) 因为

$$\lim_{n\to\infty}\left|\frac{a_{n+1}}{a_n}\right|=\lim_{n\to\infty}\frac{\dfrac{1}{n+1}}{\dfrac{1}{n}}=1$$

所以收敛半径 $R=1$. 当 $x=1$ 时，级数成为交错级数 $\sum\limits_{n=1}^{\infty}(-1)^{n-1}\dfrac{1}{n}$，由莱布尼茨判别法可

知，此级数收敛；当 $x=-1$ 时，级数成为 $-\sum\limits_{n=1}^{\infty}\dfrac{1}{n}$，此级数发散．因此，该级数的收敛域为 $(-1,\ 1]$．

(2) 因为

$$\lim_{n\to\infty}\left|\frac{a_{n+1}}{a_n}\right|=\lim_{n\to\infty}\frac{(n+1)!}{n!}=\lim_{n\to\infty}(n+1)\ =+\infty$$

所以收敛半径 $R=0$，因此收敛域为单点集 $\{0\}$．

(3) 因为

$$\lim_{n\to\infty}\left|\frac{a_{n+1}}{a_n}\right|=\lim_{n\to\infty}\frac{\dfrac{1}{(n+1)!}}{\dfrac{1}{n!}}=\lim_{n\to\infty}\frac{n!}{(n+1)!}=\lim_{n\to\infty}\frac{1}{n+1}=0$$

所以收敛半径 $R=+\infty$，从而收敛域为 $(-\infty,\ +\infty)$．

当幂级数 $\sum\limits_{n=0}^{\infty}a_n x^n$ 缺项时，不能直接使用定理 7-10，此时可根据幂级数在收敛区间内绝对收敛，而利用比值判别法求收敛半径或通过替换确定收敛半径．

【例 7-22】 求下列幂级数收敛域．

(1) $\sum\limits_{n=1}^{\infty}\dfrac{2n-1}{2^n}x^{2n-2}$ (2) $\sum\limits_{n=1}^{\infty}\dfrac{(x-1)^n}{2^n\cdot n}$

(1) **解法一** 所给级数中缺少奇数项，不能直接用定理 7-10 来求 R，可设

$$u_n=\frac{2n-1}{2^n}x^{2n-2}$$

则对于任意 x，有

$$\lim_{n\to\infty}\left|\frac{u_{n+1}\ (x)}{u_n\ (x)}\right|=\lim_{n\to\infty}\left|\frac{\dfrac{2n+1}{2^{n+1}}x^{2n}}{\dfrac{2n-1}{2^n}x^{2n-2}}\right|=\frac{x^2}{2}$$

所以，当 $\dfrac{x^2}{2}<1$，即 $|x|<\sqrt{2}$ 时，幂级数绝对收敛；当 $\dfrac{x^2}{2}>1$，即 $|x|>\sqrt{2}$ 时，幂级数发散，故 $R=\sqrt{2}$；当 $x=\pm\sqrt{2}$ 时，级数成为 $\sum\limits_{n=1}^{\infty}\dfrac{2n-1}{2}$，它是发散的，因此该幂级数的收敛域是 $(-\sqrt{2},\ \sqrt{2})$．

解法二 令 $t=x^2$，则级数成为 $\sum\limits_{n=1}^{\infty}\dfrac{2n-1}{2^n}t^{n-1}$，可求得此级数收敛半径 $R=2$，收敛域为 $(-2,\ 2)$．解不等式 $-2<x^2<2$，可得原级数的收敛域为 $(-\sqrt{2},\ \sqrt{2})$．

(2) **解** 令 $t=x-1$，原级数变为 $\sum\limits_{n=1}^{\infty}\dfrac{t^n}{2^n\cdot n}$．因为

$$\lim_{n \to \infty} \left| \frac{a_{n+1}}{a_n} \right| = \lim_{n \to \infty} \frac{2^n \cdot n}{2^{n+1} \cdot (n+1)} = \lim_{n \to \infty} \frac{n}{2 \cdot (n+1)} = \frac{1}{2}$$

所以级数 $\sum\limits_{n=1}^{\infty} \frac{t^n}{2^n \cdot n}$ 的收敛半径为 2. 当 $t=2$ 时，级数成为 $\sum\limits_{n=1}^{\infty} \frac{1}{n}$，此级数发散；当 $t=-2$ 时，级数成为 $\sum\limits_{n=1}^{\infty} \frac{(-1)^n}{n}$，此级数收敛. 因此级数 $\sum\limits_{n=1}^{\infty} \frac{t^n}{2^n \cdot n}$ 的收敛域为 $[-2, 2)$. 解不等式 $-2 \leqslant x-1 < 2$，得 $-1 \leqslant x < 3$，故原级数的收敛域为 $[-1, 3)$.

7.4.3 幂级数的性质

由于幂级数是定义在其收敛区间上的函数，因此函数的相应运算可以作用在幂级数上，下面给出幂级数运算的几个性质，证明从略.

1. 幂级数的运算性质

设幂级数 $\sum\limits_{n=0}^{\infty} a_n x^n = S_1(x)$ 和 $\sum\limits_{n=0}^{\infty} b_n x^n = S_2(x)$ 的收敛半径分别为 R_1 和 R_2，且 $R = \min\{R_1, R_2\}$，则在它们公共的收敛区间 $(-R, R)$ 内有以下性质.

① 两级数可逐项相加减，即

$$\sum_{n=0}^{\infty} a_n x^n \pm \sum_{n=0}^{\infty} b_n x^n = \sum_{n=0}^{\infty} (a_n \pm b_n) x^n = S_1(x) \pm S_2(x)$$

② 两级数可相乘，即

$$\left(\sum_{n=0}^{\infty} a_n x^n \right) \cdot \left(\sum_{n=0}^{\infty} b_n x^n \right) = \sum_{n=0}^{\infty} c_n x^n = S_1(x) \cdot S_2(x)$$

其中，$c_n = \sum\limits_{k=0}^{n} a_k b_{n-k} (n = 0, 1, 2, \cdots)$.

值得注意的是，两个幂级数相加减或相乘得到的幂级数，其收敛半径大于等于 $\min\{R_1, R_2\}$.

2. 和函数的运算性质

设幂级数 $\sum\limits_{n=0}^{\infty} a_n x^n$ 的收敛半径为 R，和函数为 $S(x)$，则有以下性质.

① （连续性）和函数 $S(x)$ 在其收敛区间 $(-R, R)$ 内是连续函数，若幂级数 $\sum\limits_{n=0}^{\infty} a_n x^n$ 在收敛区间端点 $x=R$（或 $x=-R$）处收敛，则和函数 $S(x)$ 在相应点处左连续（或右连续）.

② （逐项微分）和函数 $S(x)$ 在 $(-R, R)$ 内可导，且有逐项求导公式

$$S'(x) = \left(\sum_{n=0}^{\infty} a_n x^n\right)' = \sum_{n=0}^{\infty} (a_n x^n)' = \sum_{n=1}^{\infty} n a_n x^{n-1}, \quad x \in (-R, R)$$

且逐项求导后得到的幂级数 $\sum\limits_{n=1}^{\infty} n a_n x^{n-1}$ 与原级数的收敛半径相同.

③（逐项积分）和函数 $S(x)$ 在 $(-R, R)$ 内可积，且有逐项求积公式

$$\int_0^x S(x)\mathrm{d}x = \int_0^x \left[\sum_{n=0}^{\infty} a_n x^n\right]\mathrm{d}x = \sum_{n=0}^{\infty} \int_0^x a_n x^n \mathrm{d}x = \sum_{n=0}^{\infty} \frac{a_n}{n+1} x^{n+1}, \quad x \in (-R, R)$$

且逐项积分后得到的幂级数 $\sum\limits_{n=0}^{\infty} \dfrac{a_n}{n+1} x^{n+1}$ 与原级数的收敛半径相同.

利用幂级数的分析运算性质可求得一些幂级数的和函数.

【例 7 - 23】 求幂级数

$$\sum_{n=0}^{\infty} n x^{n-1} = 1 + 2x + 3x^2 + \cdots + n x^{n-1} + \cdots$$

的和函数，并由此计算级数 $\sum\limits_{n=0}^{\infty} \dfrac{n}{2^{n-1}}$ 的和.

解 首先，容易求得该幂级数的收敛域为 $(-1, 1)$. 设其和函数为 $S(x)$，即

$$S(x) = 1 + 2x + 3x^2 + \cdots + n x^{n-1} + \cdots, \quad x \in (-1, 1)$$

两边积分得

$$\int_0^x S(x)\mathrm{d}x = x + x^2 + \cdots + x^n + \cdots = \frac{x}{1-x}$$

两边再对 x 求导得

$$S(x) = \left(\frac{x}{1-x}\right)' = \frac{1}{(1-x)^2}$$

当 $x = \dfrac{1}{2}$ 时，幂级数变为

$$\sum_{n=0}^{\infty} \frac{n}{2^{n-1}} = S\left(\frac{1}{2}\right) = \frac{1}{\left(1 - \frac{1}{2}\right)^2} = 4$$

需要注意的是，幂级数的和函数仅在幂级数的收敛域内有意义. 因此，求和函数时应先求出其收敛域，再通过逐项微分或逐项积分（有时连续使用多次），把幂级数化为容易求和的等比级数，求出等比级数的和后，再进行相同次数的逆运算，即可求出原级数的和函数.

【例 7 - 24】 求级数 $\sum\limits_{n=0}^{\infty} \dfrac{1}{2n+1} x^{2n+1}$ 的和函数，并求常数项级数 $\sum\limits_{n=0}^{\infty} \dfrac{1}{2n+1} \left(\dfrac{1}{2}\right)^{2n+1}$ 的和.

解 易求得该级数的收敛域为 $(-1, 1)$，设其和函数为 $S(x)$，即

$$S(x) = \sum_{n=0}^{\infty} \frac{1}{2n+1} x^{2n+1}, \quad x \in (-1, 1)$$

由逐项微分公式，有

$$S'(x) = \sum_{n=0}^{\infty} \left(\frac{1}{2n+1} x^{2n+1} \right)' = \sum_{n=0}^{\infty} x^{2n}$$

$$= 1 + x^2 + x^4 + \cdots + x^{2n} + \cdots = \frac{1}{1-x^2} \quad (-1 < x < 1)$$

对上式两端从 0 到 x 积分，得

$$S(x) - S(0) = \int_0^x \frac{1}{1-x^2} dx = \frac{1}{2} \ln \frac{1+x}{1-x} \quad (-1 < x < 1)$$

又 $S(0) = 0$，故 $S(x) = \frac{1}{2} \ln \frac{1+x}{1-x}$ $(-1 < x < 1)$. 从而

$$\sum_{n=0}^{\infty} \frac{1}{2n+1} \left(\frac{1}{2} \right)^{2n+1} = S\left(\frac{1}{2} \right) = \frac{1}{2} \ln \frac{1+\frac{1}{2}}{1-\frac{1}{2}} = \frac{1}{2} \ln 3$$

有时对所给级数直接求导或积分无助于求和函数，反而使系数变得更复杂，这时应先将级数变形，使得新级数逐项求导或积分后能化简系数.

【例 7 - 25】 求幂级数 $\displaystyle\sum_{n=0}^{\infty} \frac{x^n}{n+1}$ 的和函数.

解 由

$$\lim_{n \to \infty} \left| \frac{a_{n+1}}{a_n} \right| = \lim_{n \to \infty} \frac{n}{n+1} = 1$$

得幂级数的收敛半径 $R = 1$.

当 $x = -1$ 时，级数成为 $\displaystyle\sum_{n=0}^{\infty} \frac{(-1)^n}{n+1}$，收敛；当 $x = 1$ 时，级数成为 $\displaystyle\sum_{n=0}^{\infty} \frac{1}{n+1}$，发散. 因此，级数的收敛域为 $[-1, 1)$.

设幂级数的和函数为 $S(x)$，即

$$S(x) = \sum_{n=0}^{\infty} \frac{x^n}{n+1} = 1 + \frac{x}{2} + \frac{x^2}{3} + \cdots + \frac{x^n}{n+1} + \cdots, \quad x \in [-1, 1)$$

两边乘以 x 得

$$xS(x) = \sum_{n=0}^{\infty} \frac{1}{n+1} x^{n+1} = x + \frac{x^2}{2} + \frac{x^3}{3} + \cdots + \frac{1}{n+1} x^{n+1} + \cdots$$

两边对 x 求导得

$$[xS(x)]' = \sum_{n=0}^{\infty} \left(\frac{1}{n+1} x^{n+1} \right)' = \sum_{n=0}^{\infty} x^n = 1 + x + x^2 + \cdots + x^n + \cdots = \frac{1}{1-x}, \quad -1 < x < 1$$

对上式从 0 到 x 积分，得

$$xS(x) = \int_0^x \frac{1}{1-x} dx = -\ln(1-x), \quad -1 \leqslant x < 1$$

于是，当 $x \neq 0$ 时，$S(x) = -\dfrac{1}{x} \ln(1-x)$. 而 $S(0)$ 可由 $S(0) = a_0 = 1$ 得出，也可由和函数

的连续性得到

$$S(0) = \lim_{x \to 0} S(x) = \lim_{x \to 0} \left(-\frac{\ln(1-x)}{x} \right) = 1$$

故

$$S(x) = \begin{cases} -\dfrac{1}{x} \ln(1-x), & x \in [-1,\ 0) \bigcup (0,\ 1) \\ 1, & x = 0 \end{cases}$$

习题 7.4

1. 求下列幂级数的收敛域.

(1) $x + 2x^2 + 3x^3 + \cdots + nx^n + \cdots$ (2) $-x + \dfrac{x^2}{2^2} - \cdots + (-1)^n \dfrac{x^n}{n^2} \cdots$

(3) $\dfrac{x}{2} + \dfrac{x^2}{2 \times 4} + \dfrac{x^3}{2 \times 4 \times 6} + \cdots + \dfrac{x^n}{2 \times 4 \times \cdots \times (2n)} + \cdots$

(4) $\dfrac{2}{2} x + \dfrac{2^2}{5} x^2 + \dfrac{2^3}{10} x^3 + \cdots + \dfrac{2^n}{n^2 + 1} x^n + \cdots$

(5) $\displaystyle\sum_{n=1}^{\infty} \dfrac{(-1)^n}{\sqrt{n}} x^n$ (6) $\displaystyle\sum_{n=1}^{\infty} 5^n x^n$

(7) $\displaystyle\sum_{n=1}^{\infty} (-1)^n \dfrac{x^{2n+1}}{2n+1}$ (8) $\displaystyle\sum_{n=1}^{\infty} \dfrac{(-1)^{n-1}}{n^2} (x-2)^n$

2. 求下列幂级数的收敛域及和函数.

(1) $\displaystyle\sum_{n=1}^{\infty} \dfrac{1}{n} x^n$;   (2) $\displaystyle\sum_{n=1}^{\infty} n^2 x^{n-1}$

(3) $\displaystyle\sum_{n=1}^{\infty} \dfrac{1}{2^n} x^n$ (4) $\displaystyle\sum_{n=1}^{\infty} \dfrac{n(n+1)}{2} x^{n-1}$

3. 求幂级数 $\displaystyle\sum_{n=1}^{\infty} n(n+1) x^n$ 的收敛域及和函数, 并求 $\displaystyle\sum_{n=1}^{\infty} \dfrac{n(n+1)}{2^n}$ 的和.

7.5   函数的幂级数展开

由前一节看到, 幂级数在收敛域内可以表示一个函数. 由于幂级数不仅形式简单, 而且有很多优越的性质, 这就使人们想到与此相反的问题, 即能否把一个给定的函数 $f(x)$ 表示为幂级数. 就是说, 是否能找到这样一个幂级数, 在其收敛域内其和函数恰为 $f(x)$. 这个问题有很重要的应用价值, 因为它给出了函数 $f(x)$ 的一种新的表达方式, 并可以用简单函数——多项式来逼近函数 $f(x)$.

7.5.1 泰勒级数

假若函数 $f(x)$ 在点 x_0 的某邻域 $U(x_0)$ 内能表示为幂级数，即
$$f(x)=a_0+a_1(x-x_0)+a_2(x-x_0)^2+\cdots+a_n(x-x_0)^n+\cdots, \quad x\in U(x_0) \quad (7-1)$$
那么，应要求 $f(x)$ 具备什么条件呢？即

在什么条件下，能够并如何确定式（7-1）中的系数 a_0，a_1，a_2，$\cdots$，a_n，$\cdots$；在什么条件下，上述幂级数收敛且收敛于函数 $f(x)$？

回顾第 3 章的泰勒中值定理可知，若函数 $f(x)$ 在点 x_0 的某邻域内具有直到 $n+1$ 阶导数，则在该邻域内函数 $f(x)$ 可以展开成 n 阶泰勒公式
$$f(x)=f(x_0)+f'(x_0)(x-x_0)+\frac{f''(x_0)}{2!}(x-x_0)^2+\cdots+\frac{f^{(n)}(x_0)}{n!}(x-x_0)^n+R_n(x)$$

其中，$R_n(x)$ 为拉格朗日型余项：
$$R_n(x)=\frac{f^{(n+1)}(\xi)}{(n+1)!}(x-x_0)^{n+1}$$

ξ 是介于 x 与 x_0 之间的某个值．此时，在该邻域内 $f(x)$ 可以用 n 次多项式
$$P_n(x)=f(x_0)+f'(x_0)(x-x_0)+\frac{f''(x_0)}{2!}(x-x_0)^2+\cdots+\frac{f^{(n)}(x_0)}{n!}(x-x_0)^n \quad (7-2)$$

来近似表达，并且误差等于余项的绝对值 $|R_n(x)|$．显然，如果 $|R_n(x)|$ 随着 n 的增大而减小，那么就可以用增加多项式（7-2）的项数的办法来提高精确度．于是，如果 $f(x)$ 在点 x_0 的某邻域内具有任意阶导数，此时令多项式（7-2）的项数趋向无穷就成为幂级数
$$f(x_0)+f'(x_0)(x-x_0)+\frac{f''(x_0)}{2!}(x-x_0)^2+\cdots+\frac{f^{(n)}(x_0)}{n!}(x-x_0)^n+\cdots \quad (7-3)$$

这就回答了上述提出的第一个问题．幂级数（7-3）称为函数 $f(x)$ 在 $x=x_0$ 处的**泰勒级数**，其系数 $\frac{f^{(n)}(x_0)}{n!}$ 称为**泰勒系数**.

显然，当 $x=x_0$ 时，$f(x)$ 的泰勒级数（7-3）收敛于 $f(x)$，但当 $x\neq x_0$ 时，$f(x)$ 的泰勒级数是否收敛？若收敛，是否一定收敛于 $f(x)$？下面的定理回答了上述提出的第二个问题.

定理 7-11 设函数 $f(x)$ 在区间 I 内有任意阶导数，$x_0\in I$，则函数 $f(x)$ 在 I 内能展开成泰勒级数，即
$$f(x)=\sum_{n=0}^{\infty}\frac{f^{(n)}(x_0)}{n!}(x-x_0)^n, \quad x\in I$$
的充分必要条件是当 $n\to\infty$ 时，$f(x)$ 的泰勒公式中的余项 $R_n(x)$ 的极限为零，即
$$\lim_{n\to\infty}R_n(x)=0, \quad x\in I$$

证明　必要性. 设 $f(x)$ 在 I 内可以展开成泰勒级数，即

$$f(x)=\sum_{n=0}^{\infty}\frac{f^{(n)}(x_0)}{n!}(x-x_0)^n$$

这时，将 $f(x)$ 在点 $x=x_0$ 的 n 阶泰勒公式写成

$$f(x)-\left[f(x_0)+f'(x_0)(x-x_0)+\frac{f''(x_0)}{2!}(x-x_0)^2+\cdots+\frac{f^{(n)}(x_0)}{n!}(x-x_0)^n\right]=R_n(x)$$

即

$$f(x)-S_{n+1}(x)=R_n(x)$$

其中 $S_{n+1}(x)$ 是级数 $\sum_{n=0}^{\infty}\frac{f^{(n)}(x_0)}{n!}(x-x_0)^n$ 的前 $n+1$ 项部分和. 由于 $\lim_{n\to\infty}S_{n+1}(x)=f(x)$，所以

$$\lim_{n\to\infty}R_n(x)=\lim_{n\to\infty}[f(x)-S_{n+1}(x)]=0,\quad x\in I$$

充分性. 设 $\lim_{n\to\infty}R_n(x)=0$，$x\in I$. 由泰勒公式得

$$\lim_{n\to\infty}[f(x)-S_{n+1}(x)]=0$$

即

$$\lim_{n\to\infty}S_{n+1}(x)=f(x),\quad x\in I$$

因此级数 $\sum_{n=0}^{\infty}\frac{f^{(n)}(x_0)}{n!}(x-x_0)^n$ 的和函数为 $f(x)$，即函数 $f(x)$ 在区间 I 内可以展开成 $x=x_0$ 处的幂级数.

对于上述定理要注意以下几点.

① $f(x)$ 在点 x_0 处的幂级数展开式是唯一的，如果设 $f(x)$ 又可展成 $\sum_{n=0}^{\infty}b_n(x-x_0)^n$，则必有 $b_n=\frac{f^{(n)}(x_0)}{n!}$ $(n=0,1,2,\cdots)$. 证明从略. 这也说明函数 $f(x)$ 在点 x_0 如能展成幂级数，则该幂级数一定是 $f(x)$ 在 x_0 处的泰勒级数.

② 由泰勒公式可以知道，对于在点 x_0 的某个邻域 $U(x_0)$ 内有任意阶导数的函数 $f(x)$ 都可以从形式上构造出其泰勒级数（7-3），当且仅当 $\lim_{n\to\infty}R_n(x)=0$ 时，式（7-3）是收敛的，且其和函数为 $f(x)$.

③ 由定理还可以看出，当 $f(x)$ 在 x_0 处可以展成幂级数时，其有限项 $\sum_{k=0}^{n}\frac{f^{(k)}(x_0)}{k!}(x-x_0)^k$ 在点 x_0 的邻域较好地接近于 $f(x)$，但是在其他点近似程度可能不好.

特别地，在泰勒级数（7-3）中取 $x_0=0$，得 x 的幂级数

$$\sum_{n=0}^{\infty}\frac{f^{(n)}(0)}{n!}x^n=f(0)+f'(0)x+\frac{f''(0)}{2!}x^2+\cdots+\frac{f^{(n)}(0)}{n!}x^n+\cdots$$

称此级数为函数 $f(x)$ 的**麦克劳林级数**. 若在区间 I 内 $f(x)=\sum_{n=0}^{\infty}\frac{f^{(n)}(0)}{n!}x^n$，则称函数

$f(x)$ 在区间 I 内能展开成麦克劳林级数.

7.5.2 函数展开成幂级数

这里着重介绍函数 $f(x)$ 的麦克劳林展开式，将函数 $f(x)$ 展开成麦克劳林级数，有直接展开法和间接展开法.

1. 直接展开法

这种方法是直接利用公式 $a_n = \dfrac{f^{(n)}(0)}{n!}$ 计算幂级数系数，写出函数 $f(x)$ 的麦克劳林级数，然后讨论余项 $R_n(x)$ 是否收敛于零，称为**直接展开法**，具体步骤如下.

① 求出函数 $f(x)$ 及其各阶导数在 $x=0$ 处的值

$$f(0), f'(0), f''(0), \cdots, f^{(n)}(0), \cdots$$

如果 $f(x)$ 在 $x=0$ 处的某阶导数不存在，则 $f(x)$ 不能展成 x 的幂级数.

② 写出幂级数

$$\sum_{n=0}^{\infty} \frac{f^{(n)}(0)}{n!}x^n = f(0) + f'(0)x + \frac{f''(0)}{2!}x^2 + \cdots + \frac{f^{(n)}(0)}{n!}x^n + \cdots$$

并求出其收敛域 I.

③ 考察在收敛域 I 内余项 $R_n(x)$ 的极限

$$\lim_{n\to\infty}R_n(x) = \lim_{n\to\infty}\frac{f^{(n+1)}(\theta x)}{(n+1)!}x^{n+1} \quad (0<\theta<1)$$

是否为零. 如果 $\lim\limits_{n\to\infty}R_n(x)=0$，则函数 $f(x)$ 在收敛域 I 内可以展成 x 的幂级数，即

$$f(x) = f(0) + f'(0)x + \frac{f''(0)}{2!}x^2 + \cdots + \frac{f^{(n)}(0)}{n!}x^n + \cdots, \quad x\in I.$$

否则，$f(x)$ 在 I 内不能展成 x 的幂级数.

【例 7-26】 将函数 $f(x)=e^x$ 展成 x 的幂级数.

解 因为所给函数的各阶导数为 $f^{(n)}(x)=e^x(n=1, 2, \cdots)$，所以 $f^{(n)}(0)=1(n=0, 1, 2, \cdots)$，这里 $f^{(0)}(0)=f(0)$. 于是得到级数

$$\sum_{n=0}^{\infty}\frac{f^{(n)}(0)}{n!}x^n = \sum_{n=0}^{\infty}\frac{x^n}{n!} = 1 + x + \frac{1}{2!}x^2 + \cdots \frac{1}{n!}x^n + \cdots$$

由于 $\lim\limits_{n\to\infty}\left|\dfrac{a_{n+1}}{a_n}\right| = \lim\limits_{n\to\infty}\dfrac{n!}{(n+1)!} = 0$，所以收敛半径 $R=+\infty$，级数 $\sum\limits_{n=0}^{\infty}\dfrac{x^n}{n!}$ 的收敛域为 $(-\infty, +\infty)$.

对于任何有限实数 x，有

$$|R_n(x)| = \left|\frac{e^{\theta x}}{(n+1)!}x^{n+1}\right| \leqslant e^{|x|} \cdot \frac{|x|^{n+1}}{(n+1)!} \quad (0<\theta<1)$$

因为 $e^{|x|}$ 有限，而 $\dfrac{|x|^{n+1}}{(n+1)!}$ 是收敛级数 $\displaystyle\sum_{n=0}^{\infty}\dfrac{|x|^{n+1}}{(n+1)!}$ 的一般项，所以

$$\lim_{n\to\infty}\frac{|x|^{n+1}}{(n+1)!}=0$$

从而

$$\lim_{n\to\infty}|R_n(x)|=0$$

于是得到 e^x 的幂级数的展开式为

$$e^x=\sum_{n=0}^{\infty}\frac{x^n}{n!}=1+x+\frac{1}{2!}x^2+\cdots\frac{1}{n!}x^n+\cdots,\ -\infty<x<+\infty$$

【例 7-27】 将函数 $f(x)=\sin x$ 展成 x 的幂级数.

解 因为所给函数的各阶导数为

$$f^{(n)}(x)=\sin\left(x+\frac{n\pi}{2}\right)\quad(n=1,2,\cdots)$$

当 $n=0,1,2,\cdots$ 时，$f^{(n)}(0)$ 分别为 $0,1,0,-1,0,1,\cdots$，于是得级数

$$\sum_{n=0}^{\infty}\frac{f^{(n)}(0)}{n!}x^n=x-\frac{x^3}{3!}+\frac{x^5}{5!}-\cdots+(-1)^n\frac{x^{2n+1}}{(2n+1)!}+\cdots$$

其收敛域为 $(-\infty,+\infty)$.

对于任何有限实数 x，有

$$|R_n(x)|=\left|\frac{\sin\left[\theta x+\frac{(n+1)\pi}{2}\right]}{(n+1)!}\cdot x^{n+1}\right|\leqslant\frac{|x|^{n+1}}{(n+1)!}\quad(0<\theta<1)$$

类似于例 7-26，可得

$$\lim_{n\to\infty}|R_n(x)|=0$$

因此得展开式

$$\sin x=x-\frac{x^3}{3!}+\frac{x^5}{5!}-\cdots+(-1)^n\frac{x^{2n+1}}{(2n+1)!}+\cdots,\quad-\infty<x<+\infty$$

【例 7-28】 将函数 $f(x)=(1+x)^\alpha$ 展成 x 的幂级数，其中 α 为任意常数.

解 略去过程只给出展开结果：

$$(1+x)^\alpha=1+\alpha x+\frac{\alpha(\alpha-1)}{2!}x^2+\cdots+\frac{\alpha(\alpha-1)\cdots(\alpha-n+1)}{n!}x^n+\cdots$$

$$=1+\sum_{n=1}^{\infty}\frac{\alpha(\alpha-1)\cdots(\alpha-n+1)}{n!}x^n,\quad-1<x<1$$

在区间端点处，展开式是否成立由 α 的取值决定. 通常称此展开式为**牛顿二项式展开式**.

特别地，对应于 $\alpha=-1$，$\alpha=\dfrac{1}{2}$ 和 $\alpha=-\dfrac{1}{2}$ 时 $f(x)$ 的二项式展开式分别为

$$\frac{1}{1+x}=1-x+x^2-x^3+\cdots+(-1)^nx^n+\cdots,\quad-1<x<1$$

$$\sqrt{1+x}=1+\frac{1}{2}x-\frac{1}{2\times4}x^2+\frac{1\times3}{2\times4\times6}x^3+\cdots,\quad -1\leqslant x\leqslant1$$

$$\frac{1}{\sqrt{1+x}}=1-\frac{1}{2}x+\frac{1\times3}{2\times4}x^2-\frac{1\times3\times5}{2\times4\times6}x^3+\cdots,\quad -1<x\leqslant1$$

2. 间接展开法

在直接展开法中，虽然步骤明确，但运算往往过于烦琐，而且要确定当 $n\to\infty$ 时 $R_n(x)$ 是否趋于零，有时也很困难. 由于幂级数的展开式是唯一的，可利用一些已知的函数展开式及收敛域，经过适当的代换及运算，如四则运算、逐项求导、逐项积分等，求出所给函数的幂级数展开式. 这种方法称为**间接展开法**. 间接展开法需要掌握一些常用函数的麦克劳林展开式及收敛半径. 例如：

① $e^x=\sum_{n=0}^{\infty}\frac{x^n}{n!}=1+x+\frac{1}{2!}x^2+\cdots+\frac{1}{n!}x^n+\cdots,\quad -\infty<x<+\infty$

② $\sin x=\sum_{n=0}^{\infty}(-1)^n\frac{x^{2n+1}}{(2n+1)!}=x-\frac{x^3}{3!}+\frac{x^5}{5!}-\cdots+(-1)^n\frac{x^{2n+1}}{(2n+1)!}+\cdots$
$$-\infty<x<+\infty$$

③ $\cos x=\sum_{n=0}^{\infty}(-1)^n\frac{x^{2n}}{(2n)!}=1-\frac{x^2}{2!}+\frac{x^4}{4!}-\cdots+(-1)^n\frac{x^{2n}}{(2n)!}+\cdots,\quad -\infty<x<+\infty$

④ $(1+x)^\alpha=1+\alpha x+\frac{\alpha(\alpha-1)}{2!}x^2+\cdots+\frac{\alpha(\alpha-1)\cdots(\alpha-n+1)}{n!}x^n+\cdots$
$$=1+\sum_{n=1}^{\infty}\frac{\alpha(\alpha-1)\cdots(\alpha-n+1)}{n!}x^n,\quad -1<x<1$$

特别地，
$$\frac{1}{1-x}=1+x+x^2+\cdots+x^n+\cdots,\quad -1<x<1$$
$$\frac{1}{1+x}=1-x+x^2-x^3+\cdots+(-1)^nx^n+\cdots,\quad -1<x<1$$

⑤ $\ln(1+x)=\sum_{n=0}^{\infty}(-1)^n\frac{x^{n+1}}{n+1}=x-\frac{x^2}{2}+\frac{x^3}{3}-\frac{x^4}{4}+\cdots+(-1)^n\frac{x^{n+1}}{n+1}+\cdots,-1<x\leqslant1$

以上展开式中的①②④均已讲过，而 $\cos x$，$\ln(1+x)$ 可用间接展开法求得.

【例 7-29】 将函数 $f(x)=\cos x$ 展成 x 的幂级数.

解　因为 $\cos x=(\sin x)'$，而
$$\sin x=x-\frac{x^3}{3!}+\frac{x^5}{5!}-\cdots+(-1)^n\frac{x^{2n+1}}{(2n+1)!}+\cdots\quad(-\infty<x<+\infty)$$
在收敛域 $(-\infty,+\infty)$ 内逐项求导，得
$$\cos x=(\sin x)'=\left[\sum_{n=0}^{\infty}(-1)^n\frac{x^{2n+1}}{(2n+1)!}\right]'=\sum_{n=0}^{\infty}(-1)^n\frac{x^{2n}}{(2n)!}$$

$$=1-\frac{x^2}{2!}+\frac{x^4}{4!}-\cdots+(-1)^n\frac{x^{2n}}{(2n)!}+\cdots,\quad -\infty<x<+\infty$$

【例 7 - 30】 将函数 $f(x)=\ln(1+x)$ 展开成 x 的幂级数.

解 因为 $f'(x)=\frac{1}{1+x}$，而

$$\frac{1}{1+x}=\sum_{n=0}^{\infty}(-1)^n x^n=1-x+x^2-x^3+\cdots+(-1)^n x^n+\cdots,\quad -1<x<1$$

根据幂级数逐项积分性质，得

$$\ln(1+x)=\int_0^x\frac{1}{1+t}\mathrm{d}t=\sum_{n=0}^{\infty}(-1)^n\int_0^x t^n\mathrm{d}t=\sum_{n=0}^{\infty}(-1)^n\frac{x^{n+1}}{n+1}$$

$$=x-\frac{x^2}{2}+\frac{x^3}{3}-\frac{x^4}{4}+\cdots+(-1)^n\frac{x^{n+1}}{n+1}+\cdots,\quad -1<x<1$$

当 $x=1$ 时，级数 $\sum_{n=0}^{\infty}\frac{(-1)^n}{n+1}$ 收敛，所以

$$\ln(1+x)=\sum_{n=0}^{\infty}(-1)^n\frac{x^{n+1}}{n+1},\quad -1<x\leqslant 1$$

类似地，由于

$$\frac{1}{1+x^2}=\sum_{n=0}^{\infty}(-1)^n x^{2n}=1-x^2+x^4-x^6+\cdots+(-1)^{2n}x^{2n}+\cdots,\quad -1<x<1$$

将上式两端分别取 0 到 x 的积分，利用逐项积分，得

$$\arctan x=\sum_{n=0}^{\infty}(-1)^n\frac{x^{2n+1}}{2n+1}=x-\frac{x^3}{3}+\frac{x^5}{5}-\frac{x^7}{7}+\cdots+(-1)^n\frac{x^{2n+1}}{2n+1}+\cdots,\quad -1\leqslant x\leqslant 1$$

【例 7 - 31】 将函数 $f(x)=\ln(1-x-2x^2)$ 展成 x 的幂级数，并指出其收敛域.

解 $f(x)=\ln(1-x-2x^2)=\ln[(1+x)(1-2x)]=\ln(1+x)+\ln(1-2x)$

由

$$\ln(1+x)=\sum_{n=0}^{\infty}(-1)^n\frac{x^{n+1}}{n+1}=x-\frac{x^2}{2}+\frac{x^3}{3}-\frac{x^4}{4}+\cdots+(-1)^n\frac{x^{n+1}}{n+1}+\cdots\quad(-1<x\leqslant 1)$$

得

$$\ln(1-2x)=\sum_{n=0}^{\infty}(-1)^n\frac{(-2x)^{n+1}}{n+1}$$

$$=(-2x)-\frac{1}{2}(-2x)^2+\frac{1}{3}(-2x)^3-\cdots+(-1)^n\frac{(-2x)^{n+1}}{n+1}+\cdots$$

其收敛域为 $\left[-\frac{1}{2},\frac{1}{2}\right)$. 所以

$$\ln(1-x-2x^2)=\sum_{n=0}^{\infty}(-1)^n\frac{x^{n+1}}{n+1}+\sum_{n=0}^{\infty}(-1)^n\frac{(-2x)^{n+1}}{n+1}$$

$$= \sum_{n=0}^{\infty} (-1)^n \frac{1+(-2)^{n+1}}{n+1} x^{n+1}$$

其收敛域为 $\left[-\frac{1}{2}, \ \frac{1}{2} \right)$.

【例 7 - 32】　将函数 $f(x) = \sin x$ 展成 $\left(x - \frac{\pi}{4} \right)$ 的幂级数.

解　因为

$$\sin x = \sin \left[\frac{\pi}{4} + \left(x - \frac{\pi}{4} \right) \right]$$

$$= \sin \frac{\pi}{4} \cos \left(x - \frac{\pi}{4} \right) + \cos \frac{\pi}{4} \sin \left(x - \frac{\pi}{4} \right)$$

$$= \frac{\sqrt{2}}{2} \left[\cos \left(x - \frac{\pi}{4} \right) + \sin \left(x - \frac{\pi}{4} \right) \right]$$

由 $\sin x$ 与 $\cos x$ 的 x 的幂级数展开式,得

$$\cos \left(x - \frac{\pi}{4} \right) = 1 - \frac{1}{2!} \left(x - \frac{\pi}{4} \right)^2 + \frac{1}{4!} \left(x - \frac{\pi}{4} \right)^4 - \cdots, \quad -\infty < x < +\infty$$

$$\sin \left(x - \frac{\pi}{4} \right) = \left(x - \frac{\pi}{4} \right) - \frac{1}{3!} \left(x - \frac{\pi}{4} \right)^3 + \frac{1}{5!} \left(x - \frac{\pi}{4} \right)^5 - \cdots, \quad -\infty < x < +\infty$$

因此,所求函数 $f(x) = \sin x$ 的展开式为

$$\sin x = \frac{\sqrt{2}}{2} \left[1 + \left(x - \frac{\pi}{4} \right) - \frac{1}{2!} \left(x - \frac{\pi}{4} \right)^2 - \frac{1}{3!} \left(x - \frac{\pi}{4} \right)^3 \right.$$

$$\left. + \frac{1}{4!} \left(x - \frac{\pi}{4} \right)^4 + \frac{1}{5!} \left(x - \frac{\pi}{4} \right)^5 - \cdots \right], \quad -\infty < x < +\infty$$

【例 7 - 33】　将函数 $f(x) = \frac{1}{x^2 + 4x + 3}$ 展成 $(x-1)$ 的幂级数.

解　因为

$$f(x) = \frac{1}{x^2 + 4x + 3} = \frac{1}{(x+1)(x+3)} = \frac{1}{2(1+x)} - \frac{1}{2(3+x)}$$

$$= \frac{1}{4 \left(1 + \frac{x-1}{2} \right)} - \frac{1}{8 \left(1 + \frac{x-1}{4} \right)}$$

而

$$\frac{1}{1 + \frac{x-1}{2}} = \sum_{n=0}^{\infty} (-1)^n \frac{(x-1)^n}{2^n}, \quad -1 < x < 3$$

$$\frac{1}{1 + \frac{x-1}{4}} = \sum_{n=0}^{\infty} (-1)^n \frac{(x-1)^n}{4^n}, \quad -3 < x < 5$$

所以

$$f(x) = \frac{1}{x^2+4x+3} = \frac{1}{4}\sum_{n=0}^{\infty}(-1)^n\frac{(x-1)^n}{2^n} - \frac{1}{8}\sum_{n=0}^{\infty}(-1)^n\frac{(x-1)^n}{4^n}$$

$$= \sum_{n=0}^{\infty}(-1)^n\left(\frac{1}{2^{n+2}} - \frac{1}{2^{2n+3}}\right)(x-1)^n, \quad -1<x<3$$

7.5.3 幂级数的应用举例

函数的幂级数展开式的应用非常广泛，例如可以利用它去近似计算函数值或近似计算一些定积分，在经济领域也有广泛的应用.

【例 7-34】 计算 e 的近似值，使其误差不超过 0.000 1.

解 由于

$$e^x = 1 + x + \frac{x^2}{2!} + \frac{x^3}{3!} + \cdots + \frac{x^n}{n!} + \cdots, \quad -\infty<x<+\infty,$$

令 $x=1$，得

$$e = 1 + 1 + \frac{1}{2!} + \frac{1}{3!} + \cdots + \frac{1}{n!} + \cdots$$

取其前 $n+1$ 项作为 e 的近似值，有

$$e \approx 1 + 1 + \frac{1}{2!} + \frac{1}{3!} + \cdots + \frac{1}{n!}$$

其误差为

$$|R_{n+1}| = \frac{1}{(n+1)!} + \frac{1}{(n+2)!} + \cdots = \frac{1}{(n+1)!}\left[1 + \frac{1}{n+2} + \frac{1}{(n+2)(n+3)} + \cdots\right]$$

$$< \frac{1}{(n+1)!}\left[1 + \frac{1}{n+1} + \frac{1}{(n+1)^2} + \frac{1}{(n+1)^3} + \cdots\right]$$

$$= \frac{1}{(n+1)!} \cdot \frac{1}{1-\frac{1}{n+1}} = \frac{1}{n \cdot n!}$$

要求误差不超过 0.000 1，即

$$\frac{1}{n \cdot n!} < 0.000 1$$

通过观察，当 $n=7$ 时，

$$\frac{1}{7 \cdot 7!} < \frac{1}{35\ 280} < 0.000 1$$

故取 $n=7$，即取级数的前 8 项之和作为 e 的近似值，得

$$e \approx 1 + 1 + \frac{1}{2!} + \frac{1}{3!} + \cdots + \frac{1}{7!} \approx 2.718\ 26$$

【例 7 - 35】 计算积分 $\int_0^1 \frac{\sin x}{x} \mathrm{d}x$ 的近似值，精确到 10^{-4}.

解　当 $x=0$ 时，令 $\frac{\sin x}{x}=1$，这样被积函数在积分区间 $[0,1]$ 上连续. 利用 $\sin x$ 的麦克劳林展开式，有

$$\frac{\sin x}{x} = 1 - \frac{x^2}{3!} + \frac{x^4}{5!} - \frac{x^6}{7!} + \cdots, \quad -\infty < x < +\infty$$

在区间 $[0,1]$ 上逐项积分，得

$$\int_0^1 \frac{\sin x}{x} \mathrm{d}x = 1 - \frac{1}{3 \cdot 3!} + \frac{1}{5 \cdot 5!} - \frac{1}{7 \cdot 7!} + \cdots$$

这是一个收敛的交错级数，所以误差

$$|R_n| = |S - S_n| \leqslant u_{n+1} = \frac{1}{(2n+1)(2n+1)!}$$

因为

$$\frac{1}{7 \cdot 7!} = \frac{1}{35\ 280} < \frac{1}{10\ 000}$$

所以取前 3 项的和作为积分的近似值，即

$$\int_0^1 \frac{\sin x}{x} \mathrm{d}x \approx 1 - \frac{1}{3 \cdot 3!} + \frac{1}{5 \cdot 5!} \approx 0.946\ 1$$

【例 7 - 36】 某人要在银行存入一笔钱，希望在第 n 年末提出 n^2 元 $(n=1,2,3,\cdots)$，并且永远按此规律提取，问事先要存入多少本金？

解　设本金为 A，年利率为 r，按复利方式计算利息. 第一年末的本利和（即本金与利息之和）为 $A(1+r)$，第 n 年末的本利和为 $A(1+r)^n (n=1,2,3,\cdots)$. 假定存 n 年的本金为 A_n，则第 n 年末的本利和应为 $A_n(1+r)^n (n=1,2,3,\cdots)$.

为保证某人的要求得以实现，即第 n 年末提取 n^2 元，那么必须要求第 n 年末的本利和最少应等于 n^2 元，即 $A_n(1+r)^n = n^2 (n=1,2,3,\cdots)$. 也就是说，应当满足如下条件：

$$A_1(1+r) = 1, \quad A_2(1+r)^2 = 4, \quad A_3(1+r)^3 = 9, \cdots$$

因此，第 n 年末要提取 n^2 元时，事先应存入本金 $A_n = n^2(1+r)^{-n}$. 如果要求此种提款方式能永远继续下去，则事先需要存入的本金总数应为

$$\sum_{n=1}^{\infty} n^2(1+r)^{-n} = \frac{1}{1+r} + \frac{4}{(1+r)^2} + \frac{9}{(1+r)^3} + \cdots + \frac{n^2}{(1+r)^n} + \cdots$$

为计算这个数项级数的和，考察幂级数 $\sum_{n=1}^{\infty} n^2 x^n$，其和函数为

$$S(x) = \sum_{n=1}^{\infty} n^2 x^n = x\left(\sum_{n=1}^{\infty} nx^n\right)' = x\left[x\left(\sum_{n=1}^{\infty} x^n\right)'\right]'$$

$$=x\left[x\left(\frac{x}{1-x}\right)'\right]'=\frac{x(1+x)}{(1-x)^3}, \quad |x|<1$$

于是，事先存入的本金数为

$$\sum_{n=1}^{\infty} n^2 (1+r)^{-n} = S\left(\frac{1}{1+r}\right) = \frac{(1+r)(2+r)}{r^3}$$

习题 7.5

1. 求下列函数的麦克劳林展开式.

(1) $f(x)=\sin x^3$ \qquad\qquad (2) $f(x)=\dfrac{x^2}{1+x}$

(3) $f(x)=\ln(a+x)$ $(a>0)$ \qquad (4) $f(x)=\dfrac{1}{3-x}$

(5) $f(x)=\dfrac{1}{\sqrt{1-x^2}}$

2. 将下列函数展开成 $(x-1)$ 的幂级数.

(1) e^x \qquad\qquad (2) $\dfrac{1}{x}$ \qquad\qquad (3) $\ln x$

3. 求下列各数的近似值.

(1) $\sqrt{e}$ （误差不超过 0.001） \qquad (2) $\cos 2°$ （误差不超过 0.000 1）

4. 已知 $\displaystyle\sum_{n=1}^{\infty} \frac{1}{n^2} = \frac{\pi}{6}$，求积分 $\displaystyle\int_0^1 \frac{\ln x}{1+x}\mathrm{d}x$.

5. 求 $\displaystyle\int_0^{\frac{1}{2}} \frac{1}{1+x^4}\mathrm{d}x$ 的近似值（误差不超过 0.000 1）.

总 习 题 七

(A)

1. 填空题

(1) 若数列 $\{a_n\}$ 发散，则级数 $\displaystyle\sum_{n=1}^{\infty} a_n$ _____.

(2) 当 p _____ 时，级数 $\displaystyle\sum_{n=1}^{\infty} \frac{1}{\sqrt{n^p(n+1)}}$ 收敛.

(3) 幂级数 $\displaystyle\sum_{n=1}^{\infty} (-1)^n \frac{x^n}{n(1-3^n)}$ 的收敛域是 _____.

(4) 设有级数 $\sum\limits_{n=0}^{\infty} a_n \left(\dfrac{x+1}{2} \right)^n$，若 $\lim\limits_{n\to\infty} \left| \dfrac{a_n}{a_{n+1}} \right| = \dfrac{1}{3}$，则该级数的收敛区间为 _____.

(5) 已知 $\dfrac{1}{1-x} = \sum\limits_{n=1}^{\infty} x^{n-1}$，则幂级数 $\sum\limits_{n=0}^{\infty} (-1)^n \dfrac{1}{2^n} x^{2n}$ 的和函数 $S(x) =$ _____.

(6) 函数 $f(x) = a^x$ 的麦克劳林级数为 _____.

(7) 设幂级数 $\sum\limits_{n=0}^{\infty} a_n x^n$ 的收敛半径为 3，则幂级数 $\sum\limits_{n=1}^{\infty} n a_n (x-1)^{n+1}$ 的收敛区间为 _____.

(8) 级数 $\sum\limits_{n=0}^{\infty} \dfrac{(\ln 3)^n}{2^n}$ 的和为 _____.

2. 选择题

(1) 若级数 $\sum\limits_{n=1}^{\infty} (u_n + v_n)$ 收敛，则（   ）.

A. $\sum\limits_{n=1}^{\infty} u_n$ 和 $\sum\limits_{n=1}^{\infty} v_n$ 都收敛

B. $\sum\limits_{n=1}^{\infty} u_n$ 和 $\sum\limits_{n=1}^{\infty} v_n$ 中至少有一个收敛

C. $\sum\limits_{n=1}^{\infty} u_n$ 和 $\sum\limits_{n=1}^{\infty} v_n$ 不一定收敛

D. $u_1 + v_1 + u_2 + v_2 + u_3 + v_3 + \cdots$ 收敛

(2) 设 $0 \leqslant a_n < \dfrac{1}{n}$ $(n=1, 2, \cdots)$，则下列级数收敛的是（   ）.

A. $\sum\limits_{n=1}^{\infty} a_n$　　B. $\sum\limits_{n=1}^{\infty} (-1)^n a_n$　　C. $\sum\limits_{n=1}^{\infty} \sqrt{a_n}$　　D. $\sum\limits_{n=1}^{\infty} (-1)^n a_n^2$

(3) 若幂级数 $\sum\limits_{n=1}^{\infty} a_n (x+3)^n$ 在 $x = -5$ 处收敛，则此级数在 $x = 0$ 处（   ）.

A. 发散　　　　　　　　　　B. 条件收敛

C. 绝对收敛　　　　　　　　D. 敛散性不定

(4) 下列说法正确的是（   ）.

A. 若 $\sum\limits_{n=1}^{\infty} u_n (u_n > 0)$ 收敛，则 $\sum\limits_{n=1}^{\infty} u_n^2$ 收敛

B. 若 $\sum\limits_{n=1}^{\infty} u_n^2 (u_n > 0)$ 收敛，则 $\sum\limits_{n=1}^{\infty} u_n$ 收敛

C. 若 $\lim\limits_{n\to\infty} \dfrac{u_{n+1}}{u_n} < 1$，则 $\sum\limits_{n=1}^{\infty} u_n$ 收敛

D. 若 $\sum\limits_{n=1}^{\infty} u_n$ 收敛，则 $\sum\limits_{n=1}^{\infty} (-1)^{n-1} u_n$ 条件收敛

(5) 下列命题正确的是（   ）.

A. 若 $\sum\limits_{n=1}^{\infty} |u_n|$ 收敛，则 $\sum\limits_{n=1}^{\infty} u_n$ 必定收敛

B. 若 $\sum\limits_{n=1}^{\infty}|u_n|$ 发散，则 $\sum\limits_{n=1}^{\infty}u_n$ 必定发散

C. 若 $\sum\limits_{n=1}^{\infty}u_n$ 收敛，则 $\sum\limits_{n=1}^{\infty}|u_n|$ 必定收敛

D. 若 $\sum\limits_{n=1}^{\infty}u_n$ 发散，则 $\sum\limits_{n=1}^{\infty}|u_n|$ 必定发散

(6) 若正项级数 $\sum\limits_{n=1}^{\infty}u_n$ 收敛，则级数（　　）一定收敛.

A. $\sum\limits_{n=1}^{\infty}\sqrt{u_n+10}$ 　　　　　　B. $\sum\limits_{n=1}^{\infty}(u_n^2+10)$

C. $\sum\limits_{n=1}^{\infty}\dfrac{1}{u_n+10}$ 　　　　　　D. $\sum\limits_{n=1}^{\infty}\left(\dfrac{1}{u_n+10}\right)^n$

(7) 设幂级数 $\sum\limits_{n=1}^{\infty}a_n x^n$ 与 $\sum\limits_{n=1}^{\infty}b_n x^n$ 的收敛半径分别为 $\dfrac{\sqrt{5}}{3}$ 与 $\dfrac{1}{3}$，则幂级数 $\sum\limits_{n=1}^{\infty}\dfrac{a_n^2}{b_n^2}x^n$ 的收敛半径为（　　）.

A. 5 　　　　B. $\dfrac{\sqrt{5}}{3}$ 　　　　C. $\dfrac{1}{3}$ 　　　　D. $\dfrac{1}{5}$

(8) 级数 $\sum\limits_{n=1}^{\infty}(-1)^n\dfrac{1}{\pi^n}\sin\dfrac{\pi}{n}$（　　）.

A. 发散 　　　　　　　　　　B. 条件收敛

C. 绝对收敛 　　　　　　　　D. 不能判别敛散性

3. 判定下列级数的敛散性，若收敛，求其和.

(1) $\sum\limits_{n=1}^{\infty}\dfrac{1}{\sqrt[n]{3}}$；　　(2) $\sum\limits_{n=1}^{\infty}\ln\dfrac{n+1}{n}$；　　(3) $\sum\limits_{n=1}^{\infty}\dfrac{1}{n(n+1)(n+2)}$.

4. 判定下列级数的敛散性.

(1) $\sum\limits_{n=1}^{\infty}\dfrac{1}{n\sqrt[n]{n}}$ 　　　　　　(2) $\sum\limits_{n=1}^{\infty}\left(1-\cos\dfrac{1}{n}\right)$

(3) $\sum\limits_{n=1}^{\infty}\dfrac{1}{3^n}\left(\dfrac{n+1}{n}\right)^{n^2}$ 　　　(4) $\sum\limits_{n=1}^{\infty}\dfrac{1}{\sqrt[n]{\ln n}}$

(5) $\sum\limits_{n=1}^{\infty}\dfrac{2+(-1)^n}{2^n}$ 　　　　(6) $\sum\limits_{n=1}^{\infty}\left(\dfrac{n}{3n+1}\right)^{\frac{n}{2}}$

5. 求下列幂级数的收敛域.

(1) $\sum\limits_{n=1}^{\infty}\dfrac{(x-1)^n}{n\cdot 3^n}$ 　　　　　(2) $\sum\limits_{n=1}^{\infty}\dfrac{2^n}{2n-1}x^{4n}$

(3) $\sum\limits_{n=1}^{\infty}(2^n+\sqrt{n})(x+1)^n$ 　　(4) $\sum\limits_{n=1}^{\infty}\dfrac{(\ln x)^n}{n\cdot 2^n}$

6. 求下列幂级数的收敛域，并求其和函数.

(1) $\displaystyle\sum_{n=1}^{\infty} \frac{1}{n \cdot 2^n} x^{n-1}$

(2) $\displaystyle\sum_{n=1}^{\infty} \frac{5^n + (-3)^n}{n} x^n$;

(3) $\displaystyle\sum_{n=0}^{\infty} \frac{(-1)^n}{3^{n+1}} (x-3)^n$

(4) $\displaystyle\sum_{n=1}^{\infty} \frac{x^n}{n(n+1)}$

7. 将下列函数展开成 x 的幂级数.

(1) $f(x) = \dfrac{1}{(1-2x)^2}$

(2) $f(x) = \ln(1 + x - 2x^2)$

8. 求级数 $\displaystyle\sum_{n=1}^{\infty} \frac{2n}{3^n}$ 的和.

9. 设级数 $1 + \displaystyle\sum_{n=1}^{\infty} \frac{x^{2n}}{(2n)!}$. (1) 求级数的收敛域；(2) 验证和函数满足 $f'(x) + f(x) = e^x$ 及 $f''(x) = f(x)$.

(B)

1. 填空题

(1) (1999) $\displaystyle\sum_{n=1}^{\infty} n\left(\frac{1}{2}\right)^{n-1} = $ _____.

(2) (2009) 幂级数 $\displaystyle\sum_{n=1}^{\infty} \frac{e^n - (-1)^n}{n^2} x^n$ 的收敛半径为 _____.

2. 选择题

(1) (2003) 设 $p_n = \dfrac{a_n + |a_n|}{2}$，$q_n = \dfrac{a_n - |a_n|}{2}$，$n = 1, 2, \cdots$，则下列命题正确的是（　　）.

A. 若 $\displaystyle\sum_{n=1}^{\infty} a_n$ 条件收敛，则 $\displaystyle\sum_{n=1}^{\infty} p_n$ 与 $\displaystyle\sum_{n=1}^{\infty} q_n$ 都收敛

B. 若 $\displaystyle\sum_{n=1}^{\infty} a_n$ 绝对收敛，则 $\displaystyle\sum_{n=1}^{\infty} p_n$ 与 $\displaystyle\sum_{n=1}^{\infty} q_n$ 都收敛

C. 若 $\displaystyle\sum_{n=1}^{\infty} a_n$ 条件收敛，则 $\displaystyle\sum_{n=1}^{\infty} p_n$ 与 $\displaystyle\sum_{n=1}^{\infty} q_n$ 的敛散性都不定

D. 若 $\displaystyle\sum_{n=1}^{\infty} a_n$ 绝对收敛，则 $\displaystyle\sum_{n=1}^{\infty} p_n$ 与 $\displaystyle\sum_{n=1}^{\infty} q_n$ 的敛散性都不定

(2) (2004) 设有以下命题:

① 若 $\displaystyle\sum_{n=1}^{\infty} (u_{2n-1} + u_{2n})$ 收敛，则 $\displaystyle\sum_{n=1}^{\infty} u_n$ 收敛；

② 若 $\displaystyle\sum_{n=1}^{\infty} u_n$ 收敛，则 $\displaystyle\sum_{n=1}^{\infty} u_{n+1000}$ 收敛；

③ 若 $\lim\limits_{n\to\infty}\dfrac{u_{n+1}}{u_n}>1$，则 $\sum\limits_{n=1}^{\infty}u_n$ 发散；

④ 若 $\sum\limits_{n=1}^{\infty}(u_n+v_n)$ 收敛，则 $\sum\limits_{n=1}^{\infty}u_n$，$\sum\limits_{n=1}^{\infty}v_n$ 都收敛.

则以上命题中正确的有（　　）.

A. ①②　　　B. ②③　　　C. ③④　　　D. ①④

(3) (2005) 设 $a_n>0$，$n=1,2,\cdots$，若 $\sum\limits_{n=1}^{\infty}a_n$ 发散，$\sum\limits_{n=1}^{\infty}(-1)^{n-1}a_n$ 收敛，则下列结论正确的是（　　）.

A. $\sum\limits_{n=1}^{\infty}a_{2n-1}$ 收敛，$\sum\limits_{n=1}^{\infty}a_{2n}$ 发散

B. $\sum\limits_{n=1}^{\infty}a_{2n}$ 收敛，$\sum\limits_{n=1}^{\infty}a_{2n-1}$ 发散

C. $\sum\limits_{n=1}^{\infty}(a_{2n-1}+a_{2n})$ 收敛

C. $\sum\limits_{n=1}^{\infty}(a_{2n-1}-a_{2n})$ 收敛

(4) (2006) 若级数 $\sum\limits_{n=1}^{\infty}a_n$ 收敛，则级数（　　）.

A. $\sum\limits_{n=1}^{\infty}|a_n|$ 收敛

B. $\sum\limits_{n=1}^{\infty}(-1)^n a_n$ 收敛

C. $\sum\limits_{n=1}^{\infty}a_n a_{n+1}$ 收敛

D. $\sum\limits_{n=1}^{\infty}\dfrac{a_n+a_{n+1}}{2}$ 收敛

(5) (2013) 设 $\{a_n\}$ 为正项数列，下列选项正确的是（　　）.

A. 若 $a_n>a_{n+1}$，则 $\sum\limits_{n=1}^{\infty}(-1)^{n-1}a_n$ 收敛

B. 若 $\sum\limits_{n=1}^{\infty}(-1)^{n-1}a_n$ 收敛，则 $a_n>a_{n+1}$

C. 若 $\sum\limits_{n=1}^{\infty}a_n$ 收敛，则存在常数 $p>1$，使 $\lim\limits_{n\to\infty}n^p a_n$ 存在

D. 若存在常数 $p>1$，使 $\lim\limits_{n\to\infty}n^p a_n$ 存在，则 $\sum\limits_{n=1}^{\infty}a_n$ 收敛

3. (1998) 设有两条抛物线 $y=nx^2+\dfrac{1}{n}$ 和 $y=(n+1)x^2+\dfrac{1}{n+1}$，记它们交点的横坐标的绝对值为 a_n.

(1) 求这两条抛物线所围成的平面图形的面积 S_n；

(2) 求级数 $\sum\limits_{n=1}^{\infty}\dfrac{S_n}{a_n}$ 的和.

4. (2000) 设 $I_n=\displaystyle\int_0^{\frac{\pi}{4}}\sin^n x\cos x\,\mathrm{d}x$，$n=0,1,2,\cdots$，求 $\sum\limits_{n=0}^{\infty}I_n$.

5. (2001) 已知 $f_n(x)$ 满足 $f_n'(x)=f_n(x)+x^{n-1}\mathrm{e}^x$（$n$ 为正整数）且 $f_n(x)=\dfrac{\mathrm{e}}{n}$，求函

数项级数 $\displaystyle\sum_{n=1}^{\infty} f_n(x)$ 之和.

6. (2002) (1) 验证函数 $y(x)=1+\dfrac{x^3}{3!}+\dfrac{x^6}{6!}+\dfrac{x^9}{9!}+\cdots+\dfrac{x^{3n}}{(3n)!}+\cdots(-\infty<x<+\infty)$ 满足微分方程 $y''+y'+y=e^x$;

(2) 利用 (1) 的结果求幂级数 $\displaystyle\sum_{n=0}^{\infty} \dfrac{x^{3n}}{(3n)!}$ 的和函数.

7. (2003) 求幂级数 $1+\displaystyle\sum_{n=1}^{\infty}(-1)^n \dfrac{x^{2n}}{2n}(|x|<1)$ 的和函数 $f(x)$ 及其极值.

8. (2004) 设级数 $\dfrac{x^4}{2\cdot 4}+\dfrac{x^6}{2\cdot 4\cdot 6}+\dfrac{x^8}{2\cdot 4\cdot 6\cdot 8}+\cdots(-\infty<x<+\infty)$ 的和函数为 $S(x)$, 求

(1) $S(x)$ 所满足的一阶微分方程;

(2) $S(x)$ 的表达式.

9. (2005) 求幂级数 $\displaystyle\sum_{n=1}^{\infty}\left(\dfrac{1}{2n+1}-1\right)x^{2n}$ 在区间 $(-1, 1)$ 的和函数 $S(x)$.

10. (2006) 求幂级数 $\displaystyle\sum_{n=1}^{\infty} \dfrac{(-1)^{n-1} x^{2n+1}}{n(2n-1)}$ 的收敛域及和函数 $S(x)$.

11. (2007) 将函数 $f(x)=\dfrac{1}{x^2-3x-4}$ 展成 $(x-1)$ 的幂级数, 并指出其收敛区间.

12. (2008) 设银行存款的年利率为 $r=0.05$, 并依年复利计算. 某基金会希望通过存款 A 万元实现第一年提取 19 万元, 第二年提取 28 万元, $\cdots$, 第 n 年提取 $(10+9n)$ 万元, 并能按此规律一直提取下去, 问 A 至少应为多少万元?

第8章　微分方程与差分方程

微分方程和差分方程是数学联系实际，并应用于实际的重要途径和桥梁，是各个学科进行科学研究的强有力的工具．微分方程是对连续型变量而言的，是通过对连续型变量间的相互作用来刻画事物的变化规律．但在科学技术和经济研究中，许多数据都是离散的．而对取值是离散化的经济变量，差分方程是研究它们之间变化规律的有效工具．

本章主要介绍微分方程和差分方程的概念，并研究几种常见微分方程和差分方程的求解方法，最后讲述微分方程和差分方程的简单应用．

8.1　微分方程的基本概念

下面通过几个具体例子来说明微分方程的一些基本概念．

【例 8-1】（指数增长模型）　设在一孤岛上只有羊这种动物，羊靠吃岛上的植被存活，且假定植被足够多，设 $x(t)$ 是 t 时刻羊的数目，则羊的增长率 $\dfrac{\mathrm{d}x(t)}{\mathrm{d}t}$ 与羊的数目 $x(t)$ 成正比，即

$$\frac{\mathrm{d}x(t)}{\mathrm{d}t} = a \cdot x(t) \tag{8-1}$$

其中，$a>0$ 是常数．这是羊的数目与时间的函数关系所满足的函数方程．

将式（8-1）两端积分，不难得到

$$x(t) = Ce^{at} \tag{8-2}$$

其中，C 是任意常数．称之为微分方程的解．

【例 8-2】　一曲线通过点（1，2），且在该曲线上任一点 $M(x，y)$ 处的切线的斜率为 $2x$，求该曲线的方程．

解　设所求曲线方程为 $y=y(x)$，根据导数的几何意义，该曲线应满足

$$\frac{\mathrm{d}y}{\mathrm{d}x} = 2x \tag{8-3}$$

和已知条件 $y|_{x=1}=2$．将式（8-3）两端积分，得

$$y = \int 2x\mathrm{d}x = x^2 + C \tag{8-4}$$

其中，C 为任意常数．将条件 $y|_{x=1}=2$ 代入式（8-4），得 $C=1$．故所求的曲线方程为

$$y = x^2 + 1 \tag{8-5}$$

【例 8-3】 设本金（初始货币额）为 A_0，连续复利率为 r，试求 t 年后的本利和.

解 设 $A(t)$ 表示在时间 t 年后的本利和，则有

$$\frac{\mathrm{d}A(t)}{\mathrm{d}t}=r\cdot A(t) \tag{8-6}$$

根据题意，$A(t)$ 还应满足条件

$$A(0)=A_0 \quad （初始货币额） \tag{8-7}$$

式（8-7）称为**初始条件**.

将式（8-6）两端积分，得

$$\ln A(t)=rt+C_1$$

即

$$A(t)=\mathrm{e}^{rt+C_1}=C\mathrm{e}^{rt} \tag{8-8}$$

其中 C_1，C 为任意常数.

将条件式（8-7）代入式（8-8），得 $C=A_0$. 于是本金 A_0 在连续复利 t 年后的本利和为

$$A(t)=A_0\mathrm{e}^{rt} \tag{8-9}$$

由前面几个例子可以看出，虽然它们所代表的具体问题各不相同，但是在解决这些问题的过程中，都遇到了包含有未知函数的导数的方程：

$$\frac{\mathrm{d}x(t)}{\mathrm{d}t}=a\cdot x(t)；\quad \frac{\mathrm{d}y}{\mathrm{d}x}=2x \quad 和 \quad \frac{\mathrm{d}A(t)}{\mathrm{d}t}=r\cdot A(t)$$

这些都是微分方程. 下面给出微分方程的一些基本概念.

定义 8-1 含有未知函数的导数或微分的方程，称为微分方程.

未知函数为一元函数的微分方程，称为**常微分方程**；未知函数为多元函数，从而出现多元函数的偏导数的微分方程，称为**偏微分方程**. 例如方程（8-1）、（8-3）和（8-6）都是常微分方程，而 $\frac{\partial^2 z}{\partial x^2}+\frac{\partial^2 z}{\partial y^2}=z$ 是偏微分方程.

本章只讨论常微分方程. 下面提到的微分方程，都是指常微分方程，简称微分方程.

定义 8-2 微分方程中出现的未知函数的导数或微分的最高阶数称为微分方程的阶数，简称阶.

例如，方程（8-1）、（8-3）和（8-6）都是一阶微分方程. 方程 $y''+x^2y'+xy=0$ 及 $y''=-ay^2$（a 为常数）是二阶微分方程. 方程 $y^{(n)}+a_1y^{(n-1)}+\cdots+a_ny=\mathrm{e}^x$ 是 n 阶微分方程.

n 阶微分方程的一般形式是

$$F(x,\ y,\ y',\ \cdots,\ y^{(n)})=0 \tag{8-10}$$

其中，x 是自变量，y 是未知函数，最高阶导数 $y^{(n)}$ 必须在方程中出现，而 $x,\ y,\ y',\ \cdots,\ y^{(n-1)}$ 则不一定出现. $F(x,\ y,\ y',\ \cdots,\ y^{(n)})$ 是 $n+2$ 个变元 $x,\ y,\ y',\ \cdots,\ y^{(n)}$ 的函数.

若能从方程（8-10）中解出最高阶导数 $y^{(n)}$，则得方程

$$y^{(n)}=f(x,\ y,\ y',\ y'',\ \cdots,\ y^{(n-1)})$$

这是最高阶导数已解出的微分方程，以后所讨论的微分方程都是已解出（或可解出）最高阶导数的方程.

二阶和二阶以上的微分方程称为**高阶微分方程**.

> **定义 8-3** 若一个函数满足微分方程，即把函数代入微分方程中，使方程成为恒等式，则称此函数为微分方程的**解**.

例如，函数（8-2）是微分方程（8-1）的解，函数（8-5）是微分方程（8-3）的解，而函数（8-9）是微分方程（8-6）的解. 再如 $y=\sin x$，$y=\cos x$ 都是微分方程 $y''+y=0$ 的解.

如果微分方程的解中含有任意常数，且所含独立的任意常数的个数与微分方程的阶数相同，则称此解为微分方程的**通解**. 这里所说的独立的任意常数是指它们不能合并而使任意常数的个数减少. 如例 8-1 中的（8-2）是微分方程（8-1）的通解，例 8-2 中的（8-4）是微分方程（8-3）的通解，而例 8-3 中的（8-8）是微分方程（8-6）的通解. 再如 $y=C_1\sin x+C_2\cos x$ 是微分方程 $y''+y=0$ 的通解.

许多实际问题中，在给出微分方程的同时，还给出方程中的未知函数所必须满足的一些条件，通过附加条件确定通解中的任意常数而得到的解称为微分方程的**特解**. 由通解确定特解的条件称为**初始条件**. 如式（8-5）是方程（8-3）的特解，其初始条件是 $y|_{x=1}=2$；式（8-9）是方程（8-6）的特解，其初始条件是式（8-7）.

一般地，一阶微分方程的初始条件为

$$y|_{x=x_0}=y_0$$

二阶微分方程的初始条件为

$$y|_{x=x_0}=y_0,\quad y'|_{x=x_0}=y_1$$

n 阶微分方程的初始条件为

$$y|_{x=x_0}=y_0,\quad y'|_{x=x_0}=y_1,\ \cdots,\ y^{(n-1)}|_{x=x_0}=y_{n-1}$$

即 n 阶微分方程需要 n 个初始条件确定 n 个任意常数.

求常微分方程满足初始条件的解的问题称为微分方程的**初值问题**. 一阶微分方程的初值问题可以表示为

$$\begin{cases} F(x,\ y,\ y')=0 \\ y|_{x=x_0}=y_0 \end{cases} \tag{8-11}$$

二阶微分方程的初值问题可以表示为

$$\begin{cases} F(x,y,y',y'')=0 \\ y|_{x=x_0}=y_0,\quad y'|_{x=x_0}=y_1 \end{cases} \tag{8-12}$$

微分方程的解的图形称为微分方程的**积分曲线**. 由于微分方程的通解中含有任意常数，

当任意常数取不同的值时，得到不同的积分曲线，所以通解的图形是一族积分曲线（称为微分方程的**积分曲线族**）. 而微分方程的某个特解的图形是积分曲线族中满足给定的初始条件的某一条特定的积分曲线. 初值问题（8 - 11）的几何意义，就是求微分方程通过点（x_0，y_0）的积分曲线；初值问题（8 - 12）的几何意义，就是求微分方程通过点（x_0，y_0）且该点处的切线斜率为 y_1 的积分曲线.

【**例 8 - 4**】　对于方程 $s''=-g$，（1）指出方程的阶；（2）验证函数 $s=-\dfrac{1}{2}gt^2+C_1t+C_2$

是方程的通解；（3）求初值问题 $\begin{cases} s''=-g \\ s|_{t=0}=s_0 \\ s'|_{t=0}=v_0 \end{cases}$ 的解.

解　（1）由微分方程阶数的定义可知，方程中函数的最高阶导数为 2 阶导数，所以方程为二阶微分方程.

（2）因为

$$s'=-gt+C_1, \quad s''=-g$$

所以

$$s=-\frac{1}{2}gt^2+C_1t+C_2$$

是微分方程 $s''=-g$ 的解. 又因为 $s=-\dfrac{1}{2}gt^2+C_1t+C_2$ 中含有两个独立的任意常数，从而 $s=-\dfrac{1}{2}gt^2+C_1t+C_2$ 是微分方程 $s''=-g$ 的通解.

（3）将初始条件 $s|_{t=0}=s_0$，$s'|_{t=0}=v_0$ 代入通解 $s=-\dfrac{1}{2}gt^2+C_1t+C_2$ 中，得

$$C_1=v_0, \quad C_2=s_0$$

因此 $s=-\dfrac{1}{2}gt^2+v_0t+s_0$ 是满足初始条件 $s|_{t=0}=s_0$，$s'|_{t=0}=v_0$ 的特解，即为初值问题的解.

习题 8.1

1. 什么叫微分方程的阶？指出下列微分方程的阶数.

（1）$\left(\dfrac{\mathrm{d}y}{\mathrm{d}x}\right)^2+\sqrt{\dfrac{1-y^2}{1-x^2}}=0$　　　　　　（2）$y''+3y'+2y=\sin x$

（3）$\dfrac{\mathrm{d}^3y}{\mathrm{d}x^3}-y=x^4\mathrm{e}^x$　　　　　　　　　（4）$(7x-6y)\mathrm{d}x+(x+y)\mathrm{d}y=0$

2. 验证下列各给定函数是否为所给微分方程的解.

（1）$xy'+3y=0$，$y=Cx^{-3}$

(2) $y''-5y'+6y=0$，$y=C_1 e^{2x}+C_2 e^{3x}$

(3) $y''+2y=4x$，$y=2x$

(4) $\dfrac{dy}{dx}=\dfrac{y^2-1}{2}$，$y_1=\dfrac{1+Ce^x}{1-Ce^x}$，$y_2=1$，$y_3=-1$

3. 验证 $y=(C_1+C_2 x)e^{-x}$（C_1，C_2 为任意常数）是微分方程 $y''+2y'+y=0$ 的通解，并求满足初始条件 $y|_{x=0}=4$，$y'|_{x=0}=-2$ 的特解.

4. 设曲线在点 (x,y) 处的切线的斜率等于该点横坐标的平方，试建立曲线所满足的微分方程.

8.2 一阶微分方程

微分方程的类型多种多样，它们的解法也各不相同. 本节讨论几种简单的一阶微分方程的求解方法.

一阶微分方程的一般形式为

$$F(x,y,y')=0$$

常用的是 y' 已解出的一阶微分方程，可表示为

$$y'=f(x,y) \tag{8-13}$$

其中 $y'=\dfrac{dy}{dx}$. 有时也将其表示成微分形式

$$M(x,y)dx+N(x,y)dy=0$$

这里，既可将 y 看作是自变量 x 的函数，也可将 x 看作自变量 y 的函数.

8.2.1 可分离变量的微分方程

若一阶微分方程（8-13）可以化成

$$f(x)dx=g(y)dy \tag{8-14}$$

的形式，则称方程（8-13）为**可分离变量的微分方程**. 方程（8-14）叫做已分离变量的微分方程.

对方程（8-14）两边同时积分，得

$$\int f(x)dx=\int g(y)dy+C \tag{8-15}$$

其中 C 为任意常数，$\int f(x)dx$，$\int g(y)dy$ 分别理解为 $f(x)$，$g(y)$ 的某一个原函数，而把积分常数 C 单独写出来.

利用隐函数求导法则不难验证，式（8-15）就是微分方程（8-14）的通解表达式. 这种求解微分方程的方法称为**分离变量法**. 把这种通解称为方程（8-14）的**隐式通解**.

形如

$$\frac{\mathrm{d}y}{\mathrm{d}x} = f(x)g(y) \tag{8-16}$$

或

$$M_1(x)M_2(y)\mathrm{d}x = N_1(x)N_2(y)\mathrm{d}y \tag{8-17}$$

的微分方程，都是可分离变量的微分方程. 因为经过简单的代数运算，式（8-16）或式（8-17）可化为

$$\frac{\mathrm{d}y}{g(y)} = f(x)\mathrm{d}x \quad (g(y) \neq 0) \tag{8-18}$$

或

$$\frac{M_1(x)}{N_1(x)}\mathrm{d}x = \frac{N_2(y)}{M_2(y)}\mathrm{d}y \quad (N_1(x) \neq 0, M_2(y) \neq 0)$$

这样，变量就"分离"开了，两边积分即可得到式（8-16）或式（8-17）的解.

如果存在常数 y_0，使得在方程（8-16）中，$g(y_0)=0$，那么 $y=y_0$ 显然也是方程（8-16）的解. 若 $y=y_0$ 包含在方程（8-18）的通解中（即它可以由方程（8-18）的通解中任意常数 C 取某特定常数得到），那么也把包含 $y=y_0$ 的方程（8-18）的通解理解为原方程（8-16）的通解.

对于方程（8-17）有类似的结论.

【例 8-5】 解微分方程 $\dfrac{\mathrm{d}y}{\mathrm{d}x} = 2xy$.

解　若 $y \neq 0$，分离变量得

$$\frac{\mathrm{d}y}{y} = 2x\mathrm{d}x$$

两端积分，得

$$\ln|y| = x^2 + C_1$$

即

$$|y| = e^{x^2 + C_1} = e^{C_1}e^{x^2}$$

如果记 $C = \pm e^{C_1}$，则有

$$y = Ce^{x^2}.$$

显然，$y=0$ 也是方程的解，它可以被认为包含在上式中（$C=0$）.

以后为了运算方便起见，对于类似这样的问题，通常把 $\ln|y|$ 及 $\ln|x|$ 写成 $\ln y$ 及 $\ln x$，把任意常数 C_1 写成 $\ln C$，并在最后把 C 视为可正、可负、可为零的任意常数. 如在上例中，可以从 $\ln y = x^2 + \ln C$ 中直接得到通解 $y = Ce^{x^2}$（C 为任意常数）.

【例 8-6】 设推广某项新技术时，需要推广的总人数为 N，t 时刻已掌握技术的人数为 $P(t)$，新技术的推广速度与推广人数和待推广人数成正比，即有微分方程

$$\frac{\mathrm{d}P}{\mathrm{d}t}=kP(N-P)$$

其中，k 为比例系数，该微分方程称为**逻辑斯谛方程**，在经济学科中常遇到这种模型. 试求解该微分方程.

解 将该微分方程写为

$$\frac{\mathrm{d}P}{P(N-P)}=k\mathrm{d}t$$

两边积分得

$$\frac{1}{N}\ln\frac{P}{N-P}=kt+\ln C_1$$

整理得通解

$$P=\frac{CNe^{Nkt}}{1+Ce^{Nkt}}$$

【例 8 - 7】 解初值问题

$$\begin{cases} xy\mathrm{d}x+(x^2+1)\mathrm{d}y=0 \\ y(0)=1 \end{cases}$$

解 $y\neq0$ 时，分离变量得

$$\frac{\mathrm{d}y}{y}=-\frac{x}{1+x^2}\mathrm{d}x$$

两边积分得

$$\ln y=\ln\frac{1}{\sqrt{x^2+1}}+C_1$$

即

$$y\sqrt{x^2+1}=C \quad (C 为任意常数)$$

将初始条件 $y(0)=1$ 代入 $y\sqrt{x^2+1}=C$，得

$$C=1$$

故所求特解为

$$y\sqrt{x^2+1}=1$$

8.2.2　齐次微分方程

形如

$$\frac{\mathrm{d}y}{\mathrm{d}x}=f\left(\frac{y}{x}\right) \tag{8-19}$$

的一阶微分方程称为**齐次微分方程**，简称**齐次方程**.

例如，方程 $(xy-y^2)\mathrm{d}x-(x^2-2xy)\mathrm{d}y=0$ 可以化为

$$\frac{dy}{dx}=\frac{xy-y^2}{x^2-2xy}=\frac{\left(\dfrac{y}{x}\right)-\left(\dfrac{y}{x}\right)^2}{1-2\left(\dfrac{y}{x}\right)}$$

就是齐次方程.

解齐次微分方程常用的方法是通过变量代换将其化为变量可分离的微分方程，然后再求解. 具体做法如下.

令 $u=\dfrac{y}{x}$，则 $y=ux$，两边对 x 求导得

$$\frac{dy}{dx}=x\frac{du}{dx}+u$$

代入式（8-19）得

$$x\frac{du}{dx}+u=f(u)$$

分离变量得

$$\frac{du}{f(u)-u}=\frac{dx}{x}$$

两端积分，得

$$\int\frac{du}{f(u)-u}=\ln x+C_1$$

即

$$x=Ce^{\int\frac{du}{f(u)-u}}$$

求出积分 $\displaystyle\int\frac{du}{f(u)-u}$ 后，将 u 还原为 $\dfrac{y}{x}$，即得齐次方程（8-19）的通解.

【例 8-8】 求微分方程 $\dfrac{dy}{dx}=\dfrac{y-\sqrt{x^2+y^2}}{x}$ 的通解.

解 当 $x>0$ 时，原方程可化为

$$\frac{dy}{dx}=\frac{y}{x}-\sqrt{1+\left(\frac{y}{x}\right)^2}$$

令 $u=\dfrac{y}{x}$，则 $\dfrac{dy}{dx}=x\dfrac{du}{dx}+u$，代入上式得

$$x\frac{du}{dx}+u=u-\sqrt{1+u^2}$$

分离变量得

$$\frac{du}{\sqrt{1+u^2}}=-\frac{dx}{x}$$

两边积分得

$$u+\sqrt{1+u^2}=\frac{C}{x}$$

再用 $\frac{y}{x}$ 代替 u，得

$$y+\sqrt{1+y^2}=C$$

请读者自己考虑 $x<0$ 时的情况.

【例 8-9】 试求一条曲线 $y=y(x)$，使它在每一点的切线斜率为 $\frac{xy}{(x+y)^2}$，且通过点 $\left(\frac{1}{2}, 1\right)$.

解 由题意有初值问题

$$\begin{cases} \dfrac{\mathrm{d}y}{\mathrm{d}x}=\dfrac{xy}{(x+y)^2} \\ y|_{x=\frac{1}{2}}=1 \end{cases}$$

原方程可化为

$$\frac{\mathrm{d}y}{\mathrm{d}x}=\frac{\dfrac{y}{x}}{\left(1+\dfrac{y}{x}\right)^2}$$

令 $u=\dfrac{y}{x}$，上式化为

$$x\frac{\mathrm{d}u}{\mathrm{d}x}=-\frac{u^2(2+u)}{(1+u)^2}$$

于是

$$\frac{(1+u)^2}{u^2(2+u)}\mathrm{d}u=-\frac{\mathrm{d}x}{x}$$

两端同时积分，有

$$\frac{3}{4}\ln u-\frac{1}{2u}+\frac{1}{4}\ln(u+2)=-\ln x+\ln C_1$$

记 $4\ln C_1=\ln C$，可得

$$\frac{u^3(u+2)}{\mathrm{e}^{\frac{2}{u}}}=\frac{C}{x^4} \quad \text{或} \quad x^4u^3(u+2)=C\mathrm{e}^{\frac{2}{u}}$$

将 $u=\dfrac{y}{x}$ 代入，得原方程的通解为

$$2xy^3+y^4=C\mathrm{e}^{\frac{2x}{y}}$$

再由初始条件 $y|_{x=\frac{1}{2}}=1$，得到 $C=\dfrac{2}{\mathrm{e}}$. 因此所求曲线为

$$2xy^3+y^4=\frac{2}{\mathrm{e}}\mathrm{e}^{\frac{2x}{y}}$$

8.2.3 一阶线性微分方程

形如

$$\frac{\mathrm{d}y}{\mathrm{d}x} + P(x)y = Q(x) \tag{8-20}$$

的微分方程，称为**一阶线性微分方程**．其中 $P(x)$，$Q(x)$ 是 x 的连续函数．一阶线性微分方程的特点是在这个方程中对于未知函数 y 及其导数 y' 来说都是一次的．

若 $Q(x) \equiv 0$，方程（8-20）变为

$$\frac{\mathrm{d}y}{\mathrm{d}x} + P(x)y = 0 \tag{8-21}$$

称为一阶齐次线性微分方程．若 $Q(x)$ 不恒为零，则称方程（8-20）为**一阶非齐次线性微分方程**．

1. 齐次方程的通解

一阶齐次线性方程（8-21）是一个可分离变量的微分方程．方程（8-21）分离变量，得

$$\frac{\mathrm{d}y}{y} = -P(x)\mathrm{d}x$$

两端积分，得

$$\ln y = -\int P(x)\mathrm{d}x + C_1$$

所以，方程（8-21）的通解为

$$y = C\mathrm{e}^{-\int p(x)\mathrm{d}x} \tag{8-22}$$

式（8-22）可作为公式使用．

【例 8-10】 求微分方程 $y' + 3x^2 y = 0$ 满足 $y(0) = 2$ 的特解．

解 把 $P(x) = 3x^2$ 代入式（8-22），得

$$y = C\mathrm{e}^{-\int 3x^2 \mathrm{d}x} = C\mathrm{e}^{-x^3}$$

由 $y(0) = 2$ 得 $C = 2$，故所求特解为 $y = 2\mathrm{e}^{-x^3}$．

2. 非齐次方程的通解

考察式（8-22），它是齐次方程（8-21）的解．由于非齐次方程（8-20）和齐次方程（8-21）的左端是一样的，因此方程（8-20）的解亦有可能具有式（8-22）的形式，这时 C 不能是任意常数了，可能是一个函数 $C(x)$，即设

$$y = C(x)\mathrm{e}^{-\int P(x)\mathrm{d}x} \tag{8-23}$$

于是，求非齐次方程（8-20）的通解问题变为确定（8-23）中 $C(x)$ 的问题.

若非齐次方程（8-20）具有形如（8-23）的解，则在式（8-23）两端对 x 求导，得

$$y' = C'(x)\mathrm{e}^{-\int P(x)\mathrm{d}x} - C(x)P(x)\mathrm{e}^{-\int P(x)\mathrm{d}x} \tag{8-24}$$

将式（8-23）、式（8-24）代入方程（8-20）得

$$C'(x)\mathrm{e}^{-\int P(x)\mathrm{d}x} - C(x)P(x)\mathrm{e}^{-\int P(x)\mathrm{d}x} + P(x)C(x)\mathrm{e}^{-\int P(x)\mathrm{d}x} = Q(x)$$

化简，得

$$C'(x) = Q(x)\mathrm{e}^{\int P(x)\mathrm{d}x}$$

于是

$$C(x) = \int Q(x)\mathrm{e}^{\int P(x)\mathrm{d}x}\mathrm{d}x + C$$

代入（8-23），得方程（8-20）的通解为

$$y = \mathrm{e}^{-\int P(x)\mathrm{d}x}\left[\int Q(x)\mathrm{e}^{\int P(x)\mathrm{d}x}\mathrm{d}x + C\right] \tag{8-25}$$

这种通过将齐次方程通解中任意常数变为待定函数 $C(x)$ 的求解方法，称为**常数变易法**. 在解非齐次微分方程时，可直接使用公式（8-25）. 在式（8-25）中的不定积分 $\int Q(x)\mathrm{e}^{\int P(x)\mathrm{d}x}\mathrm{d}x$ 与 $\int P(x)\mathrm{d}x$ 都可看成是一个原函数.

若将通解（8-25）写为两项之和

$$y = C\mathrm{e}^{-\int P(x)\mathrm{d}x} + \mathrm{e}^{-\int P(x)\mathrm{d}x}\int Q(x)\mathrm{e}^{\int P(x)\mathrm{d}x}\mathrm{d}x \tag{8-26}$$

可以看出，上式右端第一项是对应齐次方程的通解，第二项是非齐次方程的一个特解（在通解中取 $C=0$）. 因此，一阶非齐次线性方程的通解等于相应的齐次方程的通解与非齐次方程的一个特解之和.

【例 8-11】 求微分方程 $\dfrac{\mathrm{d}y}{\mathrm{d}x} - \dfrac{2y}{x+1} = (x+1)^{\frac{5}{2}}$ 的通解.

解法一 常数变易法. 这是一个非齐次线性微分方程，对应的齐次线性微分方程为

$$\frac{\mathrm{d}y}{\mathrm{d}x} - \frac{2y}{x+1} = 0$$

分离变量得

$$\frac{\mathrm{d}y}{y} = \frac{2}{x+1}\mathrm{d}x$$

两边积分得

$$\ln y = 2\ln(x+1) + C_1$$

齐次线性方程的通解为

$$y = C(x+1)^2$$

用常数变易法，令

$$y=C(x)(x+1)^2$$

则

$$\frac{\mathrm{d}y}{\mathrm{d}x}=C'(x)\cdot(x+1)^2+2C(x)\cdot(x+1)$$

代入原方程得

$$C'(x)=(x+1)^{\frac{1}{2}}$$

两边积分，得

$$C(x)=\frac{2}{3}(x+1)^{\frac{3}{2}}+C$$

将上式代入 $y=C(x)(x+1)^2$，即得原方程的通解为

$$y=(x+1)^2\left[\frac{2}{3}(x+1)^{\frac{3}{2}}+C\right]$$

解法二　公式法. 由所给方程知 $P(x)=-\dfrac{2}{x+1}$，$Q(x)=(x+1)^{\frac{5}{2}}$，将其代入通解公式（8-25）得

$$y=\mathrm{e}^{\int\frac{2}{x+1}\mathrm{d}x}\left[\int(x+1)^{\frac{5}{2}}\mathrm{e}^{-\int\frac{2}{x+1}\mathrm{d}x}\mathrm{d}x+C\right]$$

$$=(x+1)^2\left[\frac{2}{3}(x+1)^{\frac{3}{2}}+C\right]$$

【例 8 - 12】 求解微分方程

$$y^3\mathrm{d}x+(2xy^2-1)\mathrm{d}y=0$$

解　若将方程变为

$$\frac{\mathrm{d}y}{\mathrm{d}x}=\frac{y^3}{1-2xy^2}$$

则此方程不是一阶线性微分方程，也不是齐次方程或可分离变量的微分方程，不便求解. 若将 x 看成 y 的函数，方程可改写为

$$\frac{\mathrm{d}x}{\mathrm{d}y}+\frac{2}{y}x=\frac{1}{y^3}$$

这是以 y 为自变量的函数 $x(y)$ 的一阶非齐次线性微分方程. 将 $P(y)=\dfrac{2}{y}$，$Q(y)=\dfrac{1}{y^3}$ 代入通解公式

$$x=\mathrm{e}^{-\int P(y)\mathrm{d}y}\left[\int Q(y)\mathrm{e}^{\int P(y)\mathrm{d}y}\mathrm{d}y+C\right]$$

得

$$x=\mathrm{e}^{-\int\frac{2}{y}\mathrm{d}y}\left(\int\frac{1}{y^3}\mathrm{e}^{\int\frac{2}{y}\mathrm{d}y}\mathrm{d}y+C\right)$$

$$= \frac{1}{y^2}(\ln|y| + C)$$

此外，$y=0$ 是原方程的一个特解.

【例 8 - 13】 求连续函数 $f(x)$，使它满足 $f(x) + 2\int_0^x f(t)\mathrm{d}t = x^2$.

解 方程两端对 x 求导，得

$$f'(x) + 2f(x) = 2x$$

这是一个一阶线性微分方程，其中 $P(x)=2$，$Q(x)=2x$. 所以通解为

$$f(x) = \mathrm{e}^{-\int P(x)\mathrm{d}x}\left[\int Q(x)\mathrm{e}^{\int P(x)\mathrm{d}x}\mathrm{d}x + C\right]$$

$$= \mathrm{e}^{-\int 2\mathrm{d}x}\left[\int 2x\mathrm{e}^{\int 2\mathrm{d}x}\mathrm{d}x + C\right]$$

$$= x - \frac{1}{2} + C\mathrm{e}^{-2x}$$

显然在原方程中，$x=0$ 时，$f(0)=0$，代入上式，得 $C=\frac{1}{2}$，因此所求函数为

$$f(x) = x - \frac{1}{2} + \frac{1}{2}\mathrm{e}^{-2x}$$

本例中的未知函数在积分号内，这样的方程称为**积分方程**. 通常的解法是将方程两端对 x 求导，利用变上限积分导数公式将积分方程化为微分方程求解. 在积分方程中，令 x 取适当的值（如令 x 等于积分下限）可得到初始条件，再利用初始条件确定出特解.

8.2.4 伯努利方程

形如

$$\frac{\mathrm{d}y}{\mathrm{d}x} + P(x)y = Q(x)y^{\alpha} \quad (\alpha \neq 0,\ 1) \tag{8-27}$$

的微分方程称为**伯努利方程**.

伯努利方程 (8-27) 是一种非线性的一阶微分方程，当 $\alpha=0$ 或 1 时，方程 (8-27) 变为线性方程.

对伯努利方程 (8-27)，可以借助变量代换化为线性方程求解. 事实上，以 y^{α} 除方程 (8-27) 的两端，得

$$y^{-\alpha}\frac{\mathrm{d}y}{\mathrm{d}x} + P(x)y^{1-\alpha} = Q(x) \tag{8-28}$$

容易看出，上式左端第一项与 $\frac{\mathrm{d}}{\mathrm{d}x}(y^{1-\alpha})$ 只差一个常数因子 $1-\alpha$，因此引入新的未知函数

$$z = y^{1-\alpha}$$

则

$$\frac{\mathrm{d}z}{\mathrm{d}x}=(1-\alpha)y^{-\alpha}\frac{\mathrm{d}y}{\mathrm{d}x}$$

用 $1-\alpha$ 乘以方程（8-28）两端，再通过上述代换便得一阶线性方程

$$\frac{\mathrm{d}z}{\mathrm{d}x}+(1-\alpha)P(x)z=(1-\alpha)Q(x)$$

求出这个方程的通解后，以 $y^{1-\alpha}$ 代替 z，便得伯努利方程（8-27）的通解.

【例 8-14】　求微分方程 $\dfrac{\mathrm{d}y}{\mathrm{d}x}+\dfrac{y}{x}=(\ln x)y^2$ 的通解.

解　令 $z=y^{1-2}=y^{-1}$，则

$$\frac{\mathrm{d}z}{\mathrm{d}x}=-y^{-2}\frac{\mathrm{d}y}{\mathrm{d}x}$$

代入原方程，得

$$\frac{\mathrm{d}z}{\mathrm{d}x}-\frac{1}{x}z=-\ln x$$

由公式（8-25），得通解为

$$z=x\left[-\frac{1}{2}(\ln x)^2+C\right]$$

于是，原方程的通解为

$$y=\frac{1}{x\left[-\dfrac{1}{2}(\ln x)^2+C\right]}$$

习题 8.2

1. 求下列微分方程的通解.

(1) $xy'-y\ln y=0$

(2) $3x^2-5x-5y'=0$

(3) $\sqrt{1-x^2}\,y'=\sqrt{1-y^2}$

(4) $xy\mathrm{d}x+\sqrt{1-x^2}\,\mathrm{d}y=0$

(5) $\dfrac{\mathrm{d}y}{\mathrm{d}x}=10^{x+y}$

(6) $\cos x\sin y\mathrm{d}x+\sin x\cos y\mathrm{d}y=0$

2. 求下列各初值问题的解.

(1) $y'=\mathrm{e}^{2x-y}$，$y|_{x=0}=0$

(2) $y'\sin x=y\ln y$，$y|_{x=\frac{\pi}{2}}=\mathrm{e}$

(3) $(1+\mathrm{e}^x)yy'=\mathrm{e}^x$，$y(1)=1$

3. 求解下列微分方程.

(1) $\dfrac{\mathrm{d}y}{\mathrm{d}x}=\dfrac{y}{x}+\sec\dfrac{y}{x}$

(2) $(x-y)y\mathrm{d}x-x^2\mathrm{d}y=0$

(3) $y'=\mathrm{e}^{\frac{y}{x}}+\dfrac{y}{x}$，$y(1)=0$

(4) $x\dfrac{\mathrm{d}y}{\mathrm{d}x}+y=2\sqrt{xy}\,(x>0)$

(5) $y'=\dfrac{y}{x}+\dfrac{x}{y},y(1)=2$　　　　(6) $(y^2-3x^2)\mathrm{d}y+3xy\mathrm{d}x=0,y(0)=1$

4. 一曲线通过 (2,3)，它在两坐标轴间的任意切线段均被切点平分，求此曲线方程.

5. 求解下列微分方程.

(1) $xy'-y-\sqrt{y^2-x^2}=0$ $(x>0)$　　　　(2) $y'=\dfrac{2xy}{x^2-y^2}$

6. 求下列微分方程的通解.

(1) $\dfrac{\mathrm{d}y}{\mathrm{d}x}+y=\mathrm{e}^{-x}$　　　　(2) $y'=y\tan x+\cos x$

(3) $(x+1)y'-ny=\mathrm{e}^x(x+1)^{n+1}$　　　　(4) $(x^2+1)y'+2xy=4x^2$

(5) $y'+2xy=x\mathrm{e}^{-x^2}$　　　　(6) $xy'=x\sin x-y$

(7) $(x+a)y'-3y=(x+a)^5$　　　　(8) $(x\cos x)y'+y(x\sin x+\cos x)=1$

7. 求下列各初值问题的解.

(1) $y'+\dfrac{y}{x}=\dfrac{\sin x}{x}$, $y|_{x=\pi}=1$　　　　(2) $\dfrac{\mathrm{d}y}{\mathrm{d}x}+\dfrac{2-3x^2}{x^3}y=1$, $y|_{x=1}=0$

(3) $(1-x^2)y'+xy=1,y(0)=1$

8. 求解下列微分方程.

(1) $\dfrac{\mathrm{d}y}{\mathrm{d}x}\tan x-y=a$　　　　(2) $y'-3xy-xy^2=0$, $y(0)=4$

(3) $y'+y\cos x=\sin x\cos x$, $y(0)=1$　　　　(4) $x^2\dfrac{\mathrm{d}y}{\mathrm{d}x}=y-xy$, $y\left(\dfrac{1}{2}\right)=1$

(5) $x^3y'=y(y^2+x^2)$　　　　(6) $yy'+y^2=\cos x$

9. 求一曲线方程，该曲线通过原点并且它在点 (x,y) 处的切线斜率等于 $2x+y$.

8.3　可降阶的高阶微分方程

本节介绍三种特殊类型的高阶微分方程的求解问题，它们都可以通过变量代换逐步降阶化为较低阶的微分方程进行求解.

8.3.1　$y^{(n)}=f(x)$ 型的微分方程

微分方程

$$y^{(n)}=f(x)$$

的特点是左端只含最高阶导数，右端只含自变量 x 的函数. 可以通过逐次降阶求得它们的通解. 事实上，只要将 $y^{(n-1)}$ 看成新的未知函数，那么上述微分方程就是一个关于 $y^{(n-1)}$ 的一阶微分方程. 两边积分，得到一个 $n-1$ 阶微分方程

$$y^{(n-1)} = \int f(x)\mathrm{d}x + C_1$$

同理可得

$$y^{(n-2)} = \int \left(\int f(x)\mathrm{d}x + C_1\right) + C_2$$

依次进行 n 次积分，便可得方程的通解.

【例 8 - 15】 求微分方程 $y''' = \mathrm{e}^{2x} + \cos x$ 的通解.

解　对所给方程两端连续积分三次，得

$$y'' = \frac{1}{2}\mathrm{e}^{2x} - \sin x + C_1$$

$$y' = \frac{1}{4}\mathrm{e}^{2x} + \cos x + C_1 x + C_2$$

$$y = \frac{1}{8}\mathrm{e}^{2x} + \sin x + \frac{1}{2}C_1 x^2 + C_2 x + C_3$$

这就是所给方程的通解.

8.3.2　$y'' = f(x, y')$ 型的微分方程

微分方程

$$y'' = f(x, y')$$

的特点是方程右端不显含未知函数 y. 若设 $y' = p(x)$，则 $y'' = p'(x)$，于是方程可化为

$$p' = f(x, p)$$

这是一个关于变量 x 与 p 的一阶微分方程. 设其通解为

$$p = F(x, C_1)$$

则

$$\frac{\mathrm{d}y}{\mathrm{d}x} = F(x, C_1)$$

又得到一个一阶微分方程. 此方程积分后，便得到微分方程的通解

$$y = \int F(x, C_1)\mathrm{d}x + C_2$$

【例 8 - 16】 求微分方程 $(1+x^2)y'' = 2xy'$ 满足初始条件 $y|_{x=0} = 1$，$y'|_{x=0} = 3$ 的特解.

解　由于方程中不显含未知函数 y，是 $y'' = f(x, y')$ 型，所以设 $y' = p(x)$，则 $y'' = p'(x)$，于是原方程化为

$$\frac{\mathrm{d}p}{p} = \frac{2x}{1+x^2}\mathrm{d}x$$

两边积分并化简，得

$$p = y' = C_1(1+x^2)$$

由初始条件 $y'|_{x=0}=3$，得 $C_1=3$，所以

$$y'=3(1+x^2)$$

两边再次积分得

$$y=x^3+3x+C_2$$

由初始条件 $y|_{x=0}=1$ 得 $C_2=1$，故所求微分方程的特解为

$$y=x^3+3x+1$$

8.3.3 $y''=f(y, y')$ 型的微分方程

微分方程

$$y''=f(y, y')$$

的特点是方程右端不显含自变量 x. 令 $y'=p(y)$，把 y'' 化为 p 对 y 的导数，得

$$y''=\frac{dp}{dx}=\frac{dp}{dy}\cdot\frac{dy}{dx}=p\frac{dp}{dy}$$

于是方程可化为

$$p\frac{dp}{dy}=f(y, p)$$

这是一个关于变量 y 与 p 的一阶微分方程，设其通解为

$$y'=p=F(y, C_1)$$

分离变量并积分可求出方程的通解

$$\int\frac{dy}{F(y, C_1)}=x+C_2$$

【例 8-17】 求微分方程 $yy''-(y')^2=0$ 的通解.

解 由于方程中不显含 x，属于 $y''=f(y, y')$ 的类型. 所以设 $y'=p$，则 $y''=p\frac{dp}{dy}$. 把此式代入原方程中，得

$$yp\frac{dp}{dy}-p^2=0$$

若 $p\neq0$，由上式得

$$\frac{dp}{p}=\frac{dy}{y}$$

其通解为

$$p=C_1y$$

即

$$y'=C_1y$$

再分离变量，并积分，即得原方程的解为

$$y = C_2 e^{C_1 x}$$

若 $p=0$，即 $y'=0$，于是 $y=C$ 为所给方程的解．显然 $y=0$ 包含在上式中，所以原方程的通解为

$$y = C_2 e^{C_1 x}$$

习题 8.3

1. 求下列微分方程的通解或满足初始条件的特解．

　(1) $y'' = \dfrac{1}{1+x^2}$ 　　　　　　　　　　(2) $y'' = y' + x$

　(3) $y'' = 1 + y'^2$ 　　　　　　　　　　　(4) $x^2 y^{(4)} + 1 = 0$

　(5) $y^3 y'' + 1 = 0$，$y(1) = 1$，$y'(1) = 0$　(6) $xy'' = y' - xy'^2$

2. 试求满足方程 $y'' = x$ 的经过点 $M(0,1)$，且在此点与直线 $y = \dfrac{x}{2} + 1$ 相切的积分曲线．

3. 求解初值问题．

　(1) $\begin{cases} y'' = 3\sqrt{y} \\ y\big|_{x=0} = 1, \quad y'\big|_{x=0} = 2 \end{cases}$ 　　　　(2) $\begin{cases} y'' = e^{2y} \\ y\big|_{x=0} = 0, \quad y'\big|_{x=0} = 0 \end{cases}$

8.4　二阶常系数线性微分方程

二阶常系数线性微分方程的一般形式是

$$y'' + py' + qy = f(x) \tag{8-29}$$

其中 p，q 是常数，$f(x)$ 是 x 的已知函数．当 $f(x)$ 不恒为零时，称上式为**二阶常系数非齐次线性微分方程**．当 $f(x) \equiv 0$ 时，上式变为

$$y'' + py' + qy = 0 \tag{8-30}$$

称为**二阶常系数齐次线性微分方程**．

8.4.1　二阶常系数齐次线性微分方程

1. 二阶常系数齐次线性微分方程解的结构

> **定义 8-4**　设 $y_1(x)$ 与 $y_2(x)$ 是定义在区间 I 上的两个函数，若存在两个不全为零的常数 k_1，k_2，使得当 $x \in I$ 时，有
> $$k_1 y_1 + k_2 y_2 \equiv 0$$
> 则称函数 $y_1(x)$ 与 $y_2(x)$ 在区间 I 上线性相关，否则称线性无关．

简而言之，要判断两个函数是否线性相关，只要看它们的比是否为常数，若比为常数，则它们线性相关，否则就线性无关.

基于线性无关的概念，可以提出二阶常系数齐次线性微分方程通解结构的定理.

> **定理 8-1** 设 $y_1(x)$ 与 $y_2(x)$ 是齐次方程 (2) 的两个线性无关的特解，则
> $$y(x) = C_1 y_1(x) + C_2 y_2(x)$$
> 是齐次方程 (8-30) 的通解，其中 C_1，C_2 是任意常数.

证明从略.

2. 二阶常系数齐次线性微分方程的解法

由定理 8-1 知，求方程 (8-30) 的通解可归结为求它的两个线性无关的特解. 先来分析方程 (8-30) 的特点. 由于齐次方程 (8-30) 的系数是常数，即 y''，y'，y 只相差常数倍，而指数函数 e^{rx} (r 为常数) 的各阶导数都只相差常数倍. 因此可用指数函数 e^{rx} 来尝试，看能否通过选取适当的 r 值，使 $y = e^{rx}$ 满足方程 (8-30).

将 $y = e^{rx}$ 代入齐次方程 (8-30)，得
$$(r^2 + pr + q) e^{rx} = 0$$
因为 $e^{rx} \neq 0$，所以要使上式成立，必须有
$$r^2 + pr + q = 0 \tag{8-31}$$

式 (8-31) 是关于 r 的二次方程，称之为齐次方程 (8-30) 的**特征方程**. 特征方程中 r^2，r 的系数及常数项恰好是齐次方程 (8-30) 中的 y''，y' 及 y 的系数. 显然，函数 $y = e^{rx}$ 是齐次方程 (8-30) 的解的充分必要条件是 r 为特征方程 (8-31) 的根. 因此，求解齐次方程的问题就转化为求它的特征方程根的问题.

特征方程 (8-31) 的根用求根公式可得
$$r_{1,2} = \frac{-p \pm \sqrt{p^2 - 4q}}{2}$$

根据判别式 Δ 的不同，可以分为相异实根、重根和共轭复根三种情况，分别讨论如下.

① 当 $\Delta = p^2 - 4q > 0$ 时，特征方程有两个不相等的实根
$$r_1 = \frac{-p + \sqrt{p^2 - 4q}}{2}, \quad r_2 = \frac{-p - \sqrt{p^2 - 4q}}{2}$$

这时，方程 (8-30) 有两个特解 $y_1 = e^{r_1 x}$，$y_2 = e^{r_2 x}$. 由于 $\dfrac{y_1}{y_2} = \dfrac{e^{r_1 x}}{e^{r_2 x}} = e^{(r_1 - r_2)x} \neq$ 常数，即这两个解线性无关，故齐次方程 (8-30) 的通解为
$$y = C_1 e^{r_1 x} + C_2 e^{r_2 x}$$
其中 C_1，C_2 是任意常数.

② 当 $\Delta = p^2 - 4q = 0$ 时，特征方程有两个相等的实根

$$r_1 = r_2 = -\frac{p}{2}$$

这时只得到方程（8-30）的一个特解 $y_1 = e^{r_1 x}$，还需求得另一个特解 y_2，并且 y_1，y_2 线性无关.

设 $\dfrac{y_2}{y_1} = u(x)$，则 $y_2 = u(x)e^{r_1 x}$，对 y_2 求一阶和二阶导数，得

$$y_2' = e^{r_1 x}(u' + r_1 u), \quad y_2'' = e^{r_1 x}(u'' + 2r_1 u' + r_1^2 u)$$

将 y_2，y_2' 和 y_2'' 代入微分方程（8-30），并整理可得

$$e^{r_1 x}[u'' + (2r_1 + p)u' + (r_1^2 + pr_1 + q)u] = 0$$

因此有

$$u'' + (2r_1 + p)u' + (r_1^2 + pr_1 + q)u = 0$$

由于 r_1 是特征方程（8-31）的重根，即 $r_1^2 + pr_1 + q = 0$，又由于 $r_1 = -\dfrac{p}{2}$，所以 $2r_1 + p = 0$，于是上式化为

$$u'' = 0$$

为得到一个既简单又不为常数的特解，不妨取 $u = x$，所以，方程（8-30）的另一个特解为 $y_2 = xe^{r_1 x}$，从而齐次方程（8-30）的通解为

$$y = (C_1 + C_2 x)e^{r_1 x}$$

其中 C_1，C_2 是任意常数.

③ 当 $\Delta = p^2 - 4q < 0$ 时，特征方程有一对共轭复根

$$r_1 = \alpha + i\beta, \quad r_2 = \alpha - i\beta$$

其中

$$\alpha = -\frac{p}{2}, \quad \beta = \frac{\sqrt{4q - p^2}}{2}$$

可以证明，函数

$$y_1 = e^{\alpha x}\cos \beta x, \quad y_2 = e^{\alpha x}\sin \beta x$$

是方程（8-30）的两个特解，且

$$\frac{y_1}{y_2} = \cot \beta x$$

即 y_1，y_2 线性无关，故齐次方程（8-30）的通解为

$$y = e^{\alpha x}(C_1 \cos \beta x + C_2 \sin \beta x)$$

其中 C_1，C_2 是任意常数.

综上所述，求二阶常系数齐次线性微分方程 $y'' + py' + qy = 0$ 的通解步骤如下.

① 写出其对应的特征方程 $r^2 + pr + q = 0$.

② 求出特征方程的特征根 r_1，r_2.

③ 根据特征根的不同情形，按下表写出通解.

表 8-1 $y''+py'+qy=0$ 的通解形式

特征方程 $r^2+pr+q=0$ 的两个根为 r_1,r_2	$y''+py'+qy=0$ 的通解
$r_{1,2}=\dfrac{1}{2}(-p\pm\sqrt{p^2-4q})$ （相异实根）	$y=C_1e^{r_1x}+C_2e^{r_2x}$
$r_1=r_2=-\dfrac{p}{2}$ （重根）	$y=(C_1+C_2x)e^{r_1x}$
$r_{1,2}=\alpha\pm i\beta=-\dfrac{p}{2}\pm\dfrac{i}{2}\sqrt{4q-p^2}$ （复根）	$y=e^{\alpha x}(C_1\cos\beta x+C_2\sin\beta x)$

【例 8-18】 求微分方程 $y''-y'=0$ 的通解.

解 所给微分方程的特征方程为 $r^2-r=0$，解得特征根为 $r_1=0$，$r_2=1$，故所求通解为
$$y=C_1+C_2e^x$$

【例 8-19】 求微分方程 $y''+4y'+4y=0$ 的通解.

解 所给微分方程的特征方程为 $r^2+4r+4=0$，解得特征根为 $r_1=r_2=-2$，故所求通解为
$$y=(C_1+C_2x)e^{-2x}$$

【例 8-20】 求微分方程 $y''+y'+y=0$ 的通解.

解 所给微分方程的特征方程为 $r^2+r+1=0$，解得特征根为 $r_{1,2}=\dfrac{1}{2}\pm i\dfrac{\sqrt{3}}{2}$，故所求通解为
$$y=e^{\frac{x}{2}}\left(C_1\cos\frac{\sqrt{3}}{2}x+C_2\sin\frac{\sqrt{3}}{2}x\right)$$

8.4.2 二阶常系数非齐次线性微分方程

1. 二阶常系数非齐次线性微分方程解的结构

由第 8.2 节我们知道，一阶非齐次线性微分方程的通解等于其对应的齐次方程的通解与非齐次方程的一个特解之和. 这个结论同样适用于二阶常系数非齐次线性微分方程.

> **定理 8-2** 设 $y^*(x)$ 是非齐次方程的一个特解，$Y(x)$ 是方程对应的齐次方程的通解，则
> $$y(x)=Y(x)+y^*(x)$$
> 是二阶常系数非齐次线性微分方程的通解.

证明 因为 $y^*(x)$ 是非齐次方程 (8-29) 的特解，所以
$$(y^*)''+p(y^*)'+qy^*=f(x)$$
又 $Y(x)$ 是齐次方程 (8-30) 的通解，所以

$$Y'' + pY' + qY = 0$$

对于 $y(x) = Y(x) + y^*(x)$，有

$$
\begin{aligned}
& y'' + py' + qy \\
&= (Y + y^*)'' + p(Y + y^*)' + q(Y + y^*) \\
&= (Y'' + pY' + qY) + [(y^*)'' + p(y^*)' + qy^*] \\
&= 0 + f(x) = f(x)
\end{aligned}
$$

即 $y(x) = Y(x) + y^*(x)$ 是非齐次方程（8-29）的解，又因为 $Y(x)$ 中含有两个任意常数，从而 $y(x)$ 也含有两个任意常数，所以它是非齐次方程（8-29）的通解.

2. 二阶常系数非齐次线性微分方程的解法

由定理 8-2 可知，求非齐次方程（8-29）的通解，可归结为求它的一个特解和它所对应的齐次方程的通解. 而齐次方程的通解前面已经讨论过了，接下来只需找出非齐次方程的一个特解. 一般来说，非齐次方程的一个特解与方程右端的函数 $f(x)$ 形式类似，因此可用一个与 $f(x)$ 形式类似但含有待定系数的函数作为非齐次方程（8-29）的形式特解，然后将形式特解代入方程（8-29）确定待定系数值，从而求出方程（8-29）的一个特解. 这种方法称为**待定系数法**，它的特点是不用积分就可求出一个特解. 下面介绍 $f(x)$ 为两种常见形式的特解求法.

（1）$f(x) = P_m(x)e^{\lambda x}$ 型

这里 $P_m(x)$ 是关于 x 的一个 m 次多项式，λ 是常数，即

$$P_m(x) = a_0 x^m + a_1 x^{m-1} + \cdots + a_{m-1}x + a_m$$

方程（8-29）可写为

$$y'' + py' + qy = P_m(x)e^{\lambda x} \tag{8-32}$$

由于 $f(x) = P_m(x)e^{\lambda x}$ 是由 m 次多项式与指数函数的乘积构成，它的导数仍是同类函数，故可设方程（8-32）的特解为 $y^* = Q(x)e^{\lambda x}$，其中 $Q(x)$ 是需要确定的某个多项式. 将特解代入方程（8-32），得

$$Q''(x) + (2\lambda + p)Q'(x) + (\lambda^2 + p\lambda + q)Q(x) = P_m(x) \tag{8-33}$$

① 若 λ 不是特征方程 $r^2 + pr + q = 0$ 的根，即 $\lambda^2 + p\lambda + q \neq 0$，则 $Q(x)$ 须为 m 次多项式才能使式（8-33）成立. 设

$$Q(x) = Q_m(x) = b_0 x^m + b_1 x^{m-1} + \cdots + b_{m-1}x + b_m$$

将 $Q(x)$ 代入式（8-33），通过比较等式两边 x 同次幂的系数，便可确定 $b_0, b_1, \cdots, b_m$，即可确定 $Q(x)$，得到特解

$$y^* = Q_m(x)e^{\lambda x}$$

② 若 λ 是特征方程 $r^2 + pr + q = 0$ 的单根，即 $\lambda^2 + p\lambda + q = 0$，而 $2\lambda + p \neq 0$，则 $Q(x)$ 须为 $m+1$ 次多项式才能使式（8-33）成立. 设

$$Q(x) = xQ_m(x)$$

可用同样的方法确定 $Q_m(x)$ 中的系数 b_0, b_1, $\cdots$, b_m, 得到特解

$$y^* = xQ_m(x)e^{\lambda x}$$

③ 若 λ 是特征方程 $r^2 + pr + q = 0$ 的重根, 即 $\lambda^2 + p\lambda + q = 0$, 且 $2\lambda + p = 0$, 则 $Q(x)$ 须为 $m+2$ 次多项式才能使式 (8-33) 成立. 设

$$Q(x) = x^2 Q_m(x)$$

用同样的方法确定 $Q_m(x)$ 中的系数, 得到特解

$$y^* = x^2 Q_m(x)e^{\lambda x}$$

综上所述, 若 $f(x) = P_m(x)e^{\lambda x}$, 则可设特解形式为

$$y^* = x^k Q_m(x)e^{\lambda x}$$

其中 $Q_m(x)$ 是与 $P_m(x)$ 同次幂的多项式, 当 λ 不是特征方程的根、是特征方程的单根或是特征方程的重根时, k 依次取 0, 1, 2. 为了便于查找, 列表 (表 8-2) 如下.

表 8-2　$y'' + py' + qy = P_m(x)e^{\lambda x}$ 的特解形式

特征方程 $r^2 + pr + q = 0$ 的两个根为 r_1, r_2	$y'' + py' + qy = P_m(x)e^{\lambda x}$ 的特解形式
$\lambda \neq r_1$, 且 $\lambda \neq r_2$	$y^* = Q_m(x)e^{\lambda x}$
$\lambda = r_1$, 且 $\lambda \neq r_2$	$y^* = xQ_m(x)e^{\lambda x}$
$\lambda = r_1 = r_2$	$y^* = x^2 Q_m(x)e^{\lambda x}$

【例 8-21】　求微分方程 $y'' - 2y' - 3y = 3x + 1$ 的通解.

解　这里 $f(x) = e^{0x}(3x+1)$, 原方程对应的齐次线性方程的特征方程为 $r^2 - 2r - 3 = 0$, 有两个单根 $r_1 = 3$, $r_2 = -1$. 故方程对应的齐次方程的通解为

$$Y = C_1 e^{3x} + C_2 e^{-x} \quad (C_1, C_2 \text{ 为任意常数})$$

由于 $\lambda = 0$ 不是特征根, 故设方程特解为

$$y^* = x^0 e^{0x}(b_0 x + b_1) = b_0 x + b_1$$

代入原方程, 得

$$-3b_0 x - 2b_0 - 3b_1 = 3x + 1$$

比较系数得

$$b_0 = -1, \quad b_1 = \frac{1}{3}$$

故

$$y^* = -x + \frac{1}{3}$$

所以原方程通解为

$$y=C_1\mathrm{e}^{3x}+C_2\mathrm{e}^{-x}-x+\frac{1}{3}$$

【例 8 - 22】 求微分方程 $y''-5y'+6y=x\mathrm{e}^{2x}$ 的通解.

解 相应的齐次方程的特征方程为 $r^2-5r+6=0$，特征根为 $r_1=2$，$r_2=3$. 因此，相应的齐次方程的通解为

$$Y=C_1\mathrm{e}^{2x}+C_2\mathrm{e}^{3x} \quad (C_1，C_2 \text{ 为任意常数})$$

由于 $\lambda=2$ 是单特征根，故设方程特解为

$$y^*=x(b_0x+b_1)\mathrm{e}^{2x}$$

代入原方程，得

$$-2b_0x-b_1+2b_0=x$$

比较系数得

$$b_0=-\frac{1}{2}，\quad b_1=-1$$

故

$$y^*=x\left(-\frac{1}{2}x-1\right)\mathrm{e}^{2x}$$

所以原方程通解为

$$y=C_1\mathrm{e}^{2x}+C_2\mathrm{e}^{3x}-\left(\frac{1}{2}x^2+x\right)\mathrm{e}^{2x}$$

【例 8 - 23】 求微分方程 $y''-2y'+y=\mathrm{e}^x$，满足初始条件 $y|_{x=0}=1$，$y'|_{x=0}=0$ 的特解.

解 相应的齐次方程的特征方程为

$$r^2-2r+1=0.$$

它有两个相等的实根 $r_1=r_2=1$. 因此，相应的齐次方程的通解为

$$Y=\mathrm{e}^x(C_1+C_2x) \quad (C_1，C_2 \text{ 为任意常数})$$

由于 $\lambda=1$ 是特征方程的二重根，故设方程特解为

$$y^*=bx^2\mathrm{e}^x$$

代入原方程，整理得

$$2b\mathrm{e}^x=\mathrm{e}^x$$

所以 $b=\frac{1}{2}$，于是原方程的一个特解为

$$y^*=\frac{1}{2}x^2\mathrm{e}^x$$

原方程通解为

$$y=(C_1+C_2x)\mathrm{e}^x+\frac{1}{2}x^2\mathrm{e}^x$$

现求满足初始条件的特解. 将初始条件 $y|_{x=0}=1$，$y'|_{x=0}=0$ 代入通解及其导数，即可求得

$$C_1 = 1, \quad C_2 = -1$$

所以满足初始条件的特解为

$$y = \left(1 - x + \frac{1}{2}x^2\right)e^x$$

（2）$f(x) = (A\cos \beta x + B\sin \beta x)e^{\alpha x}$ 型

方程（8-29）可写为

$$y'' + py' + qy = (A\cos \beta x + B\sin \beta x)e^{\alpha x}$$

与前面讨论的方法类似，上式的特解形式为

$$y^* = x^k(E\cos \beta x + F\sin \beta x)e^{\alpha x}$$

其中 E, F 为待定系数，当 $\alpha \pm \mathrm{i}\beta$ 为相应齐次方程的特征根时，$k = 1$；否则，$k = 0$．归纳如表 8-3 所示.

表 8-3　$y'' + py' + qy = (A\cos \beta x + B\sin \beta x)e^{\alpha x}$ 的特解形式

特征方程 $r^2 + pr + q = 0$ 的两个根为 r_1, r_2	特解形式
$r_{1,2} \neq \alpha \pm \mathrm{i}\beta$ 时	$y^* = (E\cos \beta x + F\sin \beta x)e^{\alpha x}$
$r_{1,2} = \alpha \pm \mathrm{i}\beta$ 时	$y^* = x(E\cos \beta x + F\sin \beta x)e^{\alpha x}$

【例 8-24】　求微分方程 $y'' - 2y' + 5y = \cos 2x$ 的通解.

解　相应的齐次方程特征方程为 $r^2 - 2r + 5 = 0$，特征根为 $r_{1,2} = 1 \pm 2\mathrm{i}$．因此，相应的齐次方程的通解为

$$Y = e^x(C_1\cos 2x + C_2\sin 2x)$$

由于 $\alpha + \mathrm{i}\beta = 2\mathrm{i}$ 不是特征根，故设方程特解为

$$y^* = E\cos 2x + F\sin 2x$$

代入原方程，化简得

$$(E - 4F)\cos 2x + (4E + F)\sin 2x = \cos 2x$$

比较两边系数，得

$$\begin{cases} E - 4F = 1 \\ 4E + F = 0 \end{cases}$$

即

$$E = \frac{1}{17}, \quad F = -\frac{4}{17}$$

所以原方程通解为

$$y = e^x(C_1\cos 2x + C_2\sin 2x) + \frac{1}{17}\cos 2x - \frac{4}{17}\sin 2x$$

【例 8-25】　求微分方程 $y'' + y' - 2y = e^{-2x}\sin x$ 的通解.

解　相应的齐次方程特征方程为 $r^2 + r - 2 = 0$，特征根为 $r_1 = 1, r_2 = -2$．因此，相应

的齐次方程的通解为

$$Y = C_1 e^x + C_2 e^{-2x}$$

设方程特解为

$$y^* = e^{-2x}(E\cos x + F\sin x)$$

代入原方程化简，比较两边系数，解得

$$E = \frac{3}{10}, \quad F = -\frac{1}{10}$$

所以原方程通解为

$$y = C_1 e^x + C_2 e^{-2x} + \left(\frac{3}{10}\cos x - \frac{1}{10}\sin x\right)e^{-2x}$$

习题 8.4

1. 验证 $y_1 = \cos \omega x$ 和 $y_2 = \sin \omega x$ 都是方程 $y'' + \omega^2 y = 0$ 的解，并写出该方程的通解.

2. 求下列微分方程的通解.

   (1) $y'' + y' - 2y = 0$ \qquad (2) $y'' - 4y' = 0$

   (3) $y'' + y = 0$ \qquad (4) $y'' + 6y' + 13y = 0$

   (5) $4\dfrac{\mathrm{d}^2 x}{\mathrm{d}t^2} - 20\dfrac{\mathrm{d}x}{\mathrm{d}t} + 25x = 0$ \qquad (6) $y'' - 4y' + 5y = 0$

3. 求下列微分方程满足初始条件的特解.

   (1) $y'' - 4y' + 3y = 0$, $y|_{x=0} = 6$, $y'|_{x=0} = 10$

   (2) $y'' + 25y = 0$, $y|_{x=0} = 2$, $y'|_{x=0} = 5$

   (3) $4y'' + 4y' + y = 0$, $y|_{x=0} = 2$, $y'|_{x=0} = 0$

4. 求下列微分方程的通解.

   (1) $2y'' + y' - y = 2e^x$ \qquad (2) $y'' + a^2 y = e^x$

   (3) $2y'' + 5y' = 5x^2 - 2x - 1$ \qquad (4) $y'' + 3y' + 2y = 3xe^{-x}$

   (5) $y'' - 2y' + 5y = e^x \sin 2x$ \qquad (6) $y'' + 5y' + 4y = 3 - 2x$

   (7) $y'' + y = e^x + \cos x$ \qquad (8) $y'' - y = \sin^2 x$

5. 求下列微分方程满足初始条件的特解.

   (1) $y'' + y + \sin 2x = 0$, $y|_{x=\pi} = 1$, $y'|_{x=\pi} = 1$

   (2) $y'' - 10y' + 9y = e^{2x}$, $y|_{x=0} = \dfrac{6}{7}$, $y'|_{x=0} = \dfrac{33}{7}$

   (3) $y'' - 4y' = 5$, $y|_{x=0} = 1$, $y'|_{x=0} = 0$

6. 设二阶常系数线性微分方程 $y'' + \alpha y' + \beta y = \gamma e^x$ 的一个特解为 $y = e^{2x} + (1+x)e^x$，试确定 α, β, γ，并求出该方程的通解.

8.5 差 分 方 程

在科学技术和经济研究中，许多数据都是以等间隔时间周期统计的. 例如银行的定期存款按设定的时间等间隔计息、国家财政预算按年制定等. 所以在研究实际经济管理问题时，各有关经济变量的取值是随时间离散变化的，这类变量通常称为**离散型变量**. 描述离散型变量之间关系的数学模型称为**离散型模型**. 求解这类模型可以描述离散型变量的变化规律. 本节要介绍的差分方程提供了研究这类离散模型的有力工具.

8.5.1 差分的概念与性质

在一元函数微分学中，用导数 $\dfrac{\mathrm{d}y}{\mathrm{d}x}$ 来刻画函数 $y=y(x)$ 关于变量 x 的变化率，但在许多应用问题中，函数是否可导，甚至是否连续都不清楚，而仅知道函数的自变量取某些点时的函数值，即自变量与因变量均是离散变化的. 这时，用函数的差商 $\dfrac{\Delta y}{\Delta x}$ 来替代导数刻画函数 $y=y(x)$ 的变化率. 在很多实际问题中，自变量 x 的最小变化单位是 1，即 $\Delta x=1$，则

$$\Delta y = y(x+1) - y(x)$$

可以近似表示变量 y 的变化率. 由此给出差分的定义如下.

定义 8-5 设有函数 $y=y(t)$，当自变量 t 依次取遍非负整数时，相应的函数值可以排成一个数列

$$y(0), y(1), y(2), \cdots, \quad y(t), y(t+1), \cdots$$

将其简记为

$$y_0, y_1, y_2, \cdots, \quad y_t, y_{t+1}, \cdots$$

即 $y_t = y(t)(t=0,1,2,\cdots)$. 当自变量从 t 变为 $t+1$ 时，称改变量 $y_{t+1}-y_t$ 为函数 y_t 在点 t 的一阶差分，简称差分，记作 Δy_t，即

$$\Delta y_t = y_{t+1} - y_t = y(t+1) - y(t)$$

函数 $y_t = y(t)$ 在点 t 的一阶差分的差分称为该函数在点 t 的**二阶差分**，记作 $\Delta^2 y_t$，即

$$\begin{aligned}
\Delta^2 y_t = \Delta(\Delta y_t) &= \Delta y_{t+1} - \Delta y_t \\
&= (y_{t+2} - y_{t+1}) - (y_{t+1} - y_t) \\
&= y_{t+2} - 2y_{t+1} + y_t
\end{aligned}$$

类似地，可以定义三阶差分、四阶差分、⋯. 一般地，函数 y_t 的 $n-1$ 阶差分的差分称为 n 阶差分，记为 $\Delta^n y_t$，即

$$\Delta^n y_t = \Delta(\Delta^{n-1} y_t) = \Delta^{n-1} y_{t+1} - \Delta^{n-1} y_t$$

$$= \sum_{k=0}^{n} (-1)^k C_n^k y_{n+t-k}$$

二阶及二阶以上的差分统称为**高阶差分**.

由定义可知,差分具有以下性质.

① $\Delta C = 0$ (C 为常数).

② $\Delta(Cy_t) = C\Delta y_t$ (C 为常数).

③ $\Delta(x_t + y_t) = \Delta x_t + \Delta y_t$.

④ $\Delta(x_t y_t) = x_t \Delta y_t + y_{t+1} \Delta x_t = x_{t+1} \Delta y_t + y_t \Delta x_t$.

⑤ $\Delta\left(\dfrac{x_t}{y_t}\right) = \dfrac{y_t \Delta x_t - x_t \Delta y_t}{y_t y_{t+1}} = \dfrac{y_{t+1} \Delta x_t - x_{t+1} \Delta y_t}{y_t y_{t+1}}$.

【例 8 - 26】 设 $y_t = t^2 - 3t + 1$,求 Δy_t,$\Delta^2 y_t$.

解
$$\Delta y_t = y_{t+1} - y_t = [(t+1)^2 - 3(t+1) + 1] - (t^2 - 3t + 1) = 2t - 2$$
$$\Delta^2 y_t = \Delta(\Delta y_t) = \Delta y_{t+1} - \Delta y_t = [2(t+1) - 2] - (2t - 2) = 2$$

【例 8 - 27】 设 $y_t = a^t$ ($a > 0$,$a \neq 1$),求 Δy_t,$\Delta^2 y_t$.

解
$$\Delta y_t = y_{t+1} - y_t = a^{t+1} - a^t = (a-1)a^t = (a-1)y_t$$
$$\Delta^2 y_t = \Delta(\Delta y_t) = \Delta[(a-1)a^t] = (a-1)^2 a^t = (a-1)^2 y_t$$

由此可推得 $y_t = a^t$ 的 n 阶差分

$$\Delta^n(a^t) = (a-1)^n a^t$$

在利用差分进行动态分析时,当 $\Delta y_t > 0$ 时,表明数列是单调增加的;当 $\Delta y_t < 0$ 时,数列是单调减少的. 当 $\Delta^2 y_t > 0$ 时,表明数列变化的速度在增大;当 $\Delta^2 y_t < 0$ 时,数列变化的速度在减小.

8.5.2 差分方程的基本概念

定义 8 - 6 含有自变量 t、未知函数 y_t 及 y_t 的差分 Δy_t,$\Delta^2 y_t$,…的函数方程称为常差分方程,简称差分方程. 出现在差分方程中的差分的最高阶数称为差分方程的阶.

n 阶差分方程的一般形式为

$$F(t, y_t, \Delta y_t, \Delta^2 y_t, \cdots, \Delta^n y_t) = 0$$

其中 $F(t, y_t, \Delta y_t, \Delta^2 y_t, \cdots, \Delta^n y_t)$ 为 t,y_t,Δy_t,$\Delta^2 y_t$,…,$\Delta^n y_t$ 的已知函数,且 $\Delta^n y_t$ 必须出现在式中.

利用差分公式,差分方程可转化为函数 y_t 在不同时刻的取值的关系式,因此差分方程也可以用如下定义.

定义 8 - 7 含有自变量 t 及两个或两个以上函数值 y_t,y_{t+1},…的函数方程称为常差分方程,简称差分方程. 出现在差分方程中未知函数下标的最大差数称为差分方程的阶.

按此定义，n 阶差分方程的一般形式为

$$F(t, y_t, y_{t+1}, \cdots, y_{t+n}) = 0 \qquad (8-34)$$

其中 $F(t, y_t, y_{t+1}, \cdots, y_{t+n})$ 为 $t, y_t, y_{t+1}, \cdots, y_{t+n}$ 的已知函数，且 y_t 与 y_{t+n} 必须出现在式中. 例如，$\Delta^2 y_t - 2y_t = 3^t$ 含有二阶差分，是一个二阶差分方程，它可以化为

$$
\begin{aligned}
\Delta^2 y_t - 2y_t &= \Delta y_{t+1} - \Delta y_t - 2y_t \\
&= (y_{t+2} - y_{t+1}) - (y_{t+1} - y_t) - 2y_t \\
&= y_{t+2} - 2y_{t+1} - y_t
\end{aligned}
$$

即

$$y_{t+2} - 2y_{t+1} - y_t = 3^t$$

上式最大差数是 2，也为二阶差分方程.

需要注意的是，按照差分方程的两种定义得出的差分方程的阶有时不一致，例如方程 $\Delta^2 y_t - y_t = 0$，按定义 8-6，是二阶差分方程，若改写成

$$\Delta^2 y_t - y_t = y_{t+2} - 2y_{t+1} + y_t - y_t = y_{t+2} - 2y_{t+1} = 0$$

按照定义 8-7，则应为一阶差分方程.

由于经济科学，管理科学中遇到的差分方程都是按定义 8-7 给出的，因此下面仅讨论形如（8-34）的差分方程.

定义 8-8　若一个函数代入差分方程后方程两端恒等，则称此函数为该差分方程的解.

与微分方程类似，若差分方程的解中含有任意常数的个数与差分方程的阶数相同，这样的解称为差分方程的**通解**. 通解中的任意常数被某些条件确定后的解称为**特解**. 确定任意常数的条件称为**初始条件**.

【例 8-28】　设差分方程 $y_{t+1} - 2y_t = 3t^2$，验证 $y_t = C2^t - 9 - 6t - 3t^2$ 是否为差分方程的通解，并求满足 $y_0 = 1$ 的特解.

解　将 $y_t = C2^t - 9 - 6t - 3t^2$ 代入方程，得

左端 $= y_{t+1} - 2y_t = C2^{t+1} - 9 - 6(t+1) - 3(t+1)^2 - 2C2^t + 18 + 12t + 6t^2 = 3t^2 =$ 右端

所以 $y_t = C2^t - 9 - 6t - 3t^2$ 是差分方程的解，而且含有一个任意常数，故为通解.

将 $y_0 = 1$ 代入通解，得 $C = 10$，于是所求特解为 $y_t = 10 \times 2^t - 9 - 6t - 3t^2$.

8.5.3　一阶常系数线性差分方程

形如

$$y_{t+1} - ay_t = f(t) \qquad (8-35)$$

的方程称为一阶常系数线性差分方程，其中 a 为非零常数，$f(t)$ 为已知函数. 当 $f(t) \equiv 0$ 时，式（8-35）成为

$$y_{t+1} - ay_t = 0 \qquad (8-36)$$

方程（8-36）称为一阶常系数齐次线性差分方程；当 $f(t)$ 不恒为零时，方程（8-35）称为一阶常系数非齐次线性差分方程.

1. 齐次线性差分方程

将齐次线性差分方程（8-36）写成

$$y_{t+1} = ay_t$$

逐次迭代，得

$$y_1 = ay_0$$
$$y_2 = ay_1 = a^2 y_0$$
$$y_3 = ay_2 = a^3 y_0$$
$$\vdots$$

最后得到

$$y_t = a^t y_0$$

如果 y_0 未知，把它看作任意常数，上式就是方程（8-36）的通解；如果 y_0 已知，即给了初值条件，上式就是特解. 为了符号统一，还把通解记作

$$y_t = Ca^t \quad （C \text{ 为任意常数}） \tag{8-37}$$

【例 8-29】 求差分方程 $y_{t+1} - 5y_t = 0$ 的通解.

解 由公式（8-37），方程的通解为

$$y_t = C \times 5^t$$

【例 8-30】 解差分方程 $\begin{cases} 2y_{t+1} - 3y_t = 0 \\ y_0 = 2 \end{cases}$.

解 由公式（8-37），方程的通解为

$$y_t = C \times \left(\frac{3}{2}\right)^t$$

由 $y_0 = 2$ 给出 $C = 2$，所以方程的特解为

$$y_t = 2 \times \left(\frac{3}{2}\right)^t$$

2. 非齐次线性差分方程

由前面的概念可以看出，差分方程与微分方程有许多相似之处. 微分方程描述变量连续变化的过程，而差分方程描述变量离散变化的过程. 当时间间隔很小时，差分可以看作微分的近似. 因此，差分方程和微分方程在解的结构及解的求解方法上有许多相似. 与微分方程解的性质类似，下面不加证明地给出下列定理.

定理 8-3 设 y^* 是非齐次差分方程（8-35）的一个特解，y_t 是方程（8-35）对应的齐次差分方程（8-36）的通解，则

$$y = y_t + y^*$$

是一阶常系数非齐次线性差分方程（8-35）的通解.

由定理 8-3 知，欲求非齐次方程（8-35）的通解，只需求出它的一个特解及对应齐次方程的通解.

求非齐次差分方程的一个特解的方法主要有迭代法与待定系数法. 下面通过例子说明非齐次方程特解的迭代求法.

【例 8-31】 设非齐次方程为 $y_{t+1} - a y_t = \beta$（a，β 为常数），求其初值为 y_0 的特解.

解 设给定初值 y_0，将方程写成 $y_{t+1} = a y_t + \beta$ 的形式进行迭代，得

$$y_1 = a y_0 + \beta$$
$$y_2 = a y_1 + \beta = a(a y_0 + \beta) + \beta = a^2 y_0 + \beta(1+a)$$
$$y_3 = a y_2 + \beta = a[a^2 y_0 + \beta(1+a)] + \beta = a^3 y_0 + \beta(1+a+a^2)$$
$$\vdots$$
$$y_t = a^t y_0 + \beta(1+a+a^2+\cdots+a^{t-1}) \tag{8-38}$$

又

$$1+a+a^2+\cdots+a^{t-1} = \begin{cases} \dfrac{1-a^t}{1-a}, & a \neq 1 \\ t, & a = 1 \end{cases}$$

因此归结为

$$y_t = \begin{cases} \left(y_0 - \dfrac{\beta}{1-a}\right)a^t + \dfrac{\beta}{1-a}, & a \neq 1 \\ y_0 + \beta t, & a = 1 \end{cases}$$

可以验证上式是方程 $y_{t+1} - a y_t = \beta$ 的解.

注意，在上式中，当取 $y_0 = C$（C 为任意常数）时，可直接得方程的通解

$$y_t = \begin{cases} \left(C - \dfrac{\beta}{1-a}\right)a^t + \dfrac{\beta}{1-a}, & a \neq 1 \\ C + \beta t, & a = 1 \end{cases}$$

在非齐次方程（8-35）中，对 $f(t)$ 的一些特殊形式，常用待定系数法求其特解，其基本思想是设想待求特解与非齐次项函数 $f(t)$ 有相同的形式，但含有待定系数，然后将形式特解代入方程（8-35），确定出待定系数，从而求出方程（8-35）的一个特解.

下面给出 $f(t)$ 两种常见类型的求特解的待定系数法.

(1) $f(t) = P_m(t)$ 型

这里 $P_m(t)$ 为 m 次多项式，此时方程（8-35）可写为

$$y_{t+1} - a y_t = P_m(t) \tag{8-39}$$

若 $y^* = Q(t)$ 为特解，代入上式得

$$Q(t+1) - a Q(t) = P_m(t)$$

所以当 $a \neq 1$ 时，要使方程两端恒等，应设 y^* 为 m 次多项式，即

$$y^* = Q_m(t) = b_0 t^m + b_1 t^{m-1} + \cdots b_{m-1} t + b_m$$

当 $a=1$ 时，要使方程两端恒等，应设 y^* 为 $(m+1)$ 次多项式，即

$$y^* = t Q_m(t) = b_0 t^{m+1} + b_1 t^m + \cdots b_{m-1} t^2 + b_m t$$

将 y^* 代入式 (8-39)，比较同次幂系数，求解出待定系数.

【例 8-32】 求差分方程 $y_{t+1} - 2y_t = 3t^2$ 的通解.

解　由 $a=2$ 知，对应齐次方程的通解为 $y_t = C \times 2^t$. 设 $y^* = b_0 t^2 + b_1 t + b_2$，代入原方程，得

$$b_0(t+1)^2 + b_1(t+1) + b_2 - 2(b_0 t^2 + b_1 t + b_2) = 3t^2$$

整理，比较同次幂系数得

$$b_0 = -3, \quad b_1 = -6, \quad b_2 = -9$$

于是方程的特解为

$$y^* = -3t^2 - 6t - 9$$

故原方程的通解为

$$y = C \times 2^t - 3t^2 - 6t - 9$$

【例 8-33】 求差分方程 $y_{t+1} - y_t = t + 3$ 的通解.

解　由 $a=1$ 知，对应齐次方程的通解为 $y_t = C \times 1^t = C$. 设 $y^* = b_0 t^2 + b_1 t$，代入原方程，得

$$b_0(t+1)^2 + b_1(t+1) - (b_0 t^2 + b_1 t) = t + 3$$

整理，比较同次幂系数得

$$b_0 = \frac{1}{2}, \quad b_1 = \frac{5}{2}$$

于是方程的特解为

$$y^* = \frac{1}{2}t^2 + \frac{5}{2}t$$

故原方程的通解为

$$y = C + \frac{1}{2}t^2 + \frac{5}{2}t$$

(2) $f(t) = b^t t^m$ 型

① 当 $b \neq a$ 时，设特解为

$$y^* = b^t(b_0 t^m + b_1 t^{m-1} + \cdots b_{m-1} t + b_m)$$

② 当 $b = a$ 时，设特解为

$$y^* = t b^t(b_0 t^m + b_1 t^{m-1} + \cdots b_{m-1} t + b_m)$$

$$= b_0 t^{m+1} + b_1 t^m + \cdots b_{m-1} t^2 + b_m t$$

特别地，若 $f(t) = \beta b^t$，则当 $b \neq a$ 时，设特解为 $y^* = b_0 b^t$，可以解得

$$y^* = \frac{\beta}{b-a} b^t$$

当 $b=a$ 时，设特解为 $y^*=b_0tb^t$，可以解得

$$y^*=\beta tb^{t-1}$$

【例 8-34】 求差分方程 $y_{t+1}-y_t=t2^t$ 的通解.

解 其对应的齐次方程的通解为

$$y_t=C\times1^t=C$$

由于 $b\neq a$，设非齐次方程的特解为

$$y^*=2^t(b_0t+b_1)$$

代入原方程，得

$$2^{t+1}[b_0(t+1)+b_1]-2^t(b_0t+b_1)=t2^t$$

整理，比较系数得

$$b_0=1,\quad b_1=-2$$

于是方程的特解为

$$y^*=2^t(t-2)$$

故原方程的通解为

$$y=C+2^t(t-2)$$

8.5.4 二阶常系数线性差分方程

形如

$$y_{t+2}+ay_{t+1}+by_t=f(t),\quad t=0,1,2,\cdots \tag{8-40}$$

的方程称为**二阶常系数线性差分方程**，其中 a，b 为常数，且 $b\neq0$，$f(t)$ 为已知函数. 当 $f(t)\equiv0$ 时，式（8-40）成为

$$y_{t+2}+ay_{t+1}+by_t=0,\quad t=0,1,2,\cdots \tag{8-41}$$

方程（8-41）称为**二阶常系数齐次线性差分方程**；当 $f(t)$ 不恒为零时，方程（8-40）称为**二阶常系数非齐次线性差分方程**.

与一阶常系数线性差分方程类似，非齐次方程（8-40）的通解等于其任意一个特解与对应的齐次方程的通解之和.

1. 齐次差分方程

和微分方程类似，只要找出二阶齐次差分方程的两个线性无关的特解，就可以用它们的线性组合表示方程的通解. 观察方程的特点，可以看出幂函数符合方程特征，不妨设 $y_t=r^t$ 为方程（8-41）的特解，代入（8-41）式，得

$$r^t(r^2+ar+b)=0$$

由于 $r^t\neq0$，上式化为

$$r^2+ar+b=0$$

上式称为方程（8 - 41）的**特征方程**，特征方程的根称为**特征根**. 特征方程的根用求根公式可得

$$r_{1,2} = \frac{-a \pm \sqrt{a^2 - 4b}}{2}$$

① 当 $\Delta = a^2 - 4b > 0$ 时，特征方程有两个不相等的实根

$$r_1 = \frac{-a + \sqrt{a^2 - 4b}}{2}, \quad r_2 = \frac{-a - \sqrt{a^2 - 4b}}{2}$$

这时，方程（8 - 41）有两个特解 $y_1 = r_1^t$，$y_2 = r_2^t$. 显然二者线性无关，故齐次方程（8 - 41）的通解为

$$y_t = C_1 r_1^t + C_2 r_2^t$$

其中 C_1，C_2 是任意常数.

② 当 $\Delta = a^2 - 4b = 0$ 时，特征方程有两个相等的实根

$$r_1 = r_2 = -\frac{a}{2}$$

这时只得到方程（8 - 41）的一个特解 $y_1 = \left(-\frac{a}{2}\right)^t$. 可以验证，另一特解为 $y_2 = t\left(-\frac{a}{2}\right)^t$，所以方程（8 - 41）的通解为

$$y_t = (C_1 + C_2 t)\left(-\frac{a}{2}\right)^t$$

其中 C_1，C_2 是任意常数.

③ 当 $\Delta = a^2 - 4b < 0$ 时，特征方程有一对共轭复根

$$r_1 = \alpha + \mathrm{i}\beta, \quad r_2 = \alpha - \mathrm{i}\beta$$

其中 $\alpha = -\frac{a}{2}$，$\beta = \frac{\sqrt{4b - a^2}}{2}$. 可以证明，函数

$$y_1 = r^t \cos \beta t, \quad y_2 = r^t \sin \beta t$$

是方程（8 - 41）的两个特解，其中 $r = \sqrt{\alpha^2 + \beta^2} = \sqrt{b}$，$\tan \beta = -\frac{\sqrt{4b - a^2}}{a}$，$\beta \in (0, \pi)$；当 $a = 0$ 时，$\beta = \frac{\pi}{2}$. 故齐次方程（8 - 41）的通解为

$$y_t = r^t (C_1 \cos \beta t + C_2 \sin \beta t)$$

其中 C_1，C_2 是任意常数.

【例 8 - 35】 斐波那契数列在优选法中应用广泛，该数列的前若干项为 0，1，1，2，3，5，8，…，它的规律是从第三项以后的各项是前两项之和，而 $y_0 = 0$，$y_1 = 1$. 求斐波那契数列的通项 y_t.

解　由题意知 y_t 满足差分方程 $y_{t+2} = y_{t+1} + y_t$，即

$$y_{t+2} - y_{t+1} - y_t = 0$$

这是二阶常系数齐次线性差分方程，特征方程为 $r^2 - r - 1 = 0$，解得特征根为 $r_1 = \dfrac{1+\sqrt{5}}{2}$，$r_2 = \dfrac{1-\sqrt{5}}{2}$. 所以，差分方程的通解为

$$y_t = C_1 \left(\frac{1+\sqrt{5}}{2} \right)^t + C_2 \left(\frac{1-\sqrt{5}}{2} \right)^t$$

代入初始条件，解得 $C_1 = \dfrac{\sqrt{5}}{5}$，$C_2 = -\dfrac{\sqrt{5}}{5}$. 所以，所求通项为

$$y_t = \frac{\sqrt{5}}{5} \left(\frac{1+\sqrt{5}}{2} \right)^t - \frac{\sqrt{5}}{5} \left(\frac{1-\sqrt{5}}{2} \right)^t$$

2. 非齐次差分方程

求二阶非齐次差分方程（8-40）的特解 y^*，常用方法与求二阶非齐次微分方程特解的待定系数法类似. 当非齐次差分方程（8-40）右端函数 $f(t)$ 具有某些特定形式时，首先根据方程（8-40）中 $f(t)$ 的形式及特征方程的结论设出含有待定常数的特解 y^*，然后将 y^* 代入方程（8-40）中，比较两端同类项系数即可确定待定常数，从而得到特解. 表 8-4 列出了 $f(t)$ 取某些特定形式的函数时，方程（8-40）的特解形式.

表 8-4　$y_{t+2} + a y_{t+1} + b y_t = f(t)$ 的特解形式

$f(t)$ 的形式	待定特解的条件	待定特解 y^* 的形式
m 次多项式 $P_m(t)$： $a_0 t^m + a_1 t^{m-1} + \cdots + a_{m-1} t + a_m$	$a + b + 1 \neq 0$	m 次多项式 $Q_m(t)$： $b_0 t^m + b_1 t^{m-1} + \cdots + b_{m-1} t + b_m$
	$a + b + 1 = 0$ 且 $a \neq -2$	$t Q_m(t)$
	$a = -2$，$b = 1$	$t^2 Q_m(t)$
$c d^t$	d 不是特征根	$A d^t$
	d 是单特征根	$A t d^t$
	d 是二重特征根	$A t^2 d^t$
$a_1 \cos \beta t + a_2 \sin \beta t$， a_1，a_2 不同时为零	$\cos \beta + i \sin \beta$ 不是特征根	$A \cos \beta t + B \sin \beta t$
	$\cos \beta + i \sin \beta$ 是单特征根	$t(A \cos \beta t + B \sin \beta t)$
	$\cos \beta + i \sin \beta$ 是二重特征根	$t^2(A \cos \beta t + B \sin \beta t)$

【例 8-36】 求差分方程 $y_{t+2} + y_{t+1} - 2 y_t = 12$ 的通解及 $y_0 = 0$，$y_1 = 0$ 的特解.

解　该方程对应的特征方程为 $r^2 + r - 2 = 0$，解得特征根为 $r_1 = -2$，$r_2 = 1$，所以对应齐次方程的通解为

$$y_t = C_1 (-2)^t + C_2$$

由于 $a+b+1=0$，且 $a=1\neq -2$，故设 $y^*=b_0t$，代入原方程，解得 $b_0=4$，所以 $y^*=4t$，从而原方程的通解为

$$y=C_1(-2)^t+C_2+4t$$

代入初始条件 $y_0=0$，$y_1=0$，解得 $C_1=\dfrac{4}{3}$，$C_2=-\dfrac{4}{3}$，因而所求特解为

$$y=\dfrac{4}{3}(-2)^t-\dfrac{4}{3}+4t$$

【例 8-37】　求差分方程 $y_{t+2}-10y_{t+1}+25y_t=3^t$ 的通解及 $y_0=1$，$y_1=0$ 的特解.

解　该方程对应的特征方程为 $r^2-10r+25=0$，解得特征根为 $r_{1,2}=5$，所以对应齐次方程的通解为

$$y_t=(C_1+C_2t)5^t$$

由于 3 不是特征根，故设 $y^*=A3^t$，代入原方程，解得 $A=\dfrac{1}{4}$，所以 $y^*=\dfrac{1}{4}\cdot 3^t$，于是原方程的通解为

$$y=(C_1+C_2t)5^t+\dfrac{1}{4}\cdot 3^t$$

代入初始条件 $y_0=1$，$y_1=0$，解得 $C_1=\dfrac{3}{4}$，$C_2=-\dfrac{9}{10}$，因而所求特解为

$$y=\left(\dfrac{3}{4}-\dfrac{9}{10}t\right)5^t+\dfrac{1}{4}\cdot 3^t$$

习题 8.5

1. 下列等式为二阶差分方程的是（　　）.
   A. $\Delta^2 y_t=2^t+y_t$　　　　　　B. $ty_{t-1}+2y_t=3y_{t+1}$
   C. $-3\Delta^3 y_t+3y_{t+2}=2$　　　D. $y_{t+3}+3t^2=0$
2. 下列等式中为差分方程的是（　　）.
   A. $2\Delta y_t=y_t+t$　　　　　　　B. $\Delta^2 y_t=y_{t+2}-2y_{t+1}+y_t$
   C. $-3\Delta^3 y_t=3y_{t+2}+a^t$　　D. $y_t-y_{t+2}=y_{t+1}$
3. 下列函数中（　　）是方程 $(1+y_t)y_{t+1}=y_t$ 的通解.
   A. $\dfrac{C}{1+Ct}$　　　　　　　　B. $\dfrac{1+Ct}{C}$
   C. $\dfrac{1}{1+t}$　　　　　　　　　D. $\dfrac{Ct}{1+Ct}$
4. 求下列函数的二阶差分.
   (1) $y_t=2t^3-t^2$　　　　　　　(2) $y_t=e^{3t}$
   (3) $y_t=(t+1)^2+2^t$

5. 求下列差分方程的通解.

(1) $y_{t+1}-2y_t=0$ (2) $y_{t+1}-5y_t=3$

(3) $y_{t+1}+y_t=0$ (4) $y_{t+1}-2y_t=6t^2$

(5) $y_{t+1}+y_t=2^t$ (6) $y_{t+1}-\alpha y_t=e^{\beta\alpha}$ （α，β 为非零常数）

6. 求下列差分方程的初值问题.

(1) $4y_{t+1}+2y_t=1$，$y_0=1$ (2) $2y_{t+1}+y_t=0$，$y_0=3$

7. 求下列二阶差分方程的通解及特解.

(1) $y_{t+2}+3y_{t+1}-\dfrac{7}{4}y_t=9$ （$y_0=6$，$y_1=3$）

(2) $y_{t+2}-4y_{t+1}+16y_t=0$

(3) $y_{t+2}-2y_{t+1}+2y_t=9$ （$y_0=2$，$y_1=2$）

总 习 题 八

(A)

1. 填空题

(1) 通解为 $y=Ce^x+x$ 的微分方程是_____.

(2) 微分方程 $xyy'=1-x^2$ 的通解是_____.

(3) 微分方程 $y'+y\tan x=\cos x$ 的通解是_____.

(4) 通解为 $C_1e^x+C_2x$ 的微分方程是_____.

(5) 微分方程 $xy'+y=3$ 满足初始条件 $y|_{x=1}=0$ 的特解是_____.

(6) 用待定系数法求微分方程 $y''+2y'=2x^2-1$ 的一个特解时，应设特解的形式为 $y^*=$_____.

(7) 用待定系数法求微分方程 $y''+y'-2y=e^x(3\cos x-4\sin x)$ 的一个特解时，应设特解的形式为 $y^*=$_____.

(8) 已知 $y_1=e^{x^2}$ 及 $y_2=xe^{x^2}$ 都是微分方程 $y''-4xy'+(4x^2-2)y=0$ 的解，则此方程的通解为_____.

(9) 已知 $y_1^*=\dfrac{1}{4}x\sin 2x$ 是微分方程 $y''+4y=\cos 2x$ 的特解，$y_2^*=\dfrac{1}{4}x$ 是微分方程 $y''+4y=x$ 的特解，则方程 $y''+4y=\cos 2x+x$ 的一个特解是 $y^*=$_____.

(10) 方程 $y'-y=\cos x-\sin x$ 满足条件：当 $x\to+\infty$ 时，y 有界的解是_____.

(11) 设 $y_t=\dfrac{1}{2}e^t$，则 $\Delta^2 y_t=$_____.

(12) 已知 $y_t=\dfrac{t(t-1)}{2}+2$ 是差分方程 $y_{t+1}-y_t=f(t)$ 的解，则 $f(t)=$_____.

(13) 若 $y_t = \dfrac{1}{t}$，则 $\Delta y_t =$ _____.

(14) 某公司每年的总产值在比上一年增加 10% 的基础上再多 100 万元. 若以 W_t 表示第 t 年的总产值（单位：万元），则 W_t 满足的差分方程为 _____.

2. 选择题

(1) 微分方程 $(y')^2 + y'(y'')^3 + xy^4 = 2x^2 - 1$ 的阶数是 （　　）.

A. 1　　　　　　　B. 2　　　　　　　C. 3　　　　　　　D. 4

(2) 微分方程 $y''' - x^2 y'' - x^5 = 1$ 的通解中应含独立的任意常数个数为 （　　）.

A. 1　　　　　　　B. 2　　　　　　　C. 3　　　　　　　D. 4

(3) 满足方程 $f(x) + 2\displaystyle\int_0^x f(x)\mathrm{d}x = x^2$ 的函数 $f(x) =$ （　　）.

A. $-\dfrac{1}{2}\mathrm{e}^{-2x} + x + \dfrac{1}{2}$　　　　　　　B. $\dfrac{1}{2}\mathrm{e}^{-2x} + x - \dfrac{1}{2}$

C. $C\mathrm{e}^{-2x} + x - \dfrac{1}{2}$　　　　　　　D. $C\mathrm{e}^{-2x} + x + \dfrac{1}{2}$

(4) 微分方程 $xy' + y = \dfrac{1}{1+x^2}$ 的通解是 （　　）.

A. $y = \arctan x + C$　　　　　　　B. $y = \dfrac{1}{x}(\arctan x + C)$

C. $y = \dfrac{1}{x}\arctan x + C$　　　　　　　D. $y = \dfrac{C}{x} + \arctan x$

(5) 设 C_1，C_2 为任意常数，$y_1(x)$，$y_2(x)$，$y_3(x)$ 是 $y'' + P(x)y' + Q(x)y = f(x)$ 的 3 个线性无关的解，则该方程的通解为 （　　）.

A. $C_1 y_1(x) + C_2 y_2(x) + y_3(x)$

B. $C_1 y_1(x) + (C_1 - C_2) y_2(x) + (1 - C_2) y_3(x)$

C. $(C_1 + C_2) y_1(x) + (1 - C_1) y_2(x) + C_2 y_3(x)$

D. $(1 + C_1) y_1(x) - C_1 y_2(x) + C_2 y_3(x)$

(6) 用待定系数法求解微分方程 $y'' + 3y' + 2y = x^2$ 的一个特解时，应设特解的形式为 $y^* =$ （　　）.

A. ax^2　　　　　　　B. $ax^2 + bx + c$

C. $x(ax^2 + bx + c)$　　　　　　　D. $x^2(ax^2 + bx + c)$

(7) 用待定系数法求解微分方程 $y'' + 3y' + 2y = \sin x$ 的一个特解时，应设特解的形式为 $y^* =$ （　　）.

A. $b\sin x$　　　　　　　B. $a\cos x$

C. $a\cos x + b\sin x$　　　　　　　D. $x(a\cos x + b\sin x)$

(8) 用待定系数法求解微分方程 $y'' - y' = \mathrm{e}^x + 3$ 的一个特解时，应设特解的形式为 $y^* =$ （　　）.

A. ae^x+b
B. axe^x+b
C. axe^x+bx
D. $x^2(a+be^x)$

(9) 设 $y=f(x)$ 是 $y''-2y'+4y=0$ 的一个解,若 $f(x_0)>0$,且 $f'(x_0)=0$,则 $f(x)$ 在点 x_0 处(   ).

A. 取得极大值
B. 取得极小值
C. 某个邻域内单调增加
D. 某个邻域内单调减少

(10) 若可积函数 $f(x)$ 满足关系式 $f(x)=\int_0^{3x} f\left(\dfrac{t}{3}\right)dt+3x-3$,则 $f(x)=$(   ).

A. $-3e^{-3x+1}$
B. $-2e^{-3x}-1$
C. $-e^{-3x}-2$
D. $-3e^{-3x}+1$

3. 求下列微分方程的通解.

(1) $y'+\dfrac{e^{y^3+x}}{y^2}=0$

(2) $xy'-4y=x^2\sqrt{y}$

(3) $y'=\dfrac{y}{y-x}$

(4) $\dfrac{dy}{dx}=\dfrac{y-\sqrt{x^2+y^2}}{x}$

(5) $y''+y'=x^2$

(6) $y''-9y'+20y=e^{3x}+x+2$

4. 求下列微分方程满足初始条件的特解.

(1) $xydy=(x^2+y^2)dx$, $y|_{x=e}=2e$

(2) $y''-2y'-e^{2x}=0$, $y|_{x=0}=1$, $y'|_{x=0}=1$

(3) $y''+2y'+y=\cos x$, $y|_{x=0}=0$, $y'|_{x=0}=\dfrac{3}{2}$

5. 求 $xy''+y'=0$ 满足 $y(1)=\alpha y'(1)$,其中 α 为常数,且当 $x\to 0$ 时,$y(x)$ 有界的解.

6. 求曲线族,使得在 x 轴上的点 $(a,0)$,$(x,0)$ 与曲线上的点 $A(a,f(a))$,$B(x,f(x))$ 间的曲边梯形的面积与弧长成正比.

7. 已知 $y=e^x$ 是微分方程 $xy'+P(x)y=x$ 的一个解,求此微分方程满足条件 $y|_{x=\ln 2}=0$ 的特解.

8. 某银行账户,以连续复利方式计息,年利率为 5%,希望连续 20 年以每年 12 000 元人民币的增长速度用这一账户支付职工工资,若 t 以年为单位,写出余额 $B=f(t)$ 所满足的微分方程,且问当初始存入的数额 $B_0=f(0)$ 为多少时,才能使 20 年后账户中的余额减至 0 元.

9. 已知某地区在一个已知的时期内国民收入的增长率为 $\dfrac{1}{10}$,国民债务的增长率为国民收入的 $\dfrac{1}{20}$,若 $t=0$ 时,国民收入为 5 亿元,国民债务为 0.1 亿元,试分别求出国民收入及国民债务与时间 t 的函数关系.

10. 已知 $\varphi(t)=2^t$,$\psi(t)=2^t-3t$ 是差分方程 $y_{t+1}+P(t)y_t=f(t)$ 的两个解,求 $P(t)$,$f(t)$.

11. 求下列差分方程的通解.

(1) $y_{t+2}+3y_{t+1}=5t$

(2) $y_{t+1}-4y_t=2^{2t}$

(3) $y_{t+1}-2y_t=\sin\dfrac{\pi}{3}t$

(4) $y_{t+1}-y_t=3^t-2t$

12. 求差分方程 $y_{t+1}-y_t=\dfrac{3^t}{2}$ 满足初始条件 $y_0=1$ 的特解.

13. 求下列差分方程的通解或在给定初始条件下的特解.

(1) $y_{t+2}+3y_{t+1}-4y_t=5$

(2) $y_{t+2}-3y_{t+1}+2y_t=3\cdot 5^t$

(3) $y_{t+2}+y_{t+1}-2y_t=12$　$(y_0=0,\ y_1=0)$

14. 设 $c=c(t)$ 为 t 时刻的消费水平，I（为常数）是 t 时刻的投资水平，$y=y(t)$ 为 t 时刻的国民收入，它们满足

$$\begin{cases} y(t)=c(t)+I \\ c(t)=ay(t-1)+b \end{cases}$$

其中 $0<a<1$，$b>0$，a,b 均为常数. 求 $y(t)$，$c(t)$.

(B)

1. 填空题

(1)（2005）初始条件 $y(1)=2$ 的特解为_____.

(2)（2007）微分方程 $\dfrac{\mathrm{d}y}{\mathrm{d}x}=\dfrac{y}{x}-\dfrac{1}{2}\left(\dfrac{y}{x}\right)^3$ 满足 $y|_{x=1}=1$ 的特解为 $y=$_____.

(3)（2008）微分方程 $xy'+y=0$ 满足初始条件 $y(1)=1$ 的特解为 $y=$_____.

(4)（1998）差分方程 $2y_{t+1}+10y_t-5t=0$ 的通解为_____.

(5)（2001）某公司每年的工资总额在比上一年增加 20% 的基础上再追加 2 百万元. 若以 W_t 表示第 t 年的工资总额（单位：百万元），则 W_t 满足的差分方程是_____.

(6)（2011）微分方程 $y'+y=\mathrm{e}^{-x}\cos x$ 满足条件 $y(0)=0$ 的解为 $y=$_____.

(7)（2013）微分方程 $y''-y'+\dfrac{1}{4}y=0$，通解为 $y=$_____.

2. 选择题

(1)（2006）设非齐次线性微分方程 $y'+P(x)y=Q(x)$ 有两个不同的解 $y_1(x)$，$y_2(x)$，C 为任意常数，则该方程的通解为（　　）.

A. $C[y_1(x)-y_2(x)]$

B. $y_1(x)+C[y_1(x)-y_2(x)]$

C. $C[y_1(x)+y_2(x)]$

D. $y_1(x)+C[y_1(x)+y_2(x)]$

(2)（2010）设 y_1，y_2 是一阶线性非齐次微分方程 $y'+p(x)y=q(x)$ 的两个特解，若常数 λ，μ 使 $\lambda y_1+\mu y_2$ 是该方程的解，$\lambda y_1-\mu y_2$ 是该方程对应的齐次方程的解，则（　　）.

A. $\lambda=\dfrac{1}{2}$, $\mu=\dfrac{1}{2}$ 　　　　 B. $\lambda=-\dfrac{1}{2}$, $\mu=-\dfrac{1}{2}$

C. $\lambda=\dfrac{2}{3}$, $\mu=\dfrac{1}{3}$ 　　　　 D. $\lambda=\dfrac{2}{3}$, $\mu=\dfrac{2}{3}$

3. (1998) 设函数 $f(x)$ 在 $[1, +\infty)$ 上连续，若由曲线 $y=f(x)$，直线 $x=1$，$x=t(t>0)$ 与 x 轴所围成的平面图形绕 x 轴旋转一周所围成的旋转体体积为 $V(t)=\dfrac{\pi}{3}[t^2 f(t)-f(1)]$. 试求 $y=f(x)$ 所满足的微分方程，并求该微分方程满足条件 $y|_{x=2}=\dfrac{2}{9}$ 的解.

4. (1999) 设有微分方程 $y'-2y=\varphi(x)$，其中 $\varphi(x)=\begin{cases}2, & x<1\\0, & x>1\end{cases}$，试求在 $(-\infty, +\infty)$ 内的连续函数 $y=y(x)$，使之在 $(-\infty, 1)$ 和 $(1, +\infty)$ 内都满足所给方程，且满足条件 $y(0)=0$.

5. (2000) 求微分方程 $y''-2y'-e^{2x}=0$ 满足条件 $y(0)=1$，$y'(0)=1$ 的解.

6. (2003) 设 $F(x)=f(x)g(x)$，其中 $f(x)$，$g(x)$ 在 $(-\infty, +\infty)$ 内满足以下条件：$f'(x)=g(x)$，$g'(x)=f(x)$，且 $f(0)=0$，$f(x)+g(x)=2e^x$. (1) 求 $F(x)$ 所满足的一阶微分方程；(2) 求出 $F(x)$ 的表达式.

7. (2004) 设级数 $\dfrac{x^4}{2\times4}+\dfrac{x^6}{2\times4\times6}+\dfrac{x^8}{2\times4\times6\times8}+\cdots$ $(-\infty<x<+\infty)$ 的和函数为 $S(x)$，求：(1) $S(x)$ 所满足的一阶微分方程；(2) $S(x)$ 的表达式.

习题参考答案

习题 1.1

1. (1) 否　(2) 否　(3) 否　(4) 是

2. (1) $(-\infty, 1) \cup (1, +\infty)$　(2) $(-\infty, -2) \cup (2, +\infty)$　(3) $[-1, 1)$

   (4) $\left[-\dfrac{1}{3}, 1\right]$

3. $x \in \left(k\pi, k\pi + \dfrac{\pi}{4}\right)$, $k \in \mathbf{Z}$

4. (1) 偶函数　(2) 奇函数　(3) 非奇非偶函数　(4) 非奇非偶函数

5. 不是. 例如 $y = \ln u$ 与 $u = -|x|$ 两个函数就不可以复合成一个复合函数

6. (1) $1 - \dfrac{1}{x}$ ($x \neq 1$, 0)　(2) x ($x \neq 0$, 1)

7. $S = \pi r^2 + \dfrac{2V}{r}$

8. $y = \begin{cases} 0.8, & x \leqslant 800 \\ 1, & x > 800 \end{cases}$

9. $Q = 2\,800 - 1.5p$, $R(q) = \dfrac{(5\,600 - 2q)q}{3}$

10. $C(q) = 1\,000 + 6q$, $R(q) = 10q$, $L(q) = 4q - 1\,000$

11. $q = 200$

习题 1.2

1. (1) 收敛, 0　(2) 收敛, 2　(3) 发散　(4) 收敛于 $+\infty$（实为发散）

2. $f(x)$ 的图象如下.

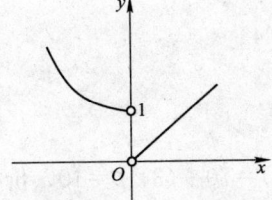

(1) 1 (2) 0 (3) 不存在

3. (1) -1 (2) 2 (3) $\dfrac{1}{4}$ (4) $\dfrac{3}{2}$ (5) e^{-3} (6) 0 (7) e (8) 1

(9) 100 (10) $\dfrac{1}{2}$

4. $f(x)$ 当 $x \to 1$ 时是无穷大量,当 $x \to -1$ 时是无穷小量.

5. 当 $x \to 0$ 时,$\sin x^2$ 是比 $\tan x$ 高阶的无穷小.

习题 1.3

1. (1) $x = -1$ 为第二类间断点 (2) $x = 0$ 为第二类间断点 (3) $x = 0$ 为跳跃间断点

(4) $x = 0$ 和 $x = k\pi + \dfrac{\pi}{2}$ 为可去间断点,$x = k\pi$ $(k \neq 0)$ 为第二类间断点 (5) x 是可去间断点 (6) $x = 0$ 为跳跃间断点

2. $a = 1$

4. (1) 0 (2) -1 (3) 17 (4) 3 (5) $\dfrac{1}{e}$ (6) $\dfrac{\pi}{4}$

总 习 题 一

(A)

1. (1) $(-\infty, 1) \bigcup (2, +\infty)$ (2) 一,二 (3) 0,1,0,e^{-1} (4) $A \geqslant B$

(5) 0.000 2 (6) $\sqrt{397}$ (7) $\ln 2$ (8) 2

2. (1) D (2) C (3) D (4) D (5) A

3. $\varphi(x)$ 是奇函数,$\psi(x)$ 是偶函数;任意函数都可以表示为一个奇函数与一个偶函数的和;$\mathrm{sh}\,x$ 是奇函数,$\mathrm{ch}\,x$ 是偶函数.

4. (1) 初等函数 (2) 非初等函数 (3) 初等函数 $y = 1 + \sqrt{(1-x)^2}$

5. (1) $\dfrac{3}{2}$ (2) 1 (3) 0 (4) e^{-2} (5) $\dfrac{1}{6}$ (6) 1

6. $\varphi(x) = \ln(1 + x^2 \tan x)$

7. (1) 4 (2) $\dfrac{3}{2}$ (3) -2 (4) e^a

8. $a = -2$,$b = 1$

10. 2 000

11. (1) $p_0 = 80, D(p_0) = S(p_0) = 70$ (3) $p = 10$,价格低于 10 时,无人愿供货

(B)

1. (1) $\dfrac{1}{1-2a}$ (2) 1，-4 (3) 2 (4) 1 (5) 0 (6) 1 (7) $e^{-\sqrt{2}}$

2. (1) B (2) D (3) D (4) B (5) A (6) C (7) D (8) C

3. $f[g(x)]=\begin{cases} x, & x\leqslant 0 \\ x^2, & x>0 \end{cases}$

4. 奇函数

5. $a=0$，$b=1$

6. $f(x)=\begin{cases} 1, & 0\leqslant x<1 \\ \dfrac{1}{2}, & x=1 \\ 0, & x>1 \end{cases}$，$x=1$ 是跳跃间断点

7. $x=0$ 和 $x=1$ 是可去间断点，$x=-1$ 是无穷间断点

8. $f(1)=\dfrac{1}{\pi}$

习题 2.1

1. (1) B (2) D (3) A (4) A

2. (1) $2f'(x_0)$ (2) 12

3. 不可导

4. 切线方程为 $12x-y-8=0$；法线方程为 $x+12y-49=0$

5. 连续，不可导

习题 2.2

1. ± 1

2. (1) $y'=8x+3$ (2) $y'=4e^x$ (3) $y'=1+\dfrac{1}{x}$ (4) $y'=\cos x+1$

(5) $y'=-2\sin x+3$ (6) $y'=2^x\ln 2+3^x\ln 3$ (7) $y'=\dfrac{1}{x\ln 2}+2x$

3. (1) $\sqrt{2}$ (2) 4

4. (1) $y'=26x+14$ (2) $y'=80x(2x^2+1)^{19}$ (3) $y'=e^x\cot e^x$ (4) $y'=\dfrac{2}{1+4x^2}$

(5) $y'=-8\sin 8x$ (6) $y'=e^x\sin 2x+2e^x\cos 2x$

5. $y = x - e$

6. (1) $y^{(4)} = 24 + e^x$ (2) 2

7. $\dfrac{\mathrm{d}y}{\mathrm{d}x} = f'(u) \cdot 2x \cdot \cos x^2$；$\dfrac{\mathrm{d}^2 y}{\mathrm{d}x^2} = f''(u) \cdot 4x^2 (\cos x^2)^2 + f'(u)(2\cos x^2 - 4x^2 \sin x^2)$

习题 2.3

1. (1) $(1-3x)e^{-3x}$，$1-3x$ (2) $12-6x^2$，$\dfrac{12x - 6x^3}{12x - 2x^3 + 100}$

2. $\dfrac{1}{5}$；每增加一个单位的产品需要追加投资 0.2 单位

3. (1) 10 950   (2) 219

4. (1) 64   (2) 83

习题 2.4

1. $\Delta y \approx 0.225$，$\mathrm{d}y = 0.25$；$\Delta y \approx 0.024\ 7$，$\mathrm{d}y = 0.025$

2. $\Delta y \approx -1.261$，$\mathrm{d}y = -1.323$，$\Delta y - \mathrm{d}y = 0.062$

    $\Delta y \approx 0.119\ 4$，$\mathrm{d}y = 0.118\ 803$，$\Delta y - \mathrm{d}y = 0.000\ 597$

3. (1) $\mathrm{d}y = (2x + \cos x)\mathrm{d}x$ (2) $\mathrm{d}y = \sec^2 x \mathrm{d}x$

    (3) $\mathrm{d}y = e^x(1+x)\mathrm{d}x$ (4) $\mathrm{d}y = 300(3x-1)^{99}\mathrm{d}x$

4. $\mathrm{d}y = \dfrac{y\ln y - 2xy}{2y^2 - x}\mathrm{d}x$，$\dfrac{\mathrm{d}y}{\mathrm{d}x} = \dfrac{y\ln y - 2xy}{2y^2 - x}$

5. 4.020 8

6. 32.4

8. $-0.06 \ \mathrm{m}^3$

9. 圆面积的增量为 $\Delta S = \pi(10 + 0.05)^2 - \pi \times 10^2 = 1.002\ 5\pi(\mathrm{cm}^2)$，近似值为 $\mathrm{d}S = S'|_{r=10} \cdot \Delta r = 2\pi \times 10 \times 0.05 = \pi(\mathrm{cm}^2)$.

总 习 题 二

(A)

1. (1) 20!   (2) $-f'(x_0)$ (3) k_0 (4) 3   (5) $\dfrac{3}{4\sqrt{2}}$ (6) $\dfrac{1}{2\sqrt{\sin 2x}} e^{\sqrt{\sin 2x}}$

(7) -0.5 (8) b

2. (1) B   (2) C   (3) B   (4) B   (5) B   (6) C   (7) A   (8) B

3. 连续但不可导

4. 1

5. (1) $\dfrac{\ln x}{x\sqrt{2+\ln^2 x}}$ (2) $x\neq a$ 时, $y'=\operatorname{sgn}(x-a)\mathrm{e}^{|x-a|}$, $x=a$ 处不可导

   (3) $\dfrac{2x^2-3x-1}{\sqrt[3]{(x+1)(x-2)^2}}$ (4) $\dfrac{-1}{(1+x)\sqrt{2x(1-x)}}$

6. (1) $2\sin 2x+2x\cos 2x$ (2) $\dfrac{1}{2x}\operatorname{ch}\sqrt{x}-\dfrac{1}{2\sqrt{x^3}}\operatorname{sh}\sqrt{x}$ (3) $\dfrac{2+x^2}{\sqrt{(1+x^2)^3}}$

7. -2

8. (1) $\alpha=2\arcsin\dfrac{x}{2R}$ (2) $\mathrm{d}\alpha=\dfrac{2\Delta x}{\sqrt{4R^2-x^2}}$

9. (1) $C'(q)=4q+5$, $R'(q)=2q+200$, $L'(q)=195-2q$ (2) 145

10. -2, 其经济意义是当价格上涨 1% 时, 需求将减少 2%

11. (1) $50q^{-\frac{1}{2}}-q-3$ (2) -1

12. $(10, 20]$

13. $p_0=\dfrac{ac}{c+1}$, $q_0=\dfrac{b}{c+1}$

(B)

1. (1) $\dfrac{1}{\mathrm{e}}$ (2) $-\dfrac{\alpha}{\beta}$ (3) $\lambda>2$ (4) $4a^6$ (5) $f'''(2)=2\mathrm{e}^{3f(2)}=2\mathrm{e}^3$

   (6) $\dfrac{(-1)^n 2^n n!}{3^{n+1}}$ (7) 12 000   (8) $y=-2x$ (9) $\dfrac{1}{\mathrm{e}}$ (10) 1

2. (1) D   (2) B   (3) D   (4) C   (5) C   (6) D   (7) D   (8) B

3. $y-\dfrac{1}{\sqrt{a}}=-\dfrac{1}{2\sqrt{a^3}}(x-a)$; 当切点沿 x 轴方向趋于无穷远时面积趋于无穷大; 当切点沿 y 轴方向趋于无穷远时面积趋于零.

4. $E_d=\dfrac{P}{20-P}$, 当 $10<P<20$ 时, 降低价格反而使收益增加.

5. -2

6. 可导, 用定义求的导数 $f'(0)=0$

7. $R(q)=20-\dfrac{q}{500}$

习题 3.2

1. (1) -1 (2) 0 (3) 0 (4) 0 (5) $\dfrac{1}{6}$ (6) $\dfrac{9}{4}$

2. 1

3. 0

习题 3.3

1. $\sin x = f(0) + f'(0)x + \cdots + \dfrac{1}{2!}f''(0)x^2 + \dfrac{f^{(2m)}(0)}{(2m)!}x^{2m} + \dfrac{f^{(2m+1)}(\theta x)}{(2m+1)!}x^{2m+1}$

$\qquad = x - \dfrac{x^3}{3!} + \dfrac{x^5}{5!} - \cdots + \dfrac{x^{2m-1}}{(2m-1)!} + R_{2m}(x)$

其中，$R_{2m}(x) = \dfrac{\sin\left[\theta x + (2m+1)\dfrac{\pi}{2}\right]}{(2m+1)!}x^{2m+1}$，$0 < \theta < 1$

2. $f(x) = (x-3)^4 + 8(x-3)^3 + 21(x-3)^2 + 20(x-3) + 5$

3. $x e^x = x + x^2 + \dfrac{x^3}{2!} + \cdots + \dfrac{x^n}{(n-1)!} + o(x^n)$

习题 3.4

1. 单调减少

2. (1) 增区间 $(-\infty, -1)$，$(1, +\infty)$，减区间 $(-1, 1)$

   (2) 增区间 $(2, +\infty)$，减区间 $(0, 2)$

4. (1) 极大值 $f(0) = 0$，极小值 $f(1) = -1$ (2) 极大值 $f\left(\dfrac{3}{4}\right) = \dfrac{5}{4}$，无极小值

5. (1) 最大值为 11，最小值为 -14 (2) 最大值为 $\dfrac{5}{4}$，最小值为 $-5 + \sqrt{6}$

6. 最小值是 27.

7. $q = 1\,000\,000$ 时，平均成本最低.

8. (1) 当 $x < \dfrac{1}{2}$ 时曲线凸，当 $x > \dfrac{1}{2}$ 时曲线凹，$\left(\dfrac{1}{2}, \dfrac{15}{2}\right)$ 是曲线的拐点

   (2) 当 $x < 2$ 时曲线凸，当 $x > 2$ 时曲线凹，$(2, 0)$ 是曲线的拐点

10. (1) $y = \pm\dfrac{\pi}{2}$ (2) $x = -3$，$y = x - 12$

总 习 题 三

(A)

1. (1) 2　(2) $\dfrac{\alpha}{\beta}$　(3) $y=1$　(4) $y=0$，$x=1$　(5) 凹区间是 $\left(-\dfrac{1}{\sqrt{2}},\ \dfrac{1}{\sqrt{2}}\right)$；凸区间是 $\left(-\infty,\ -\dfrac{1}{\sqrt{2}}\right)$，$\left(\dfrac{1}{\sqrt{2}},\ +\infty\right)$；拐点为 $\left(\pm\dfrac{1}{\sqrt{2}},\ 1-\mathrm{e}^{-\frac{1}{2}}\right)$；渐近线 $y=1$　(6) 凹凸部分的分界点　(7) 区间端点及极值点　(8) 最大值 80，最小值 -5

2. (1) D　(2) C　(3) C　(4) A

5. (1) $\dfrac{1}{6}$　(2) $-\dfrac{1}{6}$　(3) $\mathrm{e}^{\frac{1}{2}}$　(4) 1

6. 向上凹的

8. 最大值 2，最小值 -8

9. 极大值 $f(-2)=7$，极小值 $f\left(\dfrac{4}{3}\right)=-\dfrac{311}{27}$；增区间 $(-\infty,\ -2)$ 和 $\left(\dfrac{4}{3},\ +\infty\right)$，减区间 $\left(-2,\ \dfrac{4}{3}\right)$；在 $[-1,\ 4]$ 上最大值是 7，最小值是 -21；曲线的凹区间是 $\left(-\dfrac{1}{3},\ +\infty\right)$，凸区间是 $\left(-\infty,\ -\dfrac{1}{3}\right)$，拐点是 $\left(-\dfrac{1}{3},\ -\dfrac{61}{27}\right)$.

10. $x=0$，$y=x+7$

12. $q=5\,000$，$L(5\,000)=7\,500$

13. (1) $q=1\,000$　(2) $q=6\,000$

14. $p=101$ 元，最大利润额是 167 080 元

(B)

1. 3

2. (1) B　(2) B　(3) C　(4) D　(5) B　(6) B　(7) A　(8) D　(9) A　(10) B

3. $c=\dfrac{1}{2}$

4. 提示：令 $F(x)=f(x)-x$，利用罗尔定理和零点定理

5. 提示：利用零点定理和函数的单调性

6. $t=\dfrac{1}{25r^2}$ 年，$r=0.06$ 时，$t\approx11$ 年

7. 提示：利用拉格朗日中值定理

9. 递增区间为 $(-\infty, -1)$，$(0, +\infty)$；递减区间为 $(-1, 0)$；极小值为 $f(0)=-e^{\frac{\pi}{2}}$；极大值为 $f(-1)=-2e^{\frac{\pi}{4}}$；渐近线为 $y=e^{\pi}(x-2)$ 和 $y=x-2$.

10. $c=\dfrac{1}{2}$

12. $\dfrac{4}{3}$

13. $\dfrac{3}{2}$

15. 上凸

16. 提示：利用介质定理和罗尔中值定理

17. $-\dfrac{1}{6}$

22. $\dfrac{1}{12}$

习题 4.1

2. $y=\ln|x|+3$

3. (1) $\dfrac{2}{5}x^{\frac{5}{2}}+C$　(2) $\ln|x|+\dfrac{4^x}{\ln 4}+C$　(3) $-\cot x+\csc x+C$　(4) $\tan x-x+C$

(5) $\dfrac{1}{2}(x-\sin x)+C$　(6) $\dfrac{3^x e^x}{1+\ln 3}+C$　(7) $\dfrac{10^{2x}}{2\ln 10}-\dfrac{2\cdot 10^x}{\ln 10}+x+C$

(8) $-\dfrac{1}{x}-\arctan x+C$　(9) $-\cot x-\tan x+C$　(10) $x-\dfrac{1}{3}x^3+2\arcsin x+C$

习题 4.2

1. (1) $\ln(1+e^x)+C$　(2) $\dfrac{1}{a}\arctan\dfrac{x}{a}+C$　(3) $\arctan(x+1)+C$　(4) $\dfrac{1}{a}e^{at}+C$

(5) $-\cos x^2+C$　(6) $\dfrac{2}{9}(3x)^{\frac{3}{2}}+C$　(7) $\dfrac{2}{9}(2+3x)^{\frac{3}{2}}+C$　(8) $\dfrac{1}{2}\ln|2x-1|+C$

(9) $-\dfrac{1}{3}(1-x)^3+C$　(10) $\ln|\sin x|+C$　(11) $\ln|\ln x|+C$

(12) $\dfrac{1}{3}\sin(3x+1)+C$　(13) $\arcsin\dfrac{x}{a}+C$　(14) $\ln x+\dfrac{1}{3}\ln^3 x+C$

2. (1) $\dfrac{2}{3}e^{3\sqrt{x}}+C$　(2) $-\dfrac{2}{3}(1-x)^{\frac{3}{2}}+\dfrac{2}{5}(1-x)^{\frac{5}{2}}+C$

(3) $\sqrt{2x}-\ln(1+\sqrt{2x})+C$ (4) $\dfrac{1}{2}\arcsin x+\dfrac{1}{2}x\sqrt{1-x^2}+C$

3. $-\dfrac{1}{3}(1-x^2)^{\frac{3}{2}}+C$

习题 4.3

1. (1) $\dfrac{a^x}{\ln a}\left(x-\dfrac{1}{\ln a}\right)+C$ (2) $-xe^{-x}-e^{-x}+C$ (3) $-\dfrac{1}{2}\left(x\cos 2x-\dfrac{1}{2}\sin 2x\right)+C$

(4) $-\dfrac{1}{2}\left(x^2\cos 2x-x\sin 2x-\dfrac{1}{2}\cos 2x\right)+C$ (5) $\dfrac{x^2}{4}-\dfrac{1}{8}x\sin 4x-\dfrac{1}{32}\cos 4x+C$

(6) $x\arcsin x+\sqrt{1-x^2}+C$ (7) $\dfrac{1}{3}x^3\ln(1+x)-\dfrac{1}{3}\left(\dfrac{x^3}{3}-\dfrac{x^2}{2}+x-\ln|1+x|\right)+C$

(8) $x\arctan x-\dfrac{1}{2}\ln(1+x^2)+C$

2. (1) $\dfrac{2}{\sqrt{3}}\arctan\dfrac{2x+1}{\sqrt{3}}+C$ (2) $x-\dfrac{\arctan e^x}{e^x}-\dfrac{1}{2}\ln(1+e^{2x})+C$

总 习 题 四

(A)

1. (1) $\dfrac{1}{6}x^3+x+C$ (2) $4e^{2x}-\sin x$ (3) $\arcsin\left(\dfrac{x}{2}-1\right)+C$

(4) $-e^{\frac{1}{x}}+C$ (5) $e^{\sin x}+C$ (6) $-2x\cos\dfrac{x}{2}+4\sin\dfrac{x}{2}+C$

2. (1) B (2) A (3) C (4) D (5) C (6) A

3. (1) $x-\sin x+C$ (2) $\dfrac{1}{2}\tan^2 x+\ln|\cos x|+C$ (3) $4\tan x-9\cot x-25x+C$

(4) $\dfrac{1}{2}e^{2x}+\dfrac{1}{2}x+\dfrac{1}{4}\sin 2x-e^x(\sin x+\cos x)+C$ (5) $\dfrac{1}{2}\tan 2x-\dfrac{1}{2\cos 2x}+C$

(6) $\tan\dfrac{x}{2}-\ln|1+\cos x|+C$

(7) $\ln x-\ln 2\cdot\ln|\ln 4x|+C$ (8) $-\dfrac{1}{5}\cot^5 x-\dfrac{1}{3}\cot^3 x+C$

(9) $-\dfrac{1}{3a^2x^3}\sqrt{(a^2-x^2)^3}+C$ (10) $\tan x\ln(\cos x)+\tan x-x+C$

(11) $x\arctan x-\dfrac{1}{2}(\arctan x)^2-\dfrac{1}{2}\ln(1+x^2)+C$

(12) $-2\sqrt{\dfrac{x+1}{x}}+2\ln(\sqrt{x+1}+\sqrt{x})+C$

4. $2\ln x-\ln^2 x+C$

5. $-x^2-\ln(1-x)+C$

6. $x+2\ln|x-1|+C$

7. $240x^{\frac{2}{3}}+10\,000$（元）

8. $L=0.075x^2+0.05x^2\ln x-85x-200$（万元）

(B)

1. $-\dfrac{1}{x}\ln x+C$

2. A

3. $-2\sqrt{1-x}\arcsin\sqrt{x}+2\sqrt{x}+C$

4. $x\ln\left(1+\sqrt{\dfrac{1+x}{x}}\right)+\dfrac{1}{2}\ln(\sqrt{1+x}+\sqrt{x})+\dfrac{1}{2}x-\dfrac{1}{2}\sqrt{x+x^2}+C$

5. $\displaystyle\int\dfrac{\arcsin\sqrt{x}+\ln x}{\sqrt{x}}\mathrm{d}x$

$$\xlongequal{\sqrt{x}=t}\int\dfrac{\arcsin t+\ln t^2}{t}2t\mathrm{d}t=2\int(\arcsin t+\ln t^2)\mathrm{d}t=2\left[\int\arcsin t\mathrm{d}t+\int\ln t^2\mathrm{d}t\right]$$

$$=2\left[t\arcsin t-\int t\mathrm{d}\arcsin t+t\ln t^2-\int t\mathrm{d}\ln t^2\right]$$

$$=2\left[t\arcsin t-\int\dfrac{t}{\sqrt{1-t^2}}\mathrm{d}t+t\ln t^2-\int 2\mathrm{d}t\right]$$

$$=2[t\arcsin t+\sqrt{1-t^2}+t\ln t^2-2t+C_1]$$

$$=2[\sqrt{x}\arcsin\sqrt{x}+\sqrt{1-x^2}+\sqrt{x}\ln x^2-2\sqrt{x}]+C$$

习题 5.1

1. (1) 0 　(2) $\dfrac{\pi R^2}{2}$

2. $\dfrac{\pi}{4}$

3. (1) $\displaystyle\int_0^1 x^2\mathrm{d}x\geqslant\int_0^1 x^3\mathrm{d}x$ 　(2) $\displaystyle\int_1^2 x^3\mathrm{d}x\geqslant\int_1^2 x^2\mathrm{d}x$

　(3) $\displaystyle\int_1^2\ln x\mathrm{d}x\geqslant\int_1^2\ln^2 x\mathrm{d}x$ 　(4) $\displaystyle\int_0^1 \mathrm{e}^x\mathrm{d}x\geqslant\int_0^1(x+1)\mathrm{d}x$

习题 5.2

1. (1) $x+\sin x^3$ (2) $2x\ln x^6$ (3) $-\mathrm{e}^{-t^2}$ (4) $\dfrac{3x^2}{\sqrt{1+x^{12}}}-\dfrac{2x}{\sqrt{1+x}}$

2. (1) 1   (2) $\dfrac{1}{3}$ (3) 0   (4) 0

4. (1) $-\dfrac{100}{101}$ (2) $\dfrac{14}{3}$ (3) $\dfrac{99}{2}\lg\mathrm{e}$ (4) $\dfrac{\pi}{6}$ (5) $-\ln 2$

   (6) $\dfrac{3}{2}$ (7) $\dfrac{\pi}{4}-1$ (8) $\dfrac{8}{3}$ (9) $2(\sqrt{2}-1)$ (10) 1

5. $\dfrac{7}{2}-2\mathrm{e}^{-1}$

习题 5.3

1. (1) $7+2\ln 2$ (2) $1-\dfrac{\pi}{4}$ (3) π (4) 2

2. (1) $\dfrac{\pi}{4}-\dfrac{1}{2}\ln 2$ (2) $\ln 2+\dfrac{\pi}{2}-2$ (3) $\dfrac{1}{12}(\pi+2\ln 2-2)$

   (4) $\dfrac{1}{4}(\mathrm{e}^2+1)$ (5) 2   (6) $\dfrac{\sqrt{3}}{3}\pi-\ln 2$

4. $\dfrac{1}{4}\left(\dfrac{1}{\mathrm{e}}-1\right)$

习题 5.4

1. (1) $-\dfrac{1}{3}$ (2) $\dfrac{\pi}{4}+\dfrac{1}{2}\ln 2$ (3) $\dfrac{1}{5}$ (4) π (5) -1 (6) $2\mathrm{e}-2$

2. (1) 当 $a<0$ 时收敛于 $-\dfrac{1}{a}$，当 $a\geqslant0$ 时发散   (2) π (3) 6.2

   (4) 当 $a<-1$ 时收敛于 $-\dfrac{1}{a+1}$，当 $a\geqslant-1$ 时发散

习题 5.5

1. (1) $\dfrac{1}{6}$ (2) $\dfrac{9}{2}$ (3) $\dfrac{64}{3}$ (4) $\dfrac{\pi}{2}-1$

2. $\dfrac{4}{3}\pi abc$

3. $\dfrac{3}{10}\pi$

4. $\dfrac{1}{3}\pi hr^2$

5. $-\dfrac{1}{0.08}\ln 0.6$

6. -100 万元；250 万元；150 万元

总 习 题 五

(A)

1. (1) $-x^2 e^{-x^2}$　(2) $I_1 > I_2$　(3) $e-e^{-1}$　(4) 0　(5) 负

　(6) $af(a)$　(7) $\dfrac{3}{2}$　(8) 1 200　(9) 260

2. (1) C　(2) D　(3) C　(4) D　(5) D　(6) D　(7) B　(8) B　(9) D

3. $f'(x)=\displaystyle\int_{x^2}^{0}\cos t^2 dt - 2x^2\cos x^4$

4. $y=2x$

5. 在 $\left(0,\dfrac{1}{4}\right)$ 内单调递减，在 $\left(\dfrac{1}{4},+\infty\right)$ 内单调增加

6. $f(x)=\dfrac{x}{1+x^2}$，$C=\dfrac{1}{2}(\ln 2-1)$

7. $\dfrac{\pi^2}{4}$

8. $f(x)$ 在 $x=0$ 是左连续的，但不是右连续的

9. $(1+e^{-1})^{\frac{3}{2}}$

10. 2

11. (1) $\dfrac{\pi}{6}$　(2) $4e^{-1}$　(3) $1+\ln 2$　(4) $\dfrac{\pi}{2}$　(5) 200

12. $\dfrac{\pi}{4-\pi}$

13. 2

14. (1) $\dfrac{3}{2}\left[(e^2-1)^{\frac{2}{3}}-(e^{-2}-1)^{\frac{2}{3}}\right]$　(2) 1　(3) $\dfrac{\pi^3}{12}$

15. $a=2$

16. $a=3$

17. 16π

18. $a=0$, $b=1$

19. $C(x)=2\sqrt{x}+\dfrac{x}{200}+10$, $R(x)=100x-0.005x^2$

20. 100, 200

21. 1%

(B)

1. (1) $\dfrac{4}{\pi}-1$ (2) $\dfrac{\pi}{4e}$ (3) $-\dfrac{1}{2}$ (4) -1 (5) $\pi/2$

2. (1) B (2) A (3) B

3. $\dfrac{3}{4}$

4. $\dfrac{\pi}{6}$

8. $V_x=\pi\displaystyle\int_0^a (x^{\frac{1}{3}})^2\,\mathrm{d}x=\dfrac{3}{5}\pi a^{\frac{5}{3}}$, $V_y=2\pi\displaystyle\int_0^a x x^{\frac{1}{3}}\,\mathrm{d}x=\dfrac{6\pi}{7}a^{\frac{7}{3}}$

因为 $V_y=10V_x$，所以 $\dfrac{6\pi}{7}a^{\frac{7}{3}}=10\cdot\dfrac{3}{5}\pi a^{\frac{5}{3}}\Rightarrow a=7\sqrt{7}$

习题 6.1

2. x 轴：$(1,-2,-3)$，y 轴：$(-1,2,-3)$，z 轴：$(-1,-2,3)$
   xOy 面：$(1,2,-3)$，yOz 面：$(-1,2,3)$，zOx 面：$(1,-2,3)$
   点：$(3,0,7)$.

3. 2

4. 等腰直角三角形

5. $x-y-2z+3=0$

习题 6.2

1. (1) $\{(x,y)\mid y^2-4x+8>0\}$ (2) $\{(x,y)\mid x\in\mathbf{R},\ y\in\mathbf{R}\}$
   (3) $\{(x,y)\mid y-x>0,\ xy\geqslant0,\ x^2+y^2-1>0\}$
   (4) $\{(x,y)\mid 2\leqslant x^2+y^2\leqslant4,\ x>y^2\}$

2. $(x+y)^2-\dfrac{y^2}{x^2}$

3. $\dfrac{x^2(1+y)}{1-y}$

4. (1) 1　(2) 2　(3) 1　(4) e

5. 0

习题 6.3

1. (1) $z_x'=2x+y^3$，$z_y'=3xy^2$　(2) $z_x'=2xy\mathrm{e}^y$，$z_y'=x^2(1+y)\mathrm{e}^y$

(3) $z_x'=-\dfrac{y}{x^2+y^2}$，$z_y'=\dfrac{x}{x^2+y^2}$

(4) $u_x'=\dfrac{x}{\sqrt{x^2+y^2+z^2}}$，$u_y'=\dfrac{y}{\sqrt{x^2+y^2+z^2}}$，$u_z'=\dfrac{z}{\sqrt{x^2+y^2+z^2}}$

2. $\dfrac{1}{2}$

3. $\dfrac{\partial^2 z}{\partial x^2}=6xy^2$，　$\dfrac{\partial^3 z}{\partial x^3}=6y^2$，　$\dfrac{\partial^2 z}{\partial x\partial y}=6x^2y-9y^2-1$，　$\dfrac{\partial^2 z}{\partial y\partial x}=6x^2y-9y^2-1$

5. -0.75，-0.25，0.5

习题 6.4

1. (1) $\mathrm{d}z=(2x+y^3)\mathrm{d}x+3xy^2\mathrm{d}y$　(2) $\mathrm{d}z=\dfrac{y\mathrm{d}x+x\mathrm{d}y}{1+(xy)^2}$

(3) $\mathrm{d}z=\mathrm{e}^{\sqrt{x^2+y^2}}\cdot(x^2+y^2)^{-\frac{1}{2}}\cdot(x\mathrm{d}x+y\mathrm{d}y)$

(4) $\mathrm{d}z=\left(y-\dfrac{y}{x^2}-\dfrac{1}{y}\right)\mathrm{d}x+\left(x+\dfrac{x}{y^2}+\dfrac{1}{x}\right)\mathrm{d}y$

2. $\dfrac{1}{2}(\mathrm{d}x-\mathrm{d}y)$

3. 2.95

4. 近似值为 $0.2\pi\ \mathrm{m}^3$，精确值为 $0.200\ 801\pi\ \mathrm{m}^3$

习题 6.5

1. (1) $\dfrac{\partial z}{\partial x}=4x$，$\dfrac{\partial z}{\partial y}=4y$　(2) $(x^2+1)^{x-1}[2x^2+(x^2+1)\ln(x^2+1)]$

(3) $\dfrac{\partial z}{\partial x}=2x^2y\ (x^2+y^2)^{xy-1}+y\ (x^2+y^2)^{xy}\ln(x^2+y^2)$

$\dfrac{\partial z}{\partial y}=2xy^2\ (x^2+y^2)^{xy-1}+x\ (x^2+y^2)^{xy}\ln(x^2+y^2)$

(4) $\dfrac{\partial z}{\partial x} = y\ (x^2+2y^2)^{xy}\left(\dfrac{2x^2}{x^2+2y^2}+\ln(x^2+2y^2)\right)$

$\dfrac{\partial z}{\partial y} = x\ (x^2+2y^2)^{xy}\left(\dfrac{4y^2}{x^2+2y^2}+\ln(x^2+2y^2)\right)$

(5) $\dfrac{\partial z}{\partial x} = \mathrm{e}^{x-y}+3x^2$, $\dfrac{\partial z}{\partial y} = -\mathrm{e}^{x-y}$.

2. (1) $\dfrac{\mathrm{d}y}{\mathrm{d}x} = \dfrac{\mathrm{e}^y-1}{1-x\mathrm{e}^y}$ (2) $\dfrac{\partial z}{\partial x} = -\dfrac{c^2 x}{a^2 z}$, $\dfrac{\partial z}{\partial y} = -\dfrac{c^2 y}{b^2 z}$

(3) $\dfrac{\partial z}{\partial x} = -\dfrac{2x}{2z-4} = \dfrac{x}{2-z}$, $\dfrac{\partial z}{\partial y} = -\dfrac{2y}{2z-4} = \dfrac{y}{2-z}$

3. $\dfrac{\partial z}{\partial x} = \dfrac{x}{a-z}$, $\dfrac{\partial z}{\partial y} = \dfrac{y}{a-z}$, $\dfrac{\partial^2 z}{\partial x \partial y} = \dfrac{xy}{(a-z)^3}$

习题 6.6

1. (1) 极大值为 $f(2,-2)=8$ (2) 极小值为 $f\left(\dfrac{1}{2},-1\right)=-\dfrac{\mathrm{e}}{2}$

(3) 极大值为 $f\left(\dfrac{\pi}{3},\dfrac{\pi}{6}\right)=\dfrac{3\sqrt{3}}{2}$ (4) 极小值为 $f(1,1)=7$

2. 在点 $\left(\dfrac{1}{2},\dfrac{1}{2}\right)$ 处取得极大值 $\dfrac{1}{4}$

3. 1

4. 矩形的边长分别为 $\dfrac{p}{3}$ 和 $\dfrac{2p}{3}$ 时体积最大，最大值为 $\dfrac{\pi p^3}{27}$

5. $x=15$，$y=10$ 时最大利润是 15 万元

习题 6.7

1. $\displaystyle\iint\limits_{\leqslant|x|+|y|\leqslant 1}\ln(x^2+y^2)\mathrm{d}x\mathrm{d}y<0$

2. (1) $0\leqslant I\leqslant 16$ (2) $\pi\leqslant I\leqslant\pi\mathrm{e}$

3. (1) $I_1\geqslant I_2$ (2) $I_1\leqslant I_2\leqslant I_3$

5. (1) $12\dfrac{3}{20}$ (2) $\dfrac{27}{64}$ (3) $1\dfrac{1}{8}$ (4) $\dfrac{1}{2}$ (5) $5\dfrac{5}{8}$

6. (1) $\pi(1-\mathrm{e}^{-a^2})$ (2) $\dfrac{\pi}{2}$

7. $\dfrac{16}{3}R^3$

8. $\dfrac{32}{3}a^3\left(\dfrac{\pi}{2}-\dfrac{2}{3}\right)$

9. (1) $\displaystyle\int_0^1 dy\int_0^{1-y} f(x,y)\,dx$ (2) $\displaystyle\int_0^1 dx\int_x^1 f(x,y)\,dy$

   (3) $\displaystyle\int_0^4 dx\int_{\frac{x}{2}}^{\sqrt{x}} f(x,y)\,dy$ (4) $\displaystyle\int_0^1 dx\int_{e^y}^{e} f(x,y)\,dx$

10. (1) $\dfrac{2}{3}\pi ab$ (2) $e-e^{-1}$

总 习 题 六

(A)

1. (1) $2x^2-3y$ (2) $\dfrac{3}{4}$ (3) $\dfrac{1}{1+6e^{2x-3z}}dx-2dy$ (4) 2

   (5) $e^{uv}[uv\sin(u+v)+(u+v)\cos(u+v)]$ (6) $\dfrac{1}{3}(\sqrt{2}-1)$

2. (1) D   (2) B   (3) A   (4) B   (5) B   (6) B   (7) B

3. (1) 极大值为 $f\left(\dfrac{1}{2},-\dfrac{1}{2}\right)=\dfrac{1}{8}$, $f\left(-\dfrac{1}{2},\dfrac{1}{2}\right)=\dfrac{1}{8}$

     极小值为 $f\left(\dfrac{1}{2},\dfrac{1}{2}\right)=-\dfrac{1}{8}$, $f\left(-\dfrac{1}{2},-\dfrac{1}{2}\right)=-\dfrac{1}{8}$

   (2) 极小值为 $f\left(\dfrac{3}{2},\dfrac{3}{2}\right)=\dfrac{11}{2}$

4. (1) $\dfrac{2}{5}$ (2) $\dfrac{11}{15}$ (3) $\dfrac{2}{3}R^3\left(\pi-\dfrac{2}{3}\right)$ (4) $\dfrac{9}{16}$

5. 服装业投资为 $\dfrac{4}{7}K$, 鞋业投资为 $\dfrac{3}{7}K$, 最大增幅为 $\dfrac{12}{7}K^2$

(B)

1. (1) $2edx+(e+2)dy$ (2) $4dx-2dy$ (3) $2\left(-\dfrac{y}{x}f_1'+\dfrac{x}{y}f_2'\right)$

   (4) $-\dfrac{g'(v)}{g^2(v)}$ (5) $\displaystyle\int_0^{\frac{1}{2}}dx\int_{x^2}^{x} f(x,y)\,dy$ (6) $\dfrac{\pi}{4}$ (7) $\left(\ln 2+\dfrac{1}{2}\right)dx-\left(\ln 2+\dfrac{1}{2}\right)dy$

2. (1) B   (2) A   (3) D   (4) B   (5) A

3. $dz=e^{-\arctan\frac{y}{x}}[(2x+y)dx+(2y-x)dy]$; $\dfrac{\partial^2 z}{\partial x\partial y}=\dfrac{y^2-xy-x^2}{x^2+y^2}e^{-\arctan\frac{y}{x}}$

4. (1) $dz=\dfrac{2x-\varphi'}{1+\varphi'}dx+\dfrac{2y-\varphi'}{1+\varphi'}dy$ (2) $\dfrac{\partial u}{\partial x}=-\dfrac{2(2x+1)\varphi''}{(1+\varphi')^3}$

5. $x^2\dfrac{\partial^2 g}{\partial x^2}-y^2\dfrac{\partial^2 g}{\partial y^2}=\dfrac{2y}{x}f'\left(\dfrac{y}{x}\right)$

6. $\mathrm{d}u=\left(f_x'+f_z'\dfrac{x+1}{z+1}\mathrm{e}^{x-z}\right)\mathrm{d}x+\left(f_y'-f_z'\dfrac{y+1}{z+1}\mathrm{e}^{y-z}\right)\mathrm{d}y$

7. 有极小值为 $f\left(0,\dfrac{1}{\mathrm{e}}\right)=-\dfrac{1}{\mathrm{e}}$

8. 最大值为 $5\sqrt{5}$，最小值 $-5\sqrt{5}$

9. 当 $x_1=6\left(\dfrac{p_2\alpha}{p_1\beta}\right)^{\beta}$，$x_2=6\left(\dfrac{p_1\beta}{p_2\alpha}\right)^{\alpha}$ 时，投入总费用最小

10. (1) 52 万元　(2) 49 万元

11. $\dfrac{\pi}{2}(1+\mathrm{e}^{\pi})$

12. $\dfrac{2}{9}$

13. $\dfrac{1}{3}+4\sqrt{2}\ln(\sqrt{2}+1)$

14. $f_{1,1}''(2,2)+f_2''(2,2)+f_{1,2}''(1,1)$

15. $\dfrac{416}{3}$

习题 7.1

1. (1) $u_n=\dfrac{n}{n^2+1}$　(2) $\dfrac{2^{n-1}}{(2n-1)(2n+1)}$　(3) $(-1)^{n-1}\dfrac{a^{2n}}{n^2+2}$　(4) $\dfrac{x^{\frac{n}{2}}}{2n(2n+2)}$

2. $u_1=\dfrac{1}{1\cdot 3}$，$u_n=\dfrac{1}{(2n-1)(2n+1)}$，$\displaystyle\sum_{n=1}^{\infty}\dfrac{1}{(2n-1)(2n+1)}$，$\dfrac{1}{2}$

3. (1) 发散　(2) 收敛，$S=1$　(3) 收敛，$S=1-\sqrt{2}$　(4) 收敛，$S=1$

4. (1) 收敛　(2) 发散　(3) 发散　(4) 发散　(5) 收敛　(6) 收敛

5. (1) 成立　(2) 成立　(3) 不成立　(4) $2S-u_1-u_2-u_3$

　(5) 提示：$\lim\limits_{n\to\infty}x_n=a\Leftrightarrow\lim\limits_{n\to\infty}x_{2n-1}=\lim\limits_{n\to\infty}x_{2n}=a$

习题 7.2

1. (1) 发散　(2) 发散　(3) 收敛　(4) 收敛　(5) 发散　(6) 发散

　(7) 收敛　(8) $a>1$ 收敛；$a\leqslant 1$ 发散

2. (1) 发散　(2) 收敛　(3) 收敛　(4) 收敛　(5) 发散　(6) 收敛

3. (1) 收敛　(2) 收敛　(3) 收敛　(4) 发散

4. 当 $a>b>0$ 时，$\sum\limits_{n=1}^{\infty}\left(\dfrac{b}{a^n}\right)^n$ 收敛；当 $0<a<b$ 时，$\sum\limits_{n=1}^{\infty}\left(\dfrac{b}{a^n}\right)^n$ 发散

习题 7.3

1. (1) 绝对收敛　(2) 条件收敛　(3) 发散　(4) 绝对收敛　(5) 发散
   (6) 绝对收敛　(7) 条件收敛　(8) 条件收敛　(9) 绝对收敛　(10) 条件收敛
2. 条件收敛

习题 7.4

1. (1) $(-1,1)$　(2) $[-1,1]$　(3) $(-\infty,+\infty)$　(4) $\left[-\dfrac{1}{2},\dfrac{1}{2}\right]$

   (5) $(-1,1]$　(6) $\left(-\dfrac{1}{5},\dfrac{1}{5}\right)$　(7) $[-1,1]$　(8) $[1,3]$

2. (1) $[-1,1)$, $S(x)=-\ln(1-x)$　(2) $(-1,1)$, $S(x)=\dfrac{1+x}{(1-x)^3}$

   (3) $(-2,2)$, $S(x)=\dfrac{x}{2-x}$　(4) $(-1,1)$, $S(x)=\dfrac{1}{(1-x)^3}$

3. $(-1,1)$, $S(x)=\dfrac{2x}{(1-x)^3}$, $\sum\limits_{n=1}^{\infty}\dfrac{n(n+1)}{2^n}=8$

习题 7.5

1. (1) $\sum\limits_{n=0}^{\infty}(-1)^n\dfrac{x^{6n+3}}{(2n+1)!}$, $-\infty<x<+\infty$　(2) $\sum\limits_{n=1}^{\infty}(-1)^{n-1}x^{n+1}$, $-1<x<1$

   (3) $\ln a+\sum\limits_{n=1}^{\infty}(-1)^{n-1}\dfrac{x^n}{na^n}$, $-a<x\leqslant a$　(4) $\sum\limits_{n=1}^{\infty}\dfrac{x^{n-1}}{3^n}$, $-3<x<3$

   (5) $1+\dfrac{1}{2}x^2+\dfrac{1\times3}{2\times4}x^4+\dfrac{1\times3\times5}{2\times4\times6}x^6+\dfrac{1\times3\times5\times7}{2\times4\times6\times8}x^8+\cdots$, $-1<x<1$

2. (1) $e\sum\limits_{n=0}^{\infty}\dfrac{(x-1)^n}{n!}$, $-\infty<x<+\infty$　(2) $\sum\limits_{n=1}^{\infty}(-1)^{n-1}(x-1)^{n-1}$, $0<x<2$

   (3) $\dfrac{1}{\ln 10}\sum\limits_{n=1}^{\infty}(-1)^{n-1}\dfrac{(x-1)^n}{n}$, $0<x\leqslant2$

3. (1) 1.648 4　(2) 0.999 39

4. $-\dfrac{\pi^2}{12}$

5. $0.494\,0$

总习题七

(A)

1. (1) 发散　(2) >1　(3) $(-3,\,3]$　(4) $\left(-\dfrac{5}{3},\,-\dfrac{1}{3}\right)$　(5) $\dfrac{2}{2+x^2}$

(6) $\displaystyle\sum_{n=0}^{\infty}\dfrac{(\ln a)^n}{n!}x^n$, $x\in(-\infty,\,+\infty)$　(7) $(-2,\,4)$　(8) $\dfrac{2}{2-\ln 3}$

2. (1) C　(2) D　(3) D　(4) A　(5) A　(6) D　(7) A　(8) C

3. (1) 发散　(2) 发散　(3) 收敛，$S=\dfrac{1}{4}$

4. (1) 发散　(2) 收敛　(3) 收敛　(4) 发散　(5) 收敛　(6) 收敛

5. (1) $[-2,\,4)$　(2) $\left(-\dfrac{1}{\sqrt[4]{2}},\,\dfrac{1}{\sqrt[4]{2}}\right)$

(3) $\left(-\dfrac{3}{2},\,-\dfrac{1}{2}\right)$，提示：$\displaystyle\sum_{n=1}^{\infty}2^n(x+1)^n$ 的收敛半径 $R_1=\dfrac{1}{2}$，$\displaystyle\sum_{n=1}^{\infty}\sqrt{n}(x+1)^n$ 的收敛半径 $R_2=1$，所以原级数的收敛半径 $R=\min\{R_1,\,R_2\}=\dfrac{1}{2}$　(4) $[\mathrm{e}^{-2},\,\mathrm{e}^2]$

6. (1) $\begin{cases}-\dfrac{1}{x}\ln\left(1-\dfrac{x}{2}\right), & -2\leqslant x<0,\ 0<x<2 \\ \dfrac{1}{2}, & x=0\end{cases}$

(2) $-\ln(1-5x)-\ln(1+3x)$, $-\dfrac{1}{5}\leqslant x<\dfrac{1}{5}$

(3) $\dfrac{1}{x}$, $x\in(0,\,6)$

(4) $S(x)=\begin{cases}\dfrac{1-x}{x}\ln(1-x)+1, & -1\leqslant x<0,\ 0<x<1 \\ 0, & x=0 \\ 1, & x=1\end{cases}$

7. (1) $\displaystyle\sum_{n=1}^{\infty}2^{n-1}nx^{n-1}$, $x\in\left[-\dfrac{1}{2},\,\dfrac{1}{2}\right)$　(2) $\displaystyle\sum_{n=1}^{\infty}(-1)^{n-1}\dfrac{2^n-1}{n}x^n$, $x\in\left(-\dfrac{1}{2},\,\dfrac{1}{2}\right]$

8. $\dfrac{3}{2}$

9. (1) $(-\infty, +\infty)$ (2) 逐项求导

(B)

1. (1) 4 (2) $\dfrac{1}{e}$

2. (1) B (2) B (3) D (4) D (5) D

3. $S_n = \dfrac{4}{3}\dfrac{1}{n(n+1)\sqrt{n(n+1)}}$, $\displaystyle\sum_{n=1}^{\infty}\dfrac{S_n}{a_n}=\dfrac{4}{3}$

4. $\displaystyle\sum_{n=0}^{\infty}I_n = \ln(2+\sqrt{2})$

5. $\displaystyle\sum_{n=1}^{\infty}f_n(x) = -e^x\ln(1-x)$

6. (2) $\displaystyle\sum_{n=0}^{\infty}\dfrac{x^{3n}}{(3n)!} = \dfrac{2}{3}e^{-\frac{x}{2}}\cos\dfrac{\sqrt{3}}{2}x+\dfrac{1}{3}e^x(-\infty<x<+\infty)$

7. $f(x)=1-\dfrac{1}{2}\ln(1+x^2)$ $(|x|<1)$; $f(x)$ 在 $x=0$ 处取得极大值, 极大值为 $f(0)=1$

8. (1) $y'=xy+\dfrac{x^3}{2}$ (2) $S(x)=-\dfrac{x^2}{2}+e^{\frac{x^2}{2}}-1$

9. $S(x)=\begin{cases}\dfrac{1}{2x}\ln\dfrac{1+x}{1-x}-\dfrac{1}{1-x^2}, & |x|\in(0,1)\\ 0, & x=0\end{cases}$

10. $[-1,1]$; $S(x)=2x^2\arctan x-x\ln(1+x^2)$ $x\in[-1,1]$

11. $\dfrac{1}{x^2-3x-4}=-\dfrac{1}{5}\displaystyle\sum_{n=0}^{\infty}\left[\dfrac{1}{3^{n+1}}+\dfrac{(-1)^n}{2^{n+1}}\right](x-1)^n$ $x\in(-1,3)$

12. 3 980

习题 8.1

1. (1) 一阶 (2) 二阶 (3) 三阶 (4) 一阶
2. (1) 是 (2) 是 (3) 是 (4) 是
3. $y=(4+2x)e^{-x}$
4. $y'=x^2$

习题 8.2

1. (1) $y=e^{Cx}$ (2) $y=\dfrac{1}{2}x^2+\dfrac{1}{5}x^3+C$ (3) $\arcsin y=\arcsin x+C$

(4) $y=Ce^{\sqrt{1-x^2}}$　(5) $10^{-y}+10^x=C$　(6) $\sin x\sin y=C$

2. (1) $y=\ln\left[\dfrac{1}{2}(1+e^{2x})\right]$　(2) $y=e^{\tan\frac{x}{2}}$　(3) $y=\sqrt{\ln\left[e\left(\dfrac{1+e^x}{1+e}\right)^2\right]}$

3. (1) $x=Ce^{\sin\frac{y}{x}}$　(2) $x=Ce^{\frac{y}{x}}$　(3) $e^{-\frac{y}{x}}=\ln\dfrac{C}{x}$

　　(4) $y=\dfrac{1}{x}(C+x)^2$　(5) $y=x\sqrt{4+\ln x^2}$　(6) $y=e^{\frac{3x^2}{2y^2}}$

4. $xy=6$

5. (1) $y+\sqrt{y^2-x^2}=Cx^2$　(2) $x^2+y^2=Cy$

6. (1) $y=(x+C)e^{-x}$　(2) $\dfrac{x}{2}\sec x+\dfrac{1}{2}\sin x+C\sec x$　(3) $y=(e^x+C)(x+1)^n$

　　(4) $y=\dfrac{1}{x^2+1}\left(\dfrac{4}{3}x^3+C\right)$　(5) $y=\left(\dfrac{1}{2}x^2+C\right)e^{-x^2}$　(6) $y=\dfrac{1}{x}\sin x-\cos x+\dfrac{C}{x}$

　　(7) $y=\dfrac{1}{2}(x+a)^5+C(x+a)^3$　(8) $y=\dfrac{\sin x}{x}+\dfrac{C\cos x}{x}$

7. (1) $y=\dfrac{\pi-1-\cos x}{x}$　(2) $y=\dfrac{1}{2}x^3(1-e^{\frac{1-x^2}{x^2}})$　(3) $y=x+\sqrt{1-x^2}$

8. (1) $y=C\sin x-a$　(2) $\dfrac{y}{y+3}=\dfrac{4}{7}e^{\frac{3}{2}x^2}$　(3) $y=2e^{-\sin x}+\sin x-1$

　　(4) $y=\dfrac{1}{2x}e^{2-\frac{1}{x}}$　(5) $x^2=Ce^{-\frac{x^2}{y^2}}$　(6) $y^2=\dfrac{2}{5}(\sin x+2\cos x)+Ce^{-2x}$

9. $y=2(e^x-x-1)$

习题 8.3

1. (1) $y=x\arctan x-\ln\sqrt{1+x^2}+C_1x+C_2$　(2) $y=-\dfrac{1}{2}(x+1)^2+C_1e^x+C_2$

　　(3) $y=-\ln|\cos(x+C_1)|+C_2$　(4) $y=\dfrac{x^2}{2}\ln x+C_1x^3+C_2x^2+C_3x+C_4$

　　(5) $y=\sqrt{x(2-x)}$　(6) $y=\ln(x^2+C_1)+C_2$

2. $y=\dfrac{x^3}{6}+\dfrac{x}{2}+1$

3. (1) $y=\left(\dfrac{x}{2}+1\right)^4$　(2) $e^y=\sec x$

习题 8.4

1. $y=C_1\cos(\omega x)+C_2\sin(\omega x)$

2. (1) $y=C_1 e^x + C_2 e^{-2x}$ (2) $y=C_1+C_2 e^{4x}$ (3) $y=C_1 \cos x + C_2 \sin x$

    (4) $y=e^{-3x}(C_1\cos 2x + C_2 \sin 2x)$ (5) $y=(C_1+C_2 t)e^{\frac{5}{2}t}$

    (6) $y=e^{2x}(C_1\cos x + C_2 \sin x)$

3. (1) $y=4e^x+2e^{3x}$ (2) $y=2\cos 5x+\sin 5x$ (3) $y=(2+x)e^{-\frac{x}{2}}$

4. (1) $y=C_1 e^{\frac{x}{2}}+C_2 e^{-x}+e^x$ (2) $y=C_1\cos ax+C_2\sin ax+\dfrac{e^x}{1+a^2}$

    (3) $y=C_1+C_2 e^{-\frac{5}{2}x}+\dfrac{1}{3}x^3-\dfrac{3}{5}x^2+\dfrac{7}{25}x$ (4) $y=C_1 e^{-x}+C_2 e^{-2x}+\left(\dfrac{3}{2}x^2-3x\right)e^{-x}$

    (5) $y=e^x(C_1\cos 2x+C_2\sin 2x)-\dfrac{1}{4}xe^x\cos 2x$ (6) $y=C_1 e^{-x}+C_2 e^{-4x}+\dfrac{11}{8}-\dfrac{1}{2}x$

    (7) $y=C_1\cos x+C_2\sin x+\dfrac{e^x}{2}+\dfrac{x}{2}\sin x$ (8) $y=C_1 e^x+C_2 e^{-x}-\dfrac{1}{2}+\dfrac{1}{10}\cos 2x$

5. (1) $y=-\cos x+\dfrac{1}{3}\sin x+\dfrac{1}{3}\sin 2x$ (2) $y=\dfrac{1}{2}(e^{9x}+e^x)-\dfrac{1}{7}e^{2x}$

    (3) $y=\dfrac{11}{16}+\dfrac{5}{16}e^{4x}-\dfrac{5}{4}x$

6. $\alpha=-3,\ \beta=2,\ \gamma=-1,\ y=C_1 e^x+C_2 e^{2x}+xe^x$

习题 8.5

1. B

2. ACD

3. A

4. (1) $\Delta^2 y_t=12t+10$ (2) $\Delta^2 y_t=e^{3x}(e^3-1)^2$ (3) $\Delta^2 y_t=2+2^t$

5. (1) $y_t=C2^t$ (2) $y_t=-\dfrac{3}{4}+\left(C+\dfrac{3}{4}\right)5^t$ (3) $y_t=C(-1)^t$

    (4) $y_t=C2^t-6(3+2t+t^2)$ (5) $y_t=C(-1)^t+\dfrac{1}{3}\cdot 2^t$

    (6) $y_t=\begin{cases} C\alpha^t+\dfrac{1}{e^\beta-\alpha}e^{\beta t}, & \alpha\neq e^\beta \\[2mm] (C\alpha+t)\alpha^{t-1}, & \alpha=e^\beta \end{cases}$

6. (1) $y_t=\dfrac{5}{6}\left(-\dfrac{1}{2}\right)^t+\dfrac{1}{6}$ (2) $y_t=3\left(-\dfrac{1}{2}\right)^t$

7. (1) $y_t=4+\dfrac{3}{2}\left(\dfrac{1}{2}\right)^t+\dfrac{1}{2}\left(-\dfrac{7}{2}\right)^t$ (2) $y_t=4^t\left(C_1\cos\dfrac{\pi t}{3}+C_2\sin\dfrac{\pi t}{3}\right)$

    (3) $y_t=(\sqrt{2})^t 2\cos\dfrac{\pi t}{4}$

总习题八

(A)

1. (1) $y' = y - x + 1$ (2) $y^2 = \ln x^2 - x^2 + C$ (3) $y = (x + C)\cos x$

   (4) $(x-1)y'' - xy' + y = 0$ (5) $y = 3\left(1 - \dfrac{1}{x}\right)$ (6) $x(b_0 x^2 + b_1 x + b_2)$

   (7) $e^x(a\cos x + b\sin x)$ (8) $(C_1 + C_2 x)e^{x^2}$ (9) $\dfrac{x}{4}(1 + \sin 2x)$

   (10) $y = \sin x$ (11) $\dfrac{1}{2}e^t(e-1)^2$ (12) t

   (13) $-\dfrac{1}{x(x+1)}$ (14) $W_{t+1} = \dfrac{11}{10}W_t + 100$

2. (1) B (2) B (3) B (4) B (5) B (6) B (7) C (8) C (9) A
   (10) B

3. (1) $-\dfrac{1}{3}e^{-y^3} = -e^x + C$ (2) $y = x^4\left(\dfrac{1}{2}\ln x + C\right)^2$ (3) $2xy - y^2 = C$

   (4) $y + \sqrt{x^2 + y^2} = C$ (5) $y = \dfrac{1}{3}x^3 - x^2 + 2x + C_1 + C_2 e^{-x}$

   (6) $y = \dfrac{1}{2}e^{3x} + \dfrac{x}{20} + \dfrac{49}{400} + C_1 e^{5x} + C_2 e^{4x}$

4. (1) $y^2 = 2x^2(\ln x + 1)$ (2) $y = \dfrac{3}{4} + \dfrac{1}{4}(1 + 2x)e^{2x}$ (3) $y = xe^{-x} + \dfrac{1}{2}\sin x$

5. $y = 0$

6. $\ln\left(y + \sqrt{y^2 - k^2}\right) = \pm\dfrac{x}{k} + C$

7. $y = e^x - e^{x + e^{-x} - \frac{1}{2}}$

8. $\dfrac{dB}{dt} = 0.05B - 12\,000$, $B_0 = 240\,000 - 240\,000e^{-1}$

9. $y = \dfrac{1}{10}t$, $D = \dfrac{1}{400}t^2 + \dfrac{1}{4}t + \dfrac{1}{10}$

10. $P(t) = -\dfrac{t+1}{t}$; $f(t) = 2^t \cdot \dfrac{t-1}{t}$

11. (1) $y_t = C(-3)^t - \dfrac{5}{16} + \dfrac{5}{4}t$ (2) $y_t = C4^t + \dfrac{1}{4}t4^t$

   (3) $y_t = C2^t - \dfrac{\sqrt{3}}{6}\cos\dfrac{\pi}{3}t - \dfrac{1}{2}\sin\dfrac{\pi}{3}t$ (4) $y_t = C + \dfrac{1}{2}\times 3^t + t(1-t)$

12. $y_t = \dfrac{3}{4} + \dfrac{1}{4} \times 3^t$

13. (1) $y_x = C_1 + C_2(-4)^x + x$ (2) $y_x = C_1 + C_2 2^x + \dfrac{1}{4} \times 5^x$

   (3) $y_x = 4x + \dfrac{4}{3}(-2)^x - \dfrac{4}{3}$

14. $y(t) = Ca^t + \dfrac{b+I}{1-a}$; $c(t) = Ca^t + \dfrac{aI+b}{1-a}$.

(B)

1. (1) $xy = 2$ (2) $\dfrac{x}{\sqrt{1+\ln x}}$ (3) $\dfrac{1}{x}$ (4) $y_t = C(-5)^t + 5(6t-1)/72$

   (5) $W_t = 1.2W_{t-1} + 2$ (6) $y = \sin x e^{-x}$ (7) $e^{\frac{1}{2}x}(C_1 x + C_2)$

2. (1) B (2) A

3. $\dfrac{dy}{dx} = 3\left(\dfrac{y}{x}\right)^2 - 2 \cdot \dfrac{y}{x}$, $y - x = -x^3 y$

4. $y(x) = \begin{cases} e^{2x} - 1, & x \leqslant 1 \\ (1-e^{-2})e^{2x}, & x > 1 \end{cases}$

5. $y = 1/4 + (3+2x)e^{2x}/4$

6. (1) $F'(x) + 2F(x) = 4e^{2x}$ (2) $F(x) = e^{2x} - e^{-2x}$

7. (1) $S(x)$ 是初值问题 $y' = xy + \dfrac{x^3}{2}$, $y(0) = 0$ 的解 (2) $S(x) = -\dfrac{x^2}{2} + e^{\frac{x^2}{2}} - 1$

参 考 文 献

[1] 何英凯. 经济数学：微积分. 北京：高等教育出版社，2009.

[2] 程美玉，赵宝江. 高等数学. 哈尔滨：哈尔滨出版社，2003.

[3] 赵凯. 微积分. 北京：高等教育出版社，2009.

[4] 霍伊. 经济数学. 北京：中国人民大学出版社，2006.

[5] 华中科技大学数学系. 微积分学. 北京：高等教育出版社，2008.

[6] 吴传生. 经济数学. 北京：高等教育出版社，2009.

[7] 谭元发. 经济数学. 北京：北京理工大学出版社，2010.

[8] 赵树嫄. 经济应用数学基础. 北京：中国人民大学出版社，2006.

[9] 李延敏. 经济数学. 北京：高等教育出版社，2010.

[10] 赵辉. 经济数学. 安徽：合肥工业大学出版社，2009.

[11] 熊章绪. 经济数学. 北京：科学出版社，2009.

[12] 同济大学数学系. 高等数学. 6 版. 北京：高等教育出版社，2011.

[13] 廖飞. 高等数学：文科类. 北京：北京交通大学出版社，2010.

[14] 张荫南. 高等数学. 北京：高等教育出版社，2000.

[15] 华东师范大学数学系. 数学分析. 4 版. 北京：高等教育出版社，2010.

[16] 顾静相. 经济数学基础. 北京：高等教育出版社，2008.

[17] 武忠祥. 历年真题分类解析. 西安：西安交通大学出版社，2010.

[18] 廖飞，赵文英. 高等数学. 北京：北京交通大学出版社，2011.